U0291720

21世纪高等学校规划教材｜计算机科学与技术

智能信息处理导论

孙红 主编

徐立萍 胡春燕 副主编

清華大學出版社

北 京

内容简介

本书可作为智能科学与技术、电子科学与技术、信息与通信工程、计算机科学与技术、电气工程、控制科学与技术等专业高年级本科生的教材和相关专业研究生、博士生“智能信息处理与优化”等课程的教材，同时可以供智能信息处理与智能控制技术研究人员参考。

本书封面贴有清华大学出版社防伪标签，无标签者不得销售。
版权所有，侵权必究。举报：010-62782989，beiqinquan@tup.tsinghua.edu.cn。

图书在版编目（CIP）数据

智能信息处理导论/孙红主编. —北京：清华大学出版社，2013.3（2024.2重印）
（21世纪高等学校规划教材·计算机科学与技术）
ISBN 978-7-302-30576-7

Ⅰ. ①智… Ⅱ. ①孙… Ⅲ. ①人工智能—信息处理—高等学校—教材 Ⅳ. ①TP18

中国版本图书馆CIP数据核字(2012)第261450号

责任编辑：付弘宇 薛 阳
封面设计：傅瑞学
责任校对：焦丽丽
责任印制：杨 艳

出版发行：清华大学出版社
网 址：https://www.tup.com.cn，https://www.wqxuetang.com
地 址：北京清华大学学研大厦A座 **邮 编**：100084
社 总 机：010-83470000 **邮 购**：010-62786544
投稿与读者服务：010-62776969，c-service@tup.tsinghua.edu.cn
质量反馈：010-62772015，zhiliang@tup.tsinghua.edu.cn
课件下载：https://www.tup.com.cn，010-83470236
印 装 者：三河市龙大印装有限公司
经 销：全国新华书店
开 本：185mm×260mm **印 张**：20.5 **字 数**：498千字
版 次：2013年3月第1版 **印 次**：2024年2月第10次印刷
印 数：6501～6800
定 价：59.00元

产品编号：046339-04

编审委员会成员

（按地区排序）

清华大学	周立柱	教授
	覃　征	教授
	王建民	教授
	冯建华	教授
	刘　强	副教授
北京大学	杨冬青	教授
	陈　钟	教授
	陈立军	副教授
北京航空航天大学	马殿富	教授
	吴超英	副教授
	姚淑珍	教授
中国人民大学	王　珊	教授
	孟小峰	教授
	陈　红	教授
北京师范大学	周明全	教授
北京交通大学	阮秋琦	教授
	赵　宏	副教授
北京信息工程学院	孟庆昌	教授
北京科技大学	杨炳儒	教授
石油大学	陈　明	教授
天津大学	艾德才	教授
复旦大学	吴立德	教授
	吴百锋	教授
	杨卫东	副教授
同济大学	苗夺谦	教授
	徐　安	教授
华东理工大学	邵志清	教授
华东师范大学	杨宗源	教授
	应吉康	教授
东华大学	乐嘉锦	教授
	孙　莉	副教授

浙江大学	吴朝晖　教授
	李善平　教授
扬州大学	李　云　教授
南京大学	骆　斌　教授
	黄　强　副教授
南京航空航天大学	黄志球　教授
	秦小麟　教授
南京理工大学	张功萱　教授
南京邮电学院	朱秀昌　教授
苏州大学	王宜怀　教授
	陈建明　副教授
江苏大学	鲍可进　教授
中国矿业大学	张　艳　教授
武汉大学	何炎祥　教授
华中科技大学	刘乐善　教授
中南财经政法大学	刘腾红　教授
华中师范大学	叶俊民　教授
	郑世珏　教授
	陈　利　教授
江汉大学	颜　彬　教授
国防科技大学	赵克佳　教授
	邹北骥　教授
中南大学	刘卫国　教授
湖南大学	林亚平　教授
西安交通大学	沈钧毅　教授
	齐　勇　教授
长安大学	巨永锋　教授
哈尔滨工业大学	郭茂祖　教授
吉林大学	徐一平　教授
	毕　强　教授
山东大学	孟祥旭　教授
	郝兴伟　教授
厦门大学	冯少荣　教授
厦门大学嘉庚学院	张思民　教授
云南大学	刘惟一　教授
电子科技大学	刘乃琦　教授
	罗　蕾　教授
成都理工大学	蔡　淮　教授
	于　春　副教授
西南交通大学	曾华燊　教授

出版说明

随着我国改革开放的进一步深化，高等教育也得到了快速发展，各地高校紧密结合地方经济建设发展需要，科学运用市场调节机制，加大了使用信息科学等现代科学技术提升、改造传统学科专业的投入力度，通过教育改革合理调整和配置了教育资源，优化了传统学科专业，积极为地方经济建设输送人才，为我国经济社会的快速、健康和可持续发展以及高等教育自身的改革发展做出了巨大贡献。但是，高等教育质量还需要进一步提高以适应经济社会发展的需要，不少高校的专业设置和结构不尽合理，教师队伍整体素质亟待提高，人才培养模式、教学内容和方法需要进一步转变，学生的实践能力和创新精神亟待加强。

教育部一直十分重视高等教育质量工作。2007 年 1 月，教育部下发了《关于实施高等学校本科教学质量与教学改革工程的意见》，计划实施"高等学校本科教学质量与教学改革工程"（简称"质量工程"），通过专业结构调整、课程教材建设、实践教学改革、教学团队建设等多项内容，进一步深化高等学校教学改革，提高人才培养的能力和水平，更好地满足经济社会发展对高素质人才的需要。在贯彻和落实教育部"质量工程"的过程中，各地高校发挥师资力量强、办学经验丰富、教学资源充裕等优势，对其特色专业及特色课程（群）加以规划、整理和总结，更新教学内容、改革课程体系，建设了一大批内容新、体系新、方法新、手段新的特色课程。在此基础上，经教育部相关教学指导委员会专家的指导和建议，清华大学出版社在多个领域精选各高校的特色课程，分别规划出版系列教材，以配合"质量工程"的实施，满足各高校教学质量和教学改革的需要。

为了深入贯彻落实教育部《关于加强高等学校本科教学工作，提高教学质量的若干意见》精神，紧密配合教育部已经启动的"高等学校教学质量与教学改革工程精品课程建设工作"，在有关专家、教授的倡议和有关部门的大力支持下，我们组织并成立了"清华大学出版社教材编审委员会"（以下简称"编委会"），旨在配合教育部制定精品课程教材的出版规划，讨论并实施精品课程教材的编写与出版工作。"编委会"成员皆来自全国各类高等学校教学与科研第一线的骨干教师，其中许多教师为各校相关院、系主管教学的院长或系主任。

按照教育部的要求，"编委会"一致认为，精品课程的建设工作从开始就要坚持高标准、严要求，处于一个比较高的起点上。精品课程教材应该能够反映各高校教学改革与课程建设的需要，要有特色风格、有创新性（新体系、新内容、新手段、新思路，教材的内容体系有较高的科学创新、技术创新和理念创新的含量）、先进性（对原有的学科体系有实质性的改革和发展，顺应并符合 21 世纪教学发展的规律，代表并引领课程发展的趋势和方向）、示范性（教材所体现的课程体系具有较广泛的辐射性和示范性）和一定的前瞻性。教材由个人申报或各校推荐（通过所在高校的"编委会"成员推荐），经"编委会"认真评审，最后由清华大学出版社审定出版。

目前，针对计算机类和电子信息类相关专业成立了两个“编委会”，即“清华大学出版社计算机教材编审委员会”和“清华大学出版社电子信息教材编审委员会”。推出的特色精品教材包括：

（1）21世纪高等学校规划教材·计算机应用——高等学校各类专业，特别是非计算机专业的计算机应用类教材。

（2）21世纪高等学校规划教材·计算机科学与技术——高等学校计算机相关专业的教材。

（3）21世纪高等学校规划教材·电子信息——高等学校电子信息相关专业的教材。

（4）21世纪高等学校规划教材·软件工程——高等学校软件工程相关专业的教材。

（5）21世纪高等学校规划教材·信息管理与信息系统。

（6）21世纪高等学校规划教材·财经管理与应用。

（7）21世纪高等学校规划教材·电子商务。

（8）21世纪高等学校规划教材·物联网。

清华大学出版社经过三十多年的努力，在教材尤其是计算机和电子信息类专业教材出版方面树立了权威品牌，为我国的高等教育事业做出了重要贡献。清华版教材形成了技术准确、内容严谨的独特风格，这种风格将延续并反映在特色精品教材的建设中。

清华大学出版社教材编审委员会
联系人：魏江江
E-mail:weijj@tup.tsinghua.edu.cn

前言

智能信息处理就是模拟人或者自然界其他生物处理信息的行为，建立处理复杂系统信息的理论、算法和系统的方法和技术。智能信息处理主要面对的是不确定性系统和不确定性现象的信息处理问题。

智能信息处理在复杂系统建模、系统分析、系统决策、系统控制、系统优化和系统设计等领域具有广阔的应用前景。

人类具有探索自然规律、了解未知世界、探索自身奥秘的内在动力；具有生存和提高生活质量的需求。受这两个方面原动力的驱使，人类不断地研究新的方法和技术，不断地研制各种工具、仪器和机器，来延伸、拓展和增强自身的各种能力。各种工具、仪器和机器的制造增强了人的四肢和五官的能力，使人从繁重的体力劳动中解放出来。计算机的发明则增强了大脑的能力，拓展了人的记忆、计算、推理和思维能力。然而人类所面对的客观世界是变化的、发展的，是浩瀚无垠的，人类的知识虽然在不断丰富、不断更新，但是相对客观世界，始终是不完全的、不可靠的和不确定的。但人类正是用这些不精确的、不完美的知识，不断地、逐步地了解客观世界的。模糊系统理论、人工神经网络、进化计算、人工智能等都是在人类现有认识的基础上所产生的新的方法和理论，是人类进一步探索自然规律、了解未知世界、探索自身奥秘和提高生活质量的工具。

智能信息处理就是将不完全、不可靠、不精确、不一致和不确定的知识与信息逐步改变为完全、可靠、精确、一致和确定的知识与信息的过程和方法。就是利用对不精确性、不确定性的容忍来达到问题的可处理性和鲁棒性。智能信息处理涉及信息科学的多个领域，是现代信号处理、人工神经网络、模糊系统理论、进化计算、人工智能等理论和方法的综合应用。

本书介绍了这些理论、方法和工具，从智能信息处理产生的背景和发展历史、基本理论和方法、应用以及研究现状和发展趋势等方面，介绍了模糊理论及其应用、神经网络信息处理及其应用、云信息处理及其应用、可拓信息处理及其应用、粗集信息处理及其应用，遗传算法、免疫算法、蚁群算法优化处理、量子智能信息处理、多元信息融合和信息融合技术及其应用。

本书由孙红任主编，负责全书的审核修改和总纂，徐立萍、胡春燕任副主编，其中的第1～4章、第8～10章由孙红负责、第5、第6章由徐立萍负责、第7章由胡春燕负责。

本书在编写过程中参考了大量国内外相关论著，吸收了较多国内外学者的先进思想和研究成果，在此，谨向各位专家、学者致以诚挚的感谢。在本书撰写过程中，张建宏、吴钱忠、石慧娟、孔超宇、苏南、屠金炜、刘彪、秦守文、杨青青、王晓婉等分别参加了全书各章的资料收集和整理工作，清华大学出版社给予了大力支持和辛勤指导，在此表示衷心的感谢。

在编写本书的过程中，作者参考了大量的学术专著和论文，由于所参考的学术论文过多，无法一一标注和列出，对此特向这些文献的作者表示歉意！同时向从事智能信息处理研究的前辈专家、老师和同仁表示由衷的敬意和感谢！

本书在编写过程中还得到了各单位领导、同事和家人朋友的大力支持和帮助，衷心地感谢他们。

本书可作为智能科学与技术、电子科学与技术、信息与通信工程、计算机科学与技术、电气工程、控制科学与技术等专业的高年级本科生专业课程的教材和硕士生、博士生有关“智能信息处理与优化”的教材，同时可以供智能信息处理与智能控制技术研究人员参考。

由于编者水平有限，加上智能信息处理本身在不断地丰富和发展，书中难免存在疏漏和不妥之处，对此，恳请广大读者批评指正。

编　者

2012 年 5 月

目录

第1章 模糊信息处理

教学内容：本章主要介绍智能信息处理的定义、发展概况和相关学派及其认知观，讨论智能信息处理的研究和应用领域，综述未来智能信息处理领域有待解决的问题。

教学要求：通过本章的学习，要求掌握智能信息处理的定义、研究的目标及其主要研究内容，了解智能信息处理的主要研究和应用领域，掌握模糊信息处理的各种处理方法。

关键字：模糊模型(Fuzzy Model)　模糊分析(Fuzzy Analysis)　信息处理(Information Processing)　模糊决策(Fuzzy Decision)

1.1 模糊信息概述

智能信息处理就是将不完全、不可靠、不精确、不一致和不确定的知识与信息逐步改变为完全、可靠、精确、一致和确定的知识与信息的方法。它涉及信息科学的多个领域，是现代信号处理、人工神经网络、模糊理论、包括人工智能等理论和方法的综合应用，同时也是一门不断发展的学科。

1.1.1 模糊信息相关知识

1. 模糊信息

模糊信息(Fuzzy Information)就是由模糊现象所获得的不精确、非定量的信息。

模糊信息并非不可靠的信息。在客观的世界里，存在大量的模糊现象，如"两个人相像"、"好看不好看"，其界线是模糊的，人的经验也是模糊的。

模糊性问题是1965年美国扎德(L. A. Zadeh)首先提出的。用模糊数学的方法处理模糊信息，通过抽象、概括、综合和推理，可以从中得到具有一定精度的结论。

2. 模糊子集

Zadeh在1965年对模糊子集的定义如下：

给定论域U，U到[0,1]区间的任一映射，即

$$A: U \to [0,1]$$
$$u \to A(u)$$

称A为U的一个模糊子集，函数$A(\cdot)$称为模糊子集A的隶属函数。$A(u)$称为u对模糊子

集 A 的隶属度。在不混淆的情况下，模糊子集也称模糊集合或模糊集。

设某流量的论域为 $U=\{80,90,100,110,120,130,140,150,160,170,180,190,200,210,220,230,240,250,260,270,280\}$

模糊子集选 7 个语言值为$\{U1,U2,U3,U4,U5,U6,U7\}$

其中：$U1$=很小，$U2$=小，$U3$=较小，$U4$=中等，$U5$=较大，$U6$=大，$U7$=很大。

3. 模糊数学

模糊数学又称 Fuzzy 数学。“模糊”二字译自英文 Fuzzy 一词，该词除了有模糊的意思外，还有“不分明”等含义。有人主张音义兼顾译之为“乏晰”等。但它们都没有“模糊”的含义深刻。模糊数学是研究和处理模糊性现象的一种数学理论和方法。

1965 年，美国控制论学者 L. A. Zadeh 发表论文《模糊集合论》，标志着这门新学科的诞生。现代数学建立在集合论的基础上。一组对象确定一组属性，人们可以通过指明属性来说明概念，也可以通过指明对象来说明概念。符合概念的那些对象的全体叫做这个概念的外延，外延实际上就是集合。一切现实的理论系统都有可能纳入集合描述的数学框架。经典的集合论只把自己的表现力限制在那些有明确外延的概念和事物上，它明确地规定：每一个集合都必须由确定的元素构成，元素对集合的隶属关系必须是明确的。对模糊性的数学处理是以将经典的集合论扩展为模糊集合论为基础的，乘积空间中的模糊子集就给出了一对元素间的模糊关系。对模糊现象的数学处理就是在这个基础上展开的。

从纯数学的角度看，集合概念的扩充使许多数学分支都增添了新的内容，例如模糊拓扑学、不分明线性空间、模糊代数学、模糊分析学、模糊测度与积分、模糊群、模糊范畴、模糊图论、模糊概率统计、模糊逻辑学等。其中有些领域已有比较深入的研究。

模糊数学发展的主流是它的应用方面。由于模糊性概念已经找到了模糊集的描述方式，人们运用概念进行判断、评价、推理、决策和控制的过程也可以用模糊数学的方法来描述，例如模糊聚类分析、模糊模式识别、模糊综合评判、模糊决策与模糊预测、模糊控制、模糊信息处理等。这些方法构成了一种模糊性系统理论、构成了一种思辨数学的雏形，它已经在医学、气象、心理、经济管理、石油、地质、环境、生物、农业、林业、化工、语言、控制、遥感、教育、体育等方面取得了具体的研究成果。模糊性数学最重要的应用领域是计算机智能。它已经被用于专家系统和知识工程等方面，在各个领域中发挥着非常重要的作用，并已获得了巨大的经济效益。

在较长的时间里，精确数学及随机数学在描述自然界多种事物的运动规律中获得了显著效果。但是，在客观世界中还普遍存在着大量的模糊现象。以前人们回避它，但是由于现代科技所面对的系统日益复杂，模糊性总是伴随着复杂性出现。

各门学科，尤其是人文、社会学科及其他“软科学”的数学化、定量化趋向把模糊性的数学处理问题推向中心地位。更重要的是，随着电子计算机、控制论、系统科学的迅速发展，要使计算机能像人脑那样对复杂事物具有识别能力，就必须研究和处理模糊性。

人们研究人类系统的行为，或者处理可与人类系统行为相比拟的复杂系统，如航天系统、人脑系统、社会系统等，参数和变量甚多，各种因素相互交错，系统很复杂，它的模糊性也很明显。从认识方面说，模糊性是指概念外延的不确定性，从而造成判断的不确定性。

在日常生活中，经常遇到许多模糊的事物，没有分明的数量界限，要使用一些模糊的词句来形容、描述。比如,比较年轻、高个、大胖子、好、漂亮、善、热、远……这些概念是不可以简单地用是、非或数字来表示的。在人们的工作经验中,往往也有许多模糊的东西。例如,要确定一炉钢水是否已经炼好,除了要知道钢水的温度、成分比例和冶炼时间等精确信息外,还需要参考钢水颜色、沸腾情况等模糊信息。因此,除了很早就有涉及误差的计算数学之外,还需要模糊数学。

人与计算机相比,一般来说,人脑具有处理模糊信息的能力,善于判断和处理模糊现象。但计算机对模糊现象的识别能力较差,为了提高计算机识别模糊现象的能力,就需要把人们常用的模糊语言设计成机器能接受的指令和程序,以便使机器能像人脑那样简捷灵活地做出相应的判断,从而提高自动识别和控制模糊现象的效率。这样,就需要寻找一种描述和加工模糊信息的数学工具,这就推动数学家更深入地研究模糊数学。所以,模糊数学的产生是有其科学技术与数学发展的必然性的。

4. 模糊理论

模糊理论(Fuzzy Theory)是指用到了模糊集合的基本概念或连续隶属度函数的理论。它可以分类为模糊数学、模糊系统、不确定性、信息和模糊决策5个分支,它们并不是完全独立的,它们之间有着紧密的联系。例如,模糊控制就会用到模糊数学和模糊逻辑中的概念。从实际应用的观点来看,模糊理论的应用大部分集中在模糊系统上,尤其集中在模糊控制上。也有一些模糊专家系统应用于医疗诊断和决策支持。由于模糊理论从理论和实践的角度看仍然是新生事物,所以人们期望,随着模糊领域的成熟,会出现更多可靠的实际应用。

人类在认识的过程中,把感觉到的事物的共同特点抽象出来加以概括,这就形成了概念。比如从白雪、白马、白纸等事物中抽象出“白”的概念。一个概念有它的内涵和外延。内涵是指该概念所反映的事物本质属性的总和,也就是概念的内容。外延是指一个概念所确指的对象的范围。例如“人”这个概念的内涵是指能制造工具,并使用工具进行劳动的动物,外延是指古今中外一切的人。

所谓模糊概念是指这个概念的外延具有不确定性,或者说它的外延是不清晰的、是模糊的。例如“青年”这个概念,它的内涵是清楚的,但是它的外延,即什么样的年龄阶段内的人是青年,恐怕就很难说清楚了,因为在“年轻”和“不年轻”之间没有一个确定的边界,这就是一个模糊概念。

需要注意以下几点。

首先,人们在认识模糊性时,是允许有主观性的,也就是说每个人对模糊事物的界限不完全一样,承认一定的主观性是认识模糊性的一个特点。例如,让100个人说出“年轻人”的年龄范围,那么将得到100个不同的答案。尽管如此,当用模糊统计的方法进行分析时,年轻人的年龄界限分布又具有一定的规律性。

其次,模糊性是精确性的对立面,但不能消极地理解模糊性代表的是落后的生产力。恰恰相反,人们在处理客观事物时,经常借助于模糊性。例如,在一个有许多人的房间里,找一位“年老的高个子男人”,这是不难办到的。这里所说的“年老”、“高个子”都是模糊概念,然而只要将这些模糊概念经过头脑的分析判断,很快就可以在人群中找到此人。如果要求用计算机查询,那么就要把所有人的年龄、身高的具体数据输入计算机,然后才可以从人群中找出这样的人。

最后，人们对模糊性的认识往往同随机性混淆起来，其实它们之间有着根本的区别。随机性是其本身具有明确的含义，只是由于发生的条件不充分，而使得在条件与事件之间不能出现确定的因果关系，从而事件的出现与否表现出一种不确定性。而事物的模糊性是指人们要处理的事物的概念本身就是模糊的，即一个对象是否符合这个概念难以确定，也就是由于概念外延模糊而带来的不确定性。

5. 模糊控制

1）模糊控制基础

模糊控制的基本思想是利用计算机来实现人的控制经验，而这些经验多是用语言表达的具有相当模糊性的控制规则。模糊控制器（Fuzzy Controller，FC）获得巨大成功的主要原因在于它具有如下一些突出特点。

模糊控制是一种基于规则的控制。它直接采用语言型控制规则，出发点是现场操作人员的控制经验或相关专家的知识，在设计中不需要建立被控对象的精确数学模型，因而使得控制机理和策略易于接受与理解、设计简单、便于应用。

从工业过程的定性认识出发，比较容易建立语言控制规则，因而模糊控制对那些数学模型难以获取、动态特性不易掌握或变化非常显著的对象非常适用。

基于模型的控制算法及系统设计方法，由于出发点和性能指标的不同，容易导致较大差异。但一个系统的语言控制规则却具有相对的独立性，利用这些控制规律间的模糊连接，容易找到折中的选择，使控制效果优于常规控制器。

模糊控制算法是基于启发性的知识及语言决策规则设计的，这有利于模拟人工控制的过程和方法，增强控制系统的适应能力，使之具有一定的智能水平。

模糊控制系统的鲁棒性强，干扰和参数的变化对控制效果的影响被大大减弱，尤其适合于非线性、时变及纯滞后系统的控制。

2）模糊控制的特点

简化系统设计的复杂性，特别适用于非线性、时变、模型不完全的系统。

利用控制法则来描述系统变量之间的关系。

不用数值而用语言式的模糊变量来描述系统，模糊控制器不必对被控制对象建立完整的数学模式。

模糊控制器是一种语言控制器，使得操作人员易于使用自然语言进行人机对话。

模糊控制器是一种容易控制、掌握的较理想的非线性控制器，具有较佳的适应性及强健性（Robustness）、较佳的容错性（Fault Tolerance）。

3）模糊控制的缺点

（1）模糊控制的设计尚缺乏系统性，这对复杂系统的控制是难以奏效的。所以如何建立一套系统的模糊控制理论，以解决模糊控制的机理、稳定性分析、系统化设计方法等一系列问题，还没有得到较好的解决。

（2）如何获得模糊规则及隶属函数即系统的设计办法，这在目前完全凭经验进行。

（3）信息简单的模糊处理将导致系统的控制精度降低和动态品质变差。若要提高精度则必然要增加量化级数，从而导致规则搜索范围扩大，降低决策速度，甚至不能实时控制。

（4）如何保证模糊控制系统的稳定性即如何解决模糊控制中关于稳定性和鲁棒性的问

题，还没有得到较好的解决。

1.1.2 模糊研究内容与应用

1. 研究内容

现代计算机的计算速度及存储能力几乎达到了无与伦比的程度，它不仅可以解决复杂的数学问题，还可以参与控制航天飞机等。既然计算机有如此威力，那么为什么在判断和推理方面有时不如人脑呢？美国加利福尼亚大学的 Zadeh 教授仔细研究了这个问题，以至于他在科研工作中经常回旋于“人脑思维”、“大系统”与“计算机”的矛盾之中。1965 年，他发表了论文《模糊集合论》，用“隶属函数”这个概念来描述现象差异中的中间过渡状态，从而突破了古典集合论中属于或不属于的绝对关系。Zadeh 教授这一开创性的工作，标志着模糊数学这门学科的诞生。

1）模糊数学的研究内容

模糊数学的研究内容主要有以下三个方面。

（1）研究模糊数学的理论，以及它和精确数学、随机数学的关系。

Zadeh 以精确数学集合论为基础，并考虑对数学的集合概念进行修改和推广。他提出用“模糊集合”作为表现模糊事物的数学模型，并在“模糊集合”上逐步建立运算、变换规律，开展有关的理论研究，就有可能构造出研究现实世界中大量模糊的数学基础，以及能够对看起来相当复杂的模糊系统进行定量描述和处理的数学方法。

在模糊集合中，给定范围内元素对它的隶属关系不一定只有“是”或“否”两种情况，而是用介于 0 和 1 之间的实数来表示隶属程度，还存在中间过渡状态。比如“老人”是个模糊概念，70 岁的人肯定属于老人，它的从属程度是 1，40 岁的人肯定不算老人，它的从属程度为 0。按照 Zadeh 给出的公式，55 岁属于“老”的程度为 0.5，即“半老”，60 岁属于“老”的程度为 0.8。Zadeh 认为，指明各个元素的隶属集合，就等于指定了一个集合。当隶属于 0 和 1 之间的值时，就是模糊集合。

（2）研究模糊语言学和模糊逻辑。

人类自然语言具有模糊性，人们经常接收到模糊语言与模糊信息，并能做出正确的识别和判断。

为了实现用自然语言与计算机直接进行对话，必须把人类的语言和思维过程提炼成数学模型，才能给计算机输入指令，建立合适的模糊数学模型，这是运用数学方法的关键。Zadeh 采用模糊集合理论来建立模糊语言的数学模型，使人类语言数量化、形式化。

如果把合乎语法的标准句子的从属函数值定为 1，那么其他近义的，以及能表达相仿思想的句子，就可以用 0～1 之间的连续数来表征它从属于“正确句子”的隶属程度。这样，就把模糊语言进行定量描述，并定出一套运算、变换规则。目前，模糊语言还很不成熟，语言学家正在深入研究。

人们的思维活动常常要求概念的确定性和精确性，采用形式逻辑的排中律，即非真即假，然后进行判断和推理，得出结论。现有的计算机都是建立在二值逻辑基础上的，它在处理客观事物的确定性方面发挥了巨大的作用，但是却不具备处理事物和概念的不确定性或模糊性的能力。

为了使计算机能够模拟人脑高级智能的特点，就必须把计算机转到多值逻辑基础上，研究模糊逻辑。目前，模糊逻辑还很不成熟，尚需继续研究。

（3）研究模糊数学的应用。

模糊数学是以不确定性的事物为研究对象的。模糊集合的出现是数学适应描述复杂事物的需要，Zadeh 的功绩在于用模糊集合的理论找到了解决模糊性对象并加以确切化，从而使研究确定性对象的数学与不确定性对象的数学沟通起来，过去精确数学、随机数学描述的不足之处，就能得到弥补。在模糊数学中，目前已有模糊拓扑学、模糊群论、模糊图论、模糊概率、模糊语言学、模糊逻辑学等分支。

2）模糊控制理论主要研究内容

模糊控制理论主要研究：模糊控制稳定性、模糊模型的辨识、模糊最优控制、模糊自适应控制及与其他控制相结合等内容。如将智能控制与传统控制方法相结合，产生了模糊变结构控制（FVSC）、自适应模糊控制（AFC）、自适应神经网络控制（ANNC）、神经网络变结构控制（NNVAC）、神经网络预测控制（ANNPC）、模糊预测控制（FPC）、专家模糊控制（EFC）、模糊神经网络控制（FNNC）和专家神经网络控制（ENNC）等方法。

2. 应用

1）模糊数学应用

模糊数学是一门新兴学科，它已初步应用于模糊控制、模糊识别、模糊聚类分析、模糊决策、模糊评判、系统理论、信息检索、医学、生物学等各方面。在气象、结构力学、控制、心理学等方面已有具体的研究成果。然而模糊数学最重要的应用领域是计算机智能，不少人认为它与新一代计算机的研制有着密切的联系。

尽管计算机记忆力超人、计算神速，然而当其面对外延不分明的模糊状态时，却一筹莫展。可是，人脑的思维，在其感知、辨识、推理、决策以及抽象的过程中，对于接受、存储、处理模糊信息却完全可能。计算机为什么不能像人脑思维那样处理模糊信息呢？其原因在于传统的数学，例如康托尔集合论（Cantor′s Set），不能描述“亦此亦彼”的现象。集合是描述人脑思维对整体性客观事物的识别和分类的数学方法。康托尔集合论要求其分类必须遵从形式逻辑的排中律，论域（即所考虑的对象的全体）中的任一元素要么属于集合 A，要么不属于集合 A，两者必居其一，且仅居其一。这样，康托尔集合就只能描述外延分明的“分明概念”，只能表现“非此即彼”，而对于外延不分明的“模糊概念”则不能反映。这就是目前计算机不能像人脑思维那样灵活、敏捷地处理模糊信息的重要原因。为了克服这一障碍，L. A. Zadeh 教授提出了“模糊集合论”。在此基础上，现在已形成了一个模糊数学体系。

模糊数学用精确的数学语言去描述模糊性现象，“它代表了一种与基于概率论方法处理不确定性和不精确性不同的思想，……，不同于传统的新的方法论”。它能够更好地反映客观存在的模糊性现象。因此，它为描述模糊系统提供了有力的工具。

2）模糊控制系统应用

模糊控制以现代控制理论为基础，同时与自适应控制技术、人工智能技术、神经网络技术相结合，在控制领域得到了空前的应用。

（1）Fuzzy-PID 复合控制。

Fuzzy-PID 复合控制使模糊技术与常规 PID 控制算法相结合，以达到较高的控制精度。

当温度偏差较大时采用Fuzzy控制，响应速度快、动态性能好；当温度偏差较小时采用PID控制，使其静态性能好，满足系统控制精度。因此它比单个模糊控制器和单个PID调节器均有更好的控制性能。

(2) 自适应模糊控制。

这种控制方法具有自适应自学习的能力，能自动地对自适应模糊控制规则进行修改和完善，以提高控制系统的性能。对于那些具有非线性、大时滞、高阶次的复杂系统有着更好的控制性能。

(3) 参数自整定模糊控制。

参数自整定模糊控制也称为比例因子自整定模糊控制。这种控制方法对环境变化有着较强的适应能力，在随机环境中能对控制器进行自动校正，使得在被控对象特性变化或扰动的情况下控制系统保持较好的性能。

(4) 专家模糊控制。

模糊控制与专家系统技术相结合，进一步提高了模糊控制器的智能水平。这种控制方法既保持了基于规则的方法的价值和用模糊集处理带来的灵活性，同时又把专家系统技术的表达与利用知识的长处结合起来，能处理更广泛的控制问题。

(5) 仿人智能模糊控制。

仿人智能模糊控制的特点在于IC算法具有比例模式和保持模式两种基本模式。这两个特点使得系统在误差绝对值变化时，可使系统处于闭环运行和开环运行两种状态。这样能妥善解决稳定性、准确性、快速性的矛盾，能较好地应用于纯滞后对象。

(6) 神经模糊控制。

这种控制方法以神经网络为基础，利用了模糊逻辑具有较强的结构性知识表达能力，即描述系统定性知识的能力以及神经网络的强大的学习能力与定量数据的直接处理能力。

(7) 多变量模糊控制。

这种控制适用于多变量控制系统。一个多变量模糊控制器有多个输入变量和输出变量。

3. 应用前景

模糊数学是研究现实中许多界限不分明问题的一种数学工具，其基本概念之一是模糊集合。利用模糊数学和模糊逻辑，能很好地处理各种模糊问题。

模式识别是计算机应用的重要领域之一。人脑能在很低的准确性下有效地处理复杂问题。如计算机使用模糊数学便能大大提高模式识别能力，可模拟人类神经系统的活动。在工业控制领域中，应用模糊数学可使空调器的温度控制更为合理，洗衣机可节电、节水、提高效率。在现代社会的大系统管理中，运用模糊数学的方法，有可能形成更加有效的决策。

事实上，模糊理论应用最有效、最广泛的领域就是模糊控制。模糊控制在各种领域出人意料地解决了传统控制理论无法解决的或难以解决的问题，并取得了一些令人信服的成效。

模糊控制的基本思想是：把人类专家对特定的被控对象或过程的控制策略总结成一系列以“IF(条件)THEN(作用)”形式表示的控制规则，通过模糊推理得到控制作用集，作用于被控对象或过程。控制作用集为一组条件语句，状态语句和控制作用均为一组被量化了的模糊语言集，如“正大”、“负大”、“正小”、“负小”、零等。

模糊理论以模糊集合(Fuzzy Set)为基础,其基本思想是接受模糊性现象存在的事实,而以处理概念模糊、不确定的事物为其研究目标,并积极地将其严密地量化成计算机可以处理的信息,不主张用繁杂的数学分析即模型来解决问题。

(1) 模糊数学,用模糊集合取代经典集合从而扩展了经典数学中的概念。

(2) 模糊逻辑与人工智能,引入了经典逻辑学中的近似推理,且在模糊信息和近似推理的基础上开发了专家系统。

(3) 模糊系统,包含信号处理和通信中的模糊控制和模糊方法。

(4) 不确定性和信息,用于分析各种不确定性。

(5) 模糊决策,用软约束来考虑优化问题。

当然,这5个分支并不是完全独立的,它们之间有着紧密的联系。例如,模糊控制就会用到模糊数学和模糊逻辑中的概念。

从实际应用的观点来看,模糊理论的应用大部分集中在模糊系统上,尤其集中在模糊控制上。也有一些模糊专家系统应用于医疗诊断和决策支持。由于模糊理论从理论和实践的角度看仍然是新生事物,所以我们期望,随着模糊领域的成熟,将会出现更多可靠的实际应用。

1.1.3 诊断模糊模型

基于知识的诊断是人工智能的重要分支。在基于浅知识的诊断模型中,Reggia提出的节约覆盖集是建立在精确集合理论上的诊断模型,该模型把诊断问题的求解化为集合覆盖问题的求解,即对一已知征兆集,若一故障集的征兆集能完全覆盖已知征兆集,则把这个故障集称为已知征兆集的一个解释,在所有的解释中,故障数最少的解释即为节约覆盖解。在此之后,Peng和Reggia又提出了基于节约覆盖集的概率因果诊断模型,在这一诊断模型中,诊断问题的求解是通过计算后验概率而实现的,把具有最大后验概率的解释作为诊断问题的最优解。在Dubois的基于模糊关系方程的诊断模型中,讨论了一故障集作为已知征兆集的一个解释,不仅要求该故障集对应的必然出现的征兆集覆盖已知出现的征兆集,而且要求该故障集对应的必然不出现的征兆集覆盖已知没有出现的征兆集。在实际中,诊断问题往往和时间参数有关,且诊断知识往往是不完备的,这体现在两个方面:其一,对系统征兆的观察是不完备的,比如,受某些条件的限制,有些征兆根本观察不到或观察的代价很高;其二,故障集和征兆集的映射关系是不完备的。

如何在知识不完备的情况下,既不遗漏某一潜在的故障,又能得到与现有的观察最佳匹配的解?下面将探讨一个逐步求精的诊断模型,该模型可用于具有递解结构的系统的各个层次。

1. 问题描述

诊断问题 p 定义为一个七元组

$$p = < D, M, R, M^{*}(\hat{D}, t+k), M^{-}(\hat{D}, t+k), M^{+}(t_0+i) M^{-}(t_0+i) >$$

其中:

(1) $D=\{d_1, d_2, \cdots, d_q\}$表示给定系统的单故障集,$A=\{\hat{D}_1, \hat{D}_2, \cdots, \hat{D}_p\}$表示该系统的

故障模式集，则有 $D\subseteq A\subseteq \Gamma$，其中 Γ 表示由该系统的所有单故障构成的全组合。集合 Γ 和 D 的基数分别表示为 $|\Gamma|$ 和 $|D|$，则 $|\Gamma|=2^{|D|}$。下文中的故障即故障模式，故障集即故障模式集。

(2) $M=\{m_1,m_2,\cdots,m_q\}$ 表示给定系统的征兆集。

(3) $M^+(\overset{\Lambda}{D}_j,t+k)$、$M^-(\overset{\Lambda}{D}_j,t+k)$、$\overset{\Lambda}{D}_j\in A$、$k=0,1,\cdots,n$ 分别表示系统在 t 时刻发生故障 $\overset{\Lambda}{D}_j$ 后，在 $t+k$ 时刻系统必然出现的征兆、必然不出现的征兆集，且有

$$M^+(\overset{\Lambda}{D}_j,t+k)\cap M^-(\overset{\Lambda}{D}_j,t+k)=\Phi$$

定义 1.1.1 一个系统，若 $\overset{\Lambda}{D}_j\in A$、$k=0,1,\cdots,n$，$M^+(\overset{\Lambda}{D}_j,t+k)\cup M^-(\overset{\Lambda}{D}_j,t+k)=M$，则称该系统的诊断知识是充分的；否则，是不充分的。

若视 $M^+(\overset{\Lambda}{D}_j,t+k)$ 和 $M^-(\overset{\Lambda}{D}_j,t+k)$ 为模糊子集，其隶属函数分别表示为 $\mu_{M^+}(\overset{\Lambda}{D}_j,t+k)(mf)$、$\mu_{M^-}(\overset{\Lambda}{D}_j,t+k)(mf)$。若 $\mu_{M^+}(\overset{\Lambda}{D}_j,t+k)(mf)=\mu_{M^-}(\overset{\Lambda}{D}_j,t+k)(mf)=0$，则表示对 $\overset{\Lambda}{D}_j$ 和 mf 的映射关系一无所知。

(4) $M^-(t_0+i)$、$M^+(t_0+i)$、$i=1,2,\cdots,m$ 分别表示在 t_0+i 时刻系统出现的征兆、没有出现的征兆的模糊子集，其隶属函数分别为 $\mu_{M^+(t_0+i)}(mj)$、$\mu_{M^-(t_0+i)}(mj)$，$\mu_{M^+(t_0+i)}(mj)=\mu_{M^-(t_0+i)}(mj)=0$ 表示对 m_j 在 t_0+i 时刻的情况一无所知。在精确集合下有 $i=1,2,\cdots,m$、$M^+(t_0+i)\cap M^-(t_0+i)=\Phi$。

(5) $\mu_{t_0+i}(t+k)$、$k=0,1,\cdots,n$、$i=0,\cdots,m$ 表示在时间轴上时刻 $t+k$ 对时刻 t_0+i 的隶属函数或接近程度。在一个系统中，一故障模式对应的必然出现的各个征兆的出现时刻 $t+k$ 对已知出现的征兆的出现时刻 t_0+i 的隶属函数，可以取不同形状的隶属函数。同理，不同故障模式对应的必然出现的同一征兆的出现时刻 $t+k$ 对已知出现的征兆的出现时刻 t_0+i 的隶属函数，可以取不同形状的隶属函数。常用的隶属函数的形状为三角形、梯形以及指数形，还可以取解析式更复杂的隶属函数，这要依据对系统的辨识而定。

(6) $R\subseteq A\times M$ 是定义在 $A\times M$ 上的模糊关系子集，对于每一对 $(\overset{\Lambda}{D}_j,mf)$、$\overset{\Lambda}{D}_j\in A$、$mf\in M$，$R(\overset{\Lambda}{D}_j,mf)$ 为一有序集 $(\mu_{M^+}(\overset{\Lambda}{D}_j,t+k_1)(mf),t+k_1,\mu_{M^-}(\overset{\Lambda}{D}_j,t+k_2)(mf),t+k_2)$。若 $R_1\subseteq D\times M$，显然 $R_1\subseteq R$。

若一个故障模式 $\overset{\Lambda}{D}_j$ 中各个单故障的征兆集之间不互相干扰，这一个故障模式的征兆集即各单故障的征兆集的并集。

$$M^+(\overset{\Lambda}{D}_j,t+k)=\bigcup_{d_i\in\overset{\Lambda}{D}_j}M^+(d_i,t+k),M^-(\overset{\Lambda}{D}_j,t+k)=\bigcup_{d_i\in\overset{\Lambda}{D}_j}M^-(d_i,t+k)$$

对于一个给定系统的故障集 D，若不同单故障的同一征兆相互抵消(比如，人体的两个病因，一个病因使血液的 pH 值增大，另一个病因使血液的 pH 值减小)，并且某一单故障对应的必然不出现的征兆集是其他单故障对应的必然出现的征兆集，当这些单故障同时发生时，基于 $R_1\subseteq D\times M$ 的诊断模型会遗漏潜在的一个或多个单故障。基于 $R\subseteq A\times M$ 的诊断模型把同时发生的多个单故障作为一个故障模式来获取其征兆集，因而可避免上述情况发生。

实际上，对于一个给定的系统，完成诊断并不需要诊断求解的知识是充分的。对于任一故障模式，只要求获取其征兆集的一个子集，前提是要保证用该征兆子集能把其对应的故障模式和其他故障模式区分开来。

定义 1.1.2

(1) 在精确集合下，$\forall \hat{D}_i$、$\forall \hat{D}_j \in A$，且 $\hat{D}_i \neq \hat{D}_j$ 令

$$\mathrm{DISCRIM}(\hat{D}_i, \hat{D}_j) = \{(M^+(\hat{D}_i, t+k) \cap M^-(\hat{D}_j, t+k)) \cup (M^-(\hat{D}_i, t+k) \cap M^+(\hat{D}_j, t+k))\}$$

若 $\mathrm{DISCRIM}(\hat{D}_i, \hat{D}_j) \neq \Phi$，则该系统的诊断知识是完备的。

(2) 在模糊集合下 $\forall \hat{D}_i$、$\forall \hat{D}_j \in A$，且 $\hat{D}_i \neq \hat{D}_j$

$$\mu\mathrm{DISCRIM}(\hat{D}_i, \hat{D}_j) = \max\{\min(\mu_{M^+}(\hat{D}_i, t+k_1)(mf), \mu_{M^-}(\hat{D}_j, t+k_1)(mf)), \min(\mu_{M^-}(\hat{D}_i, t+k_1)(mf), \mu_{M^+}(\hat{D}_j, t+k_1)(mf))\}$$

令 $\mu\mathrm{complete} = \min\{\mu\mathrm{DISCRIM}(\hat{D}_i, \hat{D}_j)\}$，$\forall \hat{D}_i$、$\forall \hat{D}_j \in A$，且 $\hat{D}_i \neq \hat{D}_j$，当 $\mu\mathrm{complete} > 0$ 时该系统的诊断知识是完备的。实际中，给定一个阈值，当 μcomplete 大于该阈值时，认为系统的诊断知识是完备的。

命题 1.1.1 若一个系统的诊断知识是充分的，则该系统的诊断知识是完备的。反之不一定成立。

命题 1.1.2 若一个系统的诊断知识是完备的，当系统发生故障时，对诊断问题进行求解可得到一个唯一的解释。

2. 诊断模型

从故障对应的必然出现的征兆集、必然不出现的征兆集与已知出现的征兆集、已知没有出现的征兆集的一致性、相关性、覆盖性和相等性的角度出发，接下来将描述一个逐步求精的诊断模型。

1) 一致性诊断

已知 $M^-(t_0+i)$、$M^+(t_0+i)$、$i=0,\cdots,m$，一致性诊断就是寻找一故障 $\hat{D}_t$，$\hat{D}_t$ 中的任一故障都与已知的征兆集不矛盾。不矛盾体现在两个方面：一是 $\hat{D}_t$ 中任一故障所对应的必然出现的征兆集 $M^+(\hat{D}_j, t+k)(k=0,\cdots,n)$ 与已知没有出现的征兆集 $M^-(\hat{D}_j, t+k)(i=0,\cdots,m)$ 的交集为空集；二是该故障所对应的必然不出现的征兆集 $M^-(\hat{D}_j, t+k)(k=0,\cdots,n)$ 与已知出现的征兆集 $M^+(\hat{D}_j, t+k)(i=0,\cdots,m)$ 的交集为空集，在精确集合下表示为：

$$\hat{D}_{\mathrm{tcrisp}} = \{\forall \hat{D}_j \in A \forall k=0,\cdots,n, M^+(\hat{D}_j, t+k) \cap M^-(t_0+i) = \Phi \text{ and } M^-(\hat{D}_j, t+k) \cap M^+(t_0+i) = \Phi\}$$

为把精确集合下 $F \cap G \neq \Phi$ 扩展到模糊集合下，定义了一个 cons 算子

$$\mathrm{cons}(F, G) = \max(\min(\mu_F(\mu), \mu_G(u)))$$

定义 1.1.3 模糊子集 $M^+(\overset{\Delta}{D}_j, t+k)$ 和 $M^-(t_0+i)$ 一致的程度为：

$$\mathrm{cons}(M^+(\overset{\Delta}{D}_j, t+k), M^-(t_0+i)) = \max(\min(\mu_{M^+}(\overset{\Delta}{D}_i, t+k)(mj) \times \mu_{t_0+i}(t+k) +, \mu_{M^-}(\overset{\Delta}{D}_i, t+k)(mj)))$$

$M^+(\overset{\Delta}{D}_j, t+k)$ 和 $M^-(t_0+i)$ 一致的程度越高，那么 $\overset{\Delta}{D}_j$ 和 $M^-(t_0+i)$ 不一致的程度就越高，这样一来 $\mathrm{cons}(M^+(\overset{\Delta}{D}_j, t+k), M^-(t_0+i))$ 是 $\overset{\Delta}{D}_j$ 和 $M^-(t_0+i)$ 冲突的程度。

因此，$M^+(\overset{\Delta}{D}_j, t+k) \cap M^-(t_0+i) = \Phi$ 的程度为：

$$1 - \mathrm{cons}(M^+(\overset{\Delta}{D}_j, t+k), M^-(t_0+i))$$

同理可得 $M^-(\overset{\Delta}{D}_j, t+k)$ 和 $M^+(t_0+i)$ 一致的程度，以及 $M^+(\overset{\Delta}{D}_j, t+k) \cap M^-(t_0+i) \neq \Phi$ 的程度，则 $\overset{\Delta}{D}_t$ 的隶属度函数 $\mu_{\overset{\Delta}{D}_t}(\overset{\Delta}{D}_j)$ 为：

$$\mu_{\overset{\Delta}{D}_t}(\overset{\Delta}{D}_j) = \min(1 - \mathrm{cons}(M^+(\overset{\Delta}{D}_j, t+k)), M^-(t_0+i))$$

$$1 - \mathrm{cons}(M^-(\overset{\Delta}{D}_j, t+k), M^+(t_0+i)) = 1 - \max(\mathrm{cons}(M^+(\overset{\Delta}{D}_j, t+k), M^-(t_0+i)),$$

$$\begin{aligned}\mathrm{cons}(M^-(\overset{\Delta}{D}_j, t+k), M^+(t_0+i))) = 1 - \max_{j=1,q}((&\mu_{M^+}(\overset{\Delta}{D}_i, t+k)(mj) \\ &\times \mu_{t_0+i}(t+k) +, \mu_{M^-}(\overset{\Delta}{D}_i, t+k)(mj)) \\ &\times \min(\mu_{M^-}(\overset{\Delta}{D}_i, t+k)(mj) \\ &\times \mu_{t_0+i}(t+k) +, \mu_{M^+}(\overset{\Delta}{D}_i, t+k)(mj)))\end{aligned} \tag{1-1}$$

式(1-1)表示一个在 t 时刻发生的故障 $\overset{\Delta}{D}_j$，在 $t+k$ 时刻其必然出现的征兆集 $M^+(\overset{\Delta}{D}_j, t+k)$ 对 t_0+i 时刻已知没有出现的征兆集 $M^-(t_0+i)$ 的覆盖程度，$\overset{\Delta}{D}_j$ 在 $t+k$ 时刻必然不出现的征兆集 $M^-(\overset{\Delta}{D}_j, t+k)$ 对 t_0+i 时刻已知出现的征兆集 $M^+(t_0+i)$ 的覆盖程度。上述两个覆盖程度越小，$\overset{\Delta}{D}_j$ 作为 $M^+(t_0+i)$ 和 $M^-(t_0+i)$ 的解释越合理。

对于已知出现的征兆集 $M^+(t_0+i)$ 和没有出现的征兆集 $M^-(t_0+i)$，$\overset{\Delta}{D}_t$ 包括所有可能的故障模式。若一故障模式的 $\mu_{\overset{\Delta}{D}_t}(\overset{\Delta}{D}_j) = 0$，就可以放心地将其舍掉。

这里要注意，由于知识是不完备的，有些故障的征兆还不为人所知，这些故障和已知征兆没有任何关系，在一致性诊断模型中，这些故障都包括在解释中。

2）相关性诊断

相关性诊断关心的是那些和已知出现的征兆、已知没有出现的征兆相关的故障，相关性表现为在 t 时刻发生的故障 $\overset{\Delta}{D}_j$，在 $t+k$ 时刻其必然出现的征兆集 $M^+(\overset{\Delta}{D}_j, t+k)$ 对 t_0+i 时刻已知出现的征兆集 $M^+(t_0+i)$ 有某种程度的覆盖，$\overset{\Delta}{D}_j$ 在 $t+k$ 时刻必然不出现的征兆集 $M^-(\overset{\Delta}{D}_j, t+k)$ 对 t_0+i 时刻已知没有出现的征兆集 $M^-(t_0+i)$ 有某种程度的覆盖。

在精确集合下表示为：

$$\overset{\Delta}{D}{}^*_{t\_\mathrm{crisp}} = \{\overset{\Delta}{D}_j \in \overset{\Delta}{D}_{t\_\mathrm{crisp}}, M^+(\overset{\Delta}{D}_j, t+k) \cap M^+(t_0+i) \neq \Phi$$

$$\text{or } M^-(\overset{\Lambda}{D}_j, t+k) \cap M^-(t_0+i) \neq \Phi\}$$

扩展到模糊集合下的表示为：

$$\mu_{\overset{\Lambda}{D}_t^*}(\overset{\Lambda}{D}_j) = \min(\mu_{\overset{\Lambda}{D}_t}(\overset{\Lambda}{D}_j), \text{cons}(M^+(\overset{\Lambda}{D}_j, t+k), M^+(t_0+i)),$$
$$\text{cons}(M^-(\overset{\Lambda}{D}_j, t+k), M^-(t_0+i)))$$

3）覆盖性诊断

在精确集合下，对 $\overset{\Lambda}{D}^*_{t\_\text{crisp}}$ 进一步求精可得式(1-2)：

$$\overset{\Lambda}{D}^{**}_{t\_\text{crisp}} = \{\overset{\Lambda}{D}_j \in \overset{\Lambda}{D}^*_{t\_\text{crisp}}, M^+(t_0+i) \in M^+(\overset{\Lambda}{D}_j, t+k) \text{ or } M^-(t_0+i) \in$$
$$M^-(\overset{\Lambda}{D}_j, t+k) \exists k, \exists i t+k = t_0+i, k=0,\cdots,n, i=0,\cdots,m\} \tag{1-2}$$

显然有 $\overset{\Lambda}{D}^{**}_{t\_\text{crisp}} \in \overset{\Lambda}{D}^*_{t\_\text{crisp}}$，E. Sanchez 的弱蕴含定义为：

$$\text{inc}(F,G) = 1 \quad 若 \quad \mu_F \leqslant \mu_G \tag{1-3}$$

$$\text{inc}(F,G) = \mu_G \quad 若 \quad \mu_F > \mu_G \tag{1-4}$$

对于 $k=0,\cdots,n, i=0,\cdots,m$，若 $\exists i$、$\exists mf \in M^+(t_0+i)$、$\exists k$，

$$\mu M^+(t_0+i)(mf) \leqslant \mu_{M^+}(\overset{\Lambda}{D}_i, t+k)(mj) \times \mu_{t_0+i}(t+k)$$

则

$$\text{inc}(M^+(t_0+i), M^+(\overset{\Lambda}{D}_j, t+k)) = 1 \tag{1-5}$$

对于 $k=0,\cdots,n$、$i=0,\cdots,m$，若 $\exists i$、$\exists mf \in M^+(t_0+i)$、$\exists k$，

$$\mu M^+(t_0+i)(mf) > \mu_{M^+}(\overset{\Lambda}{D}_i, t+k)(mj) \times \mu_{t_0+i}(t+k)$$

则

$$\text{inc}(M^+(t_0+i), M^+(\overset{\Lambda}{D}, t+k)) = \mu_{M^+}(\overset{\Lambda}{D}_i, t+k)(mj) \times \mu_{t_0+i}(t+k) \tag{1-6}$$

式(1-5)意味着一个征兆若属于 $M^+(t_0+i)$，则该征兆必然属于 $M^+(\overset{\Lambda}{D}, t+k)$，这表示了后者对前者的覆盖性，因此 $\mu\overset{\Lambda}{D}_t^* \times (\overset{\Lambda}{D}) = 1$。$\mu M^+(t_0+i)(mj)$ 和 $\mu_{M^+}(\overset{\Lambda}{D}_i, t+k)(mj)$ 的接近程度，即 $M^+(\overset{\Lambda}{D}, t+k)$ 对 $M^+(t_0+i)$ 的覆盖程度，式(1-5)和式(1-6)分别是对式(1-3)和式(1-4)的引用。

同理，可以定义 $\text{inc}(M^-(t_0+i), M^-(\overset{\Lambda}{D}, t+k))$

在模糊集合下有

$$\mu_{\overset{\Lambda}{D}_i^*}(\overset{\Lambda}{D}_j) = \min(\mu_{\overset{\Lambda}{D}_i}(\overset{\Lambda}{D}_j), \text{inc}(M^+(t_0+i), M^+(\overset{\Lambda}{D}_j, t+k)),$$
$$\text{inc}(M^-(t_0+i), M^-(\overset{\Lambda}{D}_j, t+k)))$$

4）相等性诊断

在精确集合下

$$\overset{\Lambda}{D}^{***}_{t\_\text{crisp}} = \{\overset{\Lambda}{D}_j \in \overset{\Lambda}{D}^{**}_{t\_\text{crisp}}, M^+(t_0+i) \in M^+(\overset{\Lambda}{D}_j, t+k) \text{ and } M^-(t_0+i) \in$$
$$M^-(\overset{\Lambda}{D}_j, t+k) \exists k、\exists i\, t+k = t_0+i, k=0,\cdots,n, i=0,\cdots,m\}$$

在模糊集合下

$\mu \overset{\Delta}{D}_t^{**} \times (\overset{\Delta}{D}) = 1$，当且仅当 $\min(\mu M^+ (t_0 + i)(mf), \mu_{M^+}(\overset{\Delta}{D}_i, t+k)(mj) \times \mu_{t_0+i}(t+k) \neq 0$

$\text{and } \min(\mu M^- (t_0 + i)(mf), \mu_{M^-}(\overset{\Delta}{D}_i, t+k)(mj) \times \mu_{t_0+i}(t+k) \neq 0))$

本节提出的逐步求精的诊断模型保证在知识不完备的情况下既不遗漏某一潜在的故障，又能得到与已知征兆集最佳匹配的解。基于模糊关系方程对诊断问题求解，克服了高价模糊诊断模型概率计算的复杂性，因此该模型能较好地满足实时性的要求。文中的定义1.1.1和定义1.1.2及命题1.1.1和命题1.1.2为诊断问题求解中的知识完备性提供了判据，也使得知识获取工作有了明确的目标，避免花费精力获取那些冗余的知识。

1.2　多目标模糊优化方法

1.2.1　常规多目标优化设计的模糊解法

显而易见，多目标最优解与各子目标最优解是密切相关的，应包含各子目标的贡献。但是，各子目标之间、各子目标最优解与多目标最优解之间的相关关系都是模糊的，很难有一个确定的界限。多目标优化设计的各种解法，都是以一种确定的关系来反映多目标优化与各子目标之间的关系。虽然也能得到有效解或弱有效解，但这些避开模糊性的解法是不够理想的，甚至是勉强的。下面介绍一种多目标优化的模糊解法，其基本思想是：先求出各子目标的约束最优解，再利用这些最优解将各子目标函数模糊化，然后求使交集的隶属函数取最大值的解，该解便是多目标优化问题的最优解。下面介绍其具体步骤。

(1) 求各子目标函数的约束最优解，即：

$$\begin{aligned}&\text{求 } X = (x_1, x_2, \cdots, x_n)^{\mathrm{T}}\\&\min f_i(x),\quad i = 1,2,\cdots,I\\&\text{st } g_i(X) \leqslant 0,\quad j = 1,2,\cdots,J\end{aligned}$$

和

$$\begin{aligned}&\text{求 } X = (x_1, x_2, \cdots, x_n)^{\mathrm{T}}\\&\max f_i(x),\quad i = 1,2,\cdots,I\\&\text{st } g_i(X) \leqslant 0,\quad j = 1,2,\cdots,J\end{aligned}$$

设求得其极大值和极小值分别为 M、m。

(2) 模糊化各子目标函数：

$$\mu_{\int_i}(X) = \left(\frac{M - f_i(X)}{M - m}\right)^q$$

式中　$q>0$，通常 $q=\frac{1}{2}, 2, \frac{1}{3}, 3\cdots$ 由于 $\mu_{\int_i}(X) \leqslant 1$，若 q 取整数，尤其是较大的整数，则 $\mu_{\xi_i}(X)$ 将变得十分小，从而使运算中的相对误差增大，影响后面迭代寻优的收敛速度和精度，因此 q 宜取分数。

(3) 构造模糊判决：

$$\underset{\sim}{D} = \bigcap_{i=1}^{I} \xi i$$

其隶属函数为：

$$\mu \underset{\sim}{D}(X) = \bigwedge_{i=1}^{I} \mu\xi i(X)$$

(4) 求最优解：

$$\mu \underset{\sim}{D}(X^*) = \max \mu \underset{\sim}{D}(X^*) = \max \bigwedge_{i=1}^{I} \mu\xi i \tag{1-7}$$

由式(1-7)求得的最优解 X^* 即为多目标优化问题的最优解。显然，$\mu_{\varsigma i}(X)$的不同形式，将影响到多目标优化问题的最优解。人们正好可以利用这点来灵活地构造各种不同形式的$\mu_{\varsigma i}(X)$，以反映问题的特点和人们的主观愿望，从而获得较理想的优化方案。但这种影响规律还不是很清楚，有待于进一步的研究。

式(1-7)可转化为如下的单目标优化问题求解：

求 λ, x

$$\begin{aligned}
&\max \lambda \\
&\text{st } g_i(X) \leqslant 0, \quad j = 1,2,\cdots,J \\
&\mu_{\xi i}(X) \geqslant \lambda, \quad i = 1,2,\cdots,I \\
&0 \leqslant \lambda \leqslant 1
\end{aligned}$$

可以证明，由上述方法求得的最优解，是原多目标优化问题的有效解或弱有效解。

例 1.2.1 求 x

$$\begin{aligned}
&\min f_1(x) = -x \\
&f_2(x) = x^2 - 2x \\
&\text{st } 0 \leqslant x \leqslant 2
\end{aligned}$$

解：(1) 求各子目标函数的约束最优解：

子目标函数 $f_1(x) = -x$ 和 $f_2(x) = x^2 - 2x$ 的约束极小值和约束极大值分别为：

$$M_1 = 0, \ m_1 = -2, \ M_2 = 0, \ m_2 = -1$$

(2) 模糊化各子目标函数：

若取

$$\mu_{\zeta 1}(X) = \left(\frac{M_1 - f_1(X)}{M_1 - m_1}\right)^{\frac{1}{2}} = \left(\frac{1}{2}x\right)^{\frac{1}{2}}$$

$$\mu_{\zeta 2}(X) = \left(\frac{M_2 - f_2(X)}{M_2 - m_2}\right)^{\frac{1}{2}} = (2x - x^2)^{\frac{1}{2}}$$

(3) 构造模糊判决：

$$\mu_{\underset{\sim}{D}}(x) - \left(\frac{1}{2}x\right)^{\frac{1}{2}} \Lambda (2x - x^2)^{\frac{1}{2}}$$

(4) 求最优解：

$$\begin{aligned}
&\text{求 } X = (x, \lambda)^{\mathrm{T}} \\
&\max \lambda \\
&\text{st } x \leqslant 2 \\
&-x \leqslant 0 \\
&\lambda \leqslant 1 \\
&-\lambda \leqslant 0
\end{aligned}$$

$$\lambda-\left(\frac{1}{2}x\right)^{\frac{1}{2}}\leqslant 0$$

$$\lambda-(2x-x^2)^{\frac{1}{2}}\leqslant 0$$

从而求得最优解为：

$$x^*=1.499\,753\quad \lambda^*=0.866\,385\,5$$

1.2.2 模糊多目标优化设计

1. 对称模糊多目标优化模型的求解

对于其有 I 个模糊目标、J 个模糊约束的多目标优化问题，当给出论域 U 上的模糊目标函数集 $F_i(i=1,2,\cdots,I)$ 和模糊约束集 $\underset{\sim}{C}_j(j=1,2,\cdots,J)$ 时，对称条件下的模糊判决为：

$$\underset{\sim}{D}=\left(\bigcap_{i=1}^{I}\underset{\sim}{F}_i\right)\cap\left(\bigcap_{j=1}^{J}\underset{\sim}{C}_j\right)$$

其隶属函数为：

$$\mu\underset{\sim}{D}(X)=\left[\bigwedge_{i=1}^{I}\underset{\sim}{F}_i(X)\right]\wedge\left[\bigwedge_{j=1}^{J}\underset{\sim}{C}_j(X)\right]$$

最优解为使模糊判决的隶属函数取最大值的 X^*，即

$$\mu\underset{\sim}{D}(X^*)=\max\mu\underset{\sim}{D}(X)$$

采用直接求解法求解时，上式可归结为求解如下的常规优化问题：

求 λ,x

$$\begin{aligned}&\max\lambda\\&\text{st}\ \mu\underset{\sim}{C}_j(X)\geqslant\lambda,\quad j=1,2,\cdots,J\\&\mu\underset{\sim}{F}_i(X)\geqslant\lambda,\quad i=1,2,\cdots,I\end{aligned}$$

2. 普通多目标优化问题的求解

这类多目标模糊优化问题的数学模型为：

求

$$\begin{cases}X=(x_1,x_2,\cdots,x_n)^{\mathrm{T}}\\\max f(x)=[f_1(x),f_2(x),\cdots,f_I(x)]^{\mathrm{T}}\\\text{st}\ \underset{\sim}{C}=\bigcap_{j=1}^{p}\underset{\sim}{C}_j=\{X\mid X\in R^n,g_j(X)\leqslant b_j^u,j=1,2,\cdots,J;\ g_j(X)\geqslant b_j^l,j=J+1,\cdots,p\}\end{cases}\tag{1-8}$$

对于$\underset{\sim}{C}$中每一模糊约束$\underset{\sim}{C}_j$ 的约束限 b_j 给出容差 d_j，并采用线性隶属函数 $\mu_{\underset{\sim}{C}_j}(X)$，则

$$\mu_{\underset{\sim}{C}_j}(X)=\begin{cases}1, & g_j(X)\leqslant b_j^u\\ [(b_j^u+d_j^u)-g_j(X)]/d_j^u, & b_j^u<g_j(X)<b_j^u+d_j^u\\ 0, & g_j(X)\geqslant b_j^u+d_j^u\end{cases}$$

$$j=1,2,\cdots,J$$

$$\mu_{\underset{\sim}{C}_j}(X)=\begin{cases}0, & g_j(X)\leqslant b_j^l-d_j^l\\ [g_j(X)-(b_j^l-d_j^l)]/d_j^l, & b_j^u-d_j^l<g_j(X)<b_j^l\\ 1, & g_j(X)\geqslant b_j^l\end{cases}$$

$$j=J+1,\cdots,p$$

应该指出,各子目标函数 $f_i(X)(i=1,2,\cdots,l)$可能的最小值 m_i 受到约束条件模糊性的影响,而其可能的最大值 M_i 又受到其子目标函数最小点的影响。因此,在满足模糊约束条件的多目标优化情况下,各子目标函数 $f_i(X)$将在特定的区间内变化,形成模糊目标最小集$\underset{\sim}{G}_i$。构造$\underset{\sim}{G}_i$ 的隶属函数 $\mu_{\underset{\sim}{G}_i}(X)$的具体步骤如下。

(1) 求各子目标函数在约束条件最宽松的情况下可能的最小值,即

$$\min f_i(x),\quad i=1,2,\cdots,I$$

$$\text{st } g_j(X)\leqslant b_j^u+d_j^u,\quad j=1,2,\cdots,J$$

$$g_j(X)\geqslant b_j^l-d_j^l,\quad j=J+1,\cdots,p$$

用常规优化方法求得其解为 X_i^*,最小值为 $f_i(X_i^*)$。将 X_i^* 代入其余的子目标函数,得 $f_i(X_i^*)(l=1,2,\cdots,I;\ l\neq i)$。

(2) 找出各子目标函数可能的最小值 m_i 和最大值 M_i,即

$$m_i=\min_{1\leqslant l\leqslant I} f_i(X_i^*)=f_i(X_i^*)$$

$$M_i=\max_{1\leqslant l\leqslant I} f_i(X_i^*)$$

$$i=1,2,\cdots,I$$

(3) 构造各子目标函数的模糊目标$\underset{\sim}{G}_i$ 的隶属函数:

$$\mu\underset{\sim}{G}_i(X)=\begin{cases}1, & f_i(X)\leqslant m_i\\ \dfrac{M_i-f_i(X)}{M_i-m_i}, & m_i<f_i(X)<M_i\\ 0, & f_i(X)\geqslant M_i\end{cases}$$

上述模糊优化问题,实际上可归结为目标和约束均为模糊的情况下如何进行最优判决的问题。解法的实质是对综合模糊目标集$\underset{\sim}{G}$和综合模糊约束集$\underset{\sim}{C}$的模糊判决$\underset{\sim}{D}$构造其隶属函数 $\mu_{\underset{\sim}{D}}(X)$,求出最优点 X,使最优判决为:

$$\mu_{\underset{\sim}{D}}(X^*)=\max \mu_{\underset{\sim}{D}}(X)$$

3. 模糊判决形式

为适应对工程设计不同决策思想的需要,可采用不同形式的模糊判决:交模糊判决、凸模糊判决和积模糊判决。

1) 交模糊判决

$$\underset{\sim}{D}=\left(\bigcap_{i=1}^{I}\underset{\sim}{G}_i\right)\cap\left(\bigcap_{j=1}^{J}\underset{\sim}{C}_j\right)$$

其隶属函数为:

$$\mu\underset{\sim}{D}(X)=\left[\bigwedge_{i=1}^{I}\underset{\sim}{F}_i(X)\right]\wedge\left[\bigwedge_{j=1}^{J}\underset{\sim}{C}_j(X)\right]$$

则式(1-8)所求的多目标模糊优化问题转化为：

求 X

$$\max \mu_{\underset{\sim}{D}}(X)=\lambda$$

$$\text{st } \mu_{\underset{\sim}{G}_i}(X)\geqslant\lambda \quad i=1,2,\cdots,I$$

$$\mu_{\underset{\sim}{C}_j}(X)\geqslant\lambda \quad j=1,2,\cdots,p$$

2) 凸模糊判决

凸模糊判决的隶属函数定义为：

$$\mu_{\underset{\sim}{D}}\text{co}(X)=\sum_{i=1}^{I}\alpha_i\mu_{\underset{\sim}{G}_i}(X)+\sum_{j=1}^{p}\beta_j\mu_{\underset{\sim}{C}_j}(X)$$

式中

$$\sum_{i=1}^{I}\alpha_i+\sum_{j=1}^{p}\beta_j=1,\quad \alpha_i\geqslant 0,\quad \beta_j\geqslant 0$$

则式(1-8)所示的多目标模糊优化问题转化为：

求 X

$$\max \mu_{\underset{\sim}{D}}\text{co}(X)=\sum_{i=1}^{I}\alpha_i\mu_{\underset{\sim}{G}_i}(X)+\sum_{j=1}^{p}\beta_j\mu_{\underset{\sim}{C}_j}(X)$$

$$\text{st } g_j(X)\leqslant b_j^u+d_j^u,\quad j=1,2,\cdots,J$$

$$g_j(X)\geqslant b_j^l-d_j^l,\quad j=J+1,\cdots,p$$

3) 积模糊判决

积模糊判决的隶属函数定义为：

$$\mu_{\underset{\sim}{D}}\text{pr}(X)=\left[\left(\prod_{i=1}^{I}\mu_{\underset{\sim}{G}_i}(X)\right)\cdot\left(\prod_{j=1}^{p}\mu_{\underset{\sim}{C}_j}(X)\right)\right]^{\frac{1}{1+p}}$$

于是，式(1-8)所示的多目标模糊优化问题可转化为：

求 X

$$\max \mu_{\underset{\sim}{D}}\text{pr}(X)=\left[\left(\prod_{i=1}^{I}\mu_{\underset{\sim}{G}_i}(X)\right)\cdot\left(\prod_{j=1}^{p}\mu_{\underset{\sim}{C}_j}(X)\right)\right]^{\frac{1}{1+p}}$$

$$\text{st } g_j(X)\leqslant b_j^u+d_j^u,\quad j=1,2,\cdots,J$$

$$g_j(X)\geqslant b_j^l-d_j^l,\quad j=J+1,\cdots,p$$

经过严格的理论证明，应用上述不同形式的模糊判决求得的满意解均为弱有效解。交模糊判决反映了使各子目标和各约束中最差分量得到改善的谨慎思想，其结果仅使最差分量极大化，而其余量在一定范围内变化并不直接影响结果，丢失了不少信息。凸模糊判决属于算术平均型判决，它涉及各子目标、各约束之间的相对重要性，反映了对各方面均有所考虑的平均思想，表达明确、直观，且对重要指标的作用易于掌握。积模糊判决属于几何平均型判决，即从几何平均意义上考虑各子目标、各约束分量的影响。

1.2.3 普遍型多目标模糊优化设计方法

实际上，在一些较为复杂的工程优化问题中，不但约束具有模糊边界问题，而且目标也有模糊趋优问题。此外，由于各目标函数代表结构的性态物理量，而由于结构参数及载荷可能存在模糊性，使得这些函数也可能是一些模糊量。于是模糊目标一般可表示为：

$$\underset{\sim}{\min}\ \underset{\sim}{f}(x) = [\underset{\sim}{f_1}(x), \underset{\sim}{f_2}(x), \cdots, \underset{\sim}{f_I}(x)]^{\mathrm{T}}$$

既考虑约束函数本身及其允许区间具有模糊性，又考虑目标函数本身及其趋优具有模糊性的多目标优化问题，其数学模型为：

求

$$\begin{aligned} & X = (x_1, x_2, \cdots, x_n)^{\mathrm{T}} \\ & \underset{\sim}{\min}\ \underset{\sim}{f}(x) = [\underset{\sim}{f_1}(x), \underset{\sim}{f_2}(x), \cdots, \underset{\sim}{f_I}(x)]^{\mathrm{T}} \\ & \mathrm{st}\ g_j(X) \subseteq \underset{\sim}{G_j}, j = 1, 2, \cdots, J \end{aligned} \tag{1-9}$$

式中　模糊目标函数$\underset{\sim}{f_i}(X)$的模糊性不是来自确定性设计变量 X，而是来自那些函数本身所包含的模糊参数。

1. 目标函数的模糊满意区间

为了描述各目标的模糊趋优，即反映设计决策人员对目标函数不同取值的不同满意程度，构造如下形式的目标函数的模糊满意区间。

设$\underset{\sim}{F_i}$ 是定义于模糊目标函数$\underset{\sim}{f_i}(X)$的基础变量f_i 所在一维实数域上的模糊子集，其隶属函数为：

$$\mu \underset{\sim}{F_i}(f_i) = \begin{cases} 1, & f_i \leqslant f_i^l \\ h_i(f_i), & f_i^l < f_i < f_i^u \\ 0, & f_i \geqslant f_i^u \end{cases} \tag{1-10}$$

称$\underset{\sim}{F_i}$ 为$\underset{\sim}{f_i}(X)$的模糊满意区间；

式中　$h_i(f_i)$——取值于(0,1)区间的严格单调递减函数，具有如图 1-1 所示的形式。

在式(1-10)中，f_i^u 是目标函数$\underset{\sim}{f_i}(X)$的上限，代表设计决策人员对该目标最起码的要求，再大则完全不可接受；f_i^l 是设计决策人员对该目标认为的最理想、极满意的数值。f_i^u、f_i^l 均由设计决策人员根据设计经验和主观意愿直接给出。如果某个子目标是越大越好，则其相应的模糊满意区间$\underset{\sim}{F_i}$ 的隶属函数(如图 1-2 所示)为：

$$\mu \underset{\sim}{F_i}(f_i) = \begin{cases} 0, & f_i \leqslant f_i^l \\ h_i(f_i), & f_i^l < f_i < f_i^u \\ 1, & f_i \geqslant f_i^u \end{cases}$$

式中　$h_i(f_i)$——取值于(0,1)区间的严格单调递减函数；

　　f_i^u、f_i^l——设计决策人员给出的最起码要求和最理想数值。

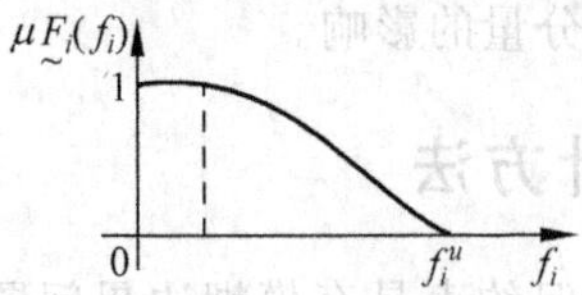

图 1-1　$h_i(f_i)$的形式

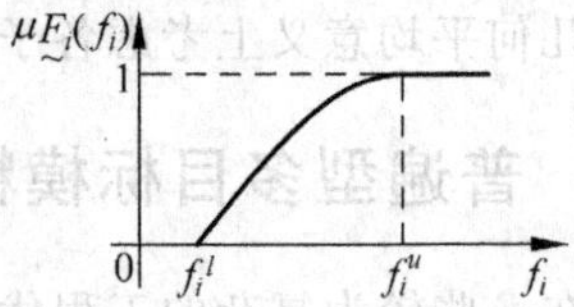

图 1-2　模糊满意区间

2. 对模糊目标的满意度

模糊目标函数$\underset{\sim}{f}_i(X)$及模糊满意区间$\underset{\sim}{F}_i$是同一论域(其基础变量f_i^l所在的一维实数域)内的两个模糊子集,具有如图1-3所示类型的隶属函数。当目标函数是确定性函数$f_i(X)$时,如果$f_i(X)\geqslant f_i^u$,则$\mu \underset{\sim}{F}_i(f_i(X))=0$,目标函数值完全不满意,$f_i(X)$落入$\mu F_i(f_i(X))$图形的过渡阶段。即当$f_i^l<f(X)_i<f_i^u$、$0<\mu \underset{\sim}{F}_i(f_i(X))<1$时,目标函数值在一定程度上(与$\mu \underset{\sim}{F}_i(f_i(X))$的值相适应)是令人满意的。当$f_i(X)\leqslant f_i^l$时,$\mu \underset{\sim}{F}_i(f_i(X))=1$,目标函数值完全满意。所以,确定性目标函数$f_i(X)$的满足度很自然地定义为:

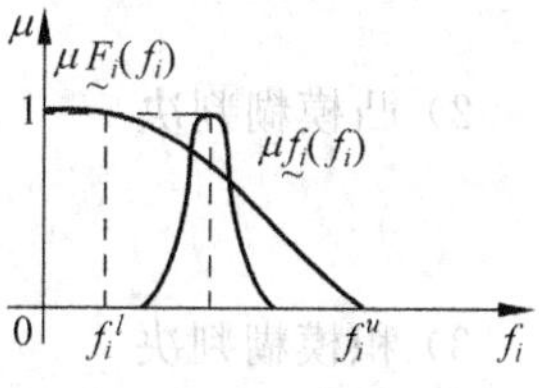

图1-3 模糊目标的满意度

$$\alpha_i(X)=\mu \underset{\sim}{F}_i(f_i(X))$$

对于模糊目标函数$\underset{\sim}{f}_i(X)$,与上述情况相仿,其满意度也取决于$\underset{\sim}{f}_i(X)$与其模糊满意区间$\underset{\sim}{F}_i$的隶属函数的相对位置。

仿照对广义模糊约束的满足度的定义,对模糊目标$\underset{\sim}{f}_i(X)\subseteq\underset{\sim}{F}_i(X)$的满意度可定义为:

$$\alpha_i(X)=\frac{\int_{-\infty}^{\infty}\mu \underset{\sim}{F}_i(f_i)\mu \underset{\sim}{f}_i(f_i)df_i}{\int_{-\infty}^{\infty}\mu \underset{\sim}{f}_i(f_i)df_i}$$

当$\mu \underset{\sim}{f}_i(f_i)$完全落入$\mu \underset{\sim}{F}_i(f_i)=1$的区间时,$\alpha_i(X)=1$,对此目标完全满意;当$\mu \underset{\sim}{f}_i(f_i)$完全落在$\mu \underset{\sim}{F}_i(f_i)$之外时,$\alpha_i(X)=0$,对该目标而言是不能允许的;当$\mu \underset{\sim}{f}_i(f_i)$与$\mu \underset{\sim}{F}_i(f_i)$相互搭接时,$0<\alpha_i(X)<1$,该目标在一定程度上是满意的。因此,这个定义完全符合满意度的物理意义和数学意义。

3. 模糊满意域

所有目标函数$\underset{\sim}{f}_i(X)$都是设计变量X的函数,因而对目标的所有满意条件都分别在设计空间形成模糊满意子域:

$$\underset{\sim}{\Theta}_i \triangleq \{\underset{\sim}{f}_i\subseteq\underset{\sim}{F}_i\},\quad i=1,2,\cdots,I$$

可以认为,设计变量X对这些模糊子域的隶属度分别为对目标的满意度,即:

$$\mu\Theta_i(X)=\mu \underset{\sim}{F}_i(f_i(X))=\alpha_i(X),\quad i=1,2,\cdots,I$$

这些模糊子域的交集构成设计空间的模糊满意域,即:

$$\underset{\sim}{H}=\bigcap_{i=1}^{I}\underset{\sim}{\Theta}_i$$

在模糊数学中,如何选择并集和交集的运算是难以解决的问题。模糊集的交运算有多种模式,难以判断其优劣。建议当这些集合之间的相互关系很密切时,采用Zadeh算子中的"∧"进行交运算;当它们之间基本无关时,采用"ō"即普通乘法进行交运算。

当取Zadeh算子时,设计变量X对模糊满意域H的隶属函数为:

$$\mu \underset{\sim}{H}(X) = \alpha[\alpha_1(X), \alpha_2(X), \cdots, \alpha_l(X)] = \bigwedge_{i=1}^{l} \alpha_i(X) = \alpha(X)$$

4. 普遍型对称模糊多目标优化问题的模糊判决解法

1）交模糊判决

$$\gamma(X) = \alpha(X) \wedge \beta(X) \tag{1-11}$$

2）凸模糊判决

$$\gamma(X) = a\alpha(X) + b\beta(X)$$
$$(a + b = 1, a \geqslant 0, b \geqslant 0)$$

3）积模糊判决

$$\gamma(X) = (\alpha(X) \cdot \beta(X))^{\frac{1}{2}}$$

如此，普遍型对称模糊多目标优化问题的求解，可转化为如下的无约束优化问题：

求

$$X = (x_1, x_2, \cdots, x_n)^{\mathrm{T}}$$
$$\max \gamma(X)$$

可以证明，当 γ 函数以式(1-11)的形式构成，而模糊可用域 Ω 为严格凸模糊集时，式(1-9)所示优化问题的求解可归结为：

求

$$X = (x_1, x_2, \cdots, x_n)^{\mathrm{T}}$$
$$\max \alpha(X)$$
$$\text{st. } \beta(X) \geqslant \alpha(X)$$

上述优化问题可利用常规优化方法求解。

5. 普遍型非对称模糊多目标优化问题的最优约束水平解法

求解约束水平分别为 λ 的常规优化问题，即

求

$$X = (x_1, x_2, \cdots, x_n)^{\mathrm{T}}$$
$$\max \alpha(X)$$
$$\text{st. } \beta(X) \geqslant \lambda$$

在所得一系列满意解 X_λ 中，选择最优方案。即

求

$$\lambda^* \in [0,1]$$
$$\gamma(X_{\lambda^*}) = \max \gamma(X_\lambda)$$

这是单变量无约束极值问题，可以很容易地通过一维搜索求得最优解 λ^*，从而获得原普遍型模糊多目标优化问题的解 X_{λ^*}。

1.3 数据处理的模糊熵方法

1.3.1 模糊熵的公理体系与定义

信息论中把熵定义为信息量的概率加权平均值。熵在信息论中能够最真实地度量随机

变量的不确定性，取值的概率越小相应的熵就越大，熵最大则不确定性最大。因而可以用熵表征变量的不确定程度。

对于样本集合 $X=\{x_1,x_2,\cdots,x_n\}$，其中每个样本 x_i 的概率为 $p(x_i)=p_i$，$\widetilde{A}$为样本集合 X 中的模糊事件，其隶属度函数为 $\mu_{\widetilde{A}}(x_i)$，模糊事件$\widetilde{A}$的概率为：

$$p(\widetilde{A})=\sum_{i=1}^{n}\mu_{\widetilde{A}}(x_i)p_i$$

模糊事件的熵为：

$$H(X)=-\sum_{i=1}^{n}\mu_{\widetilde{A}}(x_i)p_i\log p_i$$

如果样本集合为连续的随机变量，概率密度为 $p(x)$，则模糊事件$\widetilde{A}$的概率为：

$$p(\widetilde{A})=\int_{\Omega}\mu_{\widetilde{A}}(x)p(x)dx$$

式中 Ω——样本集合所在的空间；

$\mu_{\widetilde{A}}$——模糊事件的隶属度函数。

于是可以得到模糊事件的熵为：

$$H(\widetilde{A})=-\int_{\Omega}\mu_{\widetilde{A}}^2(x)p(x)\log[\mu_{\widetilde{A}}(x)p(x)]dx$$

可见，$H(\widetilde{A})$表示了模糊事件$\widetilde{A}$的不确定程度。

1.3.2 模糊熵的图像处理

1. 图像熵的数学描述

根据 Shannon 熵的概念，对于具体灰度范围$\{0,1,\cdots,l-1\}$的图像直方图，其熵为：

$$H_T=-\sum_{i=0}^{l-1}p_i\ln p_i$$

式中 p_i——第 i 个灰度出现的概率。设阈值 t 将图像划分为目标与背景两类，则令：

$$p_t=\sum_{i=0}^{l}p_i \quad H_t=-\sum_{i=0}^{l}p_i\ln p_i$$

由阈值 t 分为 A、B 两类后，两类的概率分布分别为：

$$\frac{p_0}{p_t},\frac{p_1}{p_t},\cdots,\frac{p_t}{p_t} \quad \frac{p_{t+1}}{1-p_t},\frac{p_{t+2}}{1-p_t},\cdots,\frac{p_{l-1}}{1-p_t}$$

与每个分布相对应的熵分别为 $H_A(t)$和 $H_B(t)$：

$$H_A(t)=-\sum_{i=0}^{t}\frac{p_i}{p_t}\ln\frac{p_i}{p_t}=\ln p_t+\frac{H_t}{P_t}$$

$$H_B(t)=-\sum_{i=t+1}^{l-1}\frac{p_i}{1-p_t}\ln\frac{p_i}{1-p_t}=\ln(1-p_t)+\frac{H_T-H_t}{1-P_t}$$

图像的总熵 $H(t)$为：

$$H(t)=H_A(t)+H_B(t)=\ln(1-p_t)p_t+\frac{H_t}{P_t}+\frac{H_T-H_t}{1-P_t}$$

最佳阈值 t^* 使总熵取最大值，即

$$t^* = \mathrm{Arg}\max_{0\leqslant t\leqslant l-1} H(t)$$

2. 结果分析

经过数据处理得分析结果如下。

采用一幅红外坦克图，分别采用侧抑制方法和上述算法对其进行了实验。图 1-4(a)是一幅 70×140 的原始红外图像、图 1-4(b)是侧抑制分割结果图像。图 1-5(a)是经平滑处理的图像，图 1-5(b)～(d)是经过上述算法处理后的分割图，只是其中所取的模糊窗宽不同。

从实验图 1-5 中可以看到，窗宽为 100 时，图像分割效果较差，分割后的图像中出现一些噪声；窗宽为 150 时，可以将红外目标和背景很好地分离开，且目标的轮廓清晰；窗宽为 200 时，发现目标和背景仍能很清晰的分割，但漏掉了一些目标细节信息。

将上述两种方法的图像分割结果进行比较，明显可以看出，图 1-5(b)和(c)的结果(模糊熵方法)明显优于图 1-4(b)的结果(侧抑制方法)。

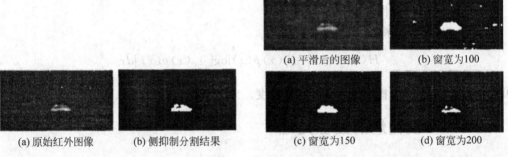

(a) 原始红外图像　(b) 侧抑制分割结果

图 1-4　坦克红外图像的目标分割(侧抑制方法)

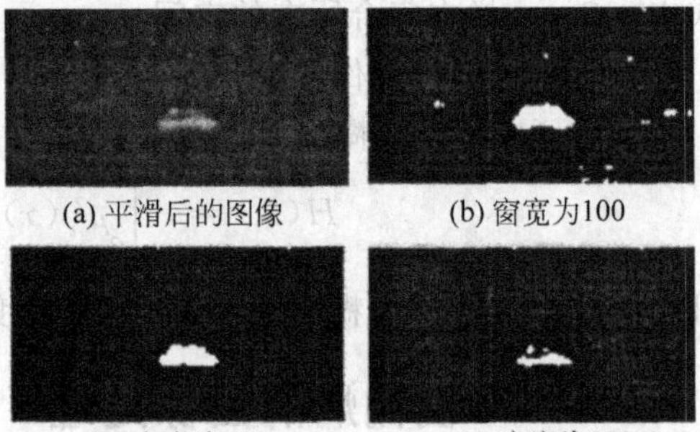

(a) 平滑后的图像　(b) 窗宽为100

(c) 窗宽为150　(d) 窗宽为200

图 1-5　坦克红外图像的目标分割(模糊熵方法)

采用 Matlab 语言对上述方法进行仿真运算，模糊熵方法的运算速度优于侧抑制方法的速度，约为其运算时间的 60%。采用模糊熵方法时，随着窗宽选择的增大，其计算量减小。因而，文中给出的方法简化了运算量，提高了运算速度。

1.4 自适应模糊聚类分析

模糊聚类算法中的噪声敏感性以及点对类的隶属度缺乏典型性。自适应模糊聚类方法可以自动地标识那些有影响力的或者说重要的原型样本，反映出这些原型样本对其他样本的影响；又可以自动地标识那些有影响力的或者说重要的类，反映出那些重要的类对其他类的影响。该方法能够有效地降低噪声对有用信息的干扰，为传统的聚类方法提供了一个既有可操作性又有效率的替代方案。

针对目标函数式模糊聚类的缺陷和不足进行改进，提出了一种合理的聚类法，即自适应性聚类法。该新型的目标函数聚类法以扩充传统式目标函数成为具有自适应性的目标函数聚类法，它将样本点(矢量)的归属函数值加入计算，并考虑将具有影响力的样本点的权重按照样本所在的位置加以控制，使其不致被忽略。所提出的自适应模糊聚类技术具有以下自适应特点：首先，它可以自动地在非标识类别的文件资料中区分自然的样本聚集群及具有影响力的原型样本；其次，它可以自动地反映出那些有影响的类对其他类的影响。这个算法为传统的聚类方法提供了一个具有自适应性又有效率的替代方案。

1.4.1 相关的模糊聚类算法

模糊聚类算法(FCM)的目标函数表述如下：

$$\min J(U,V)=\sum_{i=1}^{c}\sum_{j=1}^{n}u_{ij}^{m}d_{ij}^{2}$$

$$\sum_{i=1}^{c}u_{ij}=1,\quad 0<\sum_{j=1}^{n}u_{ij}\leqslant N \tag{1-12}$$

式中 u_{ij}——第 j 个样本 x_j 隶属于 s_i 的程度；$d_{ij}=\|x_j-v_i\|$。Bezdek 用 Lagrange 乘子寻优算法导出目标函数式(1-12)的最优隶属函数为：

$$u_{ij}=\left(\sum_{r=1}^{c}\frac{2}{d_{ij}(m-1)}\Big/\frac{2}{d_{rj}(m-1)}\right)^{-1}$$

图 1-6 为三种不同的类分布的情况。按照 FCM 算法，在图 1-6(a)中，点 A 和点 B 可以具有同样的隶属度，从而得到同样的处理，但是显然点 A 更有可能是杂讯而非信息点。另外，虽然图 1-6(a)中点 C 和点 G 关于左边的类是对称的，但是它们的隶属度却不相等。因为在 FCM 中各个点的隶属度必须满足约束条件 $\sum_{j}^{n}\mu_{ij}=1$，这就强迫点 G 必须分配一定的隶属度值给右边的类中的点，而且比点 C 分配得更多。在图 1-6(b)中，点 A 和点 B 具有同样的隶属度 0.5，但显然点 A 比点 B 更重要，图 1-6(c)同样可以说明这种不合理现象。为了克服 FCM 算法的这些缺陷，许多研究算法和实验结果已经被提出，典型的是由 Krishnapuram 等人提出的 PCM 算法，他们用新的目标函数代替 FCM 算法中的目标函数，得到下式：

$$\min J(U,V)=\sum_{i=1}^{c}\sum_{j=1}^{n}\{u_{ij}^{m}d_{ij}^{2}+(1-\mu_{ij})^{m}\eta_i\}$$

$$0<\sum_{j}^{n}\mu_{ij}\leqslant n$$

同样使用 Lagrange 乘子寻优算法后，也可导出如下最优的隶属函数：

$$u_{ij}=\{1+(d_{ij}^{2}/\eta_i)^{\frac{1}{m-1}}\}^{-1}$$

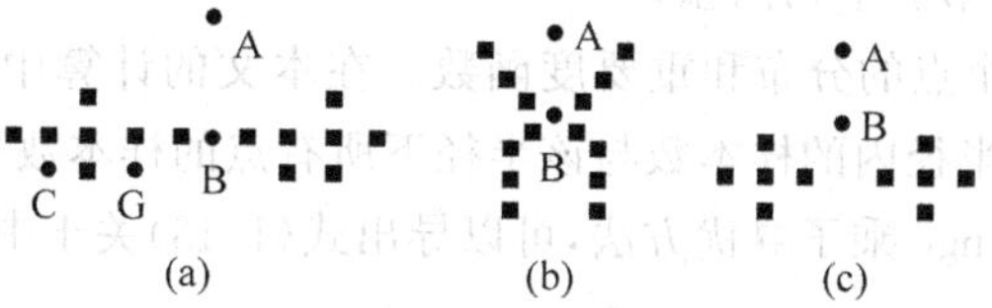

图 1-6 隶属度不合理分配的情况

然而，PCM 算法有一定的局限性，它带有一个必须被使用者预先确定的参数 η_i，这个参数与最后的聚类结果密切相关，因此使聚类结果带有很大的不确定性；另一方面，就像 PCM 的提出者及一些研究者所分析的那样，在 PCM 为聚类实行迭代时，每次仅仅能够“看见”一个类，各类之间无关联，这样将给最后的算法收敛带来很大的时间耗费。“最优的”隶属度典型的结果主要有下面两种。

(1) 由 Zimmerman 等人提出的并经试验验证了的最优的隶属度为：

$$u_{ij} = \frac{1}{1+d_{ij}}$$

(2) 有点的权重的最优模糊隶属度为：

$$u_{ij} = w_i\left(\sum_{r=1}^{c}\frac{2}{d_{ij}(m-1)}\bigg/\frac{2}{d_{rj}(m-1)}\right)^{-1}$$

式中　w_i——每个点的重要度。

这两个结果都是试验性的，没有给出一般性的并为众人接受的理由，更没有相应的收敛性和最优性的分析，也没有指出如何确定各个点的权重。为此，提出一个新的聚类算法，即自适应模糊聚类算法，不仅能有效地克服上述缺陷，而且具有很好的运算效率。

1.4.2 自适应模糊聚类算法

自适应性模糊聚类(AFCM)算法的一个重要部分是关于模糊聚类 FCM 算法的改进。它的基本功能是自动地鉴别那些重要的点和重要的类，并赋予不同的权值，然后把这些权值嵌入到迭代过程中。具体的思路说明如下：让模糊划分矩阵 U 的每一行元素之和和每一列元素之和分别组成两组参数，它们在本文的算法中十分重要，因此分别把它们组成的集合记为 $U1=\{u_{.j}\}$ 和 $U2=\{u_i\}$。这里

$$u_i = \sum_{j=1}^{n} u_{ij} \quad i=1,2,\cdots,c$$

$$u_{.j} = \sum_{i=1}^{c} u_{ij} \quad j=1,2,\cdots,n$$

在 FCM 算法中，要求对一切 j，有 $u \cdot j=1$，此时，u_{ij} 是相关数。由于这种相关数的表示对噪声和扰动的高度敏感性及不能真正反映点到所属类的归属性，它不具有抗噪声和扰动功能。以下首先给出一个 FCM 算法的变化形式，它具有如下目标函数：

$$\begin{cases}\min F(U,V) = \sum_{i=1}^{c}\sum_{j=1}^{n} u_{ij}^m d_{ij}^2 \\ \text{st. } u_{.j} = F(w_j) \quad 0 < \sum_{j=1}^{n} u_{ij} \leqslant n\end{cases} \tag{1-13}$$

式中　w_j——U 矩阵中第 j 个列向量；

$F(w_j)$——第 j 个点的分布和重要度函数。在本文的计算中，取 $F(w_j)$ 为第 j 个点在一定半径内的样本数与该半径下所有点的样本数平均的比值。同样借助于 Lagrange 乘子寻优方法，可以导出式(1-13)关于中心点和隶属函数如下：

$$\begin{cases}v_i = \sum_{j=1}^{n} u_{ij}x_i \bigg/ \sum_{j=1}^{n} u_{ij} \\ u_{ij} = F(w_j)\bigg/\sum_{k=1}^{c}\left(\frac{d_{ij}}{d_{ik}}\right)^{\frac{2}{(m-1)}}\end{cases} \tag{1-14}$$

此时 FCM 算法所要表达的意义如下。

(1) 当 $F(w_j)<1$ 时，$u \cdot j<1$，表示这个资料点的重要性很低，甚至可能是杂讯点。

(2) 当 $F(w_j)=1$ 时，$u\cdot j=1$，表示不对这个资料点做额外的加权，它实际上仍然是标准的 FCM 算法中的对应值。

(3) 当 $F(w_j)>1$ 时，$u\cdot j>1$，表示这个资料点处于群聚之中的可能性很高。因而获得一个放大的权值，以加强那些可能的信息聚集中心点的影响。以下把这个新得到的算法称为 WFCM 算法。

由前所述的实验中可以验证，如此的隶属函数确实在一定程度上可以克服如图 1-6 所示的隶属度的不合理分配，但是却不能根本避免，因为毕竟现在的隶属度仍然是相关的，尽管这个相关度引起的隶属度的不均衡的分布已经不像在 FCM 时那样严重影响现在已经获得的相对于各个类的重要度，能近似反映所对应类中元素的多寡和密度大小的综合信息，如以此为约束条件，则有能力从根本上避免 FCM 的缺陷。因此需要发展一个强调类的重要度的算法。回顾 FCM 聚类法，约束条件要求对于一切 i，有 $u_i=1$，其目的是为了避免目标函数的零解；完全对称地，如果对于任何一个类，让所有点对同一个类的隶属度之和分别等于其重要度，也同样可以避免零解。具体而言，修改约束条件使下式成立：

$$u_i = q_i \quad 0 < \sum_{j=1}^{n} u_{ij} \leqslant n$$
$$i = 1,2,\cdots,c$$

现在各个点已经不再分享对一个类(或聚类原型)的隶属度，从而属于不同类的点之间已不再相关。这里 q_i 表示第 i 个类的重要度。然而重要的是，在 WFCM 运算之前，使用者根本没有关于类的结构信息。因此，不能像对待点那样，直接获得一个关于类的权值。在实施 WFCM 之后，从结构上看，那些拥有较多元素的类具有较稠密的组成元素，它的重要度应该更大；同时它对应的所有元素的隶属度之和也较大。反之，那些组成元素较少的类或组成元素的分布较稀疏的类具有较小的重要度，因此其隶属度之和也较小。相应的表达式如下：

$$\min F(U,V) = \sum_{i=1}^{c}\sum_{j=1}^{n} u_{ij}^{m} d_{ij}^{2}$$

$$\text{st } u_{\cdot j} = F(w_j) \quad 0 < \sum_{j=1}^{n} u_{ij} \leqslant n \quad i = 1,2,\cdots,c$$

同理，借助于 Lagrange 乘子寻优方法，可以导出它的隶属函数如下：

$$v_i = \sum_{j=1}^{n} u_{ij} x_i \Big/ \sum_{j=1}^{n} u_{ij}$$
$$u_{ij} = F(w_j) \Big/ \sum_{i=1}^{n} \left(\frac{d_{ij}}{d_{ik}}\right)^{\frac{2}{(m-1)}} \tag{1-15}$$

式中 $u_i = q_i = F(w_i)u$；

w_i——U 矩阵中第 i 个列向量；

$F(w_i)$——各个类的分布和重要度函数。在本书所使用的模型里，取 $F(w_i)=\sum_{j=1}^{n}\tilde{u}_{ij}$，这里 $\tilde{u}_{ij}$ 是从 WFCM 算法中得到的隶属度。式(1-15)与强调点的重要度的 WFCM 隶属度公式是对偶的，当迭代停止时便得到所有类及其中心点。如此的 FCM 算法所要表达的意义如下。

(1) 当 $F(w_i)<1$ 时，$u_{\cdot i}<1$，表示该类组成元素较少或分布稀疏，甚至代表这个类有可能是噪声点的聚集，因此应该降低每个点的影响范围。

(2) 当 $F(w_i)=1$ 时，$u_{\cdot i}=1$，表示不对这个资料对应的类做额外的加权，它形式上是与 FCM 算法相对偶的。

(3) 当 $F(w_i)>1$ 时，$u_{\cdot i}>1$，表示这个类很重要，也意味着该类组成元素较多或分布稠密，信息点群聚的可能性很高，因而获得一个放大的权值，以加强该类的影响。

AFCM 的算法程序如下。

```
输入类数 c、指数 m、样本集{x_i}，以及收敛容差 ε;
设初始迭代数 s = 1;
DO
    For 所有 s
        计算各个点的重要度;
        {使用式(1-13)更替类中心;
        {使用式(1-13)更替模糊划分矩阵;
        s = s + 1
    Until ( ‖ U^(s-1) - U^s ‖ < ε)
End Do
DO
    For 所有 s
        计算各个类的重要度;
        使用 WFCM 算法计算公式;
        {使用式(1-14)更替类中心;
        {使用式(1-14)更替模糊划分矩阵;
        s = s + 1
    Until ( ‖ U^(s-1) - U^s ‖ < ε)
End Do
Return
```

1.4.3 算法收敛性分析

根据 AFCM 和 WFCM 的计算程序可以得到以下结果。

定理 AFCM 和 WFCM 算法中的迭代序列一定是收敛的，当选择相同的初始点时，WFCM 算法与 AFCM 算法有相同的极值点或鞍点。

1.5 模糊关联分析

1.5.1 模糊关联分析法

目前模糊综合评判法和灰色关联法已广泛应用于评价之中，但都有其局限性。模糊性的根源在于客观事物的差异之间存在着中间过渡状态，存在着亦此亦彼的现象。但是，在亦此亦彼中依然存在差异，进一步比较可以明确在上一层次中亦此亦彼的信息，在下一层次可能是非此即彼。

隶属函数作为模糊性的客观量度，也是模糊关联分析法的关键。采取降半梯形形式的隶属函数，使每一级别隶属函数仅与相邻的上、下两个级别存在隶属关系。这就有如下缺点：分布过于离散时，可能会损失很多有用的信息；级别区间内的值的变化特征是无法体现的，而实际上即使在同一级别区间内，其值也是有差异的。灰色关联法可以克服这一缺点，在确定灰色关联度之前，计算距离的大小，即计算监测值与评价标准之间的距离。本文采用融合模糊综合评判“降半梯形”的隶属函数（只能处理模糊信息，不能准确处理白化信息）和灰色关联法（仅能处理白化信息，不能处理模糊信息——区间值）的综合集成法——模糊关联分析法评价环境质量。

模糊关联分析法的技术路线：先利用模糊综合评判法中的隶属函数计算各评价样本对各级别的隶属度，再结合样本的权重进行关联分析，计算出相对于清晰综合评判的关联度，之后根据评价结果确定各监测点环境质量的优劣。

1.5.2 评价原理和方法

设有 p 个样本，每个样本有 m 个污染级别和 n 个污染物，记为 $k=1,2,\cdots,p$；$j=\mathrm{I},\mathrm{II},\cdots,m$；$i=1,2,\cdots,n$。级别区间为 $\lambda_j=\{[\lambda_j^{(1)}(i),\lambda_j^{(2)}(i)]\mid j=\mathrm{I},\mathrm{II},\cdots,m;\ i=1,2,\cdots,n\}$，实测浓度集合为 $X_k^*=\{x_k(i)\mid i=1,2,\cdots,n;\ k=1,2,\cdots,p\}$，其中，$\lambda_j=[\lambda_j^{(1)}(i),\lambda_j^{(2)}(i)]$，为属于第 j 个级别的第 i 个污染物的标准范围，而 $x_k(j)$ 为第 k 个评价样本的第 i 个污染物的实测值。

1. 隶属函数

为了保证模型包容所有信息，采用“降半梯形”的结构，有三种基本图形，如图 1-7～图 1-9 所示。

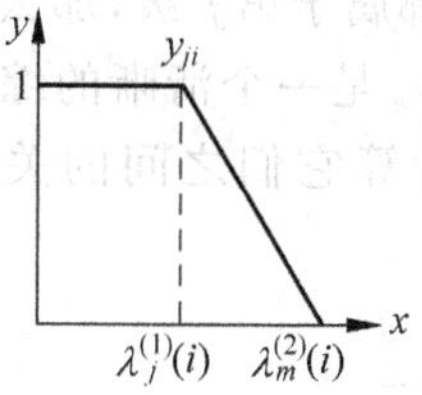

图 1-7 降半梯形结构形式一

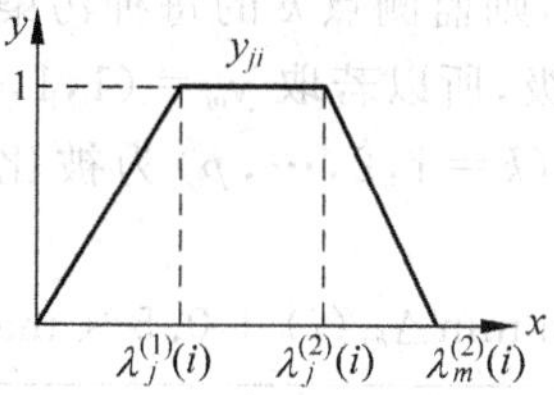

图 1-8 降半梯形结构形式二

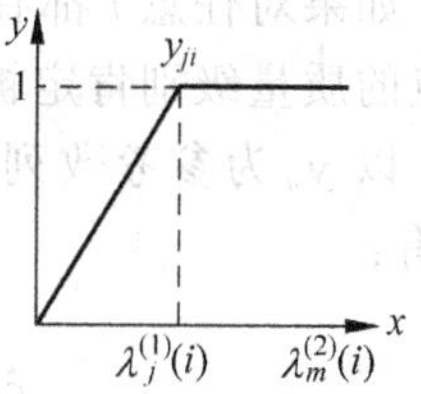

图 1-9 降半梯形结构形式三

图 1-7 的隶属函数为：

$$y_{ji}=\begin{cases}1, & (x_k(i)\leqslant\lambda_j^{(1)}(i))\\ \dfrac{\lambda_m^{(2)}(i)-x_k(i)}{\lambda_m^{(2)}(i)-\lambda_j^{(1)}(i)}, & (\lambda_j^{(1)}(i)<x_k(i)\leqslant\lambda_m^{(2)}(i))\end{cases}$$

图 1-8 的隶属函数为：

$$y_{ji}=\begin{cases}\dfrac{x_k(i)}{\lambda_j^{(1)}(i)}, & (x_k(i)\leqslant\lambda_j^{(1)}(i))\\ 1, & (\lambda_j^{(1)}(i)<x_k(i)\leqslant\lambda_m^{(2)}(i))\\ \dfrac{\lambda_m^{(2)}(i)-x_k(i)}{\lambda_m^{(2)}(i)-\lambda_j^{(1)}(i)}, & (x_k(i)>\lambda_j^{(1)}(i))\end{cases}$$

$$j = 2,3,\cdots,m-1$$

图 1-9 的隶属函数为：

$$y_{ji} = \begin{cases} \dfrac{x_k(i)}{\lambda_j^{(2)}(i)}, & (x_k(i) \leqslant \lambda_j^{(2)}(i)) \\ 1, & (x_k(i) > \lambda_j^{(2)}(i)) \end{cases}$$

$$j = m$$

式中 y_{ji}——第 i 个污染物对第 j 级别的隶属函数。显然其定义域为$[0,\lambda_m^{(2)}(i)]$，即在最高允许范围内的污染物的任何实测值对每个级别都有不为 0 的隶属度(除端点外)。建立隶属函数后，求出评判矩阵 $R_k(k=1,2,\cdots,p)$。

2. 权重

为了反映各污染物在评价中的作用，可以根据各污染物的超标情况进行加权，超标越多，加权越大。

$$a_{ki} = \frac{(x_k(i)/S_{oi})}{\sum\limits_{k=1}^{p}(x_k(i)/S_{oi})}$$

式中 a_{ki}——第 k 个监测点第 i 个污染物的权重；

S_{oi}——第 i 种污染物的参考标准，有的文献把它取为第 i 种污染物各级标准的平均值。

3. 灰色关联度

监测点 k 的污染物值 $x_k(i)$ 相对于第 j 级别的隶属度为：

$$y_{kj}(i) = (y_{kj}(1), y_{kj}(2), \cdots, y_{kj}(n))$$

如果对任意 i 都有 $y_{kj}(i)=1$，则监测点 k 的每种污染物的浓度都属于第 j 级，那么该监测点的质量级别肯定被判为第 j 级，所以若取 $y_{oj}=(1,1,\cdots,1)$，则 y_{oj} 是一个清晰的综合评判。以 y_{oj} 为参考数列，以 $y_{kj}(i)(k=1,2,\cdots,p)$ 为被比较数列，计算它们之间的关联度 y_{kj} 有：

$$\xi_{kj}(i) = \frac{\min\limits_{k}\min\limits_{i}\Delta_{kj}(i) + 0.5\times\max\limits_{k}\max\limits_{i}\Delta_{kj}(i)}{\Delta_{kj}(i) + 0.5\times\max\limits_{k}\max\limits_{i}\Delta_{kj}(i)}$$

$$\gamma_{kj}(i) = \sum a(k,i)\times\xi_{kj}(i)(i=1,2,\cdots,n)$$

式中 $\Delta_{kj}(i)=|y_{kj}(i)-1|$。

4. 评判

按最大原则 $\max\limits_{j}\gamma_{kj}=\max\limits_{j}\gamma_{kl}$ 确定样本属于何级，则测点 k 的质量级别应为 l 级。

1.5.3 实证研究

1. 应用背景

以长春市大气环境质量评价为例(如表 1-1 所示)，说明模糊关联分析法的具体应用。

表 1-1 大气环境质量分级标准及监测数据 (单位：mg/m^3)

		SO_2	NO_x	TSP
标准	Ⅰ	0.000～0.050	0.000～0.050	0.000～0.120
	Ⅱ	0.050～0.150	0.050～0.100	0.120～0.300
	Ⅲ	0.150～0.250	0.100～0.150	0.300～0.500
监测点	A_1	0.125	0.086	0.239
	A_2	0.022	0.013	0.188
	A_3	0.131	0.016	0.101
	A_4	0.097	0.027	0.417
	A_5	0.067	0.035	0.657
	A_6	0.014	0.018	0.409
	A_7	0.176	0.123	0.415
	A_8	0.050	0.050	0.150
	A_9	0.100	0.075	0.225
	A_{10}	0.064	0.058	0.176

2. 构造隶属函数

以污染物 SO_2 为例，构造隶属函数及判断矩阵。

$$y_{\mathrm{I}} = \begin{cases} 1, & (x_k(1) \leqslant 0.050) \\ \dfrac{0.250 - x_k(1)}{0.250 - 0.050}, & (0.050 < x_k(1) \leqslant 0.250) \end{cases}$$

$$y_{\mathrm{II}} = \begin{cases} \dfrac{x_k(1)}{0.050}, & (x_k(1) \leqslant 0.050) \\ 1, & (0.050 < x_k(1) \leqslant 0.150) \\ \dfrac{0.250 - x_k(1)}{0.250 - 0.150}, & (0.150 > 0.250) \end{cases}$$

$$y_{ji} = \begin{cases} \dfrac{x_k(1)}{0.150} & (x_k(1) \leqslant 0.150) \\ 1, & (x_k(1) > 0.150) \end{cases}$$

$R_k=(R_1, R_2, \cdots, R_p)$，以监测点 A_1 为例：

$$R_1 = \begin{pmatrix} 0.625 & 1.000 & 0.833 \\ 0.640 & 1.000 & 0.860 \\ 0.687 & 1.000 & 0.797 \end{pmatrix} \begin{matrix} SO_2 \\ NO_x \\ TSP \end{matrix} \qquad R_2 = \begin{pmatrix} 1.000 & 0.440 & 0.147 \\ 1.000 & 0.260 & 0.130 \\ 0.821 & 1.000 & 0.627 \end{pmatrix}$$

(columns: Ⅰ Ⅱ Ⅲ)

$$R_3 = \begin{pmatrix} 0.595 & 1.000 & 0.873 \\ 1.000 & 0.320 & 0.160 \\ 1.000 & 0.842 & 0.337 \end{pmatrix} \qquad R_4 = \begin{pmatrix} 0.765 & 1.000 & 0.647 \\ 1.000 & 0.540 & 0.270 \\ 0.218 & 0.415 & 1.000 \end{pmatrix}$$

$$R_5 = \begin{pmatrix} 0.915 & 1.000 & 0.447 \\ 1.000 & 0.700 & 0.860 \\ 0.000 & 0.000 & 1.000 \end{pmatrix} \qquad R_6 = \begin{pmatrix} 1.000 & 0.280 & 0.093 \\ 1.000 & 0.360 & 0.180 \\ 0.239 & 0.455 & 1.000 \end{pmatrix}$$

$$R_7 = \begin{array}{c} \begin{array}{ccc} \text{Ⅰ} & \text{Ⅱ} & \text{Ⅲ} \end{array} \\ \begin{bmatrix} 0.370 & 0.740 & 1.000 \\ 0.270 & 0.540 & 1.000 \\ 0.224 & 0.425 & 1.000 \end{bmatrix} \end{array} \qquad R_8 = \begin{array}{c} \begin{array}{ccc} \text{Ⅰ} & \text{Ⅱ} & \text{Ⅲ} \end{array} \\ \begin{bmatrix} 1.000 & 1.000 & 0.333 \\ 1.000 & 1.000 & 0.500 \\ 0.921 & 1.000 & 0.500 \end{bmatrix} \end{array}$$

$$R_9 = \begin{bmatrix} 0.750 & 1.000 & 0.667 \\ 0.750 & 1.000 & 0.750 \\ 0.724 & 1.000 & 0.750 \end{bmatrix} \qquad R_{10} = \begin{bmatrix} 0.930 & 1.000 & 0.427 \\ 0.920 & 1.000 & 0.580 \\ 0.853 & 1.000 & 0.587 \end{bmatrix}$$

3. 监测点污染物的权重

监测点污染物的权重如表 1-2 所示。

表 1-2 监测点污染物相对于各级标准的权重值

监测点	$a_{\text{Ⅰ}}$	$a_{\text{Ⅱ}}$	$a_{\text{Ⅲ}}$
A_1	(0.430,0.296,0.274)	(0.361,0.332,0.307)	(0.327,0.360,0.313)
A_2	(0.225,0.133,0.642)	(0.179,0.141,0.680)	(0.161,0.152,0.687)
A_3	(0.725,0.089,0.186)	(0.664,0.108,0.228)	(0.633,0.124,0.244)
A_4	(0.369,0.103,0.529)	(0.305,0.113,0.582)	(0.278,0.124,0.598)
A_5	(0.209,0.109,0.682)	(0.165,0.115,0.720)	(0.148,0.124,0.728)
A_6	(0.083,0.107,0.810)	(0.064,0.109,0.827)	(0.044,0.090,0.866)
A_7	(0.402,0.281,0.316)	(0.336,0.313,0.351)	(0.303,0.339,0.358)
A_8	(0.333,0.333,0.333)	(0.273,0.364,0.364)	(0.244,0.390,0.366)
A_9	(0.400,0.300,0.300)	(0.333,0.333,0.333)	(0.158,0.190,0.652)
A_{10}	(0.354,0.321,0.325)	(0.292,0.352,0.356)	(0.261,0.379,0.359)

4. 计算灰色关联度

在 $p=10$、$m=3$、$n=3$，参考数列为 yoi =(1,1,1,1) 的情况下，计算各监测点对各级评价标准的隶属度，再根据取大优先原则确定评价级别，所得关联度和评价结果如表 1-3 所示。

表 1-3 监测点污染物相对于各级标准的隶属度、关联度及评价结果

监测点	$y_{\text{Ⅰ}}$	$y_{\text{Ⅰ}}$	$y_{\text{Ⅱ}}$	$y_{\text{Ⅱ}}$	$y_{\text{Ⅲ}}$	$y_{\text{Ⅲ}}$	评价结果
A_1	(0.625,0.640,0.687)	0.571	(1.000,1.000,1.000)	1.000	(0.833,0.860,0.797)	0.749	Ⅱ
A_2	(1.000,1.000,0.821)	0.831	(0.440,0.260,1.000)	0.821	(0.147,0.130,0.627)	0.508	Ⅰ
A_3	(0.595,1.000,1.000)	0.676	(1.000,0.320,0.842)	0.883	(0.873,0.600,0.337)	0.679	Ⅱ
A_4	(0.765,1.000,0.218)	0.560	(1.000,0.540,0.415)	0.632	(0.647,0.270,1.000)	0.811	Ⅲ
A_5	(0.915,1.000,0.000)	0.515	(1.000,0.700,0.000)	0.477	(0.447,0.350,1.000)	01 852	Ⅲ
A_6	(11 000,11 000,01 239)	01 511	(01 280,01 360,01 455)	01 470	(01 093,01 180,11 000)	01 916	Ⅲ
A_7	(01 370,01 270,01 224)	01 416	(01 740,01 540,01 425)	01 547	(11 000,11 000,11 000)	11 000	Ⅲ
A_8	(11 000,11 000,11 000)	11 000	(11 000,11 000,11 000)	11 000	(01 333,01 500,01 500)	01 483	Ⅰ、Ⅱ
A_9	(01 750,01 750,01 724)	01 660	(11 000,11 000,11 000)	01 999	(01 667,01 750,01 750)	01 656	Ⅱ
A_{10}	(01 930,01 920,01 853)	01 838	(11 000,11 000,11 000)	11 000	(01 427,01 580,01 587)	01 524	Ⅱ

1.6 模糊信息优化方法

1.6.1 模糊信息优化处理的基本理论

模糊信息的基本特征是能够根据原始信息对其相应的必然型或统计型规律进行模糊识别。数据资料反映的信息常常是杂乱无章的,传统的信息论是考查这些数据资料携带了多少信息,而一般的统计法则研究它们的规律。模糊信息优化处理可充分反映这些数据资料的信息内容和结构,从中找出由这些数据资料提供的因素之间应遵循的某些规律,以及能够在某种程度上体现这种规律的矩阵,即信息矩阵,是比函数关系、模糊关系等更灵活的一种数据关系。信息矩阵的构成用信息扩散方法,对原始信息的本质与结构加以分析处理,直接从原始信息过渡到系统模型,不需要构造隶属函数这一中间过程,从而避免了人为因素对原始信息数据客观性的破坏。

1. 信息扩散

模糊关系 R 描述了一类观测事件,刻画了原因 U 和结果 V 的因果规律,是通过近似推论进行模糊识别的前提和主要环节,在本文中采用信息扩散方法来确定模糊关系。其模型是:假设任一论域,包含要处理的系统模型的基础变量范围。若有一原始信息,可按照一定的扩散规律向该域 Ω 的所有点扩散,任何一点所得的信息多,则隶属度大。当有若干个原始信息时,分别按一定的扩散规律向域 Ω 内的所有点扩散,则域内的每一点都可获得若干个原始信息扩散来的若干个信息量。然后,将域内各点自身所得的信息量叠加,便可形成原始信息库,再做正规化处理后可得模糊关系。信息扩散过程如图 1-10 所示。

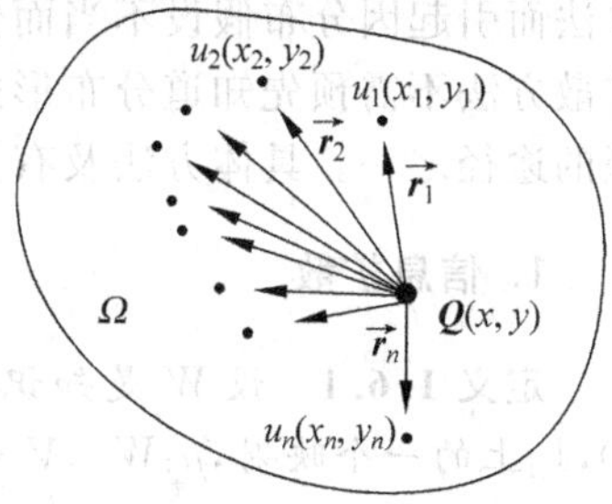

图 1-10 信息扩散示意图

2. 模糊近似推论

模糊近似推论是进行大系统和不确定性系统分析的主要环节。对于自变量论域或原因论域 U 和因变量论域或结果论域 V,有 $U \triangleq \{u_1, u_2, \cdots, u_m\}$ 和 $V \triangleq \{v_1, v_2, \cdots, v_m\}$。设 A_i、B_i 分别为论域 U、V 的模糊子集,其模糊关系为 R,则推论模型可表示如下:

$$B_i = A_i \circ R$$

式中 符号$\circ$——运算规则或合成方法,文中使用经典矩阵普通乘方法。

3. 信息集中

信息扩散是一种变换,将非模糊的数据变成了模糊信息。一个数据本身并非模糊的,但经过信息扩散后却带有了模糊的色彩。为了消除信息扩散带来的影响,同时也为了求取最佳预测值,应用了信息集中方法。其公式为:

$$\delta'_s = \sum_{i=1}^{n} (B'_i)^k \times \delta_{si} \Big/ \sum_{i=1}^{n} (B'_i)^k$$

式中 δ_s'——最终要推论的结果；

B_i'——二次模糊近似推论等级的可能性分布；

δ_{si}——要推论的等级值；

k——常数，根据实际情况选用。

1.6.2 模糊信息优化实例分析

本节以决策支持系统的模糊性及处理方法为例进行说明。

由于决策支持系统(DSS)是由管理信息系统(MIS)发展而来的，而 MIS 通常可由式 $E=f(X,Y)$表达。式中 E 为系统性能测试；X 为系统可控变量和参数；Y 为不可控变量和参数；f 为 E 与 X、Y 之间的函数关系。因此，DSS 仍可借鉴上式的表达方式。DSS 的模糊不确定性主要表现在三个方面。

DSS 通常有人员参加，主观因素将使系统具有模糊不确定性；

DSS 对一些尚未运行或复杂的系统，人们对系统的认识只处于部分定量的程度；

DSS 资源和决策目标的弹性约束。

DSS 是通过向建立的模型输入系统的有关参数，来了解系统的运行性能测度的。由于 DSS 本身的复杂性，对 $E=f(X,Y)$中模糊输入 Y 并非均可人为配置，参数法估计只能通过经验和实际观测手段进行概率分布的识别。有时甚至找不到其概率分布，为避免采取这种方法而引起因分布假设不当而使系统性能远离真实值的影响，常采用正态扩散方法。正态扩散方法不需预先知道分布形式而又有一定的适应性，也是非参数估计中实现模糊优化处理的途径之一。具体方法及有关理论如下。

1. 信息扩散

定义 1.6.1 设 W 是知识样本、V 是基础论域，关于 W 的一种信息扩散就是 $W\times V$ 到 $[0,1]$上的一个映射，$\mu:W\times V\to[0,1]$，且满足下列 3 个条件。

(1) $w_j\in W$，如 v_i 是 w_j 的观测值，则 $\mu(w_i,v_i)=\sup\limits_{v\in\gamma}\mu(w_i,v_i)$；

(2) $w_j\in W$，$\mu(w_i,v_i)$随 $\|v_i-v\|$ 数值的增加而递减；

(3) $w\in W$，$\int\mu(w,v)\mathrm{d}v=1$，其中 v 为离散性型，$\int_V$ 表示 $\sum$。

2. 扩散估计

定义 1.6.2 设 $\mu(X)$为定义在$(-\infty,+\infty)$上的一个波雷尔可测函数，$\Delta_m>0$ 为常数。则称

$$\tilde{f}_m(v)=\frac{1}{m\Delta_m}\sum_{j=1}^{m}\mu\left(\frac{v-v_i}{\Delta_m}\right) \tag{1-16}$$

为总体密度 $P(v)$的一个扩散估计。称 μ 为扩散函数，称 Δ_m 为窗宽。

3. 信息扩散原理

设 $W=\{w_1,w_2,\cdots,w_m\}$是知识样本，V 是基础论域，如 v_i 是 w_j 的观测值，则 w_j 的观测值为 v_i，设 $x=\phi(v-v_j)$，则当 W 非完备时，存在函数 $\mu(x)$，使 v_j 点获得的量值为 1 的信息可按 $\mu(x)$的量值扩散到 V 中去，且扩散所得的原始信息分布 $Q(v)=\sum\limits_{j=1}^{m}\mu(x)=$

$\sum_{j=1}^{m}\mu(x)(\varphi(v-v_j))$能更好地反映 W 所在总体的规律。令 $\varphi(v-v_j)=\frac{v-v_i}{\Delta_m}$，则$\frac{1}{m\Delta_m}Q(v)$是式(1-16)的扩散估计。

4. 正态扩散

设扩散函数为 $\mu(x)$，它是扩散过程完成时刻 $t=t_0$ 时的状态。因此，对于 t 时刻来说，点的信息状态为 $\mu(x,t)$，可借助分子扩散理论来确定 $\mu(x,t)$的偏微分方程并解之，得到

$$\mu(x)=\frac{1}{\sqrt{2\pi}\,\delta}e^{-\frac{x^2}{2\delta^2}}$$

设窗宽为 Δ_m，则正态扩散估计为：

$$\bar{f}_m(v)=\frac{1}{\sqrt{2\pi}hm}\sum_{j=1}^{m}\exp\left[-\frac{(v-v_i)^2}{2h^2}\right]$$

式中 $h=\sigma\Delta_m$。此为标准正态扩散 $\mu(x)=\frac{1}{\sqrt{2\pi}}e^{-\frac{x^2}{2}}$时的窗宽。

由此可见，利用正态扩散方法可以有效地解决 DSS 中系统参数输入的模糊性，对于较简单的 DSS，对样本可分别采用不同的分布，如指数分布和信息扩散法估计出参数分布和非参数分布，不断修改系统的模糊输入，进行比较，当输入样本较大时，扩散法与指数分布都几乎与理想状态一致，而当 M 较小时，扩散法更靠近理想状态。

1.7 模糊多属性决策的模糊贴近度方法

1.7.1 模糊多属性决策

多准则决策(Multiple Criteria Decision Making，MCDM)通常包括两类决策问题：多目标决策(Multiple Objective Decision Making，MODM)和多属性决策(Multiple Attribute Decision Making，MADM)，前者解决的是决策变量连续、具有多个目标的无限方案优选的问题，而后者解决的则是决策变量离散、具有多个属性的有限方案优选问题。结构的方案设计结果一般是有限的，显然，结构设计方案的优选是一个典型的多属性决策问题。由于在方案优选的决策过程中要运用决策者的偏好信息，而偏好信息通常带有强烈的主观色彩，具有一定的模糊性，因此，采用模糊多属性决策方法进行结构设计方案的优选更为科学。

模糊多属性决策(Fuzzy Multiple Attribute Decision Making，FMADM)考虑的是模糊信息、决策空间离散的多准则决策问题，目前已成为国内外的热点研究课题。传统的FMADM 问题通常采用欧式距离确定偏好最优方案。作者指出，直接采用欧式距离有时会得出错误的结论，为此，曾分别提出过相对接近度解法和相似接近度解法，并将其应用于大跨空间结构的方案优选中。本节将在此基础上，进一步提出模糊多属性决策的模糊贴近度解法。

1.7.2 模糊多属性决策模型

多属性决策模型通常可以表示为：

$$(M_1)\ \max_{x\in \boldsymbol{X}} F(X) \tag{1-17}$$

式中 $\boldsymbol{X}=[x_1,x_2,\cdots,x_n]^{\mathrm{T}}$——离散的候选方案向量；

x——候选方案(决策变量)；

$F(X)=[f_1,f_2,\cdots,f_m]^{\mathrm{T}}$——方案 x 的属性向量函数，通常由 m 个单属性函数$f_i(x)$ $(i=1,2,\cdots,m)$组成。用向量可以表示为：

$$F(X)=[f_1(x),f_2(x),\cdots,f_i(x),\cdots,f_m(x)]^{\mathrm{T}} \tag{1-18}$$

属性集 F 通常包含两类属性：越大越优型(或称效益型)和越小越优型(或称成本型)。为此，约定 F_1、$F_2\in F$ 分别为其中的效益型属性子集和成本型属性子集。假定 $F_1\cup F_2=F$，且 $F_1\cap F_2=\vartheta$。

模糊多属性决策模型可以表示为：

$$(M_2)\ \max_{x\in \boldsymbol{X}} F(X)=[v_1(x),v_2(x),\cdots,v_i(x),\cdots,v_m(x)]^{\mathrm{T}} \tag{1-19}$$

式中 $v_i(x)$——决策者对方案 x 关于属性 f_i 并考虑权重 w_i 的加权模糊满意度向量，其元素按式(1-20)确定。

$$v_{ij}=w_i\cdot s_{ij} \tag{1-20}$$

式中 s_{ij}——决策者对方案；

x_j——关于属性 f_i 的模糊满意度。对于效益型属性，

$$s_{ij}=S_{fj}(x_j)=\frac{u_{ij}-\max\limits_i u_{ij}}{\max\limits_i u_{ij}-\min\limits_i u_{ij}}$$

对于成本型属性，

$$s_{ij}=S_{fj}(x_j)=\frac{\max\limits_i u_{ij}-u_{ij}}{\max\limits_i u_{ij}-\min\limits_i u_{ij}}$$

式中 u_{ij}——方案 x_j 关于属性 f_i 的属性值 $f_i(x_j)$，亦即 $u_{ij}=f_i(x_j)$。显然，所有的元素 s_{ij}满足 $0\leqslant s_{ij}\leqslant 1$。

1.7.3 模糊多属性决策的模糊贴近度解法

1. 模糊贴近度的定义

定义 1.7.1 设A、B是论域U上的两个模糊子集，对于$\forall u\in U$，$\mu_A(u)$和 $\mu_B(u)$分别是其对模糊子集 A 和 B 的隶属度，则

$$A\cdot B=\bigvee_u[\mu_A(u)\wedge\mu_B(u)]$$

称为 A 和 B 的内积；而

$$A\otimes B=\bigwedge_u[\mu_A(u)\vee\mu_B(u)]$$

称为 A 和 B 的外积。

定义 1.7.2 设A、B是论域X上的两个模糊子集，记

$$\sigma(A,B)=\frac{1}{2}[A\cdot B+(1-A\otimes B)]$$

则称 $\delta(A,B)$为 A 和 B 的模糊贴近度。

模糊贴近度表征了两模糊集合之间的贴近程度，如图 1-11 所示。$\delta(A,B)$的值越大，表明 A 和 B 越贴近；反之，则表明 A 和 B 越远离。模糊贴近度的计算公式有多种，一般采用

如下的最大值最小值贴近度。

$$\sigma(A,B)=\frac{\sum_{u}\min[\mu_A(u),\mu_B(u)]}{\sum_{u}\max[\mu_A(u),\mu_B(u)]}$$

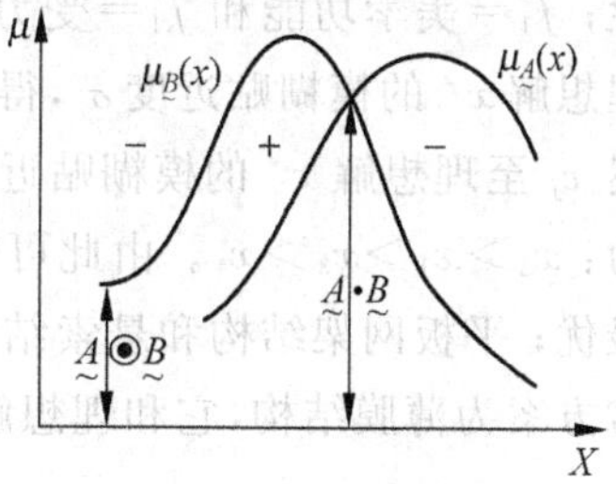

图 1-11 模糊贴近度

2. 基于模糊贴近度的模糊多属性决策方法

对于模糊多属性决策模型(M_2),理想方案——设想的最优解,其各属性值均达到各备选方案中的最优值,可记为 x^*,相应的理想点 F^* 为:

$$F^*=[v_1^*,v_2^*,\cdots,v_i^*,\cdots,v_m^*]^{\mathrm{T}} \tag{1-21}$$

式中 v_i^*——属性 f_i 的最大加权模糊满意度,可根据下式确定。

$$v_i^*=\max_j v_{ij}=\max[v_{i1},v_{i2},\cdots,v_{ij},\cdots,v_{in}]$$

对于多属性决策问题(MA_2),可以将方案 x_j 的属性向量 $F(x_j)$ 和理想解 x^* 的属性向量 F^* 均视为模糊满意集,则根据模糊贴近度公式,可得方案 x_j 至理想解 x^* 的模糊贴近度为:

$$\sigma_j=\sigma(F(x_j),F^*)=\frac{\sum_{i=1}^{m}\min[v_{ij},v^*]}{\sum_{i=1}^{m}\max[v_{ij},v^*]}=\frac{\sum_{i=1}^{m}v_{ij}}{\sum_{i=1}^{m}v^*} \tag{1-22}$$

式中 $j=1,2,\cdots,n$。

由此可以得到基于模糊贴近度的择近原则:若

$$\sigma_j=\max\{\sigma_1,\sigma_2,\cdots,\sigma_n\} \tag{1-23}$$

则称 x_j 与 x^* 在模糊贴近度意义下最接近,由此得到偏好最优解 $x^*=x_j$。

基于模糊贴近度的模糊多属性决策解法步骤如下:①按式(1-19)确定模糊多属性决策型;②按式(1-21) 确定理想点 F^*;③按式(1-22) 计算每个方案 x_j 至理想解 x^* 的模糊贴近度 σ_j;④式(1-19)按式(1-23)确定偏好最优解 x^*。

1.7.4 算例分析

1. 算例

已知某大跨空间结构的备选方案集为:$X=[x_1,x_2,x_3,x_4]^{\mathrm{T}}=$[平板网架结构方案,网壳结构方案,悬索结构方案,薄膜结构方案]^{T},影响大跨空间结构方案设计的属性集为:$F=[f_1,f_2,f_3,f_4]^{\mathrm{T}}=$[美学功能,施工可行性,经济性能,受力性能]^{T},经过专家调查,属性的权重向量定为:$W=[w_1,w_2,w_3,w_4]^{\mathrm{T}}=[05,01,02,02]^{\mathrm{T}}$。

经过大跨空间结构方案评价系统的运行,得到评价矩阵为:

$$D=\begin{bmatrix}0.1303 & 0.3840 & 0.1645 & 0.1653\\ 0.3000 & 0.0250 & 0.3000 & 0.2500\\ 0.5000 & 1.0000 & 0.7000 & 0.8000\\ 0.9220 & 0.0680 & 0.7620 & 0.2310\end{bmatrix}$$

分析大跨空间结构选型的属性集,可知 $f_2=$施工可行性和 $f_3=$经济性能为成本型属性；f_1＝美学功能和 f_4＝受力性能为效益型属性。按本节提出的方法计算每个方案 x_j 至理想解 x^* 的模糊贴近度 σ_j，得到模糊贴近度向量＝[04000,06000,03499,02053]，根据各方案 x_j 至理想解 x^* 的模糊贴近度 σ_j，按式(1-23)所示的择近原则，可以得到 4 种方案的排序为：$x_2>x_1>x_3>x_4$。由此可知偏好最优解为 x_2，即网壳结构为偏好最优方案，其综合性能最优；平板网架结构和悬索结构为次优方案，它们至理想解 x^* 的模糊贴近度较为相近；最劣方案为薄膜结构，它和理想解 x^* 的模糊贴近度远小于其他三种方案。

2. 总结

(1) 模糊贴近度可以较好地反映模糊集之间的接近程度，因此采用基于模糊贴近度的模糊多属性决策方法可以真实地反映决策空间中各方案与理想方案的模糊属性值之间的接近程度，因此该方法不仅十分有效，而且物理意义和数学意义明确。

(2) 相对接近度方法和相似接近度方法相比，模糊贴近度方法的计算过程更为简单，因此计算效率也更高。

(3) 采用属性模糊满意度建立模糊多属性决策模型具有以下优点：一方面它可以使具有不同量纲的决策矩阵规范化，从而使得决策矩阵具有公度性；另一方面，它是一种相对隶属度，能够完整地反映模糊性最基本的特征——中介过渡性或亦此亦彼性，具有完整客观和简单易用等特点，可以有效地克服绝对隶属度的主观任意性和最大隶属度原则的不适用性。

1.8 信息不完全确知的模糊决策集成模型

1.8.1 信息不完全确知的多目标决策

多目标决策(MODM)分析方法是决策理论研究的一个重要内容，主要解决具有多个目标的有限方案排序问题。目前就该类决策问题涌现出不少有效的解决方法，如层次分析法(AHP)、线性分配法、TOPSIS 法、模糊优选、熵权模糊决策法、模糊集分析单元理论、模糊模式识别法等。上述决策方法通常是在决策信息完全确知或完全不确知条件下的多目标决策方法，对介于这两种极端情况的多目标决策，即部分信息不完全确知的多目标决策问题很少涉及。

本节在模糊模式识别模型概念的基础上，建立了决策信息不完全确知的多目标决策集成模型。该模型将模糊优选、模糊模式识别、模糊交叉迭代、模糊聚类等多种决策方法有机地结合在一起，拓展和丰富了多目标决策理论，试图为解决具有一般不完全信息结构的复杂决策问题提供新的途径。

1.8.2 决策信息不完全确知的模糊决策集成模型

设有 n 个非劣决策方案 $X=\{X_1,X_2,\cdots,X_n\}\in R_p$ 组成方案集，每个方案具有 p 个目标，由于 p 个目标物理量纲不同，应对方案目标规格化，消除量纲不同的影响，将决策方案矩阵变换为相对隶属度矩阵 $\boldsymbol{R}=(r_{ij})_{p\times n}$，$r_{ij}\,(0\leqslant r_{ij}\leqslant 1)$为相对隶属度。方案优劣程度依据 p 个目标特征值，按从劣级到优级分为 c 个级别进行识别，方案集归属于对各个级别的相对

隶属度矩阵为 $\boldsymbol{U}=(u_{hj})_{c\times n}$。$u_{hj}(h=1,2,\cdots,c;\ j=1,2,\cdots,n)$为方案 j 从属于级别 h 的相对隶属度，满足条件 $\sum_{j=1}^{c}u_{hj}=1$、$0\leqslant u_{hj}\leqslant 1$、$\sum_{j=1}^{n}u_{hj}>0$、$\forall j$、$h$。目标标准特征值矩阵为 $\boldsymbol{S}=(s_{ih})_{p\times c}$，$s_{ih}(0\leqslant s_{ih}\leqslant 1)$为级别 h 目标 i 的标准特征值。设目标权向量为 $\boldsymbol{W}=(w_1,w_2,\cdots,w_p)$，满足 $\sum_{i=1}^{P}w_i=1$，$0<w_i<1$，则方案 j 与级别 h 之间的差异，可用广义欧氏权距离

$$d_{hi}=\left(\sum_{i=1}^{P}[\omega_i(r_{ij}-s_{ih})]^2\right)^{1/2}$$

表示。为了更加完善地描述方案 j 与级别 h 间的差异，将广义欧氏权距离以方案 j 归属于级别 h 的相对隶属度 u_{hj} 为权重，故有加权广义欧氏权距离

$$D_{hi}=u_{hj}d_{hi}=u_{hj}\left(\sum_{i=1}^{p}[w_i(r_{ij}-s_{ih})]^2\right)^{1/2}$$

现讨论信息不完全确知的多目标决策问题。假设方案集 n 个非劣决策方案中有 n_y 个方案已由专家确定或实践检验得到对各个级别的相对隶属度；c 级分级标准 $\boldsymbol{S}=(s_{ih})_{p\times c}$ 中有 t 个标准已确定。

$$s_{ih}=\begin{cases}\text{已确定}, & ts_{ih}=1\\ \text{待定}, & ts_{ih}=0\end{cases}$$

$\boldsymbol{TS}=(ts_{ih})_{p\times c}$ 为待定分级标准信息矩阵，满足 $\sum_{i=1}^{p}\sum_{h=1}^{c}s_{ih}=t$；目标权向量中 p_y 个分量已确定。假定前 $n'(n'=n-n_y)$ 个方案级别隶属度及前 $p'(p'=p-p_y)$ 个权重分量待定，已定权重 $\sum_{p'+1}^{p}w_i=1-\beta$，则有待定权重 $\sum_{i}^{p'}w_i=\beta$。由于每个方案都是非劣的，不存在任何偏好关系，则可建立目标函数为决策方案集，全体方案对全体级别加权广义欧氏权距离平方和最小的非线性规划模型，求解得到最佳相对隶属度矩阵 $\boldsymbol{U}$、分级标准特征值矩阵 $\boldsymbol{S}$ 及目标权向量 $\boldsymbol{W}$。

$$J=\min\left\{F(\boldsymbol{S},\boldsymbol{W},\boldsymbol{U})=\sum_{j=1}^{n}\sum_{h=1}^{c}\left[u_{hj}^2\sum_{i=1}^{p}(\omega_i(r_{ij}-s_{ih}))^2\right]\right\}$$

$$\text{st}\begin{cases}\sum_{i}^{p}w_i=1, & 0<\omega_i<1\\ 0\leqslant s_{ih}\leqslant 1 & \\ \sum_{h=1}^{c}u_{hj}=1, & \sum_{j=1}^{n}u_{hj}>0,\quad 0\leqslant u_{hj}\leqslant 1\\ i=1,2,\cdots,p, & h=1,2,\cdots,c\\ j=1,2,\cdots,n & \end{cases}$$

由于决策信息不完全确知，则上述非线性规划问题可转化为：

$$\min\left\{F(\boldsymbol{S},\boldsymbol{W},\boldsymbol{U})=\sum_{j=1}^{n}\left\{\sum_{h=1}^{c}\left[u_{hj}^2\sum_{i=1}^{p}(\omega_i(x_{ij}-s_{ih}))^2+u_{hj}^2\sum_{i=p'}^{p}(\omega_i(x_{ij}-s_{ih}))^2\right]\right\}\right.$$
$$\left.+\sum_{j=n'+1}^{n}\left\{\sum_{h=1}^{c}\left[u_{hj}^2\sum_{i=1}^{p}(\omega_i(x_{ij}-s_{ih}))^2+u_{hj}^2\sum_{i=p'}^{p}(\omega_i(x_{ij}-s_{ih}))^2\right]\right\}\right\}$$

$$
\text{st}\begin{cases}
\sum\limits_{i}^{p}\omega_i = \beta, & 0 < \omega_i < 1, \quad i = 1,2,\cdots,p \\
0 \leqslant s_{ih} \leqslant 1, & i = 1,2,\cdots,p \\
\sum\limits_{h=1}^{c} u_{hj} = 1, & \sum\limits_{j=1}^{n} u_{hj} > 0 \\
0 \leqslant u_{hj} \leqslant 1, & i = 1,2,\cdots,p \\
h = 1,2,\cdots,c, \quad ts_{ih} = 0, & j = 1,2,\cdots,n
\end{cases}
$$

构造拉格朗日函数：

$$
\begin{aligned}
L(\boldsymbol{S},\boldsymbol{W},\boldsymbol{U},\lambda_j,\lambda_w) = & \sum_{j=1}^{n}\left\{\sum_{h=1}^{c}\left[u_{hj}^2\sum_{i=1}^{p}(\omega_i(x_{ij}-s_{ih}))^2 + u_{hj}^2\sum_{i=p'}^{p}(\omega_i(x_{ij}-s_{ih}))^2\right]\right\} \\
& + \sum_{j=n'+1}^{n}\left\{\sum_{h=1}^{c}\left[u_{hj}^2\sum_{i=1}^{p}(\omega_i(x_{ij}-s_{ih}))^2 + u_{hj}^2\sum_{i=p}^{p}(\omega_i(x_{ij}-s_{ih}))^2\right]\right\} \\
& - \lambda_j\left(\sum_{h=1}^{c}u_{hj}-1\right) - \lambda_w\left(\sum_{h=1}^{p}w_i-\beta\right)
\end{aligned}
$$

令

$$
\begin{gathered}
\partial L/\partial s_{ih} = 0, \quad \partial L/\partial s_{lhj} = 0, \quad \partial L/\partial w_i = 0 \\
\partial L/\partial \lambda_w = 0, \quad \partial L/\partial \lambda_i = 0, \quad j = 1,2,\cdots,n
\end{gathered}
$$

解得决策信息不完全确知的循环迭代模糊决策模型：

$$
s_{ih} = \sum_{j=1}^{n}u_{hj}^2 r_{ij}\Big/\sum_{j=1}^{n}u_{hj}^2 \quad i = 1,2,\cdots,p;\ h = 1,2,\cdots,c;\ ts_{ih} = 0 \tag{1-24}
$$

$$
w_{hj} = \begin{cases}
0, & d_{kj} = 0,\ k \neq h \\
\left[\sum\limits_{k=1}^{c}\dfrac{\sum\limits_{i=1}^{p}[w_1(r_{ij}-s_{ih})]^2}{\sum\limits_{i=1}^{p}[w_1(r_{ij}-s_{ik})]^2}\right]^{-1}, & d_{kj} \neq 0,\ \forall i,j = 1,2,\cdots,n' \\
1, & d_{hj} = 0
\end{cases} \tag{1-25}
$$

$$
w_i = \beta\left\{\sum_{k=1}^{p}\frac{\sum\limits_{j=1}^{n}\sum\limits_{h=1}^{c}[u_{hj}(r_{ij}-s_{ih})]^2}{\sum\limits_{j=1}^{n}\sum\limits_{h=1}^{c}[u_{hj}(r_{kj}-s_{kh})]^2}\right\}^{-1} \quad i = 1,2,\cdots,p \tag{1-26}
$$

求解该模型的计算步骤如下。

(1) 规格化样本指标集矩阵为相对隶属度矩阵。

(2) 给出循环迭代计算精度$\in_1$、$\in_2$、$\in_3$和分级级别数 c 的值。

(3) 设初始指标权向量为 ω_i^0，初始方案相对隶属度矩阵为 u_{hj}^0，初始目标分级标准特征矩阵 s_{ik}^0，$l=0$。

(4) 用式(1-24)～式(1-26)分别计算 s_{ik}^{l+1}、u_{hj}^{l+1}、ω_i^{l+1}。

若满足 $\max|\omega_i^{l+1}-\omega_i^l|\leqslant\in_1$、$\max|u_{hj}^{l+1}-u_{hj}^l|\leqslant\in_2$、$\max|s_{ih}^{l+1}-s_{ih}^l|\leqslant\in_3$，则迭代结束，矩阵 s_{ik}^{l+1}、u_{hj}^{l+1}、ω_i^{l+1} 可作为满足计算精度$\in_1$、$\in_2$、$\in_3$要求的目标分级标准特征值矩阵 s_{ih}^*、方案相对隶属度矩阵 u_{hj}^*、指标权向量 ω_i^*，否则，$l=l+1$，转(4)继续进行迭代。

迭代结束即可得到方案集对各个级别的相对隶属度，根据在分级条件下最大隶属度原则的不适用性原理，确定方案 j 的级别特征值 $H_j=\sum_{h=1}^{c}hu_{hj}$，通过对方案集特征值的排序，即可从方案集中选出决策者满意的方案。

1.8.3 决策信息不完全确知的模糊决策集成模型分析

不难看出，该决策模型同样适用于信息完全确知或完全不确知情况的决策。下面讨论该模型与已有的多目标决策算法的关系。

1. 完全确知分类标准 S

设方案级别相对隶属度完全未知，在分类标准 S 完全确知的情况下，如果决策者的偏好信息完全未知，则迭代模型式(1-25)和式(1-26) 转化为：

$$w_{hj}=\begin{cases}0, & d_{kj}=0,\ k\neq h\\ \left[\sum_{k=1}^{c}\dfrac{\sum_{i=1}^{p}[w_1(r_{ij}-s_{ih})]^2}{\sum_{i=1}^{p}[w_1(r_{ij}-s_{ik})]^2}\right]^{-1}, & d_{kj}\neq 0,\forall i,j\\ 1, & d_{hj}=0\end{cases} \tag{1-27}$$

$$w_i=\left\{\sum_{k=1}^{p}\frac{\sum_{j=1}^{n}\sum_{h=1}^{c}[u_{hj}(r_{ij}-s_{ih})]^2}{\sum_{j=1}^{n}\sum_{h=1}^{c}[u_{hj}(r_{kj}-s_{kh})]^2}\right\}^{-1} \tag{1-28}$$

式(1-27)和式(1-28) 即为交叉迭代模型，由该模型可迭代得到决策者的偏好信息；如果决策者的偏好信息部分已知，则迭代模型式(1-25)和式(1-26)转化为式(1-26)和式(1-27)；如果决策者的偏好信息完全已知，则模型式(1-25)转化为式(1-27)，即为模糊模式识别模型。

2. 完全不确知分类标准 S

设方案级别相对隶属度完全未知，在完全不确知分类标准 S 的情况下，如果决策者的偏好信息完全未知，则迭代模型式(1-24)～式(1-26)就转化为式(1-29)、式(1-27)、式(1-28)，构成循环迭代模糊聚类模型，该模型用来从方案集中自组织分类。

$$s_{ih}=\sum_{j=1}^{n}u_{hj}^2r_{ij}\Big/\sum_{j=1}^{n}u_{hj}^2 \tag{1-29}$$

如果决策者的偏好信息完全确知，则迭代模型转化为式(1-29)和式(1-27)，即为模糊聚类算法；如果决策者对各目标无偏好信息等权重时，该模型即转化为模糊加权指数 $m=2$ 时的 FCM 算法。

3. 完全确知方案集方案的优劣级别

当完全确知方案的优劣级别时，模型式(1-24)和式(1-26)转化为由式(1-29)和式(1-27)

构成的模型,即为模糊模式识别模型参数辨识算法,该算法的模糊多目标决策的逆命题解法,用来从已评判的方案集数据中提取方案目标权重。

由上述讨论可发现,本模型集成了决策信息完全确知、决策信息部分确知、决策信息完全不确知的多种模糊多目标决策方法,在其决策方案集方案的优劣级别完全未知情况下与模糊多目标决策法的关系如表 1-4 所示。

表 1-4 方案集方案的优劣级别完全未知情况下其与其他算法的关系

分类标准	偏好信息		
	完全确知	部分确知	完全不确知
完全确知	模糊模式识别	模糊交叉迭代优选法	交叉迭代
部分确知			
完全不确知	模糊聚类迭代模型 等权重时为 FCM 模型		循环迭代模糊聚类

1.8.4 实例分析

水资源可持续利用的问题是我国当前急需解决的一个战略问题。由于水资源系统的复杂性及资料的匮乏,国内外水资源系统可持续发展的研究大都停留在概念的提供或定性分析上,缺乏定量评价的理论和方法。本节用决策信息不完全确知的循环迭代模糊决策模型,评价我国西部地区之一的汉中盆地水资源系统可持续发展的程度,因地制宜地制定系统可持续发展的战略。平坝区及其各分区水资源的有关资料参见参考文献[12]。关于评价指标的 3 级指标标准值如表 1-5 所示。

表 1-5 评价指标 3 级标准值

评价指标	指标标准值		
	1 级(低级)	2 级(中级)	3 级(高级)
灌溉率/%	≤20	*	≥60
水资源利用率/%	≤20	*	≥60
水资源开发程度/%	≤30	*	≥70
供水量模数/(万 $m^3 \cdot km^{-2}$)	≤40	*	≥100
需水模数/(万 $m^3 \cdot km^{-2}$)	≤40	70	≥100
人均供水量/m^3	≥3000	2000	≤1000
生态环境用水率/%	≥5	3.5	≤2

由参考文献[12]得知水资源可持续发展的指标相对隶属度为:

$$
\boldsymbol{R}=\begin{bmatrix}
0.478 & 0.440 & 0.508 & 0.283 & 0.318 & 0.395 \\
0.063 & 0.168 & 0.140 & 0.145 & 0.223 & 0.143 \\
0.338 & 0.508 & 0.488 & 0.460 & 0.575 & 0.468 \\
0.925 & 0.973 & 1 & 0.608 & 0.920 & 0.878 \\
0.100 & 0.178 & 0.232 & 0 & 0 & 0.077 \\
0.997 & 1 & 0.887 & 0.949 & 0.984 & 0.979 \\
1 & 1 & 1 & 1 & 1 & 1
\end{bmatrix}
$$

式中 $i=1,2,\cdots,7$——指标号；

$j=1,2,\cdots,6$——地区号。

根据表1-5得分级指标特征值指标相对隶属度为：

$$\boldsymbol{S}=\begin{bmatrix}0.0 & 0.0 & 0.0 & 0.0 & 0.0 & 0.0 & 0.0\\ s_{11} & s_{21} & s_{31} & s_{41} & 0.5 & 0.5 & 0.5\\ 1.0 & 1.0 & 1.0 & 1.0 & 1.0 & 1.0 & 1.0\end{bmatrix}^{\mathrm{T}}$$

其中前4个指标中发展水平为2级(中级)的指标未知。

参照水资源评价标准，认为人均供水量、生态环境用水率两项指标权重为平均权重，其余指标权重未知，则有权重向量 $\boldsymbol{W}=(w_1\quad w_2\quad w_3\quad w_4\quad w_5\quad 1/7\quad 1/7)$。

可见评价汉中盆地水资源系统可持续发展的程度的分级标准部分未知、指标权重部分未知，应用决策信息不完全确知的循环迭代模糊决策模型式(1-24)～式(1-26)，得到评价指标分级标准值相对隶属度矩阵为：

$$\boldsymbol{S}=\begin{bmatrix}0.0 & 0.0 & 0.0 & 0.0 & 0.0 & 0.0 & 0.0\\ 0.401 & 0.178 & 0.523 & 0.846 & 0.500 & 0.500 & 0.500\\ 1.0 & 1.0 & 1.0 & 1.0 & 1.0 & 1.0 & 1.0\end{bmatrix}$$

7项评价指标权重向量为：

$$\boldsymbol{W}=(0.113\quad 0.244\quad 0.101\quad 0.124\quad 0.137\quad 0.143\quad 0.143)$$

汉中地区平坝区对各个级别水资源系统可持续发展程度的相对隶属度矩阵为：

$$\boldsymbol{U}=\begin{bmatrix}0.151 & 0.141 & 0.125 & 0.212 & 0.165 & 0.163\\ 0.696 & 0.716 & 0.752 & 0.648 & 0.674 & 0.699\\ 0.133 & 0.143 & 0.123 & 0.149 & 0.161 & 0.138\end{bmatrix}$$

得到汉中地区平坝区及其各分区水资源系统可持续发展程度的级别特征值向量为：

$$\boldsymbol{H}=(1.961\quad 2.002\quad 1.998\quad 1.927\quad 1.994\quad 1.975)$$

由此可见，汉中地区平坝区及其各分区的水资源系统可持续发展程度接近2级，基本上达到中级水资源系统可持续发展的程度，因此还有很大的开发潜力。

1.9 模糊Petri网

1.9.1 Petri网概述

自佩特里网(Petri网)的概念被提出以来，Petri网已广泛应用于离散事件动态系统、通信协议、智能系统以及任务规划和性能评价等领域。在故障检测和诊断领域，Petri网可用于表达系统逻辑关系，完成知识表示和诊断推理；也可对被诊断对象建立行为模型，利用Petri网属性进行基于模型的诊断推理。利用前一种方法中Petri网的可达性和状态方程方法，可分析故障树信息，解决故障检测和故障传播问题。由于Petri网中库所的输入、输出都只有两种状态，即“有”或“无”(可以分别用1和0表示)，这对描述一些具有模糊行为的系统是远远不够的，或者说是无能为力的。这样一来，考虑将普通Petri网模糊化为一种模糊Petri网，以适应各种模糊系统描述的要求。模糊Petri网是Petri网与知识表达的结合，它最早被用于描述模糊生成规则[1]。在模糊Petri网中，库所中的托肯与一个0～1之间的真实值关联；而变迁与一个 0～1 之间的确定性因子关联，变迁的使能规则以及激发规则与普通 Petri 网相比较也作了修改。模糊 Petri 网拓展了 Petri 网在知识表示和知识获取的方法。模糊 Petri 网理论不仅用于收集人类及专家知识，还可以处理系统中不确定、复杂的因素，完成系统的分析和控制设计。

1.9.2 模糊 Petri 网的基本理论

1. 模糊 Petri 网的定义

模糊 Petri 网包括库所、变迁、确信度、阀值、权值 5 个部分，被定义为一个 8 元组。若一个库所节点只有连线引向变迁节点，而无变迁节点引向它时，称它为该模糊 Petri 网的输入节点。反之，若一个库所节点，只有从变迁节点引向它的连线，而无连线从它引出时，称它为该模糊 Petri 网的输出节点。特别要值得注意的是，上述 M、τ、W、U 的选取对模糊 Petri 网的动态行为起着决定作用，因为它关系到其中的模糊变迁节点能否发生，以及模糊库所中的标记值如何变化的问题。

2. 变迁的使能与激发规则

定义 1.9.1 系统在标识 M_1 下，对于变迁 t_i，若 $\forall p_j \in I(t_i)$：$M_1(p_j)=y_j \geqslant \tau$，则称 t_i 使能，这里 $\tau \in [0,1]$ 为 t_i 的阈值；$M_1(p_j)$ 为在系统标识 M_1 下 p_j 中的托肯数量。t_i 激发将又得到系统新的标识 M_2：

(1) $\forall p_j \in I(t_i)$：$M_2(p_j)=M_1(p_j)$；(2) $\forall p_k \in O(t_i)$：$M_2(p_k)=\min[M_1(p_j)]\times \mu_i = y_k = y_j \times \mu_i$；这里 $\mu_i = f(t_i)$ 为 t_i 的关联函数。

3. 模糊产生式规则的表示

产生式规则表示法又称为产生式表示法，目前它已成功应用于人工智能、模糊推理等领域。它是应用最多的一种知识表示模式，许多成功的专家系统都用它来表示知识推理的过程。产生式的基本形式是：$A \rightarrow B$ 或者 IF A then B。整个产生式的含义是：如果前提 A 被满足，则可推出结论 B 或执行 B 所规定的操作。在产生式中，由于前提和结论以及推理规则常含有不确定性因素，即模糊性的知识，一般采用确信度 μ 来描述这一不确定性，通常$0 \leqslant \mu \leqslant 1$。模糊产生式规则：If p_1 then p_2，$\mu=0.8$，用模糊 Petri 网表示如图 1-12 所示。除图 1-12 中的最基本的表示规则外，还有两个规则也是实际系统建模中经常用到的。这两个规则表述为：

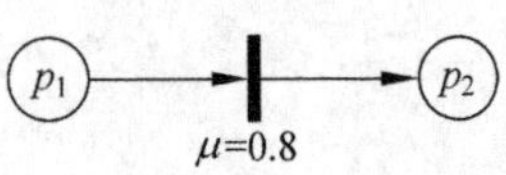

图 1-12 模糊 Petri 网表示的规则

假设 R 是一个模糊产生式规则系统，$R=\{r_1, r_2, \cdots, r_r\}$，则 $R_k(k=1,2,\cdots,r)$ 的形式定义一般为两类。

定义 1.9.2 (1)与规则：R_k：If d_1 and d_2 and…and d_n then $d(u, \tau, w_1, w_2, \cdots, w_n)$，其中，$d_i$ 是前提命题、d 是结果命题、u 是规则确信度、τ 是规则阈值、w_i 是权值，且 $w_i=1$，满足 $0 \leqslant w_i \leqslant 1(i=1,2,\cdots,n)$。(2)或规则：$R_k$：If d_1 and d_2 and…and d_n then $d(u_1, u_2, \cdots, u_n, \tau_1, \tau_2, \cdots, \tau_n)$其中，$d_i$、$d$、$u_i$、$i$ 的意义同上($i=1,2,\cdots,n$)，但各变迁输入弧上的权值为1。对于任意变迁 t 来说，若它的所有输入库所的标记值与相应输入弧上的权值之积的

和大于等于变迁的阈值，变迁 t 是使能的。

定义 1.9.3 $\forall t_i \in T$、$\forall p_j \in I(t_i)$、$\sum_{j=1}^{n} M_1(p_j) \times w_{ij} \geqslant \tau_{(t_i)}$，则称变迁 t 是使能的。使能后的变迁可以激发，当变迁 t 发生时，进行模糊推理，t 的输入库所中的标记值不变，而向输出库所传送新的标记值 $\mu \times \sum_{j=1}^{n} M(p_j) \times w_{ij}$。

定义 1.9.4 若库所 p 是多个变迁 $t_i(i=1,2,\cdots,n)$ 的输出库所，则库所 p 得到的标记值 $M(p)$ 是传送来的 n 个值中最大的一个：$M(p) = \max\left(\mu_1 \times \sum_{j=1}^{n} M(p_1) \times w_{1j}, \mu_2 \times \sum_{j=1}^{n} M(p_2) \times w_{2j}, \cdots, \mu_n \times \sum_{j=1}^{n} M(p_n) \times w_{nj}\right)$，$\forall p_j \in I(t_i)$。

在模糊 Petri 网应用研究中，普遍存在模糊 token 由专家直接给出或主观假定的问题。基于这种情况，提出了通过模糊统计法来获得库所的模糊 token，给出了计算模糊 token 的通用形式化算法，为成功应用模糊 Petri 网的理论创造了条件。并用实例论证了模糊统计法在求取模糊 token 时的可行性与有效性。

1.9.3 基于模糊 Petri 网的推理算法及应用

1. 模糊推理算法

根据特定的问题构建模糊 Petri 网模型，并建立相对应的模糊推理算法，然后应用于实际问题。这方面的推理算法有很多，大致可归纳为三种范畴。

1）基于图形描述的模糊 Petri 网及其推理算法

Petri 网是图形化的数学建模工具，在信息处理系统的描述和研究中是一个强有力的工具。模糊 Petri 网最先是由 Chen S 等人把模糊知识表示和推理引入到 Petri 网中提出的，但只定义了 FPN 模型的基本结构。近年来，由于模糊 Petri 网对知识表示和推理的独特优点，许多支持模糊推理和决策支持的模糊 Petri 网模型及其推理算法被相继提出来。这些模型的共同特点是，推理算法在图形结构上进行正向或反向搜索。利用了 Petri 网的良好的图形描述能力，推理算法的思路相对清晰。其中提出一种模糊 Petri 网模型进行知识表示和面向对象的智能数据库的行为描述，并且提出的模糊推理算法保证合成规则处理的有效性，已被广泛应用到了知识库系统的多个方面，例如故障诊断、数据一致性检查、知识库系统维护等。

2）基于形式化推理的模糊 Petri 网及其推理算法

在图形结构上执行正向或反向搜索的推理算法，数据结构较复杂，推理方法仍然沿用分步运算加以判断的方法，实现起来较为烦琐，没有充分利用 Petri 网的并行处理能力。因此，近几年来将模糊 Petri 网与矩阵操作相结合，进行形式化模糊推理的 Petri 网，越来越受到大家的关注。这种思路的推理算法的优点在于效率较高，且便于并行操作。参考文献[9]中详细介绍了利用数据库查询技术来实现模糊 Petri 网形式化推理的实现手段。文中把模糊 Petri 网模型映射到关系数据模型上，用两个数据表结构来表示一个模糊 Petri 网模型，一个数据表用来存放模糊 Petri 网中的库所标记值，库所标记值在推理运算中是不断更新的。另一个数据表用来存放模糊 Petri 网的网状结构以及一些推理运算中固定不变的参数。对模糊 Petri 网的推理就建立在这两个数据表的查询运算上。文中运用矩阵代数运算实现模糊 Petri 网的推理时，采用的是常用的不确定推理方法——MYCIN 的置信度方法。

3）高级模糊 Petri 网及其推理算法

由于模糊 Petri 网的理论拓展，产生了许多新理论和概念。在一般模糊 Petri 网的基础上，结合特定问题进行理论拓展，提出了部分新概念。一种通过模糊 Petri 网去构建基于模糊规则推理的方法，定义了逻辑 Petri 网和模糊逻辑 Petri 网两个新概念，提供了一种基于子模糊逻辑 Petri 网的向后推理的算法，并将模糊逻辑 Petri 网应用到一个有部分故障的发动机引擎的例子中进行说明。介绍了一种新的模糊推理 Petri 网，提供了一种离散事件系统建模与监控分析的单元工具。在建模中包括两个相互协作的模糊推理 Petri 网，一个叫做监控模糊 Petri 网的模型，用于表明错误的动态状况；另一个是恢复模糊 Petri 网，用于响应恢复行为，这两种模型相互形成了一种生产系统监控与恢复的动态循环。通过模糊 Petri 网构建基于模糊规则的推理机制，介绍了 4 种不确定的变迁类型：推理、集合、复制和集合-复制，用来实现基于模糊规则的推理机制，并将一种被称为基于模糊 Petri 网的专家系统应用到台湾 Da-Shi 桥损坏评估的案例中作为例证。

2. 模糊 Petri 网的应用

在模糊 Petri 网的实际应用中，国内较多的是利用模糊控制可以表达不确定性的特点在系统中用来故障检测，在知识表示和获取以及模糊推理上有所研究。而模糊控制理论的许多成熟的成果并没有被很好地吸取。模糊 Petri 网在国外的众多研究中主要是把模糊理论和专家系统或着色等理论与模糊 Petri 网结合。模糊 Petri 网主要应用于故障诊断、知识库系统产生与维护、形式化推理等各领域。考虑了推理过程中的所有约束条件，包括命题在规则中的权重、变迁的触发阀值、规则的可信度以及多结论规则等。推理过程完全采用矩阵运算的形式进行，充分体现了模糊 Petri 网的并行推理能力。

习题

1. 模糊熵方法处理数据的优点是什么？
2. 模糊聚类分析的方法有哪些？具体步骤是什么？
3. 比较分析 FCM、WFCM 和 AFCM 的隶属度、运算效率、计算准确性。
4. 用其他环境评价方法对文中实例进行计算，并比较结果。
5. 与相对接近度方法和相似接近度方法相比，模糊贴近度方法有什么优势？在决策中有什么意义？
6. 比较复杂信息结构的多目标决策问题方法的优劣。

第 2 章 神经网络信息处理

教学内容：本章讨论神经网络信息处理问题，介绍神经网络信息处理中的一般模型，在此基础上介绍神经网络信息处理的各种模型。

教学要求：掌握神经网络信息处理的概念，掌握神经网络信息处理的一般模型，神经网络处理的各种模型。

关键词：神经网络(Neural Network)　BP　贝叶斯　RBF　概率(Probability)

人工神经网络(Artificial Neural Network，ANN)是在现代神经科学研究成果的基础上提出来的，主要是关注人脑的微观结构，力图从人脑的物理结构上去研究人的智慧的产生和形成过程，因而它具有一定的智能性。具体表现在神经网络具有良好的容错性、层次性、可塑性、自适应性、自组织性、联想记忆和并行处理能力。目前人工神经网络已经涉及许多科学领域，如自动控制、图形处理、模式识别和信号处理等诸多领域。

2.1 神经网络的一般模型

2.1.1 一般形式的神经网络模型

通过对各种神经网络(BP 网、RBF 网、概率神经网络、最小误差神经网络、反馈网络等)的分析，可以总结出如图 2-1 所示的神经网络的一般模型。图 2-1 中$\{X_1,X_2,\cdots,X_n\}$为网络的输入特征量、$\{W_1,W_2,\cdots,W_n\}$为权重值、$F(\cdot)$为一变换函数，它可以是 S 形函数、阶跃函数，也可以是小波基函数或者是其他函数，从而形成相应的神经网络算法。例如，将$F(\cdot)$用一小波基函数代替，便可称为小波神经网络，将 $F(\cdot)$用概率密度函数来代替，就称为概率神经网络等。

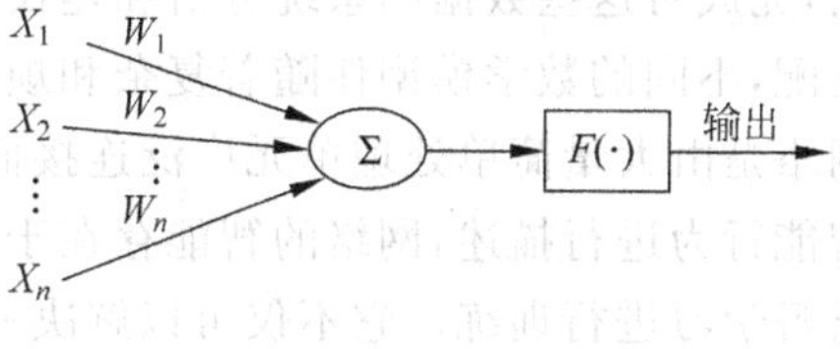

图 2-1　神经网络的一般模型

2.1.2 神经网络学习算法

神经网络的学习算法可分为两类：有监督和无监督。有监督学习算法要求同时给出输入和正确的输出，即事先已能确定的一个模型。这样，网络可根据当前输出与所要求的目标输出的差值进行学习训练，使网络能做出正确的反映。无监督学习算法只需给出一组输入，网络能够逐渐演变到对输入的某种模式做出特定的反映。要得到这些正确的反映,神经网络通过两种运行方式来实现:一是利用连接强度及神经元的非线性输入、输出关系,实现从输入状态空间在演化中不断收缩,最终收缩到一个小的吸引子集,每个吸引子集都有一定的吸引域。能量函数是这类网络的一个基本量,利用能量函数的局部极小点,可进行联想记忆、信息及编码等操作。二是利用能量函数的全局极小点,可求解组合优化问题,如 TSP 视觉匹配问题的求解等。

学习是神经网络的主要特征之一。学习规则是修正连接强度的一个算法,以获得知识的结构或适应周围环境的变化。目前,按照学习算法可以支持什么样的操作来分类,因此,学习算法至少可分为如下 4 类。

(1) 自联想器。首先重复提供一系列的模式样本,并使网络记住这些样本,然后,给网络提供学习样本的部分信息,或提供与原来样本类似的样本信息,其目的就是要"找出"原来的样本。

(2) 模式联想器。首先给网络提供一系列的成对样本。网络的学习可以记住样本对之间的对应关系。当提供样本对中的某一个样本时,应能生成样本对中的另一个样本。

(3) 模式分类器。把将要输入的刺激样本划分到一个固定的聚类集合中去,其学习的目的就是要能正确地对输入的刺激进行分类,使用时当输入的刺激稍微有些变形的时候,仍能够将其划分到正确的类别中去。

(4) 正则探测器。系统通过学习找到这些大量输入的统计的显著特征,与模式分类不同,这里没有一个预先划分的模式聚类。正好相反,系统必须找到输出模式的显著特征以形成相应的聚类关系。

值得一提的是,细胞神经网络很好地描写了非线性动力学系统,它是局部连接细胞的空间排列,其中每个细胞都是具有输入、输出及与动力学规则相关的状态的非线性动力学系统。细胞神经网络广泛用于图像及视频信号处理、机器人及生物学、高级脑功能等研究领域。

2.1.3 神经网络计算的特点

与神经网络方法相比,传统方法对所求的问题需收集大量能符合计算机要求的初始数据,完成对这些数据的系统分析和建模工作,而且数学模型的质量在很大程度上受到人为的支配,不同的数学模型伴随着复杂和烦琐的数学分析与求解,不能解决自适应问题。而神经网络是由大量简单处理单元广泛连接而构成的一个复杂的非线性系统,从微观上对人脑的智能行为进行描述,网络的智能存在于其结构及自适应规则之中,网络通过对大量样本的有监督学习进行训练。它不仅可以解决一个问题或适应于一个应用,还可以推广到整个一类问题,并通过在通用计算机硬件上的模拟或利用专用的神经网络硬件来实现神经网络系统,具体特点如下。

(1) 可避免数据的分析工作和建模工作,通过观测样本,神经网络完全能够发现其隐含的信息,经过学习神经网络建立一个规则,该规则最小程度地受到人为的支配。这样就避免了大大小小的常用数据分析工作和建模工作。

(2) 非编程自适应的信息处理方式,基于神经网络可以设计非编程自适应信息处理系统,该系统不断地变化以响应周围环境的改变,通过学习,网络将逐渐适应于进行信息或信号处理的各种操作。

(3) 完成复杂的输入与输出的非线性映射，一个三层结构的神经网络，其中输入层包含 p 个神经元，隐含层具有 $m+1$ 个神经元，输出层有 n 个神经元。通过选择一定的非线性和连接强度调节规则，就可以解决复杂的信息处理问题。

(4) 信息存储与处理合二为一。与传统的信息处理方式不同，神经信息处理系统在运行时，存储与处理兼而有之，而不是绝对分离的，经过处理，信息的隐含性特征和规则分布于神经网络之间的连接强度上，通常有冗余性。针对这样的不完全信息或者噪声信息输入时，神经网络可以根据这些分布式的记忆对输入信息进行处理，恢复全部信息。

2.1.4　神经网络的拓扑结构

根据神经元之间连接类型的不同，可将人工神经网络分为两大类：分层型神经网络和相互连接型神经网络。

分层型神经网络将一个网络模型中的所有神经元的功能分为若干层，一般有输入层、中间层和输出层，各层顺序连接。输入层接收外部的输入信号，并由各输入单元传送给直接相连的中间各单元。中间层是神经网络的内部处理单元层，与外部无直接连接。神经元网络所具有的模式变换能力，如模式分类、模式完善、特征抽取等，主要是由中间层进行的。根据处理能力的不同，中间层可以有多层，也可以没有。由于中间层单元不直接与外部输入、输出打交道，故常将中间层称为隐含层。输出层是网络输出运行结构并与显示设备或执行机构相连接的部分，如图 2-2(a)所示。分层型神经网络可以细分为三种互连形式：简单的前向网络、具有反馈的前向网络以及层内有相互连接的前向网络。

相互连接型神经网络是指网络中的任意两个单元都是可以相互连接的，如图 2-2(b)所示。

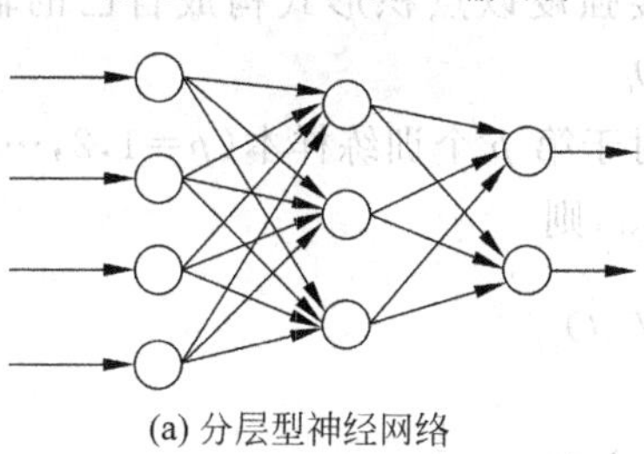

(a) 分层型神经网络

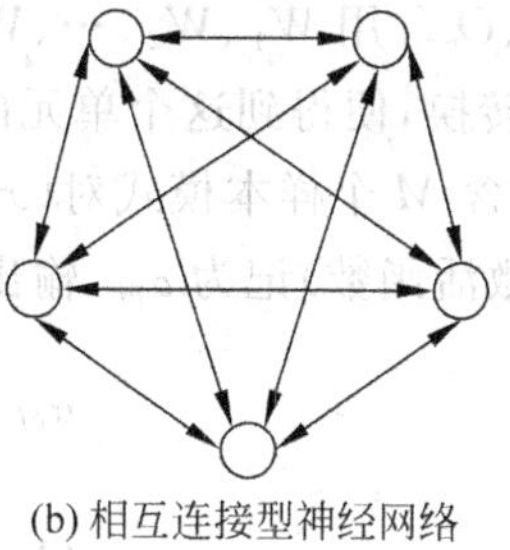

(b) 相互连接型神经网络

图 2-2　神经网络的拓扑结构

2.2　BP 神经网络模型

2.2.1　BP 神经网络学习算法

1986 年人们提出了反向传播(Back Propagation，BP)学习算法。这个算法除考虑最后一层外，还考虑网络中其他层权重值的改变，使得该算法适用于多层网络，成为目前广泛应用的学习算法之一。反向传播学习算法由正向传播和反向传播两个过程组成，正向传播过程输入模式从输入层经过隐含层处理，并传向输出层，每一层神经元的状态只影响下层神经元的状态。如果在输出层不能得到其期望输出，则转入反向传播，将该误差沿原来的连接通路返回，通过改变神经元的权重值，使误差最小。BP学习算法是一个很有效的算法，它把一组样本的输入与输出问题变为一个非线性优化问题，使用了优化中最普通的梯度下降法，用迭代算法求解权重相当于学习记忆问题，加入隐节点使优化问题的可调参数增加，从而可得到更精确的解，如果把这种神经网络看成一个输入到输出的映射，则这个映射是一个高度非线性的映射。

BP神经网络模型即误差后向传播神经网络模型是神经网络模型中使用最广泛的一类，是典型的导师学习，其学习算法是对简单的g学习规则的推广和发展。

假定BP神经网络每层有N个处理单元，神经元的变换函数为S型作用函数：$f(x)=\frac{1}{1+e^{-x}}$，如图2-3所示。该作用函数的输出量为0～1的连续量，因此可以实现从输入到输出的任意非线性映射。

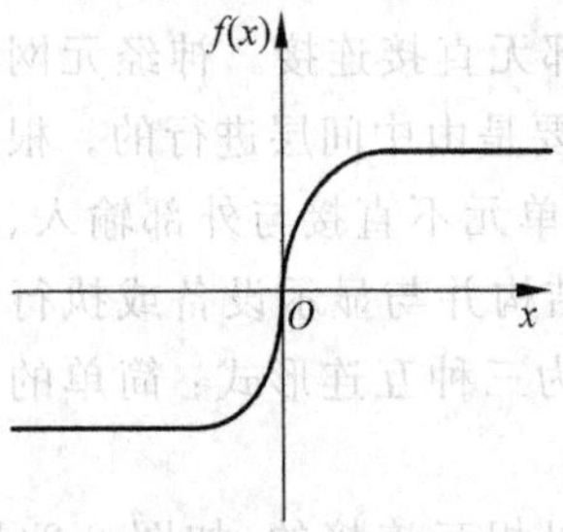

图2-3 Sigmoid作用函数

人工神经网络是对人脑功能的某种模仿、简化和抽象，网络一般由许多简单计算单元(即神经元)相互连接构成，而这些连接强度(权重值)是在使用中通过训练来自动调整的，即所谓的"学习"。神经网络的一个重要特点是可以通过样本学习，无须人们事先给出特征和规律即可自己总结规律，完成模式识别与分类等任务；而学到的规律分布于网络的连接权重值中，网络的神经元的类型(即输入、输出关系)、网络构成形式(即各种神经元之间的连接方式)以及连接权重的学习规律是一个神经网络的三个要素。人工神经元将其接收到的信息(前一层的输出)O_1、O_2、…、O_{n-1}用W_1、W_2、…、W_{n-1}连接强度以点积形式构成自己的输入I_i，再经过Sigmoid函数转换，便得到这个单元的输出O_i。

训练集包含M个样本模式对(x_k, y_k)，对于第p个训练样本$(p=1,2,\cdots,M)$，单元j的输入总和(即激活函数)记为α_{pj}、输出记为O_{pj}，则

$$\alpha_{pj} = \sum_{j=0}^{\omega} W_{pj} O_{pj}$$

$$O_{pj} = f(\alpha_{pj}) = \frac{1}{1+e^{-\alpha_{pj}}}$$

如果任意设置网络初始权重值，那么对每个输入模式p，网络输出与期望输出一般总有误差，定义网络误差为：

$$E = \sum_{p} E_p$$

$$E_p = \frac{1}{2}\sum_{j}(d_{pj} - O_{pj})^2$$

式中 d_{pj}——对第p个输入模式输出单元j的期望输出。δ学习规则的实质是利用梯度最速下降法，使权重值沿误差的负梯度方向改变。

在实际应用中，考虑到学习过程的收敛性，学习因子取值越小越好；值越大，每次权重

值的改变越剧烈，可能导致学习过程发生振荡。通常权重值修正公式为：

$$W_{ji}(t+1)=W_{ji}(t)+\eta\delta_{pj}O_{pj}+\alpha[W_{ji}(t)-W_{ji}(t-1)]$$

式中　η——动量因子；

α——修正系数。

BP 神经网络学习算法表明，模型将一组输入通过中间若干隐藏神经元转化得到一组输出。

2.2.2　BP 神经网络建模

BP 神经网络模型的拓扑结构形式一般比较固定。研究表明，涉及 BP 神经网络模型的核心问题仍然是学习问题，其学习训练需要注意以下问题。

(1) BP 学习算法是一种非常耗时的算法，对于共有 N 个连接权重的网络，虚席时间是 PC 上的 $O(N)$进行量。因此，N 值越大，就要收集越多的训练样本，给估计权重系数提供充分的数据。

(2) 适当地选取 n 值，n 值较大虽然会提高学习效率，但也会引起振荡。

(3) 不允许网络中各初始化权重值完全相等，因为不可能从这样的结构得到非等权重值结构。

(4) 网络要有多少层，每层又需要多少个神经元才能完成一个学习和决策任务？一般来说，一个有三层神经元构成的前馈网络可以形成复杂的判决区域，因此即使模式空间的分布出现内合状情况，网络也能对模式集合进行正确分类。

(5) 在网络的同一层中，过多的神经元会引起噪声，当然这种神经元数目的冗余度又获得了网络的容错性。

(6) 从数字上看 BP 学习算法是一种梯度最速下降法，这就不可避免地存在局部最小值问题。

(7) 对于一个特定问题，有可能出现无论是增加隐含层，还是增加神经元数目对问题的解决都没有多少帮助的情况。

2.3　贝叶斯神经网络

2.3.1　传统神经网络和贝叶斯方法

神经网络被广泛用于非线性函数逼近、分类和预测等问题。然而使用神经网络的主要问题在于如何控制网络模型的复杂度，若不对网络的复杂度进行控制，结果必将出现过拟合问题从而降低网络泛化能力。传统神经网络另外的一个问题就是缺少对网络参数与网络输出进行置信区间估计的工具。

目前有许多克服神经网络过拟合的方法，如早期停止法、权重衰减法等。通过增加一个或多个正则化器来改变目标函数的正则化。譬如，在使用权重衰减法时，正则化器可为 $\alpha E\omega$，其中 α 为正则化常数，$E\omega$ 为网络型中权重矢量各分量的平方和。于是使用权重衰减法克服神经网络过拟合的问题就转化为对该复杂函数起控制作用的超参数的设定问题。有效地控制超参数是克服过拟合问题的关键。

贝叶斯(Bayes)方法解决了α值设定和置信区间估计问题。将贝叶斯方法用于神经网络学习是 MacKay 提出的,它结合了贝叶斯推断和神经网络,用贝叶斯方法对神经网络模型进行推断。在贝叶斯框架下,传统的神经网络模型的目标函数被理解为数据的似然函数,权重衰减项对应权重的先验概率分布,则把网络的所有参数看作随机变量。通过融入参数的先验概率分布的假设,在给定观察数据后不断调整和找出参数的后验分布。贝叶斯神经网络与传统神经网络的不同之处还在于贝叶斯方法着眼于整个权重空间而不是某一权重矢量,每个模型对应于权重空间中的一个点,所有模型对应于整个权重空间。贝叶斯学习的目的是求出表示对预测结果可能性的概率分布,而这种分布是基于权重的后验概率的。若记D为数据集合、W为权重集合、X为网络的输入,$y(x,W)$为网络输出,$p(W|D)$为权重参数的后验概率分布,则网络输出的概率分布为$p(y\mid x,W)=\int p(y\mid x,W)p(W\mid D)\mathrm{d}W$。因此,贝叶斯预测是基于所有模型的,每个模型都以其后验概率为权重。

2.3.2 神经根网络的贝叶斯学习

考虑有监督的神经网络模型。记训练集合为$D=\{x^m,t^m\}$(其中$m=1,2,\cdots,N$,N为训练的样本总数)。在给定网络框架A和网络参数初始值W的条件下,网络输出$y(x,W,A)$可唯一地由输入矢量X确定。网络训练的目标函数为某一误差函数,这里假设误差函数为:

$$E_D(D\mid W,A)=\sum_M\frac{1}{2}(y(x^m,W,A)-t^m)^2$$

学习的目的是找出使误差函数$E_D(D|W,A)$为最小的网络参数W。为了克服学习过程中的过拟合问题,通常在误差函数后面加上权重衰减项,即

$$E_\omega(W\mid A)=\sum_i\frac{1}{2}\omega_i^2$$

于是总误差变为:

$$M(W)=\alpha E_\omega(W\mid A)+\beta E_D(D\mid W,A)$$

式中 α、β——超函数,控制其他参数(权重及阈值)的分布形式。

上式$M(W)$中包含一系列自由参数和超参数的规则,如交叉证实,但交叉证实需要大量的测试集合,计算所需的代价非常昂贵,因此超参数必须在训练过程中优化。在上述框架下的神经网络模型中存在的问题,是如何为自由参数的设定和可供选择解之间的比较(这些解只依赖训练集)建立客观标准。人们引进概率观点试图解决上述问题,其思想就是在概率意义下对神经网络技术做出客观评价。该方法不涉及新的函数或参数,仅对已有的函数或参数给出一定的概率含义。MacKay 在上述概率框架下提出了贝叶斯方法,网络学习的概率解释如下。

(1) 似然性,在网络框架A、参数W及输入X给定的条件下,网络目标输出的概率分布为:

$$p(t^m\mid x^m,W,\beta,A)=\frac{\exp(-\beta E(t^m\mid x^m,W,A))}{Z_M(\beta)}$$

(2) 网络参数的先验概率分布为:

$$p(W\mid\alpha,A)=\frac{\exp(-\alpha E_W(W\mid A))}{Z_M(\alpha)}$$

(3) 给定观察数据后网络参数的后验概率分布为：

$$p(W \mid D,\alpha,\beta,A)=\frac{\exp(-\alpha E_W-\beta E_D)}{Z_M(\alpha,\beta)}$$

式中

$$E(t^m \mid x^m,W,A)=\frac{1}{2}(y(x^m,W,A)-t^m)$$

而 $Z_M(\alpha)$、$Z_M(\beta)$、$Z_M(\alpha,\beta)$——归一化因子。在以上框架下最小化总误差函数 $M(W)$ 与最可能网络参数 W_{ML} 一致。对于如何确定超参数 α、β，MacKay 提出了通过贝叶斯方法优化超参数的思想。根据贝叶斯规则，超参数的后验概率分布为：

$$p(\alpha,\beta \mid D,A)=\frac{p(D \mid \alpha,\beta,A)p(\alpha,\beta)}{p(D \mid A)}$$

式中

$$p(D \mid \alpha,\beta,A)=\int p(D \mid W,\alpha,\beta,A)p(W \mid \alpha,\beta,A)\mathrm{d}W$$
$$=\int p(W \mid \alpha,\beta,A)p(W \mid \alpha,A)\mathrm{d}W$$
$$p(D \mid W,\beta,A)=\frac{\exp(-\beta E_D(D \mid W,A))}{Z_M(\beta)}$$

若已知 $p(\alpha,\beta)$，可得到超参数 α、β 的显著度为：

$$p(D \mid \alpha,\beta,A)=\frac{p(\alpha,\beta \mid D,A)p(W,A)}{p(\alpha,\beta)}$$

同样，贝叶斯神经网络也可通过各模型的显著度 $p(D|A)\int p(D|\alpha,\beta,A)p(\alpha,\beta)\mathrm{d}\alpha\mathrm{d}\beta$ 对不同的神经网络模型做出评价。

2.3.3 贝叶斯神经网络算法

根据上述讨论，基于高斯逼近的贝叶斯神经网络算法可概括如下。

(1) 确定网络结构，初始化超参数 α、β，根据先验分布对网络参数赋初值。

(2) 用 BP 学习算法训练网络，使总误差 $M(W)$ 最小。

(3) 优化超参数 α、β。

(4) 对不同的网络参数初始值重复以上三步，发现不同的极小值点。

(5) 对不同的模型重复以上 4 步，比较它们的显著程度。

用贝叶斯方法训练神经网络是个迭代过程，每个迭代过程涉及两层贝叶斯推断：第一层推断是在给定超参数条件下通过最大化 $p(W|\alpha,\beta,A)$ 推断出最可能的 W；第二层推断是优化超参数。

贝叶斯神经网络有利于估计结果的置信区间，通过与其他模型选择技术的比较，更能揭示出模型中的错误假设，并具有以下三个主要优点。

(1) 自动控制复杂度，正规化项系数只需通过训练集合在训练工程中就能确定，而无须独立的训练集合和测试集合。

(2) 能利用超参数的先验信息和分级模型。

(3) 能给出网络输出的预测分布。

2.4 RBF 神经网络

2.4.1 RBF 特点

神经网络对复杂问题具有自适应和自学习的能力，为解决复杂系统的信息处理和控制等问题提供了新的思想和方法。作为一种前馈型神经网络，RBF（径向基函数）神经网络避免了 BP 神经网络冗长烦琐的计算，学习速度较通常的 BP 方法快很多，具有良好的泛化能力，能以任意精确度逼近非线性函数。通常，人们采用 RBF 神经网络进行信息处理和控制系统设计等研究，就是利用 RBF 神经网络具有并行计算、容错性和学习等优点。

2.4.2 RBF 神经网络的结构与训练

RBF 神经网络是由一个隐含层和一个输出层组成的前向网络。隐含层由 RBF 神经元组成，RBF 常选高斯函数为激活函数，它将该层权重值矩阵 IW 与输入矢量 P 之间的欧几里德距离与偏差 b_1 相乘后作为激活函数的输入；输出层由线性神经元组成，其结构如图 2-4 所示。

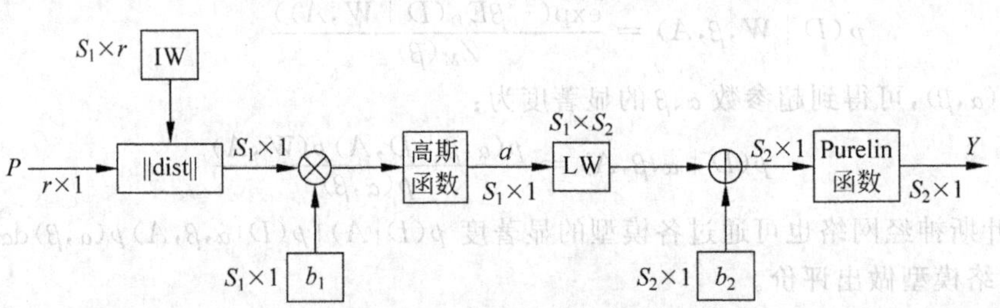

图 2-4 RBF 神经网络结构图

图 2-4 中 r 表示网络输入的维数、S_1 表示隐含层的神经元个数、S_2 表示输出层的神经元个数、‖dist‖表示 IW 与 P 之间的欧几里德距离。当 IW 的第 i 行元素与 P 的转置相等时，相应的距离为 0，高斯函数输出为最大值 1。高斯函数输出的数学表达式为：

$$a_i = \text{radbas}(\| {}_i\text{IW} - P^{\text{T}} \| b_{1i}) = \exp[-(b_{1i})^2]$$

式中 a_i——隐含层高斯函数输出 a 的第 i 个元素；

${}_i\text{IW}$——IW 的第 i 行元素；

P^{T}——P 的转置；

b_{1i}——b_1 的第 i 行元素；偏差 b_i 调节 RBF 的灵敏度。在实际应用中，选择 $b_{1i}=0.8326/C_i$，C_i 称为伸展常数，将 b_{1i} 代入上式，得

$$a_i = \exp[-0.8326^2(\| {}_i\text{IW} - P^{\text{T}} \| /C_i)^2]$$

当取 $\| {}_i\text{IW} - P^{\text{T}} \| = C_i$ 时，$a_i=\exp(-0.8326^2)=0.5$，即对任意给定的 C_i 值，可使隐含层在输入为该层权重值 $\pm C_i$ 处时，高斯函数的输出大于 0.5。通过调整 C_i 值，可调整高斯曲线的度，即 C_i 对应高斯曲线的度。网络输出层的权重值 LW 和阈值 b_2 隐含层的输出 a 由下列线性方程求出，且要求网络输出 Y 与目标输出 T 的误差平方和为最小。

$$\omega = \exp\left(\frac{h}{C_{\max}^2} \| X_p - X_i \|^2\right), \quad p = 1,2,\cdots,P, \quad i = 1,2,\cdots,h$$

RBF 神经网络训练前必须给出用于训练的输入矢量 P、目标矢量 T 和伸展常数 C_i，训练的目的是为了求出权重值和阈值。

RBF 神经网络训练分为两步进行：第一步是采用非监督式学习训练隐层的权重值IW；第二步是采用监督式学习训练线性输出值 LW 和阈值 b_2。隐层的权重值训练是通过不断地使$_i$IW→P^T 的训练方式，从而当网络工作时，将任一输入送到这样一个网络，隐含层的每个神经元都将按照输入矢量接近每个神经元的权重值矢量，使隐含层的输出接近为 0，这些很小的输出对后面的线性层的影响可以忽略。另一方面，任意非常接近权重值的输入矢量，隐含层的每个神经元都接近 1。这些值与输出层的权重值加权求和后作为网络的输出。在第一步训练确定了 IW 后，隐含层的输出 a 就可求出，再根据第二步训练可确定 LW 和 b_2。

按上述训练过程设计出的 RBF 神经网络产生的隐含层神经元数目与输入矢量组数相同。为了在满足目标误差的前提下尽量减少隐含层的神经元数目，采用如下方法：从一个节点开始训练，通过检查目标误差使网络自动增加节点。每次循环使网络产生最大误差所对应的输入矢量产生一个新的隐含层节点，然后计算新网络的误差，重复此过程直到达到目标误差或达到最大神经元数目为止。

2.4.3　高速公路 ANN 限速控制器的设计

采用有效的交通控制方法对交通流进行科学的组织与管理，充分发挥现有交通网络的通行潜力，在最大程度上使交通流做到有序流动，成为解决交通拥挤的好办法。

改善高速公路交通拥挤的方法主要有主线控制、人口匝道控制、路网集成控制和收费控制等。主线控制就是对高速公路主线的交通进行调节、诱导和警告。主线控制的基本目标是提高高速公路运行的安全和效率，缓解主线上交通拥挤和交通瓶颈对交通的影响，这种控制对常发性拥挤和突发性拥挤都是有效的。主线控制技术包括主线限速控制、车道使用控制及驾驶信息系统控制。主线限速控制是通过设置可变速度标志来限制行车速度，从而使主线交通流的速度能随车辆数目以及路面状态、气象条件等的改变而变化，保证交通流均匀稳定，减少交通事故，同时还能提高道路通行能力。国外的运行试验证明了这些效果。

高速公路 RBF 神经网络限速控制方法充分利用与高速公路交通密切相关的信息，如路面状况、气象条件、路段上车辆的数目等，建立主线交通流速控制 RBF 神经网络模型。利用训练样本数据来描述网络输入、输出的映射规律。根据实时检测到的路段上车辆的数目以及当前的路面状况、气象条件等，由训练后的网络可得到最佳速度目标值。在人口匝道附近的高速分路上设立交通信息指示牌，对高速公路路段的行车速度提出限制。

RBF 神经网络控制器的输出为高速公路路段的车辆行驶速度限制值 v，v 的取值范围为 0～80 辆/km，它可由车辆计算器测出也可由超声波检测器等测出。

为了提高 RBF 神经网络的建模精度并获得良好的通用能力，网络的训练数据不能太少。结合高速公路管理人员的实践、专家知识和驾驶人员的实际经验，高速公路管理处提供 90 组样本数据作为训练数据，使用上述训练算法对网络进行训练，训练前对样本数据进行了归一化处理。仿真试验表明：RBF 神经网络具有很快的收敛速度、很好的泛化能力，网络的输出非常合乎规律，这表明所建的 RBF 神经网络模型是成功的，它正确地描述了输入、输出的映射规律。

高速公路限速控制是一种非线性控制，难以用数学模型准确建模。结合高速公路主线上车辆的数目以及路面状况、气象条件等信息，采用 RBF 神经网络对高速公路限速控制进行了研究。利用 RBF 神经网络学习速度快、自适应性强、泛化能力好等优点，实现一种高效的限速控制。研究表明：该方法切实可行，具有实用价值，可使交通更加均匀、稳定，同时还能提高道路通行能力，对改善高速公路的运行和安全效率具有重要意义。

2.5 贝叶斯——高速神经网络非线性系统辨识

2.5.1 BPNN 分析

近年来，由于过程系统的复杂性不断增加以及对其产品质量的要求更加严格，使得对于其控制质量的要求越来越高。为了解决过程系统的非线性及被控变量和内部变量的约束问题，人们广泛使用基于人工神经网络的预测控制策略。而最常用的是反向传输神经网络(Back-Propagation Neural Network，BPNN)，但是 BPNN 有不少弱点需要克服。尽管目前已有不少对其学习算法进行改进和研究的成果，其算法本身仍然很耗时而且很复杂，原因在于它们仍需从众多神经网络中采用试验法确定 ANN 类型，以获得较好的推广能力；网络没有自组织能力，即自动选择信息量大的新样本并自动修正网络的连接权重和阈值的能力。

由于基于贝叶斯假设，构造了前向推理神经网络，并将其称为贝叶斯-高斯神经网络(Bayesian-Gaussian Neural Network，BGNN)。该网络具有以下优点：远高于 BPNN 的学习速度，与 BPNN 相当的推广能力，并且具有 BPNN 所不具备的自组织能力等。

2.5.2 BG 推理模型和 BGNN

设$(x_i,y_i)(i=1,2,\cdots,N)$为训练样本集合，其中 N 称为网络的阶，$x_i=(x_{i1},x_{i2},\cdots,x_{im})$是 M 维样本输入，y_i 是一维样本输出。问题是，当知道样本(x_i,y_i)时，如何在 x 处对 y 进行推广？或用概率的置信水平观点，当知道单一信息源(x_i,y_i)时，$\gamma(x)$的概率分布是怎样的？进一步，当知道样本集$(x_i,y_i)(i=1,2,\cdots,N)$时，如何在 x 处对 y 进行推广，或 $\gamma(x)$的概率分布又会是怎样的？

1. 基于单一信息源的$\boldsymbol{\gamma}(\boldsymbol{x})$

在高斯假设下，先验概率密度函数(Probability Density Function，PDF) $p(\gamma)$服从 $N(y_0,\sigma_0^2)$，而条件 PDF$p(\gamma_i=y_i\mid\gamma)$服从 $N(\gamma,\sigma_i^2)$，下标“0”表示先验信息，则

$$p(\gamma)=\frac{1}{\sqrt{2\pi}\sigma_i}\exp\left[-\frac{(\gamma-y_0)^2}{\sigma_i^2}\right]$$

$$p(\gamma_i=y_i\mid\gamma)=\frac{1}{\sqrt{2\pi}\sigma_i}\exp\left[-\frac{(y_i-\gamma)^2}{\sigma_i^2}\right]$$

定义 2.5.1 设 σ_0^2 为 $p(\gamma)$的方差、σ_i^2 为 $p(\gamma_i=y_i\mid\gamma)$的方差，则有

$$\sigma_i^2=\sigma_0^2e(x-x_i)^{\mathrm{T}}D(x-x_i)$$

式中 D——阈值对角矩阵，$D=\mathrm{diag}[d_{11}^{-2},d_{22}^{-2},\cdots,d_{mm}^{-2}]$；

d_{11}、d_{22}、$\cdots$、d_{mm}——输入因子。由贝叶斯定理

$$p(\gamma\mid\gamma_i=y_i)=\frac{p(\gamma)p(\gamma_i=y_i\mid\gamma)}{p(\gamma_i=y_i)}$$

可推导出

$$p(\gamma \mid \gamma_i = y_i) = \frac{1}{2\pi\sigma_0\sigma_i p(\gamma_i = y_i)}\exp\left\{-\frac{1}{2}\left[\frac{(\gamma - y_0)^2}{\sigma_0^2}\right]\right\} - c_1 \frac{1}{\sqrt{2\pi}\sigma_{0,i}}\exp\left[-\frac{(y - y_{0,i})^2}{2\sigma_{0,i}^2}\right]$$

式中 $p(\gamma_i = y_i)$：y_0、σ_i——常数；

c_1——归一化因子。且

$$\sigma_{0,i}^2 = \sigma_0^2 + \sigma_i^2$$

$$y_{0,i} = \sigma_{0,i}^2(\sigma_0^{-2} y_0 + \sigma_i^{-2} y_i)$$

当知道单一信息源(x_i, y_i)后，就可以计算$\gamma(x)$的后验概率分布。

2. 基于多个信息源的$\gamma(x)$概率分布

下面给出信息合成原理，可以根据贝叶斯定理证明。

信息合成原理 设单一信息γ_i对γ的贡献为$p(\gamma|\gamma_i)$。γ_i对y_j关于γ条件独立(i、$j=1,\cdots,N$；$i\neq j$)。那么信息源γ_1、γ_2、$\cdots$、γ_N联合对γ的贡献为：

$$p(\gamma \mid \gamma_1, \gamma_2, \cdots, \gamma_N) = k\frac{\prod_{i=1}^{N} p(\gamma \mid \gamma_i)}{p^{N-1}(\gamma)}$$

3. BG推理模型

继续推理上式，可得

$$p(\gamma \mid \gamma_1, \gamma_2, \cdots, \gamma_N) = p(\gamma \mid \gamma_1 = y_1, \gamma_2 = y_2, \cdots, \gamma_N = y_N)$$

$$= c_2 \frac{\prod_{i=1}^{N} \frac{1}{\sqrt{2\pi}\sigma_{0,i}} e^{-\frac{1}{2}\frac{(r-y_{0,j})^2}{\sigma_{0,j}^2}}}{\left[\frac{1}{\sqrt{2\pi}\sigma_0}\right]^{N-1} e^{-\frac{N-1}{2}\frac{(r-y_0)^2}{\sigma_0^2}}}$$

式中 c_2——与γ无关的归一化因子。由于在γ的范围内分子很大，先验概率分布可近似为常数，且σ_0^2相当大，作为合理的近似，分母可以并入归一化因子。此外，可以近似地有$\sigma_{0,i}^{-2} \approx \sigma_i^{-2}$、$y_{0,i} \approx y_i$。在高斯假设下有：

$$p(\gamma \mid \gamma_1, \gamma_2, \cdots, \gamma_N) = c_2 \frac{N}{\sqrt{2\pi}} \prod_{i=1}^{N} \frac{1}{\sigma_i}\exp\left[-\frac{1}{2}\frac{(\gamma - y_i)^2}{\sigma_i^2}\right]$$

$$= c_3 \frac{1}{\sqrt{2\pi}} \prod_{i=1}^{N} \frac{1}{\sigma_i}\exp\left[-\frac{1}{2}\sum_{i=1}^{N}\frac{\gamma^2 - 2y_i\gamma + y_i^2}{\sigma_i^2}\right]$$

$$= c_4 \frac{1}{\sqrt{2\pi}\sigma(N)}\exp\left[-\frac{1}{2}\frac{(\gamma - y'(N))^2}{\sigma(N)^2}\right]$$

式中 c_3、c_4——与γ无关的归一化因子。且

$$y'(N) = \sigma(N)^2 \sum_{i=1}^{N} \sigma_i^2 y_i$$

$$\sigma(N)^{-2} = \sum_{i=1}^{N} \sigma_i^{-2}$$

这些式子集合构成了贝叶斯-高斯(Bayesian-Gaussian)推理模型。根据该模型，假定有N个训练样本(x_i, y_i)($i=1,2,\cdots,N$)，并且已经训练得到合适的输入阈值矩阵D，在新的输

入点为 x 时，推理结果为 $y'(N)$，其置信水平（或方差）为 $\sigma(n)^2$。如果训练样本在不断增多（即推理的证据在不断增多），在 x 处的推理可采用递归模型实现。设已有 $N-1$ 个训练样本，且已在 x 处进行推理，其结果为（$y'(N-1),\sigma(N-1)^2$），那么当增加 N 个样本时，推理结果为（$y'(N),\sigma(N)^2$），其递归算法为：

$$\sigma_N^2 = \sigma_0^2 e^{(x-x_N)^{\mathrm{T}} D(x-x_N)}$$

$$\sigma(N)^{-2} = \sigma(N-1)^{-2} + \sigma_N^{-2}$$

$$y'(N) = \sigma(N)^2[\sigma(N-1)^{-2} y'(N-1) + \sigma_N^{-2} y_N]$$

这种递归推理方式在自组织过程中将省去大量的重复计算工作。

4. BGNN 及其训练算法

BGNN 的连续权重值和阈值可以根据训练样本直接得到，而网络的训练是为了确定输入阈值矩阵 D 或输入因子，以使下式的 E 最小化，即

$$\min E = \min_D \frac{1}{2N} \sum_{n=1}^{N} (y_n - y'_n)^2$$

$$\min E = \min_W \frac{1}{2N} \sum_{n=1}^{N} (y_n - y'_n)^2$$

式中 N——网络的阶；

y_n 和 y'_n——网络对样本 n 的期望输出（即样本输出）和实际输出。注意到 BGNN 的先验概率方差 σ_0^2 也需要确定。仿真研究表明：σ_0^2 的大小对推广结果的影响很小，因此本节中设定 $\sigma_0^2=1$。尽管有很多最优化算法可以使用上式的求解，本节中采用了多维下降单纯型法，该方法只需用到函数的值而不需求函数的导数。正如 BPNN 一样，训练样本必须归一化，使输入和输出分别在［$-1.0,+1.0$］和［$0.0,+1.0$］之间。

2.5.3 BGNN 的自组织过程

BGNN 的自组织过程是一种自适应过程。一个 N 阶 BGNN 已训练完毕，在某一时刻需要增加一个样本，并从这 $N+1$ 个样本中删除一个样本。比如，原来训练样本集为（x_1,y_1）、（x_2,y_2）、…、（x_N,y_N），并且现在又有一个新的样本（x_μ,y_μ）。问题是，这 $N+1$ 个样本中，哪一个需要被删除？本节中采用样本的均方预测误差 ε_M 作为删除样本的依据，定义如下。

定义 2.5.2 设有样本集（x_i,y_i）（$i=1,2,\cdots,N+1$）。在样本输入点处 x_i，网络的输出可以由其他 N 个样本推理得到，其结果为（$y'_i(N),\sigma_i(N)^2$）。那么样本 i 处，$\varepsilon_{M,i}$ 定义为：

$$\begin{aligned}\varepsilon_{M,i} &= E(y_i - \gamma_i(N))^2 = \gamma\int_{-\infty}^{+\infty}(y_i-\gamma_i(N))^2 p(\gamma_i(N) \mid \gamma_1,\gamma_{i-1},\cdots,\gamma_{N+1})\mathrm{d}\gamma_i(N)\\ &= (y_i - y_i^t(N))^2 + \sigma_i(N)^2\end{aligned}$$

显然，如果一个样本含有很少的信息，那么在该样本输入点处的网络输出可以由其他样本以很高的精度推理得到。因此，应该从这 $N+1$ 个样本中删除掉 ε_M 最小的一个。在自组织过程中，样本（x_i,y_i）（$i=1,2,\cdots,N$）的 $\varepsilon_{M,i}$，可通过 x_μ 直接输入并由（x_μ,y_μ）和（$y'_i(N-1),\sigma_i(N-1)^{-2}$）构造的递归 BGNN 计算得到。当一个样本从 $N+1$ 个样本中删除后，它对网络其他样本点处推广的影响也必须同时消除，这也可通过 BGNN 递归算法实现。

2.5.4 仿真研究

本节中采用 BGNN 对一个典型的单输入、单输出系统进行辨识和预测的仿真研究。为比较 BGNN 和 BPNN 的学习时间，对于 BPNN 采用权重值和阈值矩阵来反映传播学习算法，即

$$\Delta\omega_{ji}(t)=\eta\frac{\partial E}{\partial\omega_{ji}}+\alpha\Delta\omega_{ji}(t-1)$$

为比较 BGNN 和 BPNN 的预测能力，定义预测系统平均相对误差 ε_p 如下。

定义 2.5.3 设 y 表示过程的实际输出，y' 表示网络的预测输出，M 为校验样本数，则

$$\varepsilon_p=\frac{1}{M}\sum_{i=1}^{M}\left|\frac{y_i-y_i'}{y_i}\right|$$

显然，ε_p 越小，网络的预测能力越强。

仿真研究表明，BGNN 的训练速度远高于 BPNN。如果系统模型在网络训练后没有漂移，则 BGNN 的预测能力比 BPNN 稍差，而如果模型有漂移，则前者的预测能力远好于后者。

BGNN 的提出，为实际系统基于模型的预测控制提供了一种有效的手段。

2.6 广义神经网络

2.6.1 智能神经元模型

传统 BP 神经网络的信息存储能力主要由层与层之间的权重来实现，其信息存储量是有限的。BP 神经网络结构及学习算法的特点使其在映射复杂非线性函数时，存在收敛速度慢、精度低等缺陷。BP 神经网络结构和学习样本之间存在很大的关系，因此在有大量学习样本的情况下，普通的 BP 神经网络已不能满足要求。人们在改进普通神经元非线性变换函数时，模拟生物神经元的内在特性提出了智能神经元模型。

智能神经元具有信息存储能力，并可以通过一定的学习规则在一类或几类函数中调整其处理元。在以往的研究中，人们用线性独立函数对神经网络输入层进行预处理，使神经网络具有较好的映射效果，这些函数在不引入新的信息的情况下，能有效地增加变量的空间维数，从而提高神经网络的收敛速度。将线性独立函数引入到智能神经元内部构造中，将神经元的输入 x 扩展为线性独立的函数组 x、x^2、x^3、…、x^n（设 n 为偶数），构建了新的神经元模型（如图 2-5 所示）。

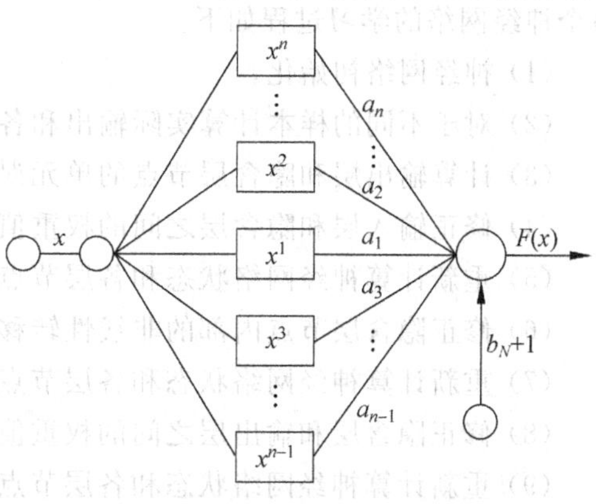

图 2-5 智能神经元模型

在图 2-5 中，x 为神经元的输入，a_r 和 b_N 为可调变量，$F(x)$为神经元的输出，即

$$F(x)=\sum_{r=1}^{n}a_rx^r+b_N$$

当神经元有 n 个输入样本时，映射关系为 $XA+b_N=\gamma$，其中 γ 为神经元的输出矢量，而

$$X=\begin{bmatrix} x_1 & x_1^2 & \cdots & x_1^n \\ x_2 & x_2^2 & \cdots & x_2^n \\ \vdots & \vdots & \vdots & \vdots \\ x_n & x_n^2 & \cdots & x_n^n \end{bmatrix}$$

$$A^{\mathrm{T}}=(a_1,a_2,\cdots,a_n)$$

对 X 提出公因子 x_1、x_2、$\cdots$、x_n，得：

$$X=\prod_{r=1}^{n}x_r\begin{bmatrix} 1 & x_1^1 & \cdots & x_1^{n-1} \\ 1 & x_2^1 & \cdots & x_2^{n-1} \\ \vdots & \vdots & \vdots & \vdots \\ 1 & x_n^1 & \cdots & x_n^{n-1} \end{bmatrix},\quad 1\leqslant j<i\leqslant n$$

由范德蒙(Vandermonde)行列式，得：

$$\begin{vmatrix} 1 & x_1^1 & \cdots & x_1^{n-1} \\ 1 & x_2^1 & \cdots & x_2^{n-1} \\ \vdots & \vdots & \vdots & \vdots \\ 1 & x_n^1 & \cdots & x_n^{n-1} \end{vmatrix}=\prod(x_j-x_i)$$

所以 X 的行列式的值为：

$$\det X=\prod_{r=1}^{n}x_r\prod(x_j-x_i),\quad 1\leqslant j<i\leqslant n$$

因为 $x_i\neq x_j$，X 行列式的值 $\det X\neq 0$，X 矩阵的秩为 n，所以存在 $A^{\mathrm{T}}=(a_1,a_2,\cdots,a_n)$ 的解。这表明，神经元内部在不增加变量的情况下，通过扩展函数的方法增加了输入变量的维数，同时增强了神经元的存储能力，从而得到更好的函数映射效果。

2.6.2 广义神经网络模型及学习算法

广义神经网络有很多不同的结构形式。本节应用普通神经元组成冠以神经网络输入层，应用智能神经元组成广义神经网络的隐含层和输出层。层与层之间的连接权重值通过反向传播算法来学习，隐含层和输出层智能神经元内部可调参数的学习采用 LMS 算法。整个神经网络的学习过程如下。

(1) 神经网络初始化。

(2) 对于不同的样本计算实际输出和各层神经元的状态。

(3) 计算输出层和隐含层节点的单元误差和节点反向传播误差。

(4) 修正输入层和隐含层之间的权重值和阈值。

(5) 重新计算神经网络状态和各层节点误差以及反向传播误差。

(6) 修正隐含层节点内部的非线性转移函数。

(7) 重新计算神经网络状态和各层节点误差以及反向传播误差。

(8) 修正隐含层和输出层之间的权重值和阈值。

(9) 重新计算神经网络状态和各层节点误差以及反向传播误差。

(10) 修正输出层节点内部的非线性转移函数。

(11) 计算系统误差并判断是否小于控制误差,如果为真,则结束,否则,转为(2)。

2.6.3 交通流预测模型

作为智能交通系统(ITS)的重要研究方面,交通流诱导是目前公认的提高交通效率和机动性的最佳途径。交通流诱导的前提是实时交通流的预测,因此实时准确的交通信息预测便成了热点。

实现交通流诱导主要有 4 方面的工作。

(1) 取得路网中当前和过去若干时段内的交通信息。

(2) 逐步推测未来若干时段内路网各交叉口和各路段的交通流状态。

(3) 采用通信技术、全球定位技术实现车辆定位以及用户与诱导中心的信息双向交流。

(4) 行驶路径优化,整个诱导过程不断滚动循环进行。

利用上述智能神经元组成了广义神经网络,该广义神经网络的收敛速度以及预测精度等性能均较普通神经网络有很大改善。试验结果表明,由这种新型智能神经元组成的广义神经网络有效地克服了常规神经网络模型寻优速度慢、实时性差等缺点,具有较大的实用价值。

2.7 发动机神经网络 BP 算法建模

2.7.1 发动机性能曲线神经网络处理方法

车用发动机的经济、动力性、排放、可靠性等问题一直是汽车科技工作者研究的主要课题,把人工神经网络技术引入车用发动机研究领域,将为此开拓新的思路。在本节中将探讨人工神经网络技术在汽车发动机建模中的具体应用问题。

发动机台架性能试验所得的数据,常以性能曲线的形式表示。用计算机进行曲线处理时,必须先对实际数据进行拟合,亦即求取其离散点图的函数近似表达式。然而,发动机性能曲线多种多样,有的非常复杂,用传统的拟合方法难以得到其近似函数表达式。人工神经网络有很强的非线性映射功能,一个以 Sigmiod 函数为传递函数的三层 BP 神经网络,理论上能以任何精度逼近已给定实值的多变量连续函数。也就是说,BP 神经网络能作为万能拟合函数,这已经在数学上得到了证明。

以复杂的万有特性曲线拟合为例,图 2-6 为一个三层 BP 神经网络,经过对离散试验数组的训练学习后,该网络便能反映输入层转速 n 和功率 P_e 与输出层油耗 b_e 以及 T_c 关于 n 和 P_c 的近似函数表达式。在绘图时,只要在规定范围内重新给出任何输入(n 和 T_e),然后用画等高线的方法可以很容易地给出等高油耗线。发动机其他性能曲线要和类似的 BP 神经网络拟合得到,具体步骤如下。

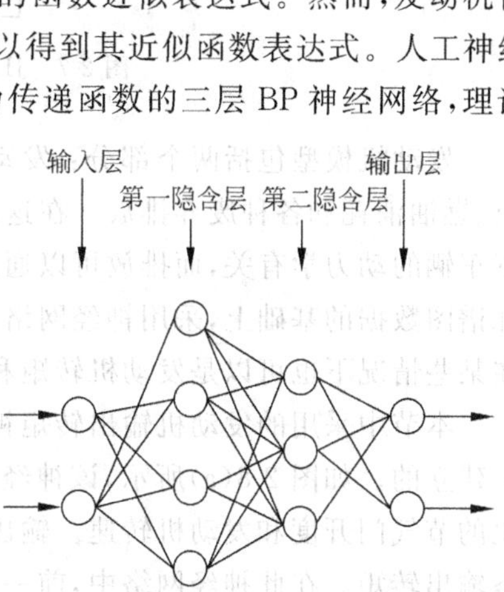

图 2-6 拟合万有特性的三层 BP 神经网络模型

(1) 先给出 p 个训练对(X_1,T_1)、(X_2,T_2)、…、(X_P,T_P)。

(2) 预置较小的随机权重矩阵。

(3) 施加输入模式 X_p 于网络，计算 $y_i=f(W_jX_p)$，W_j 是 W 矩阵中的第 j 行，即输出接点 j 的权重值列矢量。

(4) 修改权重值。

$$W_{\text{new}}=W_{\text{old}}+\Delta W=W_{\text{old}}+\eta\delta_y X^{\mathrm{T}}$$

(5) 计算输出全局误差

$$E=\frac{1}{2}\sum_{p=1}^{n}\sum_{j=1}^{p}(t_{j,p}-y_{j,p})^2=\sum_{p=1}^{n}E_p$$

返回第(2)步，向网络加下一个模式对，直到 p 个模式对均循环一遍，再进行第(6)步。

(6) 若 $E<E_{\max}$(预先设定的定值)，则停止训练；否则，令 $E=0$，返回第(2)步。

其中，p 表示训练样本序数($p=1,2,3,\cdots,n$)；j 为训练对数目；$t_{j,p}$表示相应于第 j 个输出点和第 p 个训练点的样本输出值；η 为算法的学习率。

2.7.2 发动机神经网络辨识结构

汽车发动机本身是一个非常复杂的系统。发动机模型涉及前反馈神经网络、自组织神经网络和发动机动态议程和参数。图 2-7 给出了 JL47Q1 发动机神经网络辨识结构的一个方案。

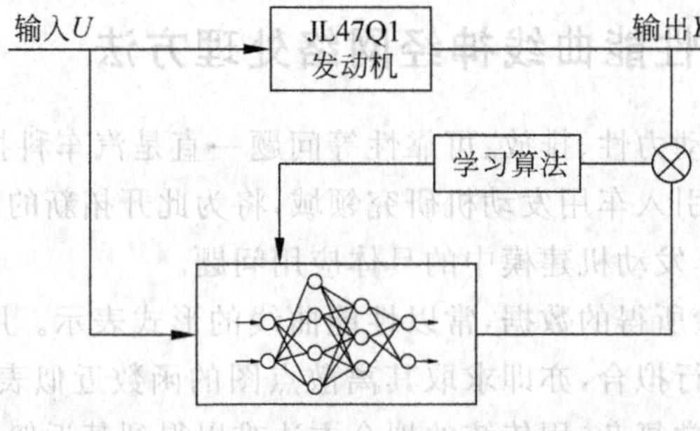

图 2-7 JL47Q1 发动机神经网络辨识结构

发动机模型包括两个部分：发动机输出和发动机动态特性。发动机输出包括转矩输出、燃油消耗和各种废弃排放。在这些输出中，转矩输出和燃油消耗直接与仿真中不同工况下车辆的动力学有关，而排放可以通过仿真结果计算得到。所有的发动机输出都在发动机脉谱图数据的基础上，采用神经网络建模。神经网络的输入层为节气门开度和发动机转速，在某些情况下也可以是发动机转矩和转速。

本节中采用的发动机输出转矩神经网络模型是在 JL47Q1 发动机试验数据模型的基础上建立的。如图 2-8(a)所示，该神经网络共有三层，分别有 5、4 和 1 神经元。输入层是规格化的节气门开度和发动机转速。输出层是对应特定节气门开度和发动机转速下的发动机稳态输出转矩。在此神经网络中，前一层神经元的输出作为下一层神经元的输入。每个神经元的计算流程如图 2-8(b)所示，图中，每个下标 i 代表层数，第二个下标 j 代表 i 层的第 j 个神经元。$p_{i,j,k}$是该神经元的第 k 个输入信号，$\omega_{i,j,k}$，(i,j)和 $b_{i,j,k}$分别是输入信号的权重和系

数，$f_i(x)$为传递函数。此发动机输出转矩神经网络采用两个标准的双极性连续传递函数和一个线性传递函数表示，即

$$f_1(x) = f_2(x) = \frac{2}{1+e^{-2x}} - 1$$

$$f_3(x) = x$$

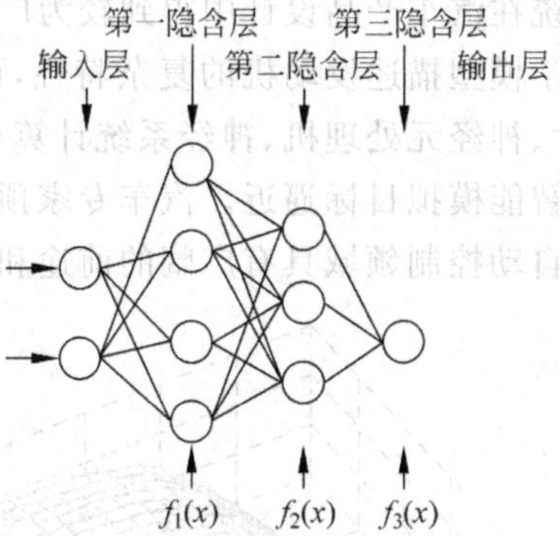

(a) 发动机输出转矩神经网络结构

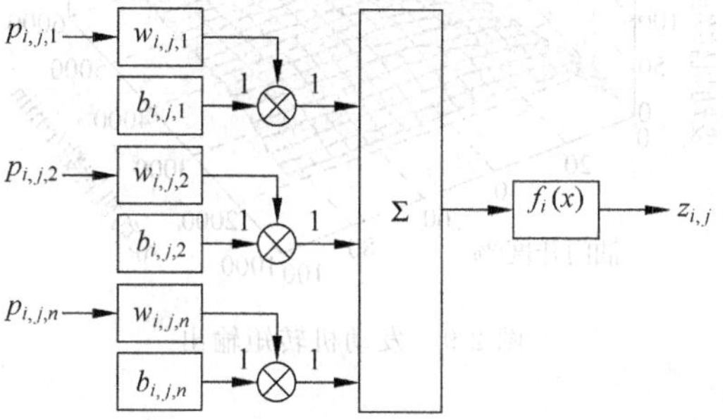

(b) 神经元(i,j)计算

图 2-8　发动机输出转矩神经网络

在发动机转矩神经网络中，前两层的传递函数 $f_1(x)$和 $f_2(x)$是相同的，第三层采用线性传递函数 $f_3(x)$。在发动机试验的基础上，网络能调整所有神经元的权重和系数来表征发动机节气门开度、转速和输出转矩之间的关系。通过网络训练 3000 次，均方误差均收敛至 0.05，拟合的发动机输出转矩结果如图 2-9 所示（转速：0～6000r/min、节气门开度：0～100%），拟合的数据与发动机试验数据的相关度为 99.81%。

发动机转矩神经网络和油耗神经网络的结构非常相似。这些神经网络由若干层组成，每层包含不同数量的神经元，通过调整权重和误差系数使其恰当地描述它们各自所具有的特性。

将发动机由等效转动惯量表示，其动力学模型为：

$$J_e\omega_e + B_e\omega_e = M_e - M_i$$

式中　J_e——发动机等效转动惯量，包括曲轴、飞轮和液力变矩器泵轮；

　　B_e——摩擦因素；

　　M_e——发动机稳态工况输出转矩。

由于神经网络只能提供发动机稳态转矩，则采用以下方程来预测发动机转矩瞬态的变化，即

$$M_n = f_N(\alpha_e, \omega_e) = \frac{\tau_e}{\omega_e} M_e + M_i$$

式中 M_n——由神经网络计算获得的发动机稳态转矩，用函数 f_N 表示；

α_e 和 ω_e——分别代表发动机节气门开度和角速度；

τ_e/ω_e——扭矩系数。

近几年来，神经网络系统在汽车产品设计中得到较为广泛的研究应用，通过采用神经网络方法，不仅能用简单的数学模型描述发动机的复杂特性，而且能节省控制器的存储空间。高度集成化的神经网络芯片、神经元处理机、神经系统计算机等产品，越来越近似人的感知决策行为，朝着更高层次的智能模拟目标逼近。汽车专家预测，神经网络智能控制方法能更好地模拟人的意志，在车辆自动控制领域具有广阔的前途和发展潜力。

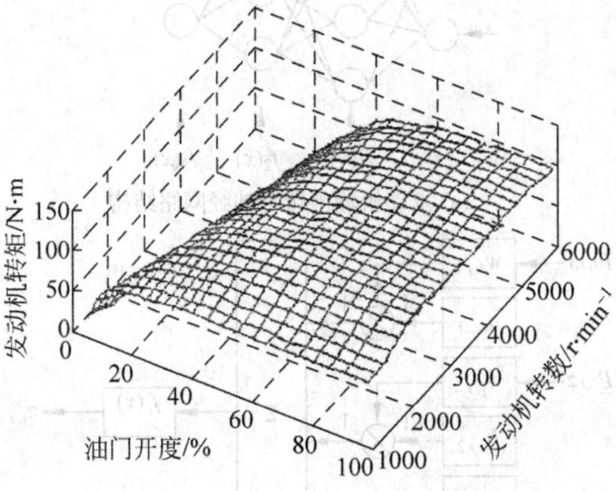

图 2-9　发动机转矩输出

2.8 组合灰色神经网络模型

2.8.1 灰色预测模型

灰色系统理论和方法的核心是灰色模型，灰色模型是以灰色生成函数概念为基础、以微分拟合为核心的建模方法。认为一切随机变量都是在一定范围内、一定时间段上变化的灰色量和灰过程。对于灰色量的处理不是寻求它的统计规律和概率分布，而是将杂乱无章的原始数据序列通过一定的处理方法弱化波动性，使之变为比较有规律的时间序列数据，再建立用微分方程描述的模型。根据预测的超前时间选择适当长度的原始序列的子序列来建模和预测。本节首先介绍 GM(1,1)、DGM(2,1)和 Verhulst 灰色模型，然后利用它们结合神经网络模型分别对电力远期价格进行建模预测。

1. GM(1,1)模型

GM(1,1)单序列一阶线性动态模型，通过对原始数据作一次累加处理，用微分方程来逼近拟合。设原始数据序列为：

$$X^{(0)} = [x^{(0)}(1), x^{(0)}(2), \cdots, x^{(0)}(m)] \quad 4 \leqslant m$$

作一次累加生成：

$$x^{(1)}(k)=\sum_{i=1}^{k}x^{(0)}(i)\quad k=1,2,\cdots,m$$

得生成数据序列为：

$$X^{(1)}=[x^{(1)}(1),x^{(1)}(2),\cdots,x^{(1)}(m)]$$

建立微分方程：

$$\frac{\mathrm{d}X^{(1)}}{\mathrm{d}t}+aX^{(1)}=u$$

用最小二乘法求解系数矢量：

$$\lambda=[a,u]^{\mathrm{T}}=(B^{\mathrm{T}})^{-1}B^{\mathrm{T}}Y$$

式中

$$B=\begin{bmatrix}-(x^{(1)}(2)+x^{(1)}(1))/2 & 1\\ -(x^{(1)}(3)+x^{(1)}(2))/2 & 1\\ \vdots & \vdots\\ -(x^{(1)}(m)+x^{(1)}(m-1))/2 & 1\end{bmatrix}$$

$$Y=[x^{(0)}(2)\quad x^{(0)}(3)\quad\cdots\quad x^{(0)}(m)]^{\mathrm{T}}$$

解微分方程得离散形式的解为：

$$\hat{x}^{(1)}(k)=\left[x^{(0)}(k)-\frac{u}{a}\right]e^{-a(k-1)}+\frac{u}{a}\quad k=1,2,\cdots,m$$

$$\hat{x}^{(0)}(k+1)=\hat{x}^{(1)}(k+1)-x^{(1)}(k)\quad k=1,2,\cdots,m-1$$

预测序列为：

$$\hat{X}^{(1)}=[\hat{x}^{(0)}(2),\hat{x}^{(0)}(3),\cdots,\hat{x}^{(0)}(m)]$$

2. DGM(2,2)模型

DGM(2,2)是单序列二阶线性动态模型。建立微分方程：

$$\frac{\mathrm{d}^2X^{(1)}}{\mathrm{d}t^2}+a\frac{\mathrm{d}X^{(1)}}{\mathrm{d}t}=u$$

用最小二乘法求解系数矢量：

$$\lambda=[a,u]^{\mathrm{T}}=(B^{\mathrm{T}}B)^{-1}B^{\mathrm{T}}Y$$

式中

$$B=\begin{bmatrix}-x^{(0)}(2) & 1\\ -x^{(0)}(3) & 1\\ \vdots & \vdots\\ -x^{(0)}(m) & 1\end{bmatrix}$$

$$Y=\begin{bmatrix}x^{(0)}(2)-x^{(0)}(1)\\ x^{(0)}(3)-x^{(0)}(2)\\ \vdots\\ x^{(0)}(m)-x^{(0)}(m-1)\end{bmatrix}$$

解得离散形式的解序列为：

$$\hat{X}^{(1)}=[\hat{x}^{(1)}(1),\hat{x}^{(1)}(2),\cdots,\hat{x}^{(1)}(m)]$$

式中

$$\hat{x}^{(1)}(k+1)=\left[\frac{u}{a^2}-\frac{x^{(0)}(1)}{a}\right]e^{-ak}+\frac{u}{a}(k+1)+\left[x^{(0)}(1)-\frac{u}{a}\right]\frac{1+a}{a}$$

相应的累减预测序列为：

$$\hat{x}^{(0)}(k+1)=\hat{x}^{(0)}(k+1)-\hat{x}^{(0)}(k)\quad k=1,2,\cdots,m-1$$

预测序列为：

$$\hat{X}^{(1)}(2)=[\hat{x}^{(0)}(2),\hat{x}^{(0)}(3),\cdots,\hat{x}^{(0)}(m)]$$

3. Verhulst 灰色模型

Verhulst 灰色模型是在 Verhulst 所建立的模型上发展而来的一个非线性微分方程。设原始数据序列为 $X^{(0)}$，直接建立 $X^{(0)}$ 的 Verhulst 灰色模型为：

$$\frac{\mathrm{d}X^{(0)}}{\mathrm{d}t}=aX^{(0)}-u(X^{(0)})^2$$

定义 $\lambda=[a,u]^{\mathrm{T}}$ 为系数矢量、$u(X^{(0)})^2$ 为竞争项，可通过下式求取，即

$$\lambda=[(A\vdots B)^{\mathrm{T}}(A\vdots B)]^{-1}(A\vdots B)^{\mathrm{T}}Y$$

式中

$$A=\begin{bmatrix}-(x^{(0)}(1)+x^{(0)}(2))/2\\+(x^{(0)}(1)+x^{(1)}(2))/2\\\vdots\\-(x^{(0)}(m-1)+x^{(0)}(m))/2\end{bmatrix}$$

$$B=\begin{bmatrix}[(x^{(0)}(1)+x^{(0)}(2))/2]^2\\ [(x^{(0)}(2)+x^{(0)}(2))/2]^2\\\vdots\\ [(x^{(0)}(m-1)+x^{(0)}(m))/2]^2\end{bmatrix}$$

$$(A\vdots B)=\begin{bmatrix}-(x^{(0)}(1)+x^{(0)}(2))/2 & [(x^{(0)}(1)+x^{(0)}(2))/2]^2\\-(x^{(0)}(1)+x^{(0)}(2))/2 & [(x^{(0)}(1)+x^{(0)}(2))/2]^2\\\vdots & \vdots\\-(x^{(0)}(m-1)+x^{(0)}(m))/2 & [(x^{(0)}(m-1)+x^{(0)}(m))/2]^2\end{bmatrix}$$

$$Y=[x^{(0)}(2)-x^{(0)}(1),x^{(0)}(3)-x^{(0)}(2),\cdots,x^{(0)}(m)-x^{(0)}(m-1)]^{\mathrm{T}}$$

离散形式的解为：

$$x^{(0)}(k+1)=\frac{ax^{(0)}(1)}{ux^{(0)}(1)+(a-ux^{(0)}(1))e^{ak}}\quad k=1,2,\cdots,m-1$$

预测序列为：

$$X^{(0)}=[x^{(0)}(2),x^{(0)}(3),\cdots,x^{(0)}(m)]$$

2.8.2 灰色神经网络预测模型

对一个变量进行预测，一般可以建立多种形式的可行模型，每一种模型都包含一定的样

本信息,然而单个模型往往难以全面地反映变量的变化规律。如果对多种预测模型进行有机地合成,它就能够有效地利用多种信息,比较全面地反映系统的变化规律,减少随机性、提高预测精度。对于不同预测模型在组合预测模型中所占权重的分配,目前有平均值法、标准差法、AHP(层次分析法)等,但是这些方法均需要由预测专家通过经验和测评得出。这里介绍采用神经网络的方法,对不同的灰色预测模型进行组合后生成组合灰色神经网络模型(CGNN),通过反复学习自动调节自身参数,输出满意的预测结果。

BP 神经网络在网络理论和网络性能方面都比较成熟,并具有很强的非线性映射能力和柔性的网络结构,因此,本节采用 BP 神经网络,把 GM(1,1)模型函数输入,采用隐含层,传递函数(0,1)区间取值的 S 型函数 $f(x)=\frac{1}{1+e^{-x}}$,输出 CGNN 预测值,模型结构如图 2-10 所示。

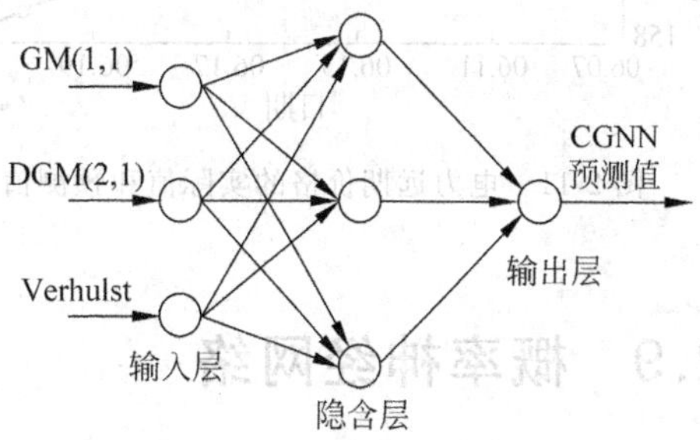

图 2-10 组合灰色神经网络结构图

组合灰色神经网络模型,可以有效地融合灰色理论弱化数据序列波动性的特点和神经网络特有的非线性适应性信息处理能力,具有模型简单、不需要确定非线性函数等优点。

下面的实例研究显示,采用该模型能在"部分信息已知,部分信息未知"的不确定性条件下,对诸如电力远期价格等变量取值数据序列在短时间内的变动做出比较准确的预测,在预测的准确性方面优于 GM(1,1)等灰色模型。

2.8.3 电力远期价格预测

随着电力工业的市场化改革,电力金融合约市场逐步建立起来,它能比较有效地抑制电力现货市场中的电价冲击。准确地预测电力的远期价格,可以使电力市场的参与者更好地规避市场风险。电力远期价格受实时电价、利率、负荷需求等多种因素影响,变化趋势复杂,很难建立一个准确的数学模型进行全面描述。针对这一特点,本节将灰色动态预测模型应用于电力远期价格预测,并把灰色预测理论和神经网络结合起来,构造了组合灰色神经网络模型,比较准确地对电力远期价格进行了预测。

本节把 Nordpool 交易所 2002 年 6 月 7～14 日共 8 个交易日的远期价格作为原始序列,分别用上述的三种模型建模,将所得结果输入到 CGNN 中,同时把这几天电力远期价格的实际值作为目标值对 CGNN 进行训练。然后对 6 月 17～21 日的远期价格进行预测,结果如图 2-11 所示(图中的 NOK 表示货币单位)。

由图 2-11 可见,这些预测模型在预测值的变动趋势与实际的远期价格走势基本一致。Verhulst 灰色模型所得的预测值要优于 GM(1,1)和 DGM(2,1)模型的预测值,但是这三种模型不能对远期价格的波动做出有效反映。而 CGNN 模型与实际值的拟合程度最好,所得到的预测值波动更为平稳。如图 2-12 所示为不同模型预测值的相对误差。

由图 2-12 可见,GM(1,1)模型的相对误差波动幅度和最大相对误差明显高于其他几种模型。这是由于 GM(1,1)模型对于原始数据光滑离散度较好的序列,才能较为有效地描述其单调变化的过程。随着时间的增长,这几种预测模型的相对误差波动幅度逐步增大。CGNN 模型预测值的相对误差波动要小于其他几种模型。

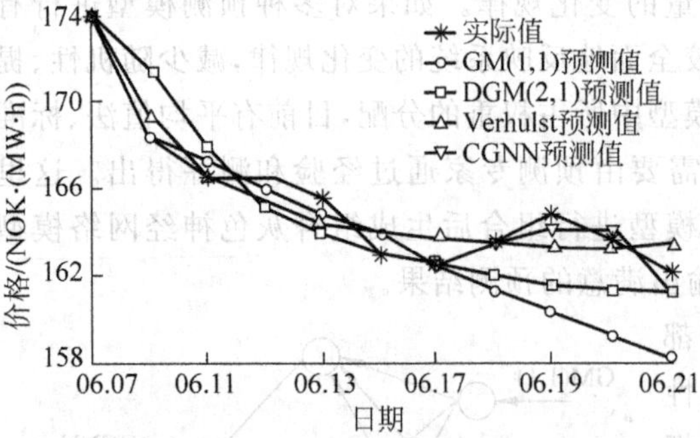

图 2-11 电力远期价格的实际值和预测值

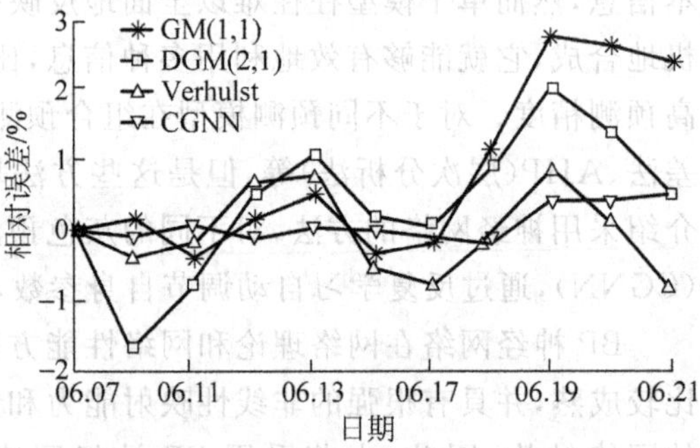

图 2-12 不同模型预测值的相对误差

2.9 概率神经网络

概率神经网络(Probabilistic Neural Network,PNN)是基于概率统计思想和贝叶斯分类规则构成的分类神经网络。贝叶斯分类规则是具有最小"期望风险"的优化决策规则,它可以处理大量样本的分类问题。概率神经网络在功能上与贝叶斯分类器相同,它利用已知样本数据集的概率密度函数来进行贝叶斯分类,将学习到的权数、平滑参数等用于未知数据的判断,从而判断未知数据最有可能属于哪个已知数据集,其分类结果因具有良好的分类,因此被广泛用于说话人识别、模糊分类、交通方式分类等领域。

与 BP 网络进行比较,概率神经网络主要有以下几个方面的优点。

(1) 快速运算。由于概率神经网络一次完成,不需要学习,因而大约比 BP 神经网络快 5 个数量级。

(2) 只要具有足够的训练数据,不管训练矢量与类别之间具有多么复杂的关系,概率神经网络都能保证获得贝叶斯准则下的最优解,而 BP 神经网络却可能在一个局部最优解处中断,无法保证得到一个全局最优的满意解。

(3) 概率神经网络允许在训练集中添加或删除数据而不需要重复训练,BP 神经网络对训练集中的任何变动都需要对整个训练过程重复进行。

(4) 概率神经网络给出一个指示基于决策的可信度大小的结果,而 BP 神经网络却不能提供这样的可信度指标,若输入与训练过的数据不一样,它可能产生一个错误的答案。

概率神经网络除了能克服 BP 神经网络的缺陷外,还能保留 BP 神经网络所具有的学习、归纳和并行计算的特征,它是径向基函数模型的发展。

2.9.1 概率神经网络结构

PNN 是 RBF 网络的一种变体,特别适合于求解模式识别问题,类似于其他 RBF 网络,PNN 存在一个径向基传递函数环节,它是将统计方法与前馈神经网络相结合的一种神经网络模型。PNN 的网络结构如图 2-13 所示,图中 $I_{1,1}$ 为连续输入和第 1 层(径向基函数层)的权重矩阵,$I_{1,1}$ 为 $Q\times R$ 维,O 为输入目标对的数量,即第 1 层神经元数,R 为预定义的模式类别数,即第 2 层神经元数;P 为待检特征向量($R\times 1$);b_1 为径向基函数层(第 1 层)的阈值，属于阈值向量($Q\times1$)；a_1 为第1层中径向基传递函数的输出向量；$L_{2,1}$是连接第1层和第2层(竞争层)的权重矩阵；C为竞争传递函数。

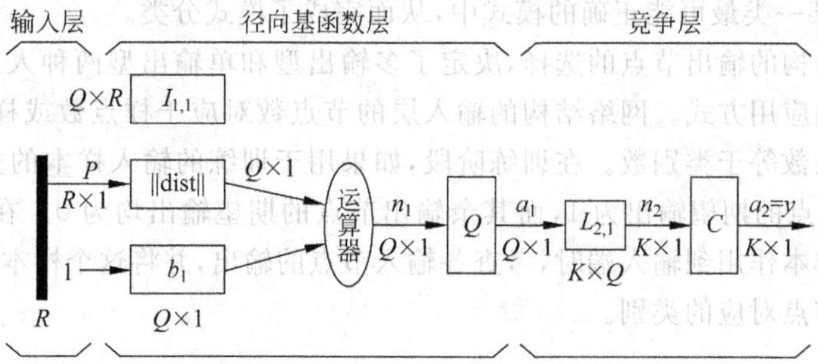

图 2-13　PNN 的网络结构

2.9.2 概率神经网络训练

假设有 Q 组训练向量对 I_1/O_1、I_2/O_2、…、I_Q/O_Q，其中 I 为训练向量对中的输入向量($R\times1$)、O 为训练向量对中的目标向量。K 为预定义模式类别数，$Q_i(i=1,2,\cdots,Q)$的形式是 K 维向量，K 个分量分别对应 K 个模式类别，其中有且仅有一个分量为1，其余为0，表示所对应的输入向量属于与该分量对应的一类模式。训练时，输入的列向量可组成一个矩阵 P_m，即训练输入向量矩阵($R\times Q$)；目标向量可组成一个矩阵 T，即训练目标向量矩阵($K\times Q$)，$T=[O_1^{\mathrm{T}},O_2^{\mathrm{T}},\cdots,O_Q^{\mathrm{T}}]$。

概率神经网络的训练过程非常简单，网络的 $I_{1,1}$ 被设置为 P_m 的转置矩阵，$L_{2,1}$ 被设置为矩阵 T，这样网络训练就完成了，并且网络的输出矩阵和目标向量矩阵的残差为0，这是PNN最大的优点。

当 $P=[p_1,p_2,\cdots,p_n]^{\mathrm{T}}$ 输入到已经训练好的网络时，网络的第1层计算该输入向量与训练向量集中每一个训练向量的欧氏距离向量：

$$D=[d_1,d_2,\cdots,d_Q]^{\mathrm{T}}$$

$$D=[\,\|P-I_1\|,\|P-I_2\|,\cdots,\|P-I_Q\|\,]^{\mathrm{T}}$$

生成向量 D 与 b_1 相乘，相乘的结果用 n_1 表示，即 n_1 为径向基传递函数的输入向量，$n_1=[b_1\|P-I_1\|,b_1\|P-I_2\|,\cdots,b_1\|P-I_Q\|]^{\mathrm{T}}$。

n_1 作为径向基函数神经元的输入，可得径向基函数的输出：

$$a_1=\mathrm{Radbas}(n_1)=[a_{1,1},a_{1,2},\cdots,a_{1,Q}]^{\mathrm{T}}\quad 0\leqslant a_{1,j}\leqslant 1\quad i=1,2,\cdots,Q$$

待检向量与训练向量集中的某个输入向量的欧式距离越接近，a_1 中相应位置的输出值越接近1。网络的第2层把 a_1 中的分量按模式类别求和，得到概率向量：

$$n_2=[n_{2,1},n_{2,2},n_{2,k}]^{\mathrm{T}}\quad n_2=T\times a$$

n_2 的维数为 K，每一个分量对应一个模式类别，分量数值的大小表示待检向量 P 可以归类为该对应模式类别的概率。最后，这个向量还要经过一个竞争传递函数 C，竞争传递函数的运算规则为：

$$n_{2,i}=\begin{cases}1 & n_{2,i}=\max(n_{2,1},n_{2,2},n_{2,k})\\ 0 & n_{2,i}\neq\max(n_{2,1},n_{2,2},n_{2,k})\end{cases}$$

运算的目的就是选出概率向量中数值最大的分量，并在竞争层输出向量 a_2 中将其置 1，其余元素置 0，表示网络把向量 P 归类为此模式类别。通过这样一个过程，网络就将待检向量 P 分类到某一类最可能正确的模式中，从而完成了模式分类。

对于网络结构的输出节点的选择，决定了多输出型和单输出型两种人工神经网络模型在模式识别中的应用方式。网络结构的输入层的节点数对应于样点数或样本的特征维数，而输出层的节点数等于类别数。在训练阶段，如果用于训练的输入样本的类别标号是 i，则训练时设 i 个节点的期望输出为 1，而其余输出节点的期望输出均为 0。在识别阶段，当一个未知类别的样本作用到输入端时，考查各输入节点的输出，并将这个样本的类别判定为输出最大的那个节点对应的类别。

习题

1. 简要地画出简单神经元的结构示意图，标注清楚结构模型每一部分的代表符号和符号代表的意义。

2. 试阐述贝叶斯神经网络算法与 RBF 神经网络算法的特点。

3. 简要地描述 BP 算法的过程和用 MATLAB 软件进行仿真的总体步骤，并列出 5 个仿真过程中必不可少的函数。

4. 对于双输入、单输出神经网络，初始权向量 $W(0)=(1,-1)^{\mathrm{T}}$，学习率 $\eta=1$，4 个输入向量为 $X1=(1,-2)^{\mathrm{T}}$，$X2=(1,-2)^{\mathrm{T}}$，$X3=(1,-2)^{\mathrm{T}}$，$X4=(1,-2)^{\mathrm{T}}$，对以下两种情况求第 4 步训练后的权向量。

(1) 神经元采用离散型转移函数 $f(\text{net})=\text{sgn}(\text{net})$。

(2) 神经元采用双极性连续型转移函数 $f(\text{net})=\dfrac{1-e^{-\text{net}}}{1+e^{-\text{net}}}$。

5. 某 BP 神经网络如图 2-14 所示。

其中输入为 $\begin{bmatrix}x_1\\x_2\end{bmatrix}=\begin{bmatrix}1\\3\end{bmatrix}$、期望输出为 $\begin{bmatrix}d_1\\d_2\end{bmatrix}=\begin{bmatrix}0.95\\0.05\end{bmatrix}$；第一层权值矩阵为 $W_1=\begin{bmatrix}1 & 2\\-2 & 0\end{bmatrix}$、第一层阈值为 $\theta=\begin{bmatrix}-3\\1\end{bmatrix}$；第二层权值矩阵为 $W_2=\begin{bmatrix}1 & 1\\0 & -2\end{bmatrix}$、第二层阈值为 $r=\begin{bmatrix}2\\3\end{bmatrix}$；传输函数均为 Sigmoid 函数，试训练该网络。

6. 对于如图 2-15 所示的 BP 神经网络，学习系数 $\eta=1$、各点的阈值 $\theta=0$。作用函数为：

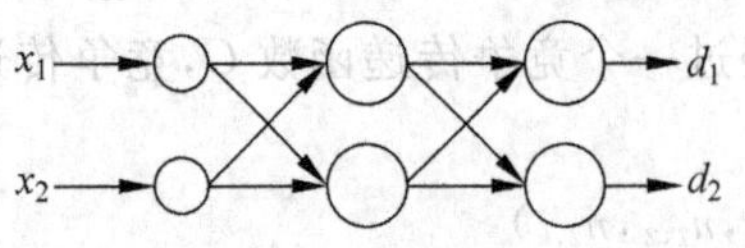

图 2-14　某 BP 神经网络结构图

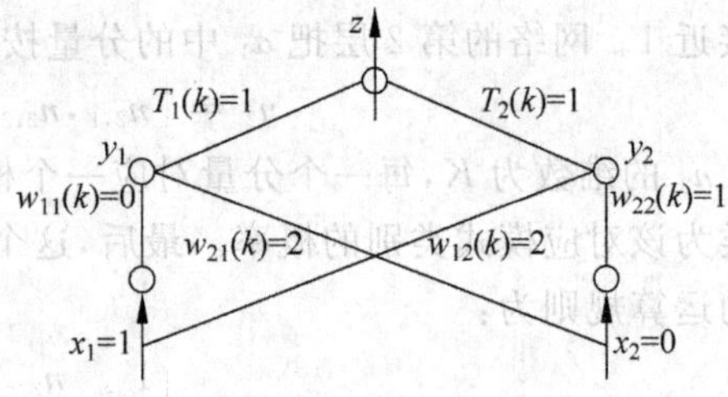

图 2-15　某 BP 神经网络结构图

$$f(x)=\begin{cases}x & x\geqslant 1\\ 1 & x<1\end{cases}$$

输入样本 $x_1=1$、$x_2=0$，输出节点 z 的期望输出为 1，对于第 k 次学习得到的权值分别为 $w_{11}(k)=0$、$w_{12}(k)=2$、$w_{21}(k)=2$、$w_{22}(k)=1$、$T_1(k)=1$、$T_2(k)=1$，求第 k 次和 $k+1$ 次学习得到的输出节点值 $z(k)$ 和 $z(k+1)$（写出计算公式和计算过程）。

第3章 云信息处理

教学内容：本章介绍云信息处理的有关概念，主要针对云信息处理及其计算进行讨论，分别讨论不同云信息处理的方法。

教学要求：掌握云信息处理的概念，掌握云信息处理及其计算。

关键字：云(Cloud)　云决策树(Cloud Decision Tree)　云计算(Cloud Computing)模型(Cloud Computing Model)

3.1 隶属云

3.1.1 模糊隶属函数

L. A. Zadeh 于 1965 年首先提出模糊集的概念。他指出，人思维的一个重要特点是按模糊集的概念归纳信息。随着计算机技术的发展，人们求解复杂问题的能力越来越强。在建立复杂问题的数学模型时，不可避免地要涉及事物的不确定性。不确定性包括随机性和模糊性。随机性是指事件发生与否的不确定性，已由概率论完善地加以研究。模糊性则指事物本身从属概念的不确定性。模糊集的概念一经提出，便在理论和应用两个方面得到迅速发展。模糊集理论已应用到系统科学、自动控制、信息处理、人工智能、模式识别、医疗诊断、天气预报、地震研究、农作物选种、体育训练、化合物分类以及经济学、心理学、社会学、语言学、生态学、管理学、法学和哲学等广泛领域。

模糊数学的基础是模糊集合论，而模糊集合又是由隶属函数来刻画和描述的。模糊数学诸多的应用方法及其运算都是在隶属函数的基础上展开的。所以，有关隶属函数及其确定的问题是模糊数学中的重要内容之一。隶属函数主要是模拟人们对模糊事物的认识状态，按连续多值逻辑进行，带有明显的主观性。所以，描述模糊集合的隶属函数不是唯一的，允许用几种函数来刻画同一事物，这如同人们对同一事物有着不同的认识。

简言之，隶属函数就是试以把复杂的人脑思维活动归化为层次不同程度的隶属演变关系，并将实数轴上的[0,1]取值与之呼应，使巧妙的人的思维活动得以数学化。隶属函数的建立，就其思想方法而言，无非是用函数关系尽量模拟人们对研究对象的认识状态，拟用一种关系式把某种认识定量地确定下来。可以说，对模糊事物的认识越透彻，越能建立或选用相适应的函数表达式。

3.1.2 对隶属函数的质疑

对于一个特定的模糊集来说，隶属函数基本上体现了其所有的模糊性。隶属函数形式简单、对数据要求低，因此被广泛使用，但是它的缺点是不能很好地反映客观实际。

近40年来，模糊数学发展很快，应用日益广泛。但伴随而来的，模糊数学也不停地遭到责难。最突出的问题是，作为模糊集理论基石的隶属函数概念的实质以及确定方法始终没有说清楚，连Zadeh自己也只是用定性推理的方法近似指定隶属函数。隶属函数一旦通过人为假定，"硬化"成精确数值表达后，就被强行纳入到精确数学王国。从此，在概念的定义定理的塑造以及定理的证明等数学思维环节中，就不再有丝毫的模糊性了。因此，在这个方向上发展着的模糊学，本质上仍然是精确数学的一个组成部分，这正是当前模糊理论的不彻底性。

3.1.3 隶属云定义

精确的隶属函数客观上在人们的模糊思维活动中根本不存在，而且它又容易把人们对模糊现象的处理强行纳入精确数学的理想王国，扼杀了事物的模糊本质。因此，应该发展它甚至摒弃它。正是借助这个曾经风靡一时的隶属函数思想，提出了隶属云的崭新概念。

设 X 是一个普通集合，$X=\{x\}$ 称为论域。关于论域 X 中的模糊集合 A，是指对于任意元素 x 都存在一个有稳定倾向的随机数 $\mu_A(X)$，x 叫做对 A 的隶属度。如果论域中的元素是简单有序的，则 X 可以看作是基础变量，隶属度在 X 上的分布叫做隶属云；如果论域中的元素不是简单有序的，而根据某个法则 f，可将 X 映射到另一个有序的论域 X' 上，X' 有且只有一个 x' 和 x 对应，则 X' 为基础变量，隶属度在 X' 上的分布叫做隶属云。

3.1.4 隶属云的数字特征

根据隶属云的定义，在模糊集的处理过程中，论域上某一点的隶属度不是恒定不变的，而是始终在细微变化着。但是，这种变化不剧烈影响到隶属云的整体特征。对模糊集 A 人们已经证明以下两点。

(1) 对于社会和自然科学中的大量模糊概念，其隶属云的期望曲线近似服从正态或半正态分布。

(2) 论域上某一点的隶属度分布符合统计学意义上的正态分布规律，是以隶属云的稳定倾向——隶属云期望曲线上的点——为期望值的正态分布。

人们之所以称其为隶属云，一是因为形象化，就好像是蓝天中的一朵白云，远看时有着明显的形状，近看时又没有一个确定的边沿；二是因为云常常是飘忽不定的，可以整体移动。如果没有隶属云的整体形状和凝聚特性，单独讨论某一点的隶属度是没有意义的。不可能孤立地确定一个点的隶属度。

具有普遍适用性的正态隶属云，揭示了自然和社会科学中大量的模糊概念的隶属云所遵循的基本规律。众所周知，不确定性有两种明确的定义，在不一定出现的事件中包含的不确定性称为随机性，已经出现但难以精确定义的事件中包含的不确定性称为模糊性。通过隶属云的定义，把模糊性问题的亦此亦彼性和隶属度的随机性进行了统一的刻画。

隶属云隐含三次正态分布规律，记作 $N^3(x_0, b^2, \sigma_{\max}^2)$，其中 x_0、b、$\sigma_{\max}$ 分别称为隶属云的期望值、隶属云的带宽、隶属云的方差，是用来表征隶属云的三个数字特征。

3.1.5 隶属云发生器

隶属云发生器(Membership Clouds Generator，MCG)有正向、逆向两种云发生器。正向隶属云发生器是根据已知正态隶属云的数字特征 x_0、b 和 $\sigma_{\max}$，产生满足上述正态隶属云分布规律的二维点 $\xi(x,\mu)$，称为云滴；逆向隶属云发生器是已知隶属云中相当数量的云滴分布，确定正态隶属云的三个数字特征值 x_0、b 和 $\sigma_{\max}$。对于逆向隶属云发生器来说，主要是利用统计分析工具并结合模式识别技术、视化技术等求得 x_0、b 和 $\sigma_{\max}$。本节着重讨论正向隶属云发生器，即在已知 $\text{MCG} \sim N^3(x_0, b^2, \sigma_{\max}^2)$ 的情况下，生成满足这种分布的隶属云的云滴。

发生器生成的成千上万的云滴构成整个隶属云。为不失一般性，隶属云发生器的数学模型如下。

隶属云的期望曲线满足 $N(x_0, b^2)$ 的正态分布形式

$$\bar{\mu}_x = \mu(x) = \mathrm{e}^{-\frac{(x-x_0)^2}{2b^2}}$$

任一云滴 $\zeta(x,\mu)$ 都对应期望曲线上的一点 $\zeta_0(x, \bar{\mu}_x)$，并是一个以该点为汇聚中心，在隶属度方向上，方差为 σ_x 的正态随机数。其中 x 由正态分布 $N(x_0, b^2)$ 产生，μ 由正态分布 $N(\bar{\mu}_x, \sigma_x)$ 产生。

σ_x 沿隶属云的期望曲线变化，在点 M 处达到最大值 $\sigma_M = \sigma_{\max}$；在点 A 和 B 处 $\sigma_A = \sigma_B = 0$。σ_x 在点 M 的两边沿期望曲线按两个降半正态规律变化，并符合“3b 规则”。

3.1.6 隶属云发生器的实现技术

人们依据 MCG 的数学模型，用软件方法编制了一个实现 MCG 的简洁程序。实现 MCG 的关键技术之一在于正态随机数产生的质量。在具体实现时采用了中心极限定理的方法，并对均匀随机数用单独子程序来产生，避免在大数量均匀随机数的运算中出现循环和不均匀的现象。

除了软件实现还有其他方法，如利用均匀随机数产生出泊松随机数，然后再通过泊松随机数产生出正态随机数的方法来实现 MCG。

隶属云发生器还可以直接用硬件实现。如用单片机、D/A 转换器构成，或者直接用硬件的均匀随机数发生器构成。

3.2 云滴与云滴生成算法

3.2.1 云滴

设 U 是一个用数值表示的定量论域，C 是 U 上的定性概念，若定量值 $x \in U$ 是定性概念 C 的一次随机试验，x 对 C 的确定度 $\mu(x) \in [0,1]$ 是有稳定趋向的随机数，$\mu: U \to [0,1]$，对 $\forall x \in U$，$x \to \mu(x)$，则 x 在论域上的分布称为云(Cloud)，记为云 $C(X)$。每一个 x 称为一

个云滴，记为$C(X(x))$。

3.2.2 云滴生成算法

一直以来，关于云的研究都是建立在很强的数学基础上的，主要从正态性去研究。但由于正态分布适合自然规律，因此，正态云的研究是具有普遍性的。正态云模型是用语言值表示的某个定性概念与其定量表示直接的不确定性进行转换的模型，它主要反映客观世界中的事物或人类知识中概念的两种不确定性：模糊性（边界的亦此亦彼）和随机性（发生的概率），并把二者完全集成在一起，构成定性和定量相互间的映射。当然分布在WWW中的服务也是不确定的，即具有模糊性和随机性。因此，要获得高精确度、满足用户需求的服务一直以来都是困难的，而且效率不高。据此，在文中采用正态云发生器算法来组合服务，该算法用$\mathrm{AGG}(E_x,E_n,H_e)$来表示。

输入：表示语义服务的定性概念A的三个数字特征，即期望E_x、熵E_n、超熵H_e，分别表示服务的样本点，存在的模糊度和随机度，且所处的论域是1维的；以及云滴N。

输出：N个云滴的定量值以及每个云滴代表概念A的确定度，即采用云计算的服务的确定度。

(1) 生成以E_n为期望值、H_e为标准差的一个正态随机数E'_n。

(2) 生成以E_x为期望值、$\mathrm{abs}(E'_n)$为标准差的正态随机数x。

(3) 令x为定性概念A的一次具体量化值，称为云滴，即服务，用值$\mathrm{Mat}(i,j)$来量化。

(4) 计算$y=\exp[-(x-E_x)^2/2(E'_n)^2]$。

(5) 令y为属于定性概念A的确定度。

(6) $\{x,y\}$完整地反映了这一次定性定量转换的全部内容。

重复步骤(1)～(6)，直到产生N个云滴为止。

3.3 云计算

3.3.1 云模型与不确定推理

云模型(Cloud Model)是我国学者李德毅教授提出的定性和定量的转换模型。

随着不确定性研究的深入，越来越多的科学家相信，不确定性是这个世界的魅力所在，只有不确定性本身才是确定的。在众多的不确定性中，随机性和模糊性是最基本的。针对概率论和模糊数学在处理不确定性方面的不足，1995年我国工程院院士李德毅教授在概率论和模糊数学的基础上提出了云的概念，并研究了模糊性和随机性及两者之间的关联性。自李德毅院士等人提出云模型至今短短的十多年，其已成功地应用到数据挖掘、决策分析、智能控制等众多领域。

在随机数学和模糊数学的基础上，提出用“云模型”来统一刻画语言值中大量存在的随机性、模糊性以及两者之间的关联性，把云模型作为用语言值描述的某个定性概念与其数值表示之间的不确定性转换模型。以云模型表示自然语言中的基元——语言值，用云的数字特征——期望E_x、熵E_n和超熵H_e——表示语言值的数学性质。“熵”这一概念最初是作为描述热力学的一个状态参量，以后又被引入统计物理学、信息论、复杂系统等，用以度量不确定的程度。在云模型中，熵代表一个定性概念的可度量粒度，熵越大粒度越大，可以用于粒度计算；同时，熵还表示在论域空间可以被定性概念接受的取值范围，即模糊度，是定性概念亦此亦彼性的度量。云模型中的超熵是不确定性状态变化的度量，即熵的熵。云模型既反映代表定性概念值的样本出现的随机性，又反映了隶属程度的不确定性，揭示了模糊性和随机性之间的关联。

期望 E_x 是云在论域空间分布的期望，是最能够代表定性概念的点，或者说是这个概念量化的最典型样本；熵 E_n 代表定性概念的可度量粒度，熵越大，通常概念越宏观，也是定性概念不确定性的度量，由概念的随机性和模糊性共同决定。一方面，E_n 是定性概念随机性的度量，反映了能够代表这个定性概念的云滴的离散程度；另一方面，又是定性概念亦此亦彼性的度量，反映了在论域空间可被概念接受的云滴的取值范围；超熵 H_e 是熵的不确定性度量，即熵的熵，由熵的随机性和模糊性共同决定。

3.3.2 云计算原理

云计算的基本原理是，通过使计算分布在大量的分布式计算机上，而在非本地计算机或远程服务器中，企业数据中心的运行将更与互联网相似。这使得企业能够将资源切换到需要的应用上，根据需求访问计算机和存储系统。

这是一种革命性的举措，打个比方，这就好比是从古老的单台发电机模式转向了电厂集中供电的模式。它意味着计算能力也可以作为一种商品进行流通，就像煤气、水电一样，取用方便、费用低廉。最大的不同在于，它是通过互联网进行传输的。

云计算的蓝图已经呼之欲出：在未来，只需要一台笔记本或者一个手机，就可以通过网络服务来满足人们需要的一切，甚至包括超级计算这样的任务。从这个角度而言，最终用户才是云计算的真正拥有者。

云计算的应用包含这样的一种思想：把力量联合起来，给其中的每一个成员使用。

3.3.3 云化计算过程

云化计算包括两个过程：计算的云化过程和云的计算过程。计算的云化过程是从计算中获取云规则；而云的计算过程就是云的推理过程。

对于 n 元计算 F，结果论域为 $\Omega=(U_1\times U_2\times\cdots\times U_n)$，则在 Ω 中抽取 m 个参数值作为样本参数值，并进行 F 计算。对于每个样本参数值 $(a_{1i},a_{2i},\cdots,a_{ni})$，进行一次 F 计算得到的结果值为 s_i，即

$$\text{If}\quad a_{1i}、a_{2i}、\cdots、a_{ni},\quad \text{then } s_i\quad i=1,2,\cdots,m$$

由转换定理，每次的 n 元计算都可以得到一个 n 元计算规则 R_i，即

$$\text{If}\quad a_{1i}、a_{2i}、\cdots、a_{ni},\quad \text{then } s_i\quad i=1,2,\cdots,m$$

对所有的样本参数值进行 F 计算，得到的 m 个计算规则所构成的集合，称为样本计算规则集。

云化计算的具体步骤如下。

数值变化的云化；

数值的云化；

计算的云化；

计算规则的云化；

计算的云规则生成；

规则支持度 Sup。

通过计算的云化过程，可以得到一组计算的云规则，云的计算过程就是云的推理过程，这个推理过程就是运用计算的云规则进行推理的过程。

当给定一组参数值 a_{1i}、a_{2i}、…、a_{ni} 时，可以得到一个结果值 s，其过程非常简单。云计算过程包括三个步骤：参数值云化、云的不确定性推理和云的数值化。

3.3.4 云化计算的系统实现

在计算机系统中，为了简化系统处理过程的复杂性，通常是将该系统划分成两个过程：预处理过程和功能实现过程。对系统中的各种功能进行分解和抽象，得到可以预先处理的，而不需要在系统的执行过程中处理的功能。这些可以预先处理的功能是一次性的处理，在系统的执行过程中可以直接应用处理过程的结果来完成系统的特定功能。采用这个原则和方法，可以大大简化系统，提高系统的运行效率。

云化计算就是按照这种规则和方法来实现计算过程的简化的。云化计算包括两个过程：计算的云化过程和云的计算过程。3.3.3 节对这两个过程的原理和算法进行了详细的描述，计算的云化过程是云的计算过程的前提，计算的云化过程生成计算的云规则，而云的计算过程将利用这些计算的云规则实现云的计算。显然这两个过程是独立的，可以构成两个独立的系统。

由计算的云化过程所构成的系统称为计算云化系统，它的计算量非常之大，对计算机系统的处理能力的要求非常之高。但计算云化系统是一次性的预处理系统，一旦生成了该计算的云规则，它的任务就将宣告完成，而不是在应用该计算时需要该系统。

云的计算过程所构成的系统称为云计算系统，它是一个非常简单的系统，对计算机的处理能力没有过高的要求，可广泛应用于各种系统工程的计算中。

3.4 定性规则的云表示

3.4.1 二维云模型

已经知道，云模型的含义是：设 $U=\{x\}$ 是一个普通集合，称为论域，T 为 U 上的语言子集、$C_T(x)$ 是 U 到闭区间[0,1]的映射，对于任意元素 $x\in U$，如果存在一个有稳定倾向的随机数 $C_T(x)$，则称 $C_T(x)$ 在 U 上的分布为云模型。特别地，设 $R_1(E_1,E_2)$ 表示服从正态分布的随机函数，其中 E_1 为期望值、E_2 为标准差，则有

$$x_i = R_1(E_x, E_n)$$

$$P_i = R_1(E_n, H_e)$$

$$\mu_i = \mathrm{e}^{-\frac{1}{2}\left(\frac{x_i-E_x}{P_i}\right)^2}$$

由满足上述三式的数据对 drop$(x_i,\mu_i)(i=1,2,\cdots)$构成的云模型称为一维正态云模型,记为$(E_x,E_n,H_e)$。

设$R_2(E_x,E_y,E_{n_x},E_{n_y})$表示服从正态分布的二维随机函数,其中$E_x$和$E_y$为期望值、$E_{n_x}$和$E_{n_y}$为标准差,则有

$$(x_i,y_i)=R_2(E_x,E_y,E_{n_x},H_{n_y})$$

$$(P_{x_i},P_{y_i})=R_2(E_{n_x},E_{n_y},E_{e_x},H_{e_y})$$

$$\mu_i=\mathrm{e}^{-\frac{1}{2}\left[\frac{(x_i-E_x)^2}{P_{x_i}^2}+\frac{(y_i-E_y)^2}{P_{y_i}^2}\right]}$$

由满足以上三式的数据对 drop$(x_i,y_i,\mu_i)(i=1,2,\cdots)$构成的云模型称为二维正态云模型,简称二维正态云;组成该云模型的数据对 drop(x_i,y_i,μ_i)称为二维云滴。其中(E_x,E_{n_x},H_{e_x})和(E_y,E_{n_y},H_{e_y})分别称为两个相互独立的一维云,E_x和E_y为期望值、E_{n_x}和E_{n_y}为熵、H_{e_x}和H_{e_y}为超熵,记为(E_x,E_{n_x},H_{e_x})和(E_y,E_{n_y},H_{e_y})。

3.4.2 二维云及多维云生成算法的改进

给定一组数字的特征量$(E_x,E_{n_x},H_x,E_y,E_{n_y},H_y)$,二维正向正态云发生器可以产生任意多个云滴$(x_i,y_i,\mu_i)$,其中$(x_i,y_i)$服从二维正态分布、$\mu_i$服从一维概率分布。

二维正向正态云发生器的算法如下。

$(x_i,y_i)=G(E_x,E_{n_x},E_y,E_{n_y})$。生成以$(E_x,E_y)$为期望值、$(E_{n_x},E_{n_y})$为标准差的二维正态随机数$(x_i,y_i)$,具体的实现方法是先产生两个一维标准正态随机数$t_0$和$t_1$,计算$x_i=E_{n_x}t_0+E_x,y_i=E_{n_y}t_1+E_y$,则$(x_i,y_i)$为符合标准差的二维正态随机数$(E_{n_{x'i}},E_{n_{y'i}})$。

$(E_{n_{x'i}},E_{n_{y'i}})=G(E_x,E_{n_x},E_y,E_{n_y})$。生成$(E_x,E_y)$为期望值、$(H_x,H_y)$为标准差的二维正态随机数$(E_{n_{x'i}},E_{n_{y'i}})$。

计算$\mu_i=\mathrm{e}^{-\frac{1}{2}\left(\frac{(x_i-E_x)^2}{E_{n_{x'i}}^2}+\frac{(y_i-E_y)^2}{E_{n_{y'i}}^2}\right)}$,令$(x_i,y_i,\mu_i)$为云滴。同理得到二维$X$条件云发生器和$Y$条件云发生器算法,两种二维条件云发生器是运用二维云模型进行二因素和多因素不确定性推理的基础。

人们不仅将一维正态云模型扩展至二维和多维云模型,而且还将正态云扩展至多种分布的云,如将三角形、梯形的隶属函数扩展至三角形云、梯形云,同样也可将模糊集理论中的任何隶属函数扩展为隶属云。

3.4.3 定性规则的云模型表示

一条定性规则的形式化描述为:If A then B。其中A、B为语言值表示的对象。

对照语言原子与云的对应关系,可以方便地运用云来构造定性规则。

一条带"与条件"的定性规则的形式化描述如下:

$$\text{If}\quad A_1\quad \text{and}\quad A_2\cdots\text{and}\quad A_i\cdots\text{and}\quad A_n\quad\text{then}\quad B$$

式中$A_i(i=1,2,3,\cdots,n)$与B为语言值云对象。这里为描述方便,仅在前件中引入多维云,多维云后件的情况可以同理扩展。对应简单定性规则的构造原理,上述规则的构造仅需在前件云中引入多维云发生器。

3.4.4 一条带“或条件”的定性规则的表示

一条带“或条件”的定性规则的形式化描述如下：

$$\text{If}\quad A_1\quad \text{or}\quad A_2\cdots\text{or}\quad A_i\cdots\text{or}\quad A_n\quad \text{then}\quad B$$

式中 $A_i(i=1,2,3,\cdots,n)$ 与 B 为语言值云对象。这里为描述方便，仅在前件中引入或条件，后件的情况可以同理扩展。根据或条件的语言含义，带“或条件”的单规则表示可以分解为多条定性规则的描述。

If A_1 then B
If A_2 then B
⋮
If A_n then B

比较上述形式化描述可知，分解后的多条定性规则与一般的多条定性规则的形式唯一的不同，是分解后的多条定性规则的后件是相同的。因此，带“或条件”的定性规则的生成器极易实现，只需把多规则生成器的所有后件云用 CG_B 实现即可。

3.4.5 一条多重条件的定性规则的表示

一条多重条件的定性规则的形式化描述如下。

If A_1 then B_1；
  else If A_2 then B_2；
  ⋮
  else If A_{n-1} then B_{n-1}；
  Else B_n.

假设 A_i 的论域为 X，则多重条件的定性规则实际上是基于论域区间划分的多条规则的组合。因此多重条件的单规则发生器可以经语义转化后用多规则生成器实现。

3.4.6 定性规则的统一表示

对于定性规则，先对其作语义转化，使之成为容易实现的多条规则组合；然后，对于如“与条件”和“或条件”的定性规则予以实现，使之成为类似于单规则的模块化规则生成器；最后，用多规则生成器构造原理构造任意的定性规则生成器。

定性规则是模糊控制的基础，因此对定性规则的定量化表示具有重大的理论意义。云模型是定性定量直接的转换模型，本节进一步改进了基于云模型的定性规则生成器，以一维云发生器乘法处理器规则选择器构成了统一表示的定性规则生成器，这种统一的定性规则生成器会进一步促进云规则生成器在控制与信息处理领域的广泛应用。

3.5 云综合评判模型

3.5.1 云综合评判

传统的模糊数学理论中的综合评判是综合决策的工具。一级综合评判模型定义：设 n

个变量的函数 $f:[0,1]^n\to[0,1]$满足以下条件。

$$f(0,0,\cdots,0)=0 \quad f(1,1,\cdots,1)=1$$

如果 $x_i\leqslant x_i'$，则 $f(x_1,x_2,\cdots,x_n)=f(x_1',x_2',\cdots,x_n')$

$$\lim_{x_i\to x_{i0}} f(x_1,x_2,\cdots,x_n)=f(x_{10},x_{20},\cdots,x_{n0})$$

$$f(x_1+x_1',\cdots,x_n+x_n')=f(x_1,\cdots,x_n)+g(x_1'+\cdots+g_n')$$

则称 f 为评判函数。其中 $g:[0,1]^n\to[0,1]$。

评判函数具有下列性质：$f(x_1,x_2,\cdots,x_n)=\sum_{i=1}^{n}a_ix_i \quad \sum_{i=1}^{n}a_i=1 \quad a_i\geqslant 0$

分析这个综合评判的定义和性质，发现对某事物的综合评判的结果取决于两方面因素：一是各个分指标的评判结果；二是各个分指标在综合评判中占的权重。

基于云模型的综合评判包括三个集合。

指标集 $U=\{U_0,U_1,U_2,\cdots,U_m\}$，其中 U_0 为目的指标，其余为分指标；

权重集 $V=\{v_1,v_2,\cdots,v_m\}$，其中 $v_i\geqslant 0$ 且 $v_1+v_2+\cdots+v_m=1$；

评语的集合 $W=\{w_1,w_2,\cdots,w_n\}$。

首先，由于评语总是“好、中、差”之类的模糊概念，可以采用一维正态云来描述每个评语。一些评语存在双边约束，比如“较好”、“中等”之类的评语，它们对应地存在双边约束，比如“较好”、“中等”之类的评语，它们对应的满意度的取值既有上限又有下限；还有一些评语只有单边约束，比如“很好”、“很差”之类的评语，它们对应的满意度的取值范围只有下限或上限。对存在双边约束$[C_{\min},C_{\max}]$的评语，可用期望值为约束条件的中值，主要作用区域用双边约束区域的云来近似这个评语。云参数计算参考以下公式：

$$\begin{cases}E_x=(C_{\min}+C_{\max})/2\\E_n=(C_{\min}-C_{\max})/2\\H_e=k\end{cases}$$

式中　k——常数，可根据评语本身的模糊程度来具体调整。

对于只有单边约束 $C_{\min}$或 $C_{\max}$的评语，可先确定其缺省边界参数或缺少期望值，如评语“很好”的缺省期望值为 100%（指满意度），然后再参照上式计算云参数，用半升半降云来描述。

假设因素 U_1、U_2、…、U_m 对应的评语云为 SC_1、SC_2、…、SC_m，其中 $SC_i=E[E_{xi},E_{ni},E_{ei}]$，如果不考虑各个因素的权重，那么最后的综合评判云：

$$SC_0=\bigcap_{i=1}^{m}SC_i=E[(E_{x1},E_{x2},\cdots,E_{xm}),(E_{n1},E_{n2},\cdots,E_{nm}),(E_{e1},E_{e2},\cdots,E_{em})]$$

如果考虑到各个因素的权重，因素 U_i 的权重 v_i 如果大于平均权重 $1/m$，这个因素评语的期望值也会相应地增大，反之这个因素评语的期望值会减小，因此可以用 $v_i\times m$ 作为比例因子，与原有的期望值相乘。令 $\text{mod if }y(E_{xi})=\min\{v_i\times mE_{xi},1\}$，用 $\text{mod if }y(E_{xi})$作为修正后的期望值，就能防止当 $v_i\times m>1$ 时，E_{xi} 的修正值溢出上界。这样，考虑权重时的综合评判云可表示为

$$SC_0=\bigcap_{i=1}^{m}SC_i=E[\text{mod if }y(E_{x1}),\text{mod if }y(E_{x2}),\cdots,$$
$$\text{mod if }y(E_{xm}),(E_{n1},E_{n2},\cdots,E_{nm}),(E_{e1},E_{e2},\cdots,E_{em})]$$

3.5.2 应用实例

以服装评判为例,设因素集 U={畅销度,花色式样,耐穿程度,价格费用},其中“畅销度”为目的指标;评语集 V={很欢迎,比较欢迎,不太欢迎,不欢迎}。

为了方便起见,把百分数扩大一百倍,对于最普遍的消费者群体(这里“最普遍”指的是对各因素的权重取舍没有明显倾向的消费群体,把各因素的权重视为相同),为各个评语构造的云如下:很欢迎=popular(100,6.6,1) $x<E_x$,其对应的取值区间为(80,100);比较欢迎=popular(70,3.3,1),其对应的取值区间为(40,60);不欢迎=popular(0,613,2) $x>E_x$,其对应的取值区间为(0,40)。

但对于一个特殊的消费群体,即这个群体对各个权重的取值有着明显的倾向,用这种方法定义出的评语的云模型是需要修正的。对低收入的消费者而言,价格是主要因素,对其他因素的考虑要少一些,如果调查的对象是低收入人群,当这个人群对某一款服装的价格评语是“比较满意”时,该评语对应的云模型的数学期望显然要比在调查对象是最普遍的消费群体情况下的数学期望偏高。因此在不同的消费群体中得到的同一评语所对应的云模型是不同的。要考虑一款服装在不同消费群体中的长效度,必须考虑各个因素的权值。权值比较大的,它的各个评语的期望值相应地要变大;反之,期望值要变小。设有 m 个需要考虑的分指标,各分指标的平均权值为 $1/m$。设一个因素的权值为 α,用 $\alpha\times m$ 作为因子与原来的期望值相乘。这样,如果一个因素的权重大于平均权重,则 $a\times m>1$,这个因素的期望值会变大;反之,这个因素的期望值会变小。

比如,一款服装在因素集上的评价为{比较欢迎,很欢迎,比较欢迎},那么这款服装的畅销度云 SC=popular([70,100,70],[3.3,6.6,3.3],[1,1,1])。如果一个消费群体所持的权重为(0.5,0.2,0.3),那么这款服装对这个消费群体的畅销度云 SC=popular[(mod if y(70),mod if y(100),mod if y(70)],[3.3,6.6,3.3],[1,1,1]=popular([70×0.5×3,100×0.2×3,70×0.3×3],[3.3,6.6,3.3],[1,1,1]=popular([100,60,63],[3.3,6.6,3.3],[1,1,1])。根据实际情况,可以用$(\alpha\times m)^k$(k 为正实数)作为比例因子,对各个评语对应云模型的数学期望进行微调,直到符合实际问题为止。

3.6 云决策树

3.6.1 决策树方法

决策树的生成是一个从上至下、分而治之的过程,是一个递归的过程。设数据样本集为 S,算法框架如下。

(1) 如果 S 中所有的样本都属于同一类或者满足其他终止准则,则 S 不再划分,形成叶节点。

(2) 否则,对 S 进行划分,得到 n 个子样本集,记为 S_i,再对每个 S_i 迭代执行步骤(1)。经过 n 次递归,最后生成决策树。

当条件变量和目标变量的映射关系经 5 层云神经网络学习后,可根据模糊推理层与解

模糊层之间的权值 μ_j 来生成各目标变量的云决策树。各目标变量的云决策树生成算法如下。

(1) 模糊推理层的每个节点代表了条件变量间的一种语言量组合，从该节点到解模糊层节点(目标变量的各语言量)之间的权值 μ_j 中，权值最大的连接(代表目标变量的某一语言量)作为条件变量和该目标变量的云关联关系。

(2) 重复第(1)步，根据模糊推理层的各节点建立起条件变量和该目标变量的所有云关联关系。

(3) 从云决策树的根节点开始，以第一个条件变量的各语言量作为树枝的判别条件构成云决策树的第一层子节点。然后分别从第一层子节点开始，以第二个条件变量的各语言量作为树枝的判别条件，构成云决策树的第二层子节点。

(4) 重复第(3)步，直至所有 n 个条件变量的各语言量作为树枝的判别条件，构成云决策树的第 n 层子节点。

(5) 从云决策树的根节点开始至第 n 层子节点的树枝路径，代表了条件变量间的一种语言量组合，根据第(2)步建立的条件变量和该目标变量的所有云关联关系，将条件变量间的这种语言量组合成对应的云关联关系(即该目标变量对应的语言量)，作为该树枝路径的叶子节点。

(6) 重复第(5)步，直至根据第(2)步建立的条件变量和该目标变量的所有云关联关系，建立完整的云决策树。

3.6.2 基于云理论的神经网络映射学习

人工神经网络因其自学习和自适应、容错性和并行性等特点，得到广泛的研究和应用。神经网络通过一组训练例子的输入与输出之间的映射关系进行学习。学习过程可看作是一种近似化或平衡态编码。对于近似化方式学习，$H(W,X)$作为函数 $h(X)$的近似，学习过程就是不断逼近 $h(X)$即 $d[H(W^*,X),h(X)]\leqslant d[H(W,X),h(X)]$的过程，其中 $d[H(W^*,X),h(X)]$是 $H(W,X)$与 $h(X)$之间逼近距离的度量。采用基于云理论的神经网络进行映射学习。采用 5 层神经网络(输入层、输出层、模糊化层、模糊推理层、解模糊化层)来学习变量间的映射关系。

3.6.3 云决策树的生成和应用

决策树生成的优化理念是：结构越简单的决策树越好。决策树结构的好坏不仅影响分类的效率，还影响分类的正确率以及从决策树所提取规则的简洁性和可信度。通过云决策树的剪枝合并，能提高云决策树的简洁性和可理解性，从而确保云决策效率。云决策树的剪枝合并算法如下。

(1) 从云决策树的底层叶子节点开始，若同一父节点下所有的叶子节点具有相同的值 M(目标变量的某一语言量)，则从该父节点到这些叶子节点的所有树枝被剪除，该父节点变为叶子节点并且其值为 M。

(2) 重复第(1)步，直至云决策树剪枝合并到最优化为止。

(3) 二维云的超熵(H_1,H_2)间接反映了二维云在一个平面上的投影的厚度。

3.7 定性预测系统的建模

3.7.1 二维云算法

描述事物最基本的单位是概念，可分为精确概念和不精确概念。不精确概念的含义在于其模糊性和随机性。预测系统的预报程度和影响因素的描述往往用些模糊、不确定的概念。预测系统中若用不确定信息，需要用一种形式化的符号系统来描述。

在现实世界中，有许多概念并不是只从某一单个意义上来阐明的，而是有两个甚至多个条件的。在定性预测系统中，许多不确定推理过程都是多种元素共同作用的结果。二维云的形成，为下面用复杂的云模型组合来实现复杂的多因素推理过程提供了基础理论。

二维云的数字特征如下。

期望值(E_{x_1},E_{x_2})。在二维云覆盖范围下的平面上的投影面积的形心，它反映了相应的两个定性概念组合而成的定性概念的信息中心值。

二维云的熵(E_{n_1},E_{n_2})。二维云在X_{10y}平面上和X_{20y}平面上投影后的期望曲线的熵。它反映了模糊概念在坐标轴方向上的亦此亦彼的裕度。由(E_x,E_{n_x})和(E_y,E_{n_y})分别确定的具有正态分布的云期望曲线方程为：

$$\mathrm{MEC}=\mathrm{e}^{-\frac{1}{2}\left(\frac{(x-E_x)^2}{E_{n_x}^2}+\frac{(y-E_y)^2}{E_{n_y}^2}\right)}$$

3.7.2 算法描述及实现机制

首先要对预测系统的影响因素进行分析，并考虑各种因素的作用效果的大小，确定预测的主要因素。以系统观测数据为资料，经相关测定，依据资料和预报人员的经验，以如下规定进行归并和取舍，得出N条不确定条件语句。

若几条语句相同时，只选取一条；若同时出现两条矛盾的预测规则时，当这两条语句出现的频度差异较大时，选取出现频度较高的一条，舍去另一条。

整理后，得到N条形如 If　A　and　B　and　C　then 的控制规则，这N条规则即是不确定预报模型，它反映了不确定预报系统的特征，并给出N条规则参数表。

对于如上的一条不确定规则，用X条件云和Y条件云发生器来构造规则生成器。这样，当确定一个输入值时，就将得到一个规律性的结果。通过所归纳出的N条不确定规则，利用单规则或多规则生成器为工具，通过对输入定性概念的操作，可以得到预测性结果。

3.7.3 算法步骤

(1) 给定各个预测因素的隶属云对象的参数。

(2) 对每一条单控制规则，以(E_{n_1},E_{n_2})为期望、(H_1,H_2)为方差，生成符合二维正态分布的一个二维随机值(E_{n1j},E_{n2j})。

(3) 给定预测因素的定性概念，由正向一维云产生满足正态分布的云滴 drop(μ_1,μ_2)，由步骤(2)中的(E_{n1j},E_{n2j})求出各个单规则生成器的前件中输入(μ_1,μ_2)值所得到的激活强度,即隶属度 $\mu_1=\mathrm{e}^{-\frac{1}{2}\left(\frac{(\mu_1-E_{x1})^2}{E_{n1i}^2}+\frac{(\mu_2-E_{x2})^2}{E_{n2i}^2}\right)}$。

(4) 取 μ_i 中最大的 μ_1 和次大的 μ_2,及其相应的两条单规则,根据给定条件的(E_{n3},H_3)随机生成以 E_{n3} 为期望值、H_3 为方差的一维正态随机值 E_{n31}、E_{n32}。

(5) 根据下面的公式,反计算求得在 μ_1、E_{n31} 条件下的两个 y_1 和 μ_2,E_{n32} 条件下的两个 y_2:

$$\mu_1=\mathrm{e}^{-\frac{(y_1-E_{x3})^2}{2E_{n31}^2}}\qquad \mu_2=\mathrm{e}^{-\frac{(y_2-E_{x3})^2}{2E_{n32}^2}}$$

各取两个 y_1 和 y_2 中的一个,它们的距离较之另外的 y_1 和 y_2 的距离要小,根据所取的两点(μ_1,y_1)、(μ_2,y_2)运用下面的方程,反计算出经过此两点的正态曲线的期望值 E_x,以之作为结果输出,也可返回步骤(2),循环若干次,最终将所有期望值的平均值输出。

$$\mu_1=\mathrm{e}^{-\frac{(y_1-E_x)^2}{2E_n^2}}\qquad \mu_2=\mathrm{e}^{-\frac{(y_2-E_x)^2}{2E_n^2}}$$

3.8 应用实例

3.8.1 三级倒立摆

杂技顶杆表演之所以为人们所熟悉,不仅是因其技艺精湛,更重要的是其物理机制与控制系统的稳定性。它深刻地揭示了自然界中的一种基本规律,即一个自然不稳定的被控对象,通过控制手段可使之具有良好的稳定性。这一规律已成为当今航空航天器设计的基本思想,即牺牲飞行器的自然稳定性来确保它的机动性。不难看出杂技演员顶杆的物理机制可简化为一个倒置的摆,人们常称为倒立摆或多级倒立摆系统。

三级倒立摆系统主要由控制对象、导轨、电机、皮带轮、传送带以及电气测量装置组成。控制对象由小车、一摆、二摆、三摆组成。一摆、二摆、三摆由轴承电位器连接,可以在平行导轨的铅垂平面内自由转动,同时测量摆的相对偏角。倒立摆相当于杂技顶杆演艺中的多级杆,小车相当于顶杆人;小车受到的外加控制力 f 及相应的位移 x 相当于顶杆人在表演时的操作行为。倒立摆的控制作为控制界的经典难题,一直是研究的热点。其研究意义在于:作为一个被控对象,一个高阶次、不稳定、多变量、非线性、强耦合的自然不稳定系统,摆杆级数越多,越难稳定,复杂性呈几何级数上升;作为一个装置,它的结构又相当简单而且成本低廉,稳定效果一目了然。因此,它非常适合用来对多种不同控制理论和方式进行实验比较,成为控制理论研究中一种理想而又典型的验证装置。另一方面,由于倒立摆系统与机器人和飞行器等的控制有很大的相似性,因此倒立摆的研究还具有重要的工程背景和实际意义。此项试验研究被称为每个控制研究部门皇冠上的珍珠,已经在学术界研究了 30 多年。

控制理论发展到今天,虽然控制方法多种多样,但建立精确的数学模型一直是基础。然而建立数学模型本身是一件十分困难的事情,往往花费大量的工夫,在确定严格的理想的边界条件下,仍然得不到很好的动力学方程和线性化方法。观察生活中的现象,不难发现,人作为高级智能控制器能对许多复杂的、难以建立数学模型的系统进行很好的控制。一个自然不稳定的被控对象,通过人的直觉的、定性的控制手段,就可以使其具有良好的稳定性。

对这样一个复杂、时变、强耦合、非线性倒立摆系统的生物模型和控制规律，要想用精确数学方法来定量刻画，如果不是不可能，也是十分困难的，自然语言的表述方法具有不可替代性。

把人工智能原理应用到控制系统中，用语言值构成规则，形成一种直观推理的方法。这种拟人控制，不要求给出被控对象精确的数学模型，仅依据人的经验、感觉和逻辑判断，将人用自然语言值定性表达的控制经验，通过语言原子和云模型转换到语言控制规则器中，就能解决非线性问题和不确定性问题。因此，本文提出的用云作为定性定量之间有力的转换工具就具有极其重要的理论意义和应用价值。

3.8.2 模型与云推理

云是用语言值表示的某个定性概念与其定量表示之间的不确定性转换模型。云由许多云滴组成，每一个云滴就是这个定性概念在数量上的一次具体实现，这种实现带有不确定性，即模糊性和随机性。云的数字特征用期望值 E_x、熵 E_n、超熵 H_e 三个数值表征，它把模糊性和随机性完全集合到一起，构成定性和定量相互间的映射，作为知识表示的基础。其中 E_x 可以认为是云的重心位置，是最能够代表这个定性概念的数值。E_n 是定性概念亦此亦彼性的度量，它的大小反映了在论域中可被语言值接受的数值范围，即模糊度；同时还反映了在此范围内的数值能够代表这个语言值的概率。H_e 是熵 E_n 的离散程度，即熵的熵，反映了每个数值隶属于这个语言值程度的凝聚性，即云滴的凝聚程度。

给定云的三个数字特征：期望值 E_x、熵 E_n 和超熵 H_e，可以通过以下正态云发生器的算法生成云滴。

(1) 产生一个期望值为 E_x、方差为 E_n 的正态随机数 x。

(2) 产生一个期望值为 E_n、方差为 H_e 的正态随机数 E_n'。

(3) 计算 $y=\mathrm{e}^{-\frac{(x-E_x)^2}{2(E_n')^2}}$。

(4) 令 (x,y) 为一个云滴，它是该云表示的语言值在数量上的一次具体实现，其中 x 为定性概念在论域中对应的数值，y 为 x 属于这个语言值的程度的量度。

(5) 重复步骤(1)，直到产生满足要求数目的云滴数。

3.8.3 倒立摆的智能控制实验与分析

本实验采用保定航空技术实业有限公司生产的“金棒-1”型倒立摆实验平台，整个实验装置由平台、PENTIUM 166 计算机、HY-1232 A/D D/A 板、接口电路以及功率放大电路等组成。位移 x 由型号为 WDX7、阻值为 10kΩ 的多圈式线绕电位器测量，一摆、二摆、三摆的角度由型号为 WDD35D1、阻值为 2kΩ、独立线性度为 0.1%、可在 360°范围内旋转的导电塑料轴承电位器测量，使用稀土永磁直流力矩电机，其控制电压在−5～5V 之间，A/D、D/A 转换精度为 12 位。小车位移、一摆、二摆、三摆角度的变化量分别由传感器测出，通过模数转换送入控制器，控制器输出控制量，通过数模转换和功率放大电路放大后，驱动电机带动小车，使整个系统达到动态平衡。实验床的主要物理参数如下。

小车等效质量：2.656kg　　一摆质量：0.260kg

二摆质量：0.260kg　　三摆质量：0.108kg

一、二摆转轴间距：0.320m　　二、三摆转轴间距：0.320m

一摆重心至转轴距离：0.160m　　　　二摆重心至转轴距离：0.160m

三摆重心至转轴距离：0.140m　　　　电机输出力矩系数：15.3846

皮带轮半径：0.130m

利用上述定性规则构成器和推理机制，成功地实现了单电机控制的一级、二级、三级倒立摆系统的稳定性，它们均可以在导轨上长时间地保持动平衡状态。通过计算机键盘对三级倒立摆的动平衡状态进行实时干预，改变规则控制器中的不同云发生器的三个数字特征值，可以有效地改变动平衡姿态。为此，首先引出关联度的概念。在倒立摆维持稳定的情况下，小车和摆杆之间、摆杆和摆杆之间常常表现出在不同力的方向上的传递程度，可以通过它们之间的电位传感器 α_i 度量，这里小车和一级摆杆之间的 α_1 角相同于一级摆杆的垂直角(指摆杆与垂直线之间的夹角)，一级摆杆和二级摆杆之间的 α_2 角不同于二级摆杆的垂直角。二级摆杆和三级摆杆之间的 α_3 角也不同于三级摆杆的垂直角。在动平衡时，α_i 幅值越小，摆杆之间的直线性越好，则关联度越大。通过实验，得到了三级倒立摆的 4 种典型的动平衡模式。

模式 1：小车和下摆之间、下摆和中摆之间、中摆和上摆之间的关联度都大。这时小车在轨道上的位移小，远看好像是一级摆直立。

模式 2：小车和下摆之间的关联度小，而下摆和中摆之间、中摆和上摆之间的关联度都大。这时小车在轨道上的位移大，上、中、下摆之间直线性好，远看好像是个一级摆在左右倾斜摆动，且摆动明显。

模式 3：小车和下摆之间的关联度小，下摆和中摆之间的关联度小，而上摆和中摆之间的关联度大。这时小车在轨道上的位移较大，上、中摆直线性好，中、下摆直线性差，远看下摆在左右倾斜摆动，且摆动明显，但是上摆和中摆始终直立。

模式 4：小车和下摆之间的关联度小，上摆和中摆之间的关联度较小，而下摆和中摆之间的关联度较大。这时小车在轨道上的位移大，上、中摆直线性差，中、下摆直线性好些，远看中、下摆在左右倾斜摆动，且摆动明显，但是上摆始终直立。

3.8.4 实验分析结果

国际上每年都有成百篇关于倒立摆控制研究的论文发表。其中大部分是建立在计算机基础上的仿真研究，只有约 1/8 的学者在对实际物理摆进行设计、实验和控制研究，如日本工业大学、加拿大多伦多大学、德国鲁尔大学和美国亚利桑那州立大学等，多数人用状态空间方法建立数学模型，然后线性化求得控制函数再进行控制。到目前为止，声称能稳定三级倒立摆的单位并不多见；能用单电机成功控制三级倒立摆稳定在不同典型模式上，尚未见实验数据报道。

目前作者用智能控制方法取得如下的实验结果：单电机控制的一级、二级、三级倒立摆系统可以在导轨上长时间地保持动平衡状态；可以让倒立摆在导轨上按指定步长和方式行走；可以让倒立摆在倾斜轨道上保持平衡；实现了一级倒立摆系统两种典型的动平衡模式、二级倒立摆系统三种典型的动平衡模式和三级倒立摆系统四种典型的动平衡模式；通过键盘实时干预，分别实现了一级、二级、三级倒立摆系统不同平衡模式之间的动态切换。控制系统具有较强的鲁棒性，可以敲击，或用正摆撞击；可以在一级、二级、三级摆杆一侧分别附加一重物，使之成为偏心摆，不改变任何控制参数，系统仍能保持平衡。系统鲁棒性很强还表现在：可以分别在一级、二级、三级倒立摆系统中的上摆顶端放置一个重于摆杆的带花的花瓶，或放一个盛酒的高脚酒杯，柔性体和流体虽然增加了系统的不确定性，但是不改变任何控制参数，系统仍能保持平衡。本节提出的智能控制方法，不要求给出被控对象的精确数学模型，将人用自然语言值定性表达的控制经验，通过语言原子和云模型转换到语言控制规则器中，就能很好地实现对倒立摆的控制。下一步，将对倒立摆系统的鲁棒性进行更深入的分析，开展对四级倒立摆的控制研究。由于语言控制规则器有很大的通用性，控制策略明确、直观，无须冗繁的推理计算，只要对数字特征参数加以修改，就可适用于不同应用的控制系统。相信作为定性定量互换模型的云模型在控制领域将得到更广泛的应用。随着云理论日趋完善，除了在智能控制方面，云理论还被用于知识开采和数据挖掘、跳频通信、C4ISR系统效能评估、信息安全和保密、语言翻译和模式识别等方面，并将继续探索云理论在其他领域的应用。

习题

1. 简述隶属云的数字特征。
2. 什么是云计算？云计算为什么备受关注？为什么要实现云计算？
3. 简述云计算的过程。
4. 什么是云模型？一维云和二维云有什么区别和联系？
5. 什么是决策树？云决策树的生成步骤有哪些？

第4章 可拓信息处理

教学内容：本章介绍可拓信息处理的基本概念、基本原理与结构，可拓信息处理所需解决的重要问题。

教学要求：掌握可拓信息处理的定义、分类，理解基本结构和工作原理，熟悉可拓信息处理的步骤和原则。

关键字：可拓(Extenics)　可拓集合(Extension Set)　层次分析(AHP)　可拓控制(Extension Control)　菱形思维(Rhombus-thinking)

4.1 可拓学概述

现实世界存在很多矛盾问题，如用一杆最多能称 200kg 重的秤，却要称数吨重的大象；公安部门凭借少量的信息，却要侦破复杂的案件；发明者根据少量的功能要求，却要构思复杂的新产品；靠左行驶的公路系统和靠右行驶的公路系统要连接成一个大系统……这些问题于人们的生活和工作中无处不在。人类社会就是在处理各种各样的矛盾问题中发展起来的。那么，解决它们有无规律可循？有无方法可依？可拓论的研究对象就是客观世界中的这类矛盾问题，包括主观与客观矛盾问题、主观与主观矛盾问题、客观与客观矛盾问题。

对于矛盾问题，仅靠数量关系的处理是无法解决的，曹冲称象的关键在于把大象换成石头这一事物的变换。把高于门的柜子搬进房间，采取了把柜子“放倒”的方法，这里的关键是把柜子与门高度的矛盾转化为柜子的长度与门高度的相容关系。由此可见，不能仅停留在对于数量关系的研究上，而必须研究事物、特征和量值，必须研究这三者的关系及其变化，才能得到解决矛盾问题的方案。为此，建立了物元的概念，把事物、特征和量值综合考虑，作为可拓论的逻辑细胞。可拓性是可拓论的重要概念，是解决矛盾问题的依据，为了解决矛盾问题，必须对事物进行拓展，事物拓展的可能性称为事物的可拓性，实现了的拓展称为开拓。事物的可拓性用物元的可拓性来描述。

为了解决矛盾问题，必须研究事物从不具有某种性质向具有某种性质的转化，从而建立了可拓集合的概念，以便定量地描述这种转化。其可拓域就是不具有某种性质的事物，在一定变换下能转化为具有该性质的事物的全体。可拓论是以物元和可拓集合生成的知识体系，它选题于 1976 年，第一篇文章发表于 1983 年。至 1992 年，可拓论的研究处于以知识的生成为核心的阶段，经过十几年来学者们的努力，已形成了初步的框架。

可拓论有两个支柱，一个是研究物元及其变换的物元理论，一个是作为定量化工具的可拓集合论。它们构成了可拓论的硬核。这两个支柱与其他领域的理论相结合，产生了相应的新知识，形成了可拓论的软体。以可拓论为基础，发展了一批特有的可拓方法，如物元可拓方法、物元变换方法和优度评价方法等，这些方法与其他领域的方法相结合，产生了相应的可拓工程方法。1992 年以后，以培养研究型学者为标志，开始进入以传播为核心的阶段。在这两个阶段中，有一部分学者开始把可拓论的知识与其他领域的专业知识相结合，萌发了可拓论的应用。可拓论的应用技术称为可拓工程。可拓论使知识创新、新产品构思、策略集的生成等创造性思维活动能够形式化地描述。可拓论与管理科学、控制论、信息论和计算机科学相结合，使可拓工程方法开始应用于经济、管理、决策和过程控制中，开始进入人工智能以及与人工智能相关的学科中。

4.1.1　可拓学的研究对象、理论框架和方法体系

可拓学的研究对象是客观世界中的矛盾问题。可拓学研究解决矛盾问题的理论和方法。它与其他学科对矛盾问题的研究的不同之处在于使用了形式化的模型，运用了可拓变换和可拓推理的方法。要利用形式化方法处理客观世界中的各种矛盾问题，首先必须研究如何描述客观世界中的各种事物。

在客观世界中，物的各种特征描述了它的各个侧面，万物及其相互联系构成了世界的静态结构。另一方面，万物之间的相互作用使它们处于运动和变化之中，物与物之间的相互作用称为事。物、事以及它们之间的关系，构成了五彩缤纷、变化万千的动态世界。要研究问题，就要从研究物、事和关系的各个侧面开始，通过对它们的分析，找到解决矛盾问题的方法。

可拓学是用形式化模型研究事物拓展的可能性和开拓创新的规律与方法，并用于解决矛盾问题的科学。可拓学的逻辑细胞是基元，包括物元、事元和关系元。可拓学的逻辑基础是可拓逻辑。可拓学的基本理论是可拓论，可拓论由基元理论、可拓集合理论和可拓逻辑作为其三大支柱，其理论框架如图 4-1 所示。

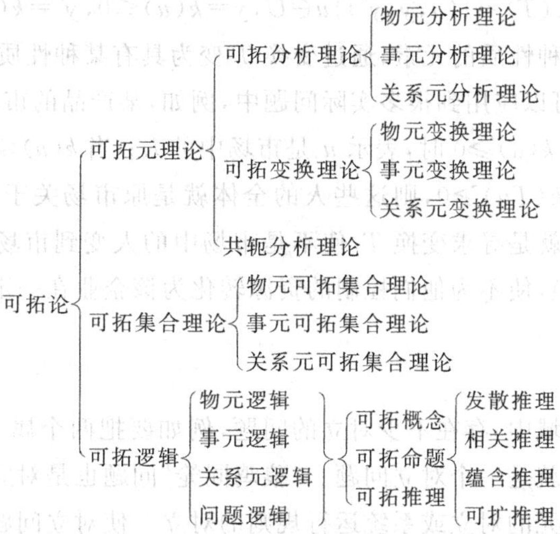

图 4-1　可拓论框架

可拓学特有的方法是可拓方法，包括可拓分析方法、可拓变换方法和可拓集合方法等。将可拓论与可拓方法应用于各个专业领域的技术，称为可拓工程。

4.1.2 可拓工程思想、工具和方法

1. 可拓工程思想

可拓工程研究的基本思想是利用物元[4]理论、事元[5]理论和可拓集合[6]理论，结合各应用领域的理论和方法去处理该领域中的矛盾问题，以化不可行为可行，化不可知为可知，化不属于为属于，化对立为共存。

1）化不可行为可行

已知条件物元 $r=(N_0,c_0,v_0)$，在条件 r 下，目的物元 $R=(N,c,v)$ 无法实现，即 $K(R,r)\leqslant 0$，此时称问题 $P=R*r$ 为不相容问题。解决这类问题就是要寻求物元变换 T，$T=(T_R,T_r)$，使问题的相容度 $K(T_RR,T_rr)\geqslant 0$。这类不相容问题在工程领域如检测、控制、设计等中比比皆是。

2）化不可知为可知

在勘探矿藏、诊断故障、搜索罪犯等过程中，往往从已有的信息很难判断未知的事物。根据可拓方法，可以利用信息的可拓性去解决这类问题。设已有的条件物元是 $r=(N_0,c_0,v_0)$，未知物元是 $R_x=(N_x,c,v)$ 或 $R_x=(N,c,v_x)$，求 R_x 的问题 $P=R_x*r$ 构成不相容问题。要通过 R_x 的变换，或 r 的变换，或 R_x 和 r 同时变换而使问题得到解决。

3）化不属于为属于

设某研究对象的全体为论域 U，T 为某一变换，$k(u)$ 为 U 到实域 I 的一个映射。在 U 上建立关于变换 T 的可拓集合 $A(T)=\{(u,y,y')\mid u\in U,y=k(u)\in I,y'=k(Tu)\in I\}$。当 $T=e$ 时，称 $A=\{(u,y)\mid u\in U,y=k(u)\geqslant 0\}$ 为 A 的正域，表示具有某种性质的元素的全体。

当 $T\neq e$ 时，称 $A_+(T)=\{(u,y,y')\mid u\in U,y=k(u)\leqslant 0,y'=k(Tu)\geqslant 0\}$ 为 $A(T)$ 的正可拓域，表示不具有某种性质的元素，通过变换 T 变为具有某种性质的元素的全体。

这种思想和方法可以应用到很多实际问题中，例如，某产品的市场是愿意购买且有能力购买该产品的人群，当 $k(u)\geqslant 0$ 时，表示 u 是市场中的人；当 $k(u)\leqslant 0$ 时，表示 u 不是市场中的人。若变换 T 使 $k(Tu)\geqslant 0$，则这些人的全体就是原市场关于变换 T 的可拓市场[7]。用可拓方法开拓市场，就是寻求变换 T，使不是市场中的人变到市场中来。再如，企业的管理者可以通过某种变换，使不为他们控制的资源转化为该企业在一定条件下可控制的资源，即可拓资源[7]。

4）化对立为共存

在管理、控制等领域中，存在不少对立的问题，例如要把两个属于不同运行规则的交通系统连成一个大系统，就是一个对立问题。“狼鸡同笼”问题也是对立问题。这些对立问题，可以是事物的对立、物元的对立或系统运行规则的对立。使对立问题转化为共存问题，可以用转换桥方法[3]等去解决。

2. 可拓工程工具

1）定性工具

物元和事元，是可拓学的基本概念，可拓变换是解决矛盾问题的基本工具，可拓分析方法是寻求可拓变换的依据。利用它们可以从定性的角度分析事物开拓的可能性。

(1) 物元和事元

物元是描述事物的基本元素，用一个有序三元组 $R=(N,c,v)$ 表示，其中 N 表示事物的名称、c 表示特征的名称、$v=c(N)$ 表示 N 关于 c 所取的量值。

事元是描述事件的基本元素，用一个有序三元组 $I=(d,h,u)$ 表示，其中 d 表示动词、h 是特征、u 是 d 关于 h 所取的量值。

一个客观的物有无数个特征，用 n 维物元表示其有限特征及其对应的量值，即

$$R=\begin{bmatrix} N, & c_1, & v_1 \\ & c_2, & v_2 \\ & \vdots & \vdots \\ & c_n, & v_n \end{bmatrix}$$

一个动词也有很多特征，以 n 维事元表示其有限特征所对应的量值，即

$$I=\begin{bmatrix} d, & h_1 & u_1 \\ & h_2 & u_2 \\ & \vdots & \vdots \\ & h_n & u_n \end{bmatrix}$$

事和物的多特征性是解决矛盾问题的重要工具。

(2) 可拓性

物元和事元都具有可拓性，包括发散性、相关性、蕴含性、可扩性和共轭性。可拓性是进行可拓变换的依据。

(3) 可拓变换

可拓变换包括元素的变换（物元变换和事元变换）、关联函数的变换和论域的变换，它们都有 4 种基本变换（增删变换、扩缩变换、置换变换和分解变换），可以进行变换的运算（积变换、与变换、或变换和逆变换）及复合变换。利用可拓变换，可以为矛盾问题转化为相容问题提供多条途径。

(4) 可拓方程与物元方程

① 根据给定的两个要素 Γ_1 和 Γ_2，$\Gamma_i\in\{R_i,I_i,k_i,U_i\}$，求未知变换 T_x，使 $T_x\Gamma_1=\Gamma_2$，这类含有未知变换的等式称为可拓方程。求 T_x 的过程称为解可拓方程，该变换称为该方程的解变换。

② 根据已知条件，求未知的物元。参考文献[3]中把含有未知物元的物元等式称为物元方程。求物元方程的过程称为解该方程，满足上述方程的物元称为该方程的解。

通过解可拓方程和物元方程，使解不相容问题成为可能。

2）定量工具

(1) 可拓集合

可拓集合是描述事物具有某种性质的程度和量变与质变的定量化工具。随着可拓工程

研究的逐步开展，可拓集合的概念及定义发展为如下定义。

定义 4.1.1 设 U 为论域，k 是 U 到实域 I 的一个映射，$T=(T_U,T_k,T_u)$ 为给定的变换，称

$$A(T)=\{(u,y,y')\mid u\in T_U U, y=k(u)\in I, y'=T_k k(T_u u)\in I\}$$

为论域 $T_U U$ 上的一个可拓集合，$y=k(u)$ 为 $A(T)$ 的关联函数，$y'=T_k k(T_u u)$ 为 $A(T)$ 的可拓函数。其中 T_U、T_k、T_u 分别为对论域 U、关联准则 k 和元素 u 的变换。

当 $T\neq e$ 时，称

$$A_+(T)=\{(u,y,y')\mid u\in T_U U, y=k(u)\leqslant 0, y'=T_k k(T_u u)\geqslant 0\}$$

为 $A(T)$ 的正可拓域；

$$A_-(T)=\{(u,y,y')\mid u\in T_U U, y=k(u)\geqslant 0, y'=T_k k(T_u u)\leqslant 0\}$$

为 $A(T)$ 的负可拓域；

$$A_+(T)=\{(u,y,y')\mid u\in T_U U, y=k(u)\geqslant 0, y'=T_k k(T_u u)\geqslant 0\}$$

为 $A(T)$ 的正稳定域；

$$A_-(T)=\{(u,y,y')\mid u\in T_U U, y=k(u)\leqslant 0, y'=T_k k(T_u u)\leqslant 0\}$$

为 $A(T)$ 的负稳定域；

$J_0(T)=\{(u,y,y')\mid u\in T_U U, y'=T_k k(T_u u)=0\}$ 为 $A(T)$ 的拓界。

① 当 $T_U=e$、$T_k=e$、$T_u=e$ 时，$A(T)=A=\{(u,y)\mid u\in U, y=k(u)\in I\}$。

② 当 $T_U=e$、$T_k=e$ 时、$T_U U=U$、$T_k k=k$、$A(T)=A(T_u)=\{(u,y,y')\mid u\in U, y=k(u)\in I, y'=k(T_u u)\in I\}$，此可拓集合为关于元素 u 变换的可拓集合。

③ 当 $T_U=e$、$T_u=e$ 时、$T_U U=U$、$T_u u=u$、$A(T)=A(T_k)=\{(u,y,y')\mid u\in U, y=k(u)\in I, y'=T_k k(u)\in I\}$，此可拓集合为关于关联函数 $k(u)$ 变换的可拓集合。

④ 当 $T_u=e$ 且 $T_U U-U\neq\varnothing$ 时，$T_u u=u$，

$$T_k k(u)=k'(u)=\begin{cases}k(u), u\in U\cap T_U U\\ k_1(u), u\in T_U U-U\\ A(T)=A(T_U)=\{(u,y,y')\mid u\in T_U U, y=k(u)\in I, y'=k'(u)\in I\}\end{cases}$$

此可拓集合为关于论域变换的可拓集合。

特别地，当 $T_u=e$，$T_k=e$ 且 $T_u u\subset u$ 时，

$$T_k k=k \quad T_u u=u \quad y'=k(u)=y \quad A(T)=A(T_U)=\{(u,y)\mid u\in T_U U, y=k(u)\in I\}$$

由上述定义可见，可拓集合描述了事物“是”与“非”的相互转化，它既可用来描述量变的过程（稳定域），又可用来描述质变的过程（可拓域）。零界或拓界描述了质变点，超过它们，事物就产生质变。

(2) 关联函数[3]

在可拓集合中，建立了关联函数的概念。通过关联函数值，可以定量地描述 U 中任一元素 u 属于正域、负域或零界三个域中的哪一个。就是同属于一个域中的元素，也可以由关联函数值的大小区分出不同的层次。为了建立实数域上的关联函数，首先把实变函数中距离的概念拓广为距的概念，作为把定性描述扩大为定量描述的基础。

定义 4.1.2 设 x_0 为实轴上的任一点，$X_0=\langle a,b\rangle$ 为实域上的任一区间，称

$$\rho(x_0,X_0)=\left|x_0-\frac{a+b}{2}\right|-\frac{b-a}{2}$$

为点 x_0 与区间 X_0 之距。其中 $\langle a,b\rangle$ 既可为开区间,也可为闭区间,也可为半开半闭区间。点与区间之距 $\rho(x_0,X_0)$ 与经典数学中"点与区间之距离" $d(x_0,X_0)$ 的关系如下。

① 当 $x_0\notin X_0$ 或 $x_0=a$、b 时,$\rho(x_0,X_0)=d(x_0,X_0)\geqslant 0$。

② 当 $x_0\in X_0$ 且 $x_0\neq a$、b 时,$\rho(x_0,X_0)\leqslant 0$,$d(x_0,X_0)=0$。

距的概念的引入,可以把点与区间的位置关系用定量的形式精确地刻画。当点在区间内时,经典数学中认为点与区间的距离都为0,而在可拓集合中,利用距的概念,就可以根据距的值的不同描述出点在区间内的位置的不同。距的概念对点与区间的位置关系的描述,使人们从"类内即为同"发展到类内也有程度区别的定量描述。

在现实问题中,除了需要考虑点与区间的位置关系外,还经常要考虑区间与区间及一个点与两个区间的位置关系。一般地,设 $X_0=\langle a,b\rangle$、$X=\langle c,d\rangle$,且 $X_0\subset X$,则点 x 关于区间 X_0 和 X 组成的区间套的位置规定为:

$$D(x,X_0,X)=\begin{cases}\rho(x,X)-\rho(x,X_0), & x\notin X_0\\ -1, & x\in X_0\end{cases}$$

$D(x,X_0,X)$ 就描述了点 x 与 X_0 和 X 组成的区间套的位置关系。

在距的基础上,参考文献[3]建立了初等关联函数:

$$k(x)=\frac{\rho(x,X_0)}{D(x,X_0,X)}$$

(其中 $X_0\subset X$,且无公共端点)用于计算点和区间套的关联程度。关联函数的值域是 $(-\infty,+\infty)$,用上述式子表述可拓集合中的关联函数,就把"具有性质 P"的事物从定性描述拓展到"具有性质 P 的程度"的定量描述。

在关联函数中,$k(x)\geqslant 0$ 表示 x 属于 X_0 的程度;$k(x)\leqslant 0$ 表示 x 不属于 X_0 的程度;$k(x)=0$ 表示 x 既属于 X_0 又不属于 X_0。因此,关联函数可作为定量化描述事物量变和质变的工具。根据可拓集合的定义,对给定的变换 T,当 $k(x)\cdot k(T_x)\geqslant 0$ 时,说明事物的变化是量变;$k(x)\cdot k(T_x)\leqslant 0$ 时,说明事物的变化是质变。$A(T)$ 关于关联函数的变换及关于论域的变换的可拓函数与关联函数也具有上述性质。

(3) 优度评价法

利用可拓分析和可拓变换,可以为人们提供解决矛盾问题的多种方案或策略,但这些方案或策略等必须通过筛选才能应用。为此,利用可拓集合和关联函数建立了评价一个对象,包括事物、策略、方案等的优劣的基本方法——优度评价法。它的优点在于:在衡量条件中,加入了"非满足不可的条件",使评价更切合实际;利用关联函数确定各对象的合格度和优度,由于关联函数的值可正可负,因此,优度可以反映一个方案或策略利弊的程度;由于可拓集合能描述可变性,因此,在引入参数 t 后,可以从发展的角度去权衡利弊。

(4) 可拓不等式

解决矛盾问题,是可拓集合论产生的背景和应用的归宿。为此,首先要应用物元这一工具,建立形式化的问题模型,并通过可拓集合研究问题的相容度。对于不相容问题,利用关联函数建立含有未知变换 T_x 的可拓不等式,通过解可拓不等式,得到解变换集 $\{T\}$,其中的变换使不相容问题转化为相容问题。

定义 4.1.3 若问题 P 的核 $P_0=g*l$ 的相容度为 $K(g,l)\leqslant 0$,即问题 P 为不相容问题,

则含有未知变换 T_g 或 T_l 的不等式 $(g,T_{ll})\geqslant 0$、$K(T_{gg},l)\geqslant 0$；$K(T_{gg},T_{ll})\geqslant 0$ 分别称为限制可拓不等式、对象可拓不等式和复合可拓不等式。满足不等式的变换 T_l、T_g、(T_g,T_l) 分别称为相应的可拓不等式的解变换。所谓解可拓不等式，以限制可拓不等式为例，就是对给定的不相容问题 $P=R*r$，求解变换集 $\{T_l\}$，使对 $T_l\in\{T_l\}$，有 $K(g,T_{ll})\geqslant 0$，参考文献[4]研究了解法的详细过程。

根据可拓不等式的定义可知，可拓不等式的解变换是不唯一的，全体解变换的集合，称为解变换集。求可拓不等式的解变换集的过程，也就是化不相容问题为相容问题的过程。

可拓不等式的解变换 T 有多个，但并非每个解变换的结果都一样好。因此，在求出解变换集 $\{T\}$ 后，就要选取合适的衡量条件及权系数，对各解变换进行优度评价，选取优度较高的解变换作为可拓不等式的优解变换。

可拓工程研究的基本方法是可拓方法，其中有可拓分析方法（包括发散树、分合链、相关网、蕴含系、共轭对等）、物元变换方法、优度评价方法等。在解决矛盾问题的过程中，首先利用可拓分析方法对问题进行发散分析，再利用物元变换方法形成解决矛盾问题的多种方案，最后利用优度评价方法进行筛选，选取优度较高的一个或几个方案进行实施。这种思维方法称为菱形思维方法。

由于人们的创造性思维过程包括发散性思维和收敛性思维，所以菱形思维能很好地描述人们的创造性思维过程。建立菱形思维模型，可将人们的创造性思维形式化，以使最终用计算机模拟人的创造性思维过程成为可能。

4.2 可拓集合

集合是描述人脑思维对客观事物的识别与分类的数学方法。客观事物是复杂的，处于不断运动和变化之中。因此，人脑思维对客观事物的识别和分类并不只有一个模式，而是多种形式的，从而描述这种识别和分类的集合也不应是唯一的，而应是多样的。

数学中的矛盾方程、矛盾不等式所描述的问题原型，实际上很多是有解的，认为“无解”的原因，在很多情况下，是因为只考虑数量关系而没有把事物的特征引入数学。例如“曹冲称象”问题，只考虑数量关系是无法解决的，即是矛盾问题，但事实上它是有解的。为此，有必要把解决矛盾问题的过程形式化，并建立相应的数学工具使之定量化。1983年，参考文献[1]中提出了可拓集合及其可拓域、稳定域、零界等概念，用它们来描述“是”与“非”的相互转化，从而能定量地表述事物的质变和量变的过程，而零界概念则描述了事物“既是又非”的质变点。这些都为矛盾问题的解决提供了合适的数学工具。

用一元组建立了可拓集合的初步定义，引进了变换 T；用二元组来规定可拓集合，并定义了可拓集合的正域、负域、零界、可拓域、稳定域等，但由于它用两个定义来共同描述元素的可变性及量变和质变的过程，因而难以从可拓集合直接反映出“是”与“非”相互转化的形式化描述，在此定义中涉及的变换 T 只是对元素的变换。参考文献[5～8]又将变换 T 扩展为对关联函数或对论域的变换。

为了概括十多年来对可拓集合研究的成果，使可拓集合的定义能直接描述元素性质的可变性和量变、质变的过程，用三元组(u,y,y')和可拓变换 $T=(T_U,T_k,T_u)$来规定可拓集合。本文首先介绍扩展的可拓集合概念，并以此为基础进行讨论。

4.2.1 可拓集合的含义

1. 可拓集合的基本概念——关于元素变换的可拓集合

定义 4.2.1 设U为论域，k是U到实域I的一个映射，T为给定的元素的变换，称

$$A(T)=\{(u,y,y')\mid u\in U,y=k(u)\in I,y'=k(T_u)\in I\}$$

为论域U上关于元素变换的一个可拓集合，$y=k(u)$为$A(T)$的关联函数、$y'=k(T_u)$为$A(T)$关于变换T的关联函数，称为可拓函数。

(1) 当$T=e$(e为幺变换)时，记$A(e)=A=\{(u,y)|u\in U,y=k(u)\in I\}$[3]，称

$A=\{(u,y)|u\in U,y=k(u)\geqslant 0\}$为$A(T)$的正域；

$A=\{(u,y)|u\in U,y=k(u)\leqslant 0\}$为$A(T)$的负域；

$J_0=\{(u,y)|u\in U,y=k(u)=0\}$为$A(T)$的零界。

(2) 当$T\neq e$时，称

$A_+(T)=\{(u,y,y')|u\in U,y=k(u)\leqslant 0,y'=k(T_u)\geqslant 0\}$为$A(T)$的正可拓域；

$A_-(T)=\{(u,y,y')|u\in U,y=k(u)\geqslant 0,y'=k(T_u)\leqslant 0\}$为$A(T)$的负可拓域；

$A_+(T)=\{(u,y,y')|u\in U,y=k(u)\geqslant 0,y'=k(T_u)\geqslant 0\}$为$A(T)$的正稳定域；

$A_-(T)=\{(u,y,y')|u\in U,y=k(u)\leqslant 0,y'=k(T_u)\leqslant 0\}$为$A(T)$的负稳定域；

$J_0(T)=\{(u,y,y')|u\in U,y'=k(T_u)=0\}$为$A(T)$的拓界。

2. 可拓集合的一般概念

定义 4.2.1 是关于元素变换的可拓集合。定义中假定论域U和关联准则k都是固定的，但在实际问题中，U和k也是可以改变的。为了体现这两种变换下的可拓集合，给出如下的一般定义。

定义 4.2.2 设U为论域，k是U到实域I的一个映射，$T=(T_U,T_k,T_u)$为给定的变换，称

$$A(T)=\{(u,y,y')\mid u\in T_UU,y=k(u)\in I,y'=T_kk(T_uu)\in I\}$$

为论域T_UU上的一个可拓集合，$y=k(u)$为$A(T)$的关联函数，$y'=T_kk(T_uu)$为$A(T)$的可拓函数。其中T_U、T_k、T_u分别为对论域U、关联函数$k(u)$和元素u的变换。这里规定：当$u\in T_UU-U$时，$y=k(u)<0$。

(1) 当$T_U=e$、$T_k=e$、$T_u=e$时，$A(T)=A(T_U)$，即定义 4.2.1 的(1)。

(2) 当$T_U=e$、$T_k=e$时，$T_UU=U$、$T_kk=k$、$A(T)=A(T_u)$，此可拓集合为关于元素u变换的可拓集合，即定义 4.2.1 的(2)。

(3) 当$T_U=e$、$T_u=e$时，$T_UU=U$、$T_uu=u$、$A(T)=A(T_k)=\{(u,y,y')|u\in U,y=k(u)\in I,y'=T_kk(u)\in I\}$，此可拓集合为关于关联函数$k(u)$变换的可拓集合，它同样有可拓域、稳定域和拓界。

(4) 当$T_u=e$且$T_UU-U\neq\varnothing$时，

$$T_uu=u$$

$$T_k(u)=k'(u)=\begin{cases}k(u) & u\in U\cap T_U U\\ T_k k(u)=k'(u)=k_1(u) & u\in T_U\end{cases}$$

$A(T)=A(T_U)=\{(u,y,y')\mid u\in T_u U, y=k(u)\in I, y'=k'(u)\in I\}$，此可拓集合为关于论域 U 变换[10]的可拓集合。

由上述定义可见，可拓集合描述了事物"是"与"非"的相互转化，它既可用来描述量变的过程(稳定域)，又可用来描述质变的过程(可拓域)。零界或拓界描述了质变点，超过它们，事物就产生质变。元素的变换(包括事元和物元的变换)、关联函数的变换和论域的变换，统称为可拓变换。

3. 物元可拓集合

物元是可拓学的逻辑细胞，是形式化描述事物的基本元，用

$$R=(\text{事物},\text{特征的名称},\text{量值})=(N,c,v)$$

这个有序三元组来表示。它把物的质与量有机地结合起来，反映了物的质与量的辩证关系。物元具有发散性、相关性、共轭性、蕴含性、可扩性等可拓性，这些性质是进行物元变换的依据，而物元变换是可拓集合中"是"与"非"相互转化的工具。当可拓集合中的元素是物元时，就形成了物元可拓集合。在扩展的可拓集合定义下，物元可拓集合也有类似于定义 4.2.2 的定义，此略。

物元可拓集合中的每个元素——物元都有自己的内部结构，它们是既描述物的量的方面，又体现物的质的方面，并将两者有机结合的统一体，其内部结构是可以改变的。由于物元的可变性、关联函数的可变性及论域的可变性，导致了物元在集合中"地位"的可变性。因此，物元可拓集合能较合理地描述自然现象和社会现象中各种物的各个侧面、彼此关系及它们的变化，从而能描述解决矛盾问题的过程。

4.2.2 扩展的可拓集合概念

1. 联函数与距

在可拓集合中，建立了关联函数这一概念。通过关联函数值，可以定量地描述 U 中任一元素 u 属于正域、负域或零界三个域中的哪一个。即使同属于一个域中的元素，也可以由关联函数值的大小区分出不同的层次。为了建立实数域上的关联函数，首先把实变函数中距离的概念拓展为距[4]的概念，作为把定性描述扩大为定量描述的基础。

定义 4.2.3 设 x_0 为实轴上的任一点，$X_0=\langle a,b\rangle$ 为实域上的任一区间，把

$$\rho(x_0,X_0)=\left|x_0-\frac{a+b}{2}\right|-\frac{b-a}{2}$$

定义为点 x_0 与区间 $X_0=\langle a,b\rangle$ 之距。其中 $\langle a,b\rangle$ 既可为开区间，也可为闭区间，也可为半开半闭区间。用距作为把定性描述扩大为定量描述的基础。

距 $\rho(x_0,X_0)$ 与经典数学中"点与区间的距离"$d(x_0,X_0)$ 的关系如下。

(1) 当 $x_0\notin X_0$ 或 $x_0=a$、b 时，$\rho(x_0,X_0)=d(x_0,X_0)\geqslant 0$；

(2) 当 $x_0\in X_0$ 且 $x_0\neq a$、b 时，$\rho(x_0,X_0)<0$，$d(x_0,X_0)=0$。

距的概念的引入，可以把点与区间的位置关系用定量的形式精确地刻画。当点在区间

内时，经典数学中认为点与区间的距离都为0，而在可拓集合中，利用距的概念，就可以根据距的值的不同描述出点在区间内的位置的不同。距的概念对点与区间的位置关系的描述，使人们从“类内即为同”发展到类内也有程度区别的定量描述。

在现实问题中，除了需要考虑点与区间的位置关系外，还经常要考虑区间与区间及一个点与两个区间的位置关系。一般地，设 $X_0=\langle a,b\rangle$，$X=\langle c,d\rangle$，且 $X_0\subset X$，则点 x 关于区间套 X_0 和 X 的位值规定为

$$D(x,X_0,X)=\begin{cases}\rho(x,X)-\rho(x,X_0), & x\notin X_0\\ -1, & x\in X_0\end{cases}$$

$D(x,X_0,X)$ 就描述了点 x 与区间套 X_0 和 X 的位置关系。

在距的基础上，参考文献[4]建立了初等关联函数：

$$k(x)=\frac{\rho(x,X_0)}{D(x,X_0,X)}$$

(其中 $X_0\subset X$，且无公共端点)用于计算点和区间套的关联程度。关联函数的值域是 $(-\infty,+\infty)$，用上述式子表述可拓集合中的关联函数，就把“具有性质 P”的事物从定性描述拓展到“具有性质 P 的程度”的定量描述。

在关联函数中，$k(x)\geqslant 0$ 表示 x 属于 X_0 的程度，$k(x)\leqslant 0$ 表示 x 不属于 X_0 的程度，$k(x)=0$ 表示 x 既属于 X_0 又不属于 X_0。因此，关联函数可作为定量化描述事物量变和质变的工具。根据可拓集合的定义，对给定的变换 T，当 $k(x)\cdot k(T_x)>0$ 时，说明事物的变化是量变；当 $k(x)\cdot k(T_x)<0$ 时，说明事物的变化是质变。$A(T)$ 关于关联函数变换及关于论域变换的可拓函数与关联函数也有上述性质。

2. 可拓不等式

解决矛盾问题，是可拓集合论产生的背景和应用的归宿，为此，首先要应用物元这一工具，建立形式化的问题模型，并通过可拓集合研究问题的相容度。对于不相容问题，利用关联函数建立含有未知变换 T_x 的可拓不等式，通过解可拓不等式，得到解变换集 $\{T\}$，其中的变换使不相容问题转化为相容问题。

定义 4.2.4 若问题 P 的核 $P_0=g*l$ 的相容度为 $K(g,l)\leqslant 0$，即问题 P 为不相容问题，则含有未知变换 T_g 或 T_l 的不等式 $K(g,T_{1l})\geqslant 0$；$K(T_{gg},l)\geqslant 0$；$K(T_{gg},T_{ll})\geqslant 0$ 分别称为限制可拓不等式、对象可拓不等式和复合可拓不等式。满足不等式的变换 T_l、T_g、(T_g,T_l) 分别称为相应的可拓不等式的解变换。所谓解可拓不等式，以限制可拓不等式为例，就是对给定的不相容问题 $P=R*r$，求解变换集 $\{T_l\}$，使对 $T_l\in\{T_l\}$，有 $K(g,T_{1l})\geqslant 0$，参考文献[4]研究了解法的详细过程。

根据可拓不等式的定义知，可拓不等式的解变换是不唯一的，全体解变换的集合，称为解变换集。求可拓不等式的解变换集的过程，也就是化不相容问题为相容的过程。

正是由于可拓不等式的解变换的不唯一性，使得利用可拓集合对事物的分类是动态的。

可拓不等式的解变换 T 有多个，但并非每个解变换的结果都一样好。因此，在求出解变换集 $\{T\}$ 后，就要选取合适的衡量条件及权系数，对各解变换进行优度评价，选取优度较高的解变换作为可拓不等式的优解变换。

4.2.3 可拓集合的应用

由于可拓集合概念的普适性,使可拓集合可应用于诸多研究领域。目前,国内外已有很多学者把它应用于人工智能、市场、资源、检测、控制、系统和信息等方面的研究。

1. 可拓集合与人工智能问题的处理、分类和识别

求"矛盾问题的解",对人工智能的发展来说,是不能不考虑的。计算机要处理矛盾问题,可以运用可拓学的基本思想和方法。用可拓学解决矛盾问题的集合论基础是可拓集合论,其本质是"变非为是"、"不行变行"、"不属于变属于"等的形式化描述。它也是计算机进行矛盾问题处理的理论基础之一。可拓集合描述事物性质的可变性、描述量变和质变,也是人工智能解决问题的定量化工具。物元可拓集合一方面用物元可拓域表示物元变换使负域的元素转化为正域的元素的可能性;另一方面,用关联函数定量地表述问题性质变化的可能性。可拓集合的本质体现在可拓域、零界和可拓变换中。计算机如果能利用它们处理事物性质的动态变化,进行创造性思维和生成策略,并利用可拓集合作为解决问题的定量化工具,进行定性和定量相结合的操作,将大大提高机器的智能水平。

集合,是人类进行分类和识别的一种方法,经典集合、模糊集合和粗糙集合都分别提出了各自分类识别的方法和准则,它们成为各自形成的分支的理论基础。这三类集合方法都把事物具有某种性质的程度看成是不变的,可以说,是从"静态"的角度来考察事物。但在客观世界中,事物具有某种性质的程度是变化的,也只有这样,矛盾问题才能转化为相容问题。为了从本质上考察动态的事物和变化的过程,建立了可拓集合。可拓集合把分类与变换(包括时间、空间的变换)联系起来。根据这种分类思想,元素的分类是可以改变的,它具有某种性质的程度(关联度)也是可变的。也就是说,在一定的变换下,负域的元素可转变为正域的元素,这就为矛盾问题转化为相容问题提供了依据。

分类,是人工智能进行识别、检索、决策和控制的前提。显然,分类的模式决定了模式识别的方法,可拓分类方法[27]可为动态事物和动态过程的模式识别注入新的方法。因此,把物元变换的思想引入到识别方法中、把可拓方法应用于识别研究,将使计算机的分类和识别能力提高。

2. 在市场和资源研究中的应用

利用可拓集合对市场进行分析,认为市场可以用物元可拓集合描述,并提出了可拓市场的概念,参考文献[29]给出了可拓市场的形式化描述,即在物元论域 W 上建立物元可拓集合。

$$M^{\sim}(R;\ T)=\{(R,y,y')\mid R\in W,y=K(R)\in I,y'=K(TR)\in I\}$$

式中 R——关于消费者的购买能力和购买意愿的二维物元。称

$$M_{+}(R;\ T)=\{(R,y,y')\mid R\in W,K(R)\leqslant 0,K(TR)\geqslant 0\}$$

为原市场 $M(R)=\{(R,y)\mid R\in W,K(R)\geqslant 0\}$(即有能力购买且愿意购买某产品的消费者的集合)关于变换 T 的可拓市场。参考文献[30]研究了在不同可拓变换下可拓市场的类型(包括对元素的变换、对关联准则的变换、对论域的变换、对时间的变换等)及实现可拓市场的方式,为企业开拓市场提供了新的理论和方法。

上述变换 T 是关于物元的变换，同定义 4.2.2，T 也可以是对关联函数的变换或对论域的变换。变换 T 的类型决定了可拓市场的性质。例如，T 代表分期付款后关于购买能力的关联函数的变换，则 $M_+(R;\ T)$ 是关于分期付款的可拓市场，T 属于对关联函数的变换。如果 T 代表商家广告宣传后 u 的购买意愿的改变，$M_+(R;\ T)$ 是关于加强广告宣传的可拓市场，T 属于元素的变换。如果 T 代表商家把销售范围扩展到第二个地区，则 $M_+(R;\ T)$ 是关于扩大销售范围的可拓市场，T 属于论域 U 的变换。对可拓市场的研究，使得开拓市场的过程有规律可循，企业可以根据实际情况，利用变换，寻找开拓市场的多种途径。

利用可拓集合对资源进行研究，提出了可拓资源与可控资源的概念。可控资源对应于可拓集合的正域、可拓资源对应于可拓集合的可拓域，即非可控资源经过一定的变换，变为一定条件下的可控资源，这就把解决资源矛盾问题的过程形式化、定量化。研究了开拓资源的依据——资源的可拓性，及对应于不同的变换的可拓资源的类型，研究了内部可拓资源和外部可拓资源及其使用，从而为人们利用自己不可控的资源去发展自己的事业提供了形式化的思路。

3. 在检测和控制领域中的应用

可拓检测是 1998 年提出的一个研究课题，它针对目前信息检测中部分特征不可检测的问题，利用可拓集合，通过对事物的特征的变换，把不可测物元转换成可测物元，从而使无法用传感器检测的信息得以检测。所谓不可测物元，是不能用传感器直接检测的物元（包括没有对应的传感器检测的；或虽有这样的传感器，但环境不允许使用该传感器检测的）。可拓检测要解决的关键问题是对不可测物元与可测物元的转换机制的研究。这一研究有非常重要的价值，不仅可用于工业检测，它的思想方法还可用于医学上的检测以及更一般的信息检测。本文给出了可拓检测的基本概念、原理及架构，并提出了有关的实施办法。

利用可拓集合研究智能控制，提出了可拓控制的基本概念、结构和原理等。可拓控制的基本思想是：利用可拓集合，从信息转化的角度去处理控制问题，即以控制输出信息的合格度（关联度）作为确定控制输入矫正量的依据，从而使被控信息转换到合格范围内，即把不能控制的问题转换成可以控制的问题。基于可拓控制的基本思想，又有学者提出了可拓控制器、可拓专家系统、可拓语言控制、可拓 CIMS、可拓信息集成等课题，并将可拓控制理论应用于计算机网络入侵检测方法的研究。

4.3 集装箱生成量可拓聚类预测

4.3.1 集装箱生成量可拓聚类预测的建模机制

集装箱生成量的大小与周围许多因素有关。如国民经济（国内生产总值 Gross Domestic Product，GDP）、对外贸易量（进出口贸易总额 Total Imports and Exports，TIE）、单位外贸进出口集装箱边际贡献率、箱化率、平均箱重等，但是主要因素为前两个，即国内生产总值与进出口贸易总额的规模和结构。

可拓聚类预测的模型是利用可拓集合理论和聚类分析的关联函数，建立起一套识别和评价方法来进行预测。

首先应用聚类分析法对集装箱生成量和国内生产总值GDP、对外贸易总额TIE的历史数据进行样本提炼分类，将生成量与其环境因素的历史样本分成若干个典型类别；然后构建相应的经典域、节域，构建起利用物元和节域物元来描述各类别环境因素的特征以及生成量变化的模式，进而建立待测样本与各类别之间的关联度和各个环境因素的权系数；最后，当给定一个未来环境因素时，可以判定出集装箱生成量变化的类型，从而预测未来集装箱生成量的总量的变化范围，得到预测结果。

4.3.2 可拓聚类预测的物元模型

设 $I_i(i=1,2,\cdots,m)$ 是可拓集 P 的 m 个子集，$I_i \subset P(i=1,\cdots,m)$。对任何待测对象 $p \in P$，用以下步骤判断 p 属于哪个子集 I_i，并计算 p 属于每一子集 I_i 的关联度。

第1步：确定经典域和节域。

令：

$$R_i=(I_i,C,V_i)=\begin{bmatrix} I_i, & C_1, & X_{i1} \\ & C_2, & X_{i2} \\ & \vdots & \vdots \\ & C_n, & X_{in} \end{bmatrix}=\begin{bmatrix} I_i, & C_1, & \langle a_{i1},b_{i1} \rangle \\ & C_2, & \langle a_{i2},b_{i2} \rangle \\ & \vdots & \vdots \\ & C_n, & \langle a_{in},b_{in} \rangle \end{bmatrix}$$

式中 C_1、C_2、$\cdots$、C_n——子集 I_i 的 n 个不同特征；

X_{i1}、X_{i2}、$\cdots$、X_{in}——子集 I_i 关于特征 C_1、C_2、C_n 的取值范围，即称为经典域。并且记

$$X_{ij}=\langle a_{ij},b_{ij} \rangle \quad (i=1,\cdots,m;\ j=1,\cdots,n)。$$

令：

$$R=(P,C,V_p)=\begin{bmatrix} P, & C_1, & X_{p1} \\ & C_2, & X_{p2} \\ & \vdots & \vdots \\ & C_n, & X_{pn} \end{bmatrix}=\begin{bmatrix} P & C_1, & \langle a_{p1},b_{p1} \rangle \\ & C_2, & \langle a_{p2},b_{p2} \rangle \\ & \vdots & \vdots \\ & C_n, & \langle a_{pn},b_{pn} \rangle \end{bmatrix}$$

式中 X_{p1}、X_{p2}、$\cdots$、X_{pn}——关于 P 的取值范围，即称为 P 的节域。记作：$X_{pj}=\langle a_{pj},b_{pj} \rangle$ $(j=1,\cdots,n)$。

第2步：确定待测样本物元。

待测样本物元表示为 R_x：

$$R_x=(p,C,x)=\begin{bmatrix} p, & C_1, & x_1 \\ & C_2, & x_2 \\ & \vdots & \vdots \\ & C_n, & x_n \end{bmatrix}$$

式中 x_1、x_2、$\cdots$、x_n——待测样本的 n 个特征的观测值。

第3步：根据距的定义，确定关联函数值的待测样本与各类的关联程度按下式计算。

$$K_i(x_j)=\begin{cases}-\rho(x_j,X_{ij})/\left|X_{ij}\right| & x_j\in X_{ij}\\ \rho(x_j,X_{ij})/(\rho(x_j,X_{pj})-\rho(x_j,X_{ij})) & x_j\notin X_{ij}\end{cases} \tag{4-1}$$

式中 $\rho(x_j,X_{ij})=|x_j-(a_{ij}+b_{ij})/2|-(b_{ij}-a_{ij})/2$；

$\rho(x_j,X_{pj})=|x_j-(a_{pj}+b_{pj})/2|-(b_{pj}-a_{pj})/2$。

第 4 步：确定权系数，计算隶属程度。

每个特征的权系数由下式计算。

$$\lambda_{ij}=(x_i/b_{ij})\Big/\sum_{j=1}^{n}(x_j/b_{ij}) \tag{4-2}$$

式中 j——表示特征，$j=1,2,\cdots,n$；

i——表示类别，$i=1,2,\cdots,m$。

则待测样本 p 对 I_i 类的关联程度为：

$$K_i(P)=\sum_{j=1}^{n}\lambda_{ij}K_i(x_j)$$

第 5 步：对待测样本 p 所属类别的判定。

若 $K_i=\max K_s(p)(s=1,2,\cdots,m)$，则判定样本 p 属于第 i 类；

若对一切 s，$K_s(p)\leqslant 0(s=1,2,\cdots,m)$，则表示样本 p 已不在所划分的类别之内。

4.3.3 集装箱生成量可拓聚类预测的物元模型

1. 历史数据整理

考察国内生产总值 GDP、对外贸易总额 TIE 和集装箱生成量的历史数据（如表 4-1 和表 4-2 所示。

表 4-1 国内生产总值 GDP、对外贸易总额 TIE 和集装箱生成量

年份	GDP/亿元	TIE/亿元	集装箱生成量/万 TEU
1987	11 962.5	3084.2	68.9
1988	14 928.3	3821.8	94.7
1989	16 909.2	4155.9	117
1990	18 547.9	5560.1	156
1991	21 617.8	7225.8	217
1992	26 638.1	9119.6	277
1993	34 634.4	11 271.0	383
1994	46 759.4	20 381.9	507
1995	58 478.4	23 499.9	663
1996	67 884.6	24 133.8	809
1997	74 462.6	26 967.2	1077
1998	78 345.2	26 857.7	1312
1999	81 910.9	29 896.3	1621
2000	89 404	39 330	2268

注：(1) 数据由全国统计年鉴整理所得；

(2) 集装箱生成量根据全国港口集装箱吞吐量折算而成。

表 4-2 我国 GDP、TIE 和集装箱生成量的年增长率

年份	GDP/亿元	TIE/亿元	集装箱生成量/万 TEU
1988	1.247 93	1.239 15	1.374 46
1989	1.132 69	1.087 42	1.235 48
1990	1.096 91	1.337 88	1.333 40
1991	1.165 51	1.299 58	1.391 03
1992	1.232 23	1.262 09	1.276 50
1993	1.300 18	1.235 91	1.382 67
1994	1.350 09	1.808 35	1.323 76
1995	1.250 62	1.152 98	1.307 69
1996	1.160 85	1.026 98	1.220 21
1997	1.096 90	1.117 40	1.331 27
1998	1.052 14	1.218 12	1.218 19
1999	1.045 51	1.115 14	1.235 52
2000	1.091 48	1.315 94	1.399 14

根据上述历史数据，假设以 1987—1999 年的数据作为聚类样本，把 2000 年作为待测年。我国装箱生成量的年增长率在 1.218 199～1.3991 间。将样本数据按集装箱生成量的年增长率(Ratio)分为 5 类。

(1) 1.200＜Ratio≤1.24

(2) 1.240＜Ratio≤1.28

(3) 1.280＜Ratio≤1.32

(4) 1.320＜Ratio≤1.36

(5) 1.360＜Ratio≤1.40

再计算给出各类样本的两个特征(因子)：GDP 和 TIE 的年增长率的平均值，如表 4-3 所示。

表 4-3 集装箱生成量年增长率的每类样本数及因子均值

类别	每类样本个数	因子均值	
		X_1	X_2
I_1	4	1.097 799 5	1.055 868
I_2	1	1.232 23	1.262 089
I_3	2	1.287 191 5	1.480 664
I_4	2	1.083 301	1.103 158
I_5	3	1.237 873 3	1.258 214

2. 确定经典域和节域物元以及待测样本物元

根据我国 GDP、TIE 和集装箱生成量的年增长率和各类别样本的因子平均值，构造出各个类别经典域物元以及节域物元和待测样本物元。

经典域物元为：

$$\boldsymbol{R}_1=\begin{bmatrix} I_1, & C_1, <1.0455, 1.1608> \\ & C_2, <1.026\,975, 1.113\,137> \end{bmatrix}$$

$$\boldsymbol{R}_2=\begin{bmatrix} I_2, & C_1, <1.109\,779\,5, 1.24> \\ & C_2, <1.12, 1.27> \end{bmatrix}$$

$$\boldsymbol{R}_3=\begin{bmatrix} I_3, & C_1, & \langle 1.24,1.4\rangle \\ & C_2, & \langle 1.14,1.809\rangle \end{bmatrix}$$

$$\boldsymbol{R}_4=\begin{bmatrix} I_4, & C_1, & \langle 1.09,1.098\rangle \\ & C_2, & \langle 1.080,1.12\rangle \end{bmatrix}$$

$$\boldsymbol{R}_5=\begin{bmatrix} I_5, & C_1, & \langle 1.16,1.4\rangle \\ & C_2, & \langle 1.20,1.29\rangle \end{bmatrix}$$

节域物元为：

$$\boldsymbol{R}_p=\begin{bmatrix} P, & C_1, & \langle 1.0455,1.4\rangle \\ & C_2, & \langle 1.02697,1.29\rangle \end{bmatrix}$$

而待测样本物元为：

$$\boldsymbol{R}_x=(p,c,x)=\begin{bmatrix} P, & C_1, x_1 \\ & C_2, x_2 \end{bmatrix}=\begin{bmatrix} P, & C_1, & 1.091479 \\ & C_2, & 1.315547 \end{bmatrix}$$

3. 计算待测样本 x 对各类别的关联程度

根据式(4-1)和式(4-2)确定待测样本与各类别的关联度和因子的权系数，然后用下式计算待测样本 p 对各类别的关联度。

$$K_i(p)=\sum_{j=1}^{2}\lambda_{ij}K_i(x_j)\quad i=1,2,\cdots,5$$

样本聚类预测结果如表 4-4 所示。

表 4-4 待测样本与各类别的关联度及聚类预测结果

$K_1(p)$	$K_2(p)$	$K_3(p)$	$K_4(p)$	$K_5(p)$	判定类别
−0.1769	−0.4939128	0.24565	0.0842	0.2599	I_5

4. 结果分析

从关联度和聚类预测的结果来看，2000 年集装箱生成量年增长率应属于 I_5 类，即年增长率在 1.36～1.40 之间，而 1999 年集装箱生成量为 1621 万 TEU，所以 2000 年集装箱生成量的预测结果是在 2205 万～2269 万 TEU 之间。事实上，2000 年全国集装箱生成量是 2268 万 TEU，年增长率为 1.3991，而样本聚类预测结果正好为 I_5。

如果以 1987—1998 年的数据作为聚类样本，把 1999 年作为待测年，就可以通过计算得出预测结果：1999 年我国集装箱生成量的年增长率在 1.2～1.24 之间。而事实上当年的增长率是 1.23。这表明可拓聚类预测模型用于集装箱生成量预测是非常有效的。

4.4 可拓故障诊断

在现有的故障诊断思维方法中，模糊诊断方法以模糊数学为基础，将模糊现象与因素间的关系用数学表达方式描述，并用数学方法进行运算，解决机器运行过程中的动态信号及其特征值具有的某种不确定性的问题，得到某种确切的结果。故障树分析方法将系统最不希望发生的故障状态作为故障分析的目标，然后寻找直接导致这一故障发生的全部因素，再找出造成下一事件的全部直接因素，一直追查到无须再深究为止。智能故障诊断专家系统是一种基于知识的人工智能诊断系统。它的实质是应用大量人类专家的知识和推理方法求解复杂的实际问题的一种人工智能计算机程序。由于系统的大部分故障是随机的，人们很难判断，这就需要将问题定性与定量相结合进行分析。作为新兴交叉学科的可拓学，采用其独特的方法研究不相容问题，研究故障拓展的可能性。通过对故障系统进行虚实、软硬、潜显、负正的结构分析，确切地判断故障所在，准确判断已发生的故障，并根据共扼分析发现故障隐患，减少故障带来的损失。通过引入关联函数，可以确切计算故障发生的程度，从而为分析故障诊断系统提供了一种定性与定量相结合的新方法。

4.4.1 整体故障分析

设分析故障的事物为 N。

(1) 首先确定事物 N 的故障特征元集。

设 N 可能产生的故障集为 $I=\{1,2,\cdots,I\}$，则 N 产生故障 I 表示为：

$$I_i(N)(i=1,2,\cdots,n)$$

$I_i(N)$发生，则具有特征元集

$$\{M_{ij},i=1,2,\cdots,n;\ j=1,2,\cdots,n\}$$

其中$\{M_i\}=(c_{ij},V_{ij})$，$V_{ij}=<a_{ij},b_{ij}>$为 $I_i(N)$发生时关于 c_{ij} 规定的量域，即经典域。

记 $V'_{ij}=<a'_{ij},b'_{ij}>$为 $I_i(N)$发生时关于 c_{ij} 容许的量域，即节域($i=1,2,\cdots,n$; $j=1,2,\cdots,k_i$)。

(2) 建立描述事物 N 的可能产生故障的物元。

$$\boldsymbol{R}_i=\begin{bmatrix} I_i(N) & c_{i1} & V_{i1} \\ & c_{i2} & V_{i2} \\ & \vdots & \vdots \\ & c_{ik} & V_{ik} \end{bmatrix} \quad i=1,2,\cdots,n$$

(3) 建立描述事物 N 的现状物元。

$$R=\begin{bmatrix} N & c_{i1} & v_{i1} \\ & c_{i2} & v_{i2} \\ & \vdots & \vdots \\ & c_{ik} & v_{ik} \end{bmatrix} \quad i=1,2,\cdots,n$$

(4) 计算关联函数值。

$$K_{ij}(v_{ij})=\frac{\rho(v_{ij}V_{ij})}{\rho(v_{ij}V'_{ij}-\rho(v_{ij}V_{ij}))}$$

式中　ρ,K_{ij},V——关联函数和量域。

(5) 确定权系数。

根据专业知识确定各衡量条件的重要度 a_{ikt}：$a_1,a_2,\cdots,a_{ikt}$。

(6) 计算各故障程度 λ。

$$\lambda(I_i(N))=\sum_{j=1}^{k_1}a_{ij}K_{ij} \quad i=1,2,\cdots,n$$

(7) 确定何种故障程度最大。

$$若\quad \max_{1\leqslant i\leqslant n} |\lambda(I_i(N))| = \lambda(I_0(N))$$

则判断产生故障 I_0。

4.4.2 硬部故障分析

系统的故障可能发生在硬部也可能发生在软部。分析设备的硬、软部的特征即相应的量值,然后计算故障的程度,从而判断故障所在。对于事物 N,用 hr$N$ 表示其硬部,用 sf$N$ 表示其软部。

硬部故障分析如下。

1. 确定事物 *N* 的硬部的故障特征元集

$$\text{hr}N = \{N_1, N_2, \cdots, N_l\} = \{N_p, p = 1, 2, \cdots, l\}$$

$$\{M_{pq}\} = \{M_{pq1}, M_{pq2}, \cdots, M_{pqr_q}\}$$

式中 $M_{pqs} = (c_{pqs}, V_{pqs})$、$V_{pqs} = < a_{pqs}, b_{pqs} > (s = 1, 2, \cdots, r)$ 为规定的量域,即经典域,$V'_{ij} = < a'_{ij}, b'_{ij} >$ 为容许的量域,即节域。

2. 建立描述事物 *NP* 的可能产生故障的物元

$$R_{pq} = \begin{bmatrix} I_{pq}(N_p) & c_{pq1} & V_{pq1} \\ & c_{pq2} & V_{pq2} \\ & \vdots & \vdots \\ & c_{pqr_q} & V_{pqr_q} \end{bmatrix}$$

3. 建立描述事物 *N* 的现状物元

$$R_p = \begin{bmatrix} N_p & c_{pq1} & V_{pq1} \\ & c_{pq2} & V_{pq2} \\ & \vdots & \vdots \\ & c_{pqr_q} & V_{pqr_q} \end{bmatrix}$$

4. 计算关联函数值

$$K_{pqs}(v_{pqs}) = \frac{\rho(v_{pqs}, V_{pqs})}{\rho(v_{pqs}, V'_{pqs}) - \rho(v_{pqs}, V_{pqs})}$$

5. 确定权系数

根据专业知识确定硬部各衡量条件的重要度:$\beta_1, \beta_2, \cdots, \beta_{pqr}$。

6. 计算各故障程度

$$\lambda(I_{pq}(N_p)) = \sum_{s=1}^{r_q} \beta_{pqs} K_{pqs}$$

7. 确定故障所在

$$若\ \max|\lambda(I_{pq}(N_p))| = \lambda(I_{p_0q_0}(N_{p_0}))$$

则判断 N_{p_0} 产生故障 I_{p_0q}。

4.4.3 软部故障分析

sf$N$ = ic$N$①ol$N$①oc$N$

根据上述分析,结合专业知识,综合判断故障所在及发生故障的程度。从而可采取相应的措施,使损失降低到最小程度。故障诊断的可拓方法如图 4-2 所示,其中①～③的子框图如图 4-3 所示。

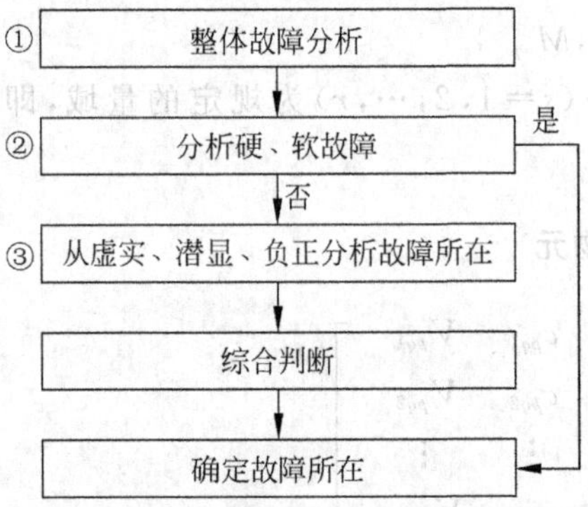

图 4-2 故障诊断的可拓方法

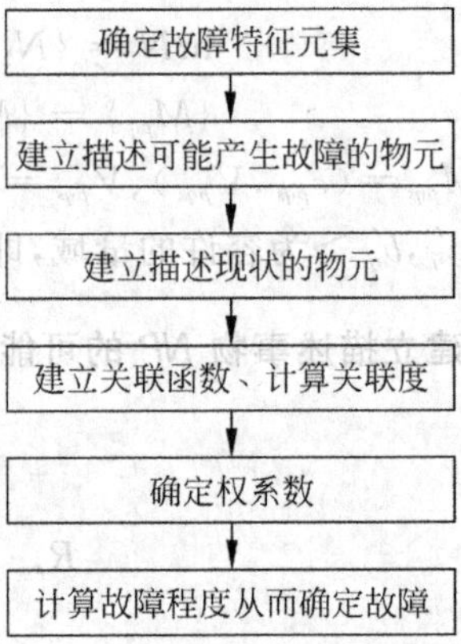

图 4-3 ①～③的子框图

4.5 可拓层次分析法

4.5.1 层次分析法分析

层次分析法(AHP)的一个很重要的问题常被忽视：在构造判断矩阵时,指派整数 1～9 及其倒数的标度时,没有考虑人判断的模糊性。具体地说,在两两比较方案重要性的赋值时,只考虑人的判断的两种极端情况,即以隶属度 1 选择某个标度值,同时又以隶属度 1 否定(或以隶属度 0 选择)其他标度值。在实际判断中,人的判断往往在一个范围内,例如,甲乙两个方案相比时,经常认为甲方案比乙方案重要的程度在 4.5～5.5 之间,这更接近实际。而把本来就是模糊的量明显化,或者变成无一点弹性的硬指标(例如"5")则不尽合理。在 AHP 应用中,还有一个棘手问题：构造判断矩阵时,要进行一致性检验。当判断矩阵不具有一致性时,若将其排序权向量的计算结果作为决策依据,就失去了理论基础,即无法将方案的重要程度进行应用。因此,判断矩阵是否具有满意的一致性直接影响到由该判断矩阵得到的排序向量是否能真实地反映各比较方案之间的客观排序。

可拓学是我国学者蔡文于1983年创立的一门新学科[7~10]。可拓学的理论支柱是物元理论和可拓集合理论，其逻辑细胞则是物元。可拓集合和物元的概念能根据事物关于特征的量值来判断事物属于某集合的程度(即评价事物的好坏、方案的优劣)，而采用扩展到$(-\infty,+\infty)$的关联函数值能使评价精细化、定量化，从而为解决从变化的角度进行方案评价的问题提供了新途径。本文基于可拓集合理论和方法，研究在相对重要性程度不确定时AHP如何构造判断矩阵的方法。并弥补了以往模糊AHP方法[1,2]通常不考虑判断矩阵的一致性方面的缺欠，将求符合一致性要求的判断矩阵的权重向量的方法有机地融合到可拓AHP方法中去，提出了实用、有效的可拓层次分析法(EAHP)，并将该方法应用于某地区供电网的扩展规划问题中。

4.5.2 可拓区间数及其运算

定义 4.5.1 记$E(U)$为给定论域U上的全体可拓集合，设$a=\langle a^-,a^+\rangle\in E(U)$，则$u$关于$a$的简单关联函数$K_a(u)$表示为：

$$K_a(u)=\begin{cases}\dfrac{2(u-a^-)}{a^+-a^-} & u\leqslant\dfrac{a^-+a^+}{2}\\[2ex] \dfrac{2(a^+-u)}{a^+-a^-} & u\geqslant\dfrac{a^-+a^+}{2}\end{cases}\tag{4-3}$$

式中 $a=\langle a^-,a^+\rangle=\{x_0<a^-<x<a^+\}$——可拓区间数。符号$\langle a^-,a^+\rangle$可以包含端点$a^-$或$a^+$也可以不包含端点$a^-$或$a^+$。

当$a^-=a^+$时，可拓区间数a即为普通的正实数。将两个可拓区间数$a=\langle a^-,a^+\rangle$和$b=\langle b^-,b^+\rangle$称为是相等的，当且仅当$a^-=b^-$、$a^+=b^+$时，记为$a=b$。

可拓区间数的运算法则如下。

定理 4.5.1 设$a=\langle a^-,a^+\rangle$、$b=\langle b^-,b^+\rangle$为两个可拓区间数，则有如下结论。

(1) $a.\ b=\langle a^-,a^+\rangle\ \langle b^-,b^+\rangle=\langle a^-+b^-,a^++b^+\rangle$；

(2) $a\leftarrow b=\langle a^-,a^+\rangle\ \langle b^-,b^+\rangle=\langle a^-b^-,a^+b^+\rangle$；

(3) $\forall\lambda\in R^+,\lambda a=\lambda\langle a^-,a^+\rangle=\langle\lambda a^-,\lambda a^+\rangle$；

(4) $1/a=\langle 1/a^-,1/a^+\rangle$。

定义 4.5.2 设$a=\langle a^-,a^+\rangle$，$b=\langle b^-,b^+\rangle$为两个可拓区间数，$a\geqslant b$的可能性程度被定义为：

$$V(a\geqslant b)=\sup_{u\geqslant v}(K_a(u)\wedge K_b(v))$$

定理 4.5.2 设$a=\langle a^-,a^+\rangle$，$b=\langle b^-,b^+\rangle$为两个可拓区间数，则$V(a\geqslant b)$由下式计算：

$$V(a\geqslant b)=\frac{2(a^+-b^-)}{(b^+-b^-)+(a^+-a^-)}$$

证明 如图4-4所示，设两个关联函数的图形交点的横坐标为m，则$a\geqslant b$的可能性程度应为交点处的关联函数之值，$V(a\geqslant b)=K_a(m)=K_b(m)$，其中：

$$K_a(m)=\frac{2(a^+-m)}{a^+-a^-},K_b(m)=\frac{2(m-b^-)}{b^+-b^-}$$

令两式相等解出 m,代入其中一式,即可得:

$$V(a\geqslant b)=\frac{2(a^+-b^-)}{(b^+-b^-)+(a^+-a^-)}$$

当 $b^-<a^+$ 时,$V(a\geqslant b)$ 为正值,表示 $a\geqslant b$ 的可能性程度,如图 4-4(a)所示;而当 $b^->a^+$ 时,$V(a\geqslant b)$ 为负值,表示 $a\geqslant b$ 的不可能程度,如图 4-4(b)所示。当 $b^-=a^+$ 时,$V(a\geqslant b)=0$。

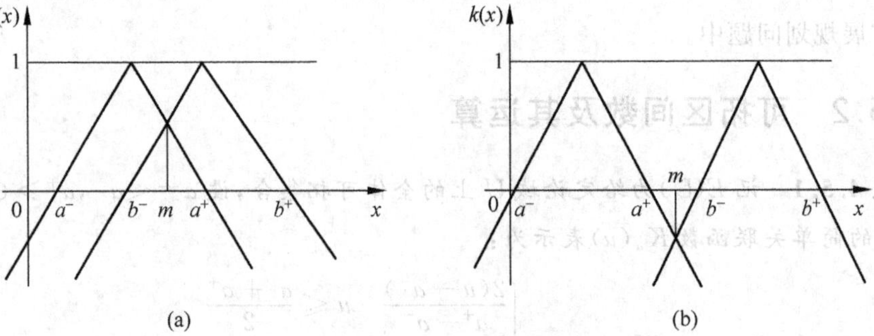

图 4-4 可拓区间

以可拓区间数为元素的向量和矩阵分别称为可拓区间数向量和可拓区间数矩阵,其运算按通常数字矩阵或向量的运算进行。设 $A=a_{ij}\ n\times n$ 为可拓区间数矩阵,即 $a_{ij}=<a_{ij}^-,a_{ij}^+>$,记 $A^-=(a_{ij}^-)n\times n$,$A^+=(a_{ij}^+)n\times n$,并记 $A=<A^-,A^+>$,同样对区间数向量 $x=(x_1,x_2,\cdots,x_n)^{\mathrm{T}}$,即 $x_i=<x_i^-,x_i^+>$,记 $x^-=(x_1^-,x_2^-,\cdots,x_n^-)^{\mathrm{T}}$,$x^+=(x_1^+,x_2^+,\cdots,x_n^+)^{\mathrm{T}}$,并记 $x=<x^-,x^+>$。

定义 4.5.3 设 A 为一可拓区间数矩阵,λ 是一可拓区间数,如果存在一个可拓区间数向量 x,使得关系式 $A_x=\lambda_x$ 成立,则称 λ 为 A 的一个特征值,x 为 A 对应于 λ 的一个特征向量。

由可拓区间数相等的定义即得以下定理。

定理 4.5.3 如果 $A_x=\lambda_x$,则 $A^-x^-=\lambda^-x^-$、$A^+x^+=\lambda^+x^+$。

为了叙述方便,本文不加证明地给出定理 4.5.4。

定理 4.5.4 设 $A=<A^-,A^+>$,如果 λ^-,λ^+ 分别是 A^-,A^+ 的最大特征值,则

(1) $\lambda=<\lambda^-,\lambda^+>$ 为 A 的特征值;

(2) $X=<kx^-,mx^+>$ 是 A 对应于 λ 的全体特征向量,其中 x^-、x^+ 分别为 A^-、A^+ 对应于 λ^-、λ^+ 的任一正特征向量,k、m 是满足 $0<kx^-\leqslant mx^+$ 的全体正实数。

4.5.3 可拓区间数判断矩阵及其一致性

定义 4.5.4 称 $A=(a_{ij})\ n\times n$ 为一个可拓区间数判断矩阵,如果 i、$j=1,2,\cdots,n$,均有:① $a_{ij}=<a_{ij}^-,a_{ij}^+>$,且 $1/9\leqslant a_{ij}\leqslant a_{ij}^+\leqslant 9$;② $a_{ij}=1/\ a_{ji}$。

设 $A=(a_{ij})\ n\times n$ 为一个可拓区间数判断矩阵,$w=(w_1,w_2,\cdots,w_n)^{\mathrm{T}}$ 为相应于 A 的可

拓区间数权重向量。如果判断 a_{ij} 客观地反映了 w_i 与 w_j 的比值，而不是一种近似，那么应有 $a_{ij}=w_i/w_j(i,j=1,2,\cdots,n)$，此时容易知道等式 $a_{ij}a_{jk}=a_{jj}a_{ik}$ 对任意的 i、j、$k=1,2,\cdots,n$ 均成立。

定义 4.5.5　设 $A=(a_{ij})\ n\times n$ 为一个可拓区间数矩阵，如果对任意的 i、j、$k=1,2,\cdots,n$ 均有

$$a_{ij}=1/a_{ji},\quad a_{ij}a_{jk}=a_{jj}a_{ik} \tag{4-4}$$

则称 A 为一致性可拓区间数矩阵，称式(4-4)为一致性条件。

显然，当 $a_{ij}^{-}=a_{ij}^{+}\ j$ 时，一致性可拓区间数矩阵即为通常的一致性矩阵。

定理 4.5.5　设 $A=(a_{ij})n\times n$ 为一致性可拓区间数判断矩阵，x^{-}、x^{+} 分别为 A^{-}、A^{+} 属于其最大特征值的具有正分量的归一化特征向量，则 $w=<kx^{-},mx^{+}>=(w_1,w_2,\cdots,w_n)^{\mathrm{T}}$。

满足 $a_{ij}=w_i/w_j(i,j=1,2,\cdots,n)$ 的充分必要条件是：

$$\frac{k}{m}=\sum_{j=1}^{n}\frac{1}{\sum\limits_{i=1}^{n}a_{ij}^{+}}=\frac{1}{\sum\limits_{j=1}^{n}\frac{1}{\sum\limits_{i=1}^{n}a_{ij}^{-}}} \tag{4-5}$$

考虑到 k/m 的具体表达式及权重向量的左右端点的对称性，可取：

$$k=\sqrt{\sum_{j=1}^{n}\frac{1}{\sum\limits_{i=1}^{n}a_{ij}^{+}}}\quad m=\sqrt{\sum_{j=1}^{n}\frac{1}{\sum\limits_{i=1}^{n}a_{ij}^{-}}} \tag{4-6}$$

4.5.4　可拓层次分析法

1. 构造可拓判断矩阵

应用 EAHP 方法时，在建立了层次结构之后，针对第 $k-1$ 层的某一个(例如第 h 个)因素或准则，将第 k 层与之有关的全部 nk 个因素，通过两两比较，利用可拓区间数定量地表示它们的相对优劣程度(或重要程度)，从而构造一个可拓区间数判断矩阵 A。

$A=(a_{ij})\ n\times n$ 中的元素 $a_{ij}=<a_{ij}^{-},a_{ij}^{+}>$ 是一个可拓区间数，为了把可拓判断矩阵中的每个元素定量化，可拓区间数的中值 $(a_{ij}^{-}+a_{ij}^{+})/2$ 就是 AHP 方法中比较判断所采用的 T. J. Saaty 提出的 1～9 标度中的整数。

(1) 可拓判断矩阵 $A=(a_{ij})n\times n$ 为正互反矩阵，即

$$a_{ii}=1,a_{ji}=a_{ij}-1=<1a_{ij}^{+},1a_{ij}^{-}>\quad i=1,2,\cdots,nk;\ j=1,2,\cdots,n_k$$

(2) 计算综合可拓判断矩阵和权重向量。

设 $a_{ij}^{t}=<a_{ij}^{-t},a_{ij}^{+t}>(i,j=1,2,\cdots,nk;\ t=1,2,\cdots,T)$ 为第 t 个专家给出的可拓区间数，根据公式 $A_{ij}^{k}=1/T(a_{ij}^{1}+a_{ij}^{2}+\cdots+a_{ij}^{T})$ 可得。

(3) 求得第 k 层的综合可拓区间数，由此得到第 k 层全体因素对第 $k-1$ 层的第 h 个因素的综合可拓判断矩阵。

对上述第 k 层综合可拓区间数判断矩阵 $A=<A^{-},A^{+}>$，求其满足一致性条件的权重

向量的步骤如下。

(1) 求 A^-、A^+ 的最大特征值所对应的具有正分量的归一化特征向量 x^-、x^+。

(2) 由 $A^-=(a_{ij}^-)n_k\times n_k$，$A^+=(a_{ij}^+)n_k\times n_k$ 计算 k 和 m。

$$k=\sqrt{\sum_{j=1}^{n_k}\frac{1}{\sum_{i=1}^{n_k}a_{ij}^+}}\quad m=\sqrt{\sum_{j=1}^{n_k}\frac{1}{\sum_{i=1}^{n_k}a_{ij}^-}}$$

(3) 求出权重向量。

$$\boldsymbol{S}^k=(S_1^k,S_2^k,\cdots,S_{n_k}^k)^{\mathrm{T}}=<k\boldsymbol{x}^-,m\boldsymbol{x}^+> \tag{4-7}$$

2. 层次单排序

根据定理 4.5.4 计算 $V(S_i^k\geqslant S_j^k)(i=1,2,\cdots,n_k;\ i\neq j)$，如果 $i=1,2,\cdots,n_k$；$i\neq j$，$V(S_i^k\geqslant S_j^k\geqslant 0)$，则 $P_{jh}^k=1$、$P_{ih}^k=V(S_i^k\geqslant S_j^k)(i=1,2,\cdots,n_k;\ i\neq j)$，$P_{ih}^k$ 表示第 k 层上第 i 个因素对第 $k-1$ 层次上的第 h 个因素的单排序，经归一化后得到 $P_h^k=(P_{1h}^k,P_{2h}^k,\cdots,P_{n_k}^k h)^{\mathrm{T}}$ 表示第 k 层上各因素对第 $k-1$ 层次上的第 h 个因素的单排序权重向量。

3. 层次总排序

在求出所有 $P_h^k=(P_{1h}^k,P_{2h}^k,\cdots,P_{n_k}^k h)^{\mathrm{T}}$ 以后，当 $h=1,2,\cdots,n_k-1$ 时，得到 $n_k\times n_{k-1}$ 阶矩阵：

$$P^k=(\boldsymbol{P}_1^k,\boldsymbol{P}_2^k,\cdots,\boldsymbol{P}_{n_{k-1}}^k)=\begin{bmatrix}P_{11}^k & P_{12}^k & \cdots & P_{1n_{k-1}}^k\\ P_{21}^k & P_{22}^k & \cdots & P_{2n_{k-1}}^k\\ P_{n_k1}^k & P_{n_k2}^k & \cdots & P_{n_kn_{k-1}}^k\end{bmatrix}$$

如果 $k-1$ 层对总目标的排序权重向量为 $W^{k-1}=(W_1^{k-1},W_2^{k-1},\cdots,W_{n_{k-1}}^{k-1})^{\mathrm{T}}$，那么第 k 层上全体元素对总目标的成排序 W^k 由下式给出：

$$W^k=(W_1^k,W_2^k,\cdots,W_{n_k}^{k-1})^{\mathrm{T}}=P_{W^{k-1}}^k$$

且一般地有

$$W^k=P^kP^{k-1}\cdots P^3W^2$$

里 W_2 实际上就是单排序向量。

4.5.5 实例算法

对以我国某地区供电网(220kV 电压等级)为原型的电力网络(如图 4-5 所示)进行扩展规划。图 4-5 中实线为原有线路，虚线为待选线路。待选线路是根据该地区供电局的初步设想而设定的。考虑投资费用 C1、系统可靠性 C2、对环境的影响 C3 等三个因素(即评价指标)对电网规划结果的影响。先由电网规划的多目标遗传算法，得到三个较优的初始规划方案，分别如图 4-6～图 4-8 所示。图中实线为原有线路，虚线为选中的线路。各方案的三种评价指标的因素值如表 4-5 所示。对这三个方案进行综合评价，从中选出最优的方案作为规划时的首选方案。

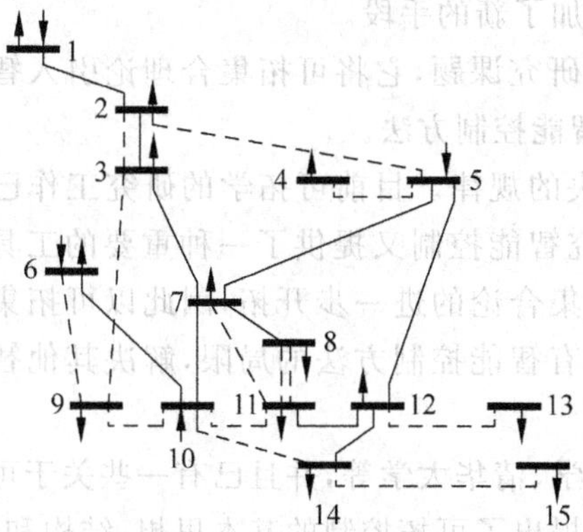

图 4-5 原始样本网络图

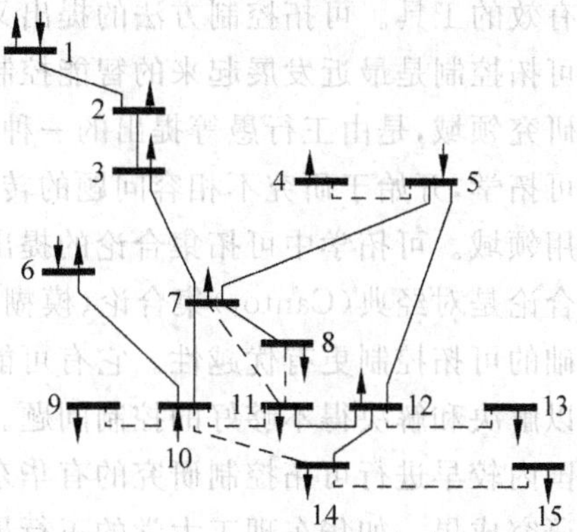

图 4-6 网络扩展方案一

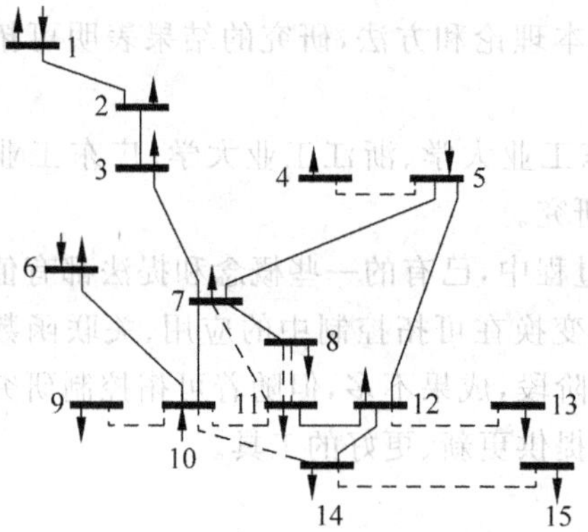

图 4-7 网络扩展方案二

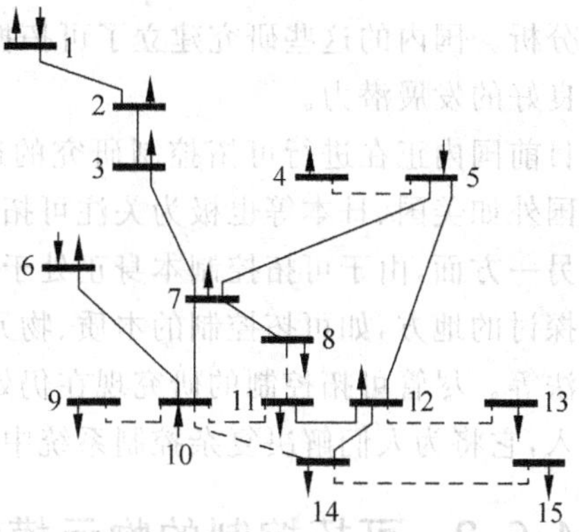

图 4-8 网络扩展方案三

表 4-5 各方案的因素值

评价指标	投资费用/万元	系统可靠性	对环境的影响/km²
方案一(u_1)	6460	0.1435	7.80
方案二(u_2)	6860	0.1421	8.00
方案三(u_3)	5600	0.1467	6.76

4.6 可拓控制策略

4.6.1 可拓控制的提出

如何对那些无法用数学模型来精确描述的控制对象或过程进行精确的控制，一直是人们研究的重要课题。传统的控制方法未能从根本上解决控制问题，在实际应用中遇到许多难以逾越的障碍，因而以模拟人的控制行为为出发点的智能控制方法成为当代控制理论与应用的主要发展方向。传统的控制方法有 PID 控制、变结构控制、自适应控制等。模糊控制、神经网络控制、专家控制、拟人智能控制等智能控制方法的发展为解决这类控制问题提供了有效的工具。可拓控制方法的提出又为此增加了新的手段。

可拓控制是最近发展起来的智能控制的前沿研究课题,它将可拓集合理论引入智能控制的研究领域,是由王行愚等提出的一种新型的智能控制方法。

可拓学,开始于研究不相容问题的转化与解决的规律。目前可拓学的研究工作已经进入应用领域。可拓学中可拓集合论的提出,为研究智能控制又提供了一种重要的工具。可拓集合论是对经典(Cantor)集合论、模糊(Fuzzy)集合论的进一步开拓,因此以可拓集合论为基础的可拓控制更有优越性。它有可能突破现有智能控制方法的局限,解决其他智能控制难以解决和解决得不够好的控制问题。

国内较早进行可拓控制研究的有华东理工大学、清华大学等,并且已有一些关于可拓控制的研究成果。如华东理工大学的王行愚等最早提出了可拓控制的基本思想、结构和原理,该项研究得到了国家自然科学基金的资助;李健、胡琛等提出了可拓控制器的构成方法并进行了仿真研究;清华大学的潘东和金以慧提出了双层结构自学习可拓控制器,并进行了仿真分析。国内的这些研究建立了可拓控制的基本理论和方法,研究的结果表明可拓控制具有良好的发展潜力。

目前国内正在进行可拓控制研究的还有山东工业大学、浙江工业大学、广东工业大学等。国外如美国、日本等也极为关注可拓控制的研究。

另一方面,由于可拓控制本身正处于发展的过程中,已有的一些概念和提法都有值得进一步探讨的地方,如可拓控制的本质、物元及物元变换在可拓控制中的应用、关联函数的建立方法等。尽管可拓控制的研究现在仍处于初始阶段,成果不多,但随着可拓控制研究的不断深入,它将为人们解决复杂控制系统中的难题,提供更新、更好的工具。

4.6.2 可拓控制的物元模型

1. 可拓控制的基本概念

可拓控制的基本概念、结构和原理最早是由王行愚等提出的,其基本思想是利用可拓集合从信息转化的角度来处理控制问题,基本概念如下。

(1) 特征量。描述系统状态的典型变量称为特征量,用 C 表示。

(2) 特征状态。由特征量描述的系统状态称为特征状态,用 S 表示,$S=(C_1,C_2,\cdots,C_n)$。

(3) 特征状态关联度。以控制指标所决定的系统特征状态的取值范围为经典域 X,以选定操纵变量下的系统可调节的特征状态的取值范围为节域 Xp,建立关于系统特征状态 S 的可拓集合 $X^{\sim}$,则系统调节过程中的任一状态与可拓集合 $X^{\sim}$ 的关系用实数 $KX^{\sim}(S)$ 表示,称为特征状态关联度,其值域为$(-\infty,+\infty)$。并有以下结论。

① 当 $KX^{\sim}(S)>0$ 时,表示特征状态 S 符合控制要求的程度。

② 当 $KX^{\sim}(S)<-1$ 时,表示在所采用的操纵变量下,无法通过改变操纵变量的值而使特征状态转变到符合控制要求的范围,此时需要变换控制变量或操纵变量。

③ 当 $-1<KX^{\sim}(S)<0$ 时,表示在所采用的操纵变量下,可以通过改变操纵变量的值而使特征状态转变到符合控制要求的范围。

(4) 特征模式。由特征量表示的系统运动状态的典型模式称为特征模式,表示为:

$$\Phi_i = f_i(c_1,c_2,\cdots,c_n) \quad i = 1,2,\cdots,r$$

式中 Φ_i——第 i 个特征模式；

f_i——关于 Φ_i 的模式划分；

r——特征模式个数。根据特征状态关联度划分的模式称为测度模式，表示为：

$M1=\{S\ KX^{\sim}(S)\geqslant 0\}$；

$M2=\{S-1<KX^{\sim}(S)<0\}$；

$M2i=\{S\alpha_i-1<KX^{\sim}(S)<\alpha_i,S\in M2\}$，其中 $-1=\alpha_0<\cdots<\alpha_i-1\leqslant\alpha_i\leqslant\cdots\leqslant\alpha_m=0(i=1,2,\cdots,m)$；

$M3=\{S\ KX^{\sim}(S)<-1\}$。

可以看出，可拓控制利用了可拓集合论中关联度的概念作为控制信息转化的标志，即 $KX^{\sim}(S)=0$ 和 $KX^{\sim}(S)=-1$ 分别指示出特征状态符合与不符合控制要求，以及可转变与不可转变为符合控制要求的分界。

2. 可拓控制系统的结构

可拓控制系统的结构如图 4-9 所示。

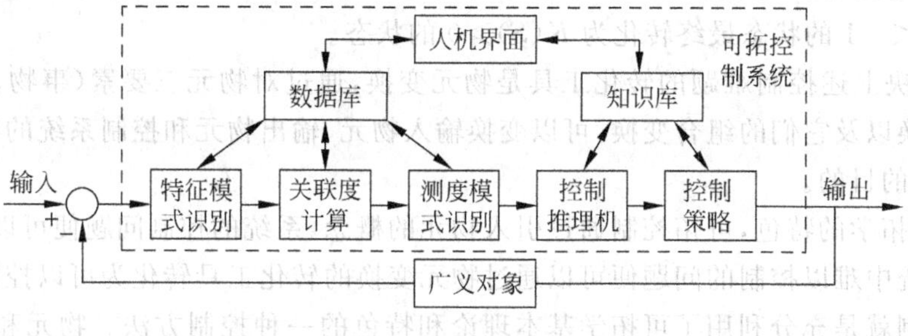

图 4-9 可拓控制系统的基本结构

(1) 数据库：存放来自被控过程的给定参数，过程输出值及处理的中间数据等；各种经验参数，如经典域、可拓域范围、特征模式划分及测度模式划分等经验参数。

(2) 知识库：存放专家领域知识和被控过程的先验知识等。

(3) 特征模式识别：通过传感元件或观测器从被控系统中提取刻画系统动态特征的特征信息，并经过处理归入某一特征模式。

(4) 特征状态关联度计算：类似模糊控制中计算隶属度，须先建立关联函数，通过系统当前状态值利用关联函数可以算出相应的关联度。

(5) 测度模式识别：利用算出的系统当前特征状态关联度，将系统状态归入某一模式，为可拓控制决策提供依据。

(6) 推理机制：可拓控制中可以采用多种推理方式，当采用产生式系统表示推理规则时可表示为：IF<测度模式 M_i>THEN<控制模式 u_i>。

(7) 控制策略：可由两种形式给出：①将控制器的输出信号划分成若干区间 $[u_i-1,u_i]$ $(i=1,2,\cdots,r)$，每段作为一个控制模式，再根据具体算法确定控制器的输出：$u=h_i(KX^{\sim}(S),u_i-1,u_i)$，其中，$h_i$ 表示由区间 $[u_i-1,u_i]$ 和关联度 $KX^{\sim}(S)$ 计算 u 的算法。②采用一组具有开闭环以及多模态变结构功能的控制策略：如 $u_1=\{u(t)=u_{\max}\}$，$u_2=\{u(t)=u_{\min}\}$，$u_3=\{u(t)=u(t-1)\}$ 等。

从以上可拓控制的内容来看，它引入了可拓学中的关联函数，并未完全引入可拓学的基本内核，难于回答可拓控制与其他智能控制方法的本质区别与联系。可拓控制应反映可拓学的基本特色。可拓学的特色之一是物元和物元的可拓性，可拓学首先建立了能够把事物的质和量有机结合起来的重要概念——"物元"，且以物元作为这门学科的逻辑细胞。这就为描述事物和与该事物相关的实际问题提供了方便的工具，也为建立问题的物元模型，进而借助物元变换解决问题打下了基础。物元的可拓性包括发散性、共轭性、相关性、可扩性，它们是物元变换的依据。

3. 可拓控制的特征

基于以上思想，可以认为，可拓控制应具有以下特征。

(1) 系统的输入是物元或物元集，体现对被控制事物、特征和特征量值的要求。

(2) 控制模型为物元模型，模型输入是物元，系统对输入的事物、特征和相应的量值都有要求，因此控制模型必须是物元才能满足控制要求。

(3) 输出是物元或物元集，这是由输入物元和控制系统的物元模型决定的。

(4) 可拓控制的突出点是能够将难以控制的问题转化为可以控制的问题，也就是将系统在 $K(S)<-1$ 的状态最终转化为 $K(S)>0$ 的状态。

(5) 解决上述控制难题的转化工具是物元变换，通过对物元三要素(事物、特征和特征量值)的变换以及它们的组合变换，可以变换输入物元、输出物元和控制系统的物元模型，从而达到控制的目的。

根据可拓学的特色，可拓控制通过引入物元的概念，系统的控制问题便可以用物元模型来描述，系统中难以控制的问题便可以通过物元变换的转化工具转化为可以控制的问题，这样，可拓控制就是充分利用了可拓学基本理论和特色的一种控制方法。物元和物元模型使可拓控制在形式上不同于其他的智能控制方法，而通过物元变换使系统中不可控制的问题转化为可控制的问题，更使可拓控制在本质上不同于其他的智能控制方法。引入物元的概念后，可拓控制的物元模型如图 4-10 所示。

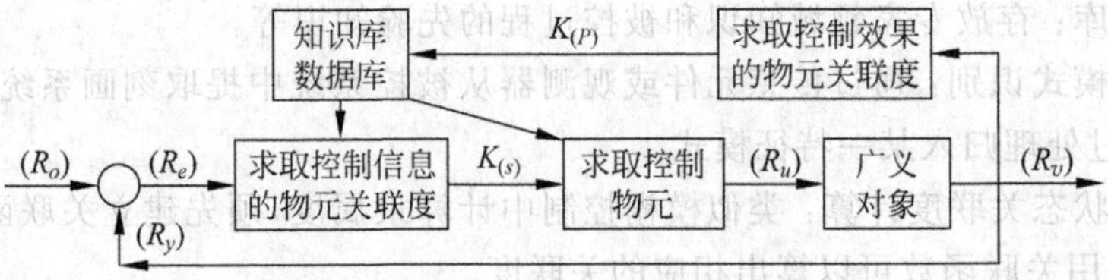

图 4-10 可拓控制系统的基本结构

4.6.3 可拓控制算法

将可拓控制器分为上、下两层结构，即基本可拓控制器和上层可拓控制器，其控制算法相应地可以表述为如下方式。

1. 基本可拓控制器

在控制输出特征平面上取经典域为：

$$R_{0s}=(N,C_{0s},V_{0s})$$

式中　$V_{0s}=[a,b]$——量值的有界实区间。

在控制输出特征平面上取节域为：

$$R_s=(N,C_s,V_s)$$

式中　$V_s=[a',b']$——量值的有界实区间。

由此得出基本可拓控制器关于控制信息的关联度为：

$$K(s)=\frac{\rho(s,V_{0s})}{d(s,R_{0s},R_s)}$$

式中　$\rho(s,V_{0s})$——s 到 V_{0s}的距；

$d(s,R_{0s},R_s)$——s 关于 R_{0s}、R_s 的位置值。

基本可拓控制器的输出控制算法如下。

(1) $K(s)\geqslant 0$ 时，输出维持上一时刻的输出物元。

(2) $-1\leqslant K(s)<0$ 时，输出按照物元模型的算法求出输出物元，算法的具体形式需根据对象的具体特点来确定。

(3) $K(s)<-1$ 时，输出为最大控制量值的输出物元。即：

$$\begin{cases}R_{u(t)}=R_{u(t-1)}, & K(s)\geqslant 0\\ R_{u(t)}=f(R_y,K(s)), & -1\leqslant K(s)<0\\ R_{u(t)}=R_{u\max}, & K(s)<-1\end{cases}$$

2. 上层控制器

在控制效果特征平面上取经典域为：

$$R_{0p}=(N,C_{0p},V_{0p})$$

式中　$V_{0p}=[d,e]$——量值的有界实区间。

在控制效果特征平面上取节域为：

$$R_p=(N,C_p,V_p)$$

式中　$V_p=[d',e']$——量值的有界实区间。

由此得出上层可拓控制器关于控制效果的关联度为：

$$K(p)=\frac{\rho(p,V_{0p})}{d(p,R_{0p},R_p)}$$

式中　$\rho(p,V_{0p})$——p 到 V_{0p}的距；

$d(p,R_{0p},R_p)$——p 关于 R_{0p}、R_p 的位置值。

上层可拓控制器的输出控制算法如下。

(1) $K(p)\geqslant 0$ 时，控制效果满足要求，可按原基本可拓控制算法输出。

(2) $-1\leqslant K(p)<0$ 时，控制效果不满足要求，此时可修改各参数，或改进基本可拓控制算法 $R_u(t)=f(R_y,K(s))$的形式，从而使控制效果满足要求。

(3) $K(p)<-1$ 时，该系统的物元模型$\{R_m\}$不能满足控制要求，需要进行物元变换，特别是事物变换或特征变换，以改变系统的物元模型。即：

$$\begin{cases}R_{u(t)}=f(R_y,K(s)), & K(p)\geqslant 0\\ R_{u(t)}=f'(R_y,K(s)), & -1\leqslant K(p)<0\\ \{R_{m(t)}\}=T\{R_{m(t-1)}\}, & K(p)<-1\end{cases}$$

从可拓学的特色出发，在可拓控制中引入物元的概念，提出了可拓控制的物元模型，并提出了初步的控制算法。用物元模型来描述系统中的控制问题，通过物元变换的转化工具将系统中难以控制的问题转化为可以控制的问题。物元和物元模型的提出使可拓控制在形式上不同于其他的智能控制方法，而通过物元变换使系统中不可控制的问题转化为可控制的问题，更使可拓控制与其他智能控制方法具有本质上的不同。如何根据实际对象将物元模型具体化并用于控制，仍有待于进一步的研究。

4.7 菱形思维可拓神经网络模型

4.7.1 菱形思维方法

可拓工程研究的基本方法是可拓方法，其中有可拓分析方法(包括发散树、分合链、相关网、蕴含系、共轭对等)、物元变换方法、优度评价方法等。在解决矛盾问题的过程中，首先利用可拓分析方法对问题进行发散分析，再利用物元变换方法形成解决矛盾问题的多种方案，最后利用优度评价方法进行筛选，选取优度较高的一个或几个方案进行实施。这种思维方法称为菱形思维方法。

由于人们的创造性思维过程包括发散性思维和收敛性思维，所以菱形思维能很好地描述人们的创造性思维过程。建立菱形思维模型，可将人们的创造性思维形式化，以使最终用计算机模拟人的创造性思维过程成为可能。

4.7.2 菱形思维的可拓神经网络模型及表示

由于一个信息可看作一个物元或物元的组合，以物元为神经元，可得出如图 4-11 所示的菱形思维过程的可拓神经网络。

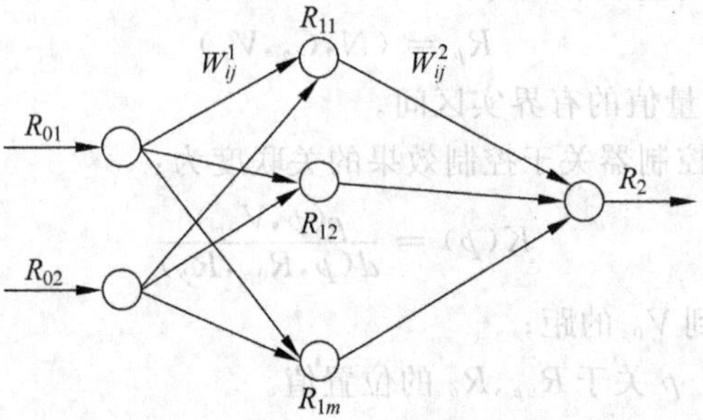

图 4-11 菱形思维过程

在这种模型中，输入物元到隐物元的变换，反映了物元的发散过程，而隐物元到输入物元的变换则反映出菱形思维的收敛过程。因此，这样一种三层的前向 BP 神经网络可以有效地表示出整个菱形思维的过程。

在可拓神经网络中，将一个物元表达为一个知识单元。将它分为属性和结构链两部分，结构链在知识单元(物元)间架设了桥梁，它反映物元的发散性、相关性，利用这些发散性和相关性可形成有关可拓推理的有效策略，每一结构链体现一种策略。如果将知识单元看成数据结构，则这些结构链便是数据结构之间的连接弧，这些弧为菱形思维的发散和收敛推理提供了有效的途径。因此，在菱形思维可拓神经网络中，将结构链定义为知识单元之间变量

(即属性)的约束关系,它可以反映物元之间关联函数所描述的相关关系。在对问题的菱形思维求解的过程中,知识单元之间的属性变量约束关系导致了类型之间的等级层次结构。一般说来,可在相同事例上定义多个等级结构,这是因为事例可以和网络中的多个知识单元进行变量的约束。多个等级结构的结果是一个概念在层次结构中可以有多个祖先,也可以有多个子孙。

对物元集 $W(R)=\{R=(N,C,V)\}$、特征元集 $W(M)=\{M=(C,V)\}$,我们把 N 看作一个概念,并把概念归为事例和类型。通常可把客观世界看作是由事例所组成的,一个事例 N 的特征元集 $\{(C,C(N))\}$ 是对概念结构中事件的抽象与概括。由于 $V=C(N)$ 也可能是一个概念,概念是任意复杂的,特征元集使人们可以把握、描述复杂的客观世界。例如:N=苹果、M=(颜色,红),则 $R=(N,M)$ 表达的意思是苹果是红色的。

综上所述,可用一个 6 元组 $G=(N,C,V,\beta,\lambda,\gamma)$ 来表示网络中知识单元(物元)之间的结构关系。其中,$R=(N,C,V)=(N,M)$、$L_1(N)$ 表示概念集、β 是从 $W(M)$ 到 $L_1(N)$ 的一个多值映射、对每个 $M\in W(M)$,$\beta(M)\in\cdots$,$L_1(N)$ 表示特征元 M 可能反映的概念。例如:β\{(颜色,红),(味道,甜),(形状,圆)\}=\{苹果,桔子,…\};λ 指示知识单元 R_1、R_2 的当前相关度;关系 r 用于对 $W(R)$ 划分等级;若 $R_1\in W(R)$ 的输出可以和 $R_2\in W(R)$ 的输入进行变量约束,则在 r 所构成的等级结构中,R_1 是 R_2 的父亲。一般情况下,一个特征若和某知识单元 $R\in W(R)$ 相连,则这个特征同样可运用于等级结构中在 R 下的所有知识单元。

对上述的这样一个 6 元组所表示的物元及物元之间结构的关系,可用面向对象的程序设计方法来实现。一个物元表示为一个对象,每个对象的属性定义为物元的特征,对象的类及封装表示为物元之间的结构与联系,通过相应的面向对象的程序设计语言来实现这种可拓神经网络的表示及模型。

4.7.3 菱形思维可拓神经网络模型的学习算法

当用如图 4-11 所示的模型来完成菱形思维推理时,首先必须对该网络进行训练学习,产生输入层与隐层物元、隐层与输出层物元之间的关联矩阵,其学习样本的产生步骤如下。

(1) 输入一组信息物元 $R_{0i}(i=1,2,\cdots,t)$。

(2) 根据物元可拓性产生物元集 $\{R_{1j}\}(j=1,\cdots,r)$。

(3) 根据掌握的资料和初始条件,确定关联函数值 $K(1)_{ij}=K(R_{0i},R_{1j})$,删除使 $K(1)_{ij}<0$ 的 R_{ij},得到发散系统 $\{R'_{1j}\}$。

(4) 由 $\{R'_{1j}\}$ 依一定法则确定输出物元 R_2,得到网络的一个学习样本 $(R_{01},\cdots,R_{0t},R_2)$。

重复以上步骤可得 n 个学习样本,学习样本的产生可采用参考文献[1]中介绍的方法,也可采用其他方法。

为了保证学习训练后菱形思维模型的准确性,在选择学习样本时,宜选择覆盖面广、代表性强的样本。

对如图 4-11 所示的网络模型,可采用类似 BP 的学习算法进行训练学习。将网络中表达物元 R 的向量仍记为 R,P 个样本总的误差为:

$$E=\sum_{K=1}^{P}(R_{\text{out}}^{(K)}-R_2^{(K)})^2/2$$

式中 $R_{out}^{(K)}$、$R_2^{(K)}$——第 k 个样本的实际输出和期望输出。取隐层和输出层节点作用函数分别为：

$$g(z) = 1/(1+e^{-z}) \quad f(z) = z$$

对任何一个样本，第 r 次迭代的隐层输出和网络输出分别为：

$$R'_{1j}(r) = g\left(\sum_{i=1}^{t} W_{ij}^1(r) R_{0i} + b_j(r)\right)$$

$$R_{out}(r) = \sum_{j=1}^{m} W_j^2(r) R'_{1j}(r)$$

式中 $W_{ij}^1(r)$、$W_j^2(r)$——第 r 次迭代的输入层与隐层、隐层与输出层节点间的权数；

$b_j(r)$——第 r 次迭代隐层节点的阈值；

m——隐层节点数。

$W_j^2(r)$和$W_{ij}^1(r)$的校正计算公式为：

$$W_j^2(r+1) = W_j^2(r) + \eta\delta(r)R'_{1j}(r) \quad j=1,\cdots,m$$

$$W_{ij}^1(r+1) = W_{ij}^1(r) + \eta\delta_j(r)R_{0i} \quad i=1,\cdots,t;\ j=1,\cdots,m$$

式中 $\delta(r) = R_2 - R_{out}(r)$、$\delta_j(r) = R'_{1j}(r)(1-R'_{1j}(r))\delta(r)\sum_{j=1}^{m} W_j^2(r+1)$；

$\eta\in(0,1)$——学习率。隐层节点阈值计算为：

$$b_j(r+1) = b_j(r) + \eta\delta_j(r) + \beta(b_j(r)) - b_j(r-1)$$

式中 $\beta\in(0,1)$——动量因子。

经过上述学习后，可使 W_{ij}^1、W_j^2、b_j 对一切样本均稳定不变，此时依 MSE 准则达到最优。

对样本数据对 $R_0^{(K)}=R_{01}^{(K)},\cdots,R_{0t}^{(K)})^T \to R_2^{(K)}$，可视为经联想矩阵 M 作用，得到 $R_2^{(K)}=MR_0^{(K)}$ $(k=1,2,\cdots,p)$对所有的样本，有

$$R_2 = (R_2^{(1)},\cdots,R_2^{(p)}) = M(R_0^{(1)},\cdots,R_0^{(p)}) = MR_0$$

若 $R_2^{(K)}$ 是 n 维向量，$R_{0i}^{(K)}$是 s 维向量，则 R_2 是 $n\times p$ 矩阵、R_0 是 $N\times p$ 阶矩阵，$N=st$、M 是 $n\times N$ 阶矩阵。

根据矩阵广义逆理论，可得(7)的极小范数最小二乘解为 $M=R_2R_0^+$。设 $\text{rank}R_0=r$，通过矩阵的行、列初等变换，可得 R_0 的秩分解：

$$R = BC \quad B\in R^{N\times r} \quad C\in R^{r\times p}$$

此时，有 $R_2^+ = C^T(CC^T)^{-1}\cdot(B^TB)^{-1}B^T$。特别当 $r=p$，有 $R_0^+=(R_0^TR_0)^{-1}\cdot R_0^T$；当 $r=N$，有 $R_0^+=R_0^T(R_0^T\cdot R_0)^{-1}$。

对给定两组样本对 $R_2^1=M_1R_0^1$、$R_2^2=M_2R_0^2$，有 $M_1=R_2^1\cdot R_0^{1+}$，$M_2=R_2^2R_0^{2+}$。若将其合为一组样本，则其联想矩阵 $M=(R_2^1\cdot R_2^2)(R_0^1\cdot R_0^2)^+$。当 $R(R_0^1)\cap R(R_0^2)=0$，$R(A)$表示 A 的值域，有

$$(R_0^1\cdot R_0^2)^+ = \begin{bmatrix} R_0^{1+} \\ R_0^{2+} \end{bmatrix}(R_0^1\cdot R_0^{1+} + R_0^2\cdot R_0^{2+})^+ \tag{4-8}$$

由式(4-7)可知，通过已知的 R_0^{1+} 和 R_0^{2+} 便可求出新联想矩阵 M。

4.7.4 菱形思维可拓神经网络的评判机制

网络通过上述学习后，便可利用该网络模型进行可拓评判。此时，可分为两个阶段(在应用中，两个阶段相互重叠)。

第一个阶段相当于在一个巨大的推理相关图上进行并行的宽度发散优先搜索。在这个阶段，网络中所有和初始条件相关联的物元知识单元都被激发。

第二阶段，实际的证明或新的物元知识单元的产生被构造出来，这来源于相应知识单元的激活强度，及在相关的物元知识之间的传播，以产生对询问的回答或产生新的物元知识单元。为了能够进行这种对问题的推理评判操作，可采用正向和反向推理机制来解决。

4.8 应用案例

西班牙赛万提斯的名著《堂吉·诃德》里有这样一个著名的案例：有一位伯爵在自己所属封地的一桥制订了这样一条法律，“谁要过桥，先得发誓声明：‘我跑来没有别的事，只求死在绞刑架上。’”假若你是法官，你是放他过桥呢，还是绞死他呢？

从物元分析的观点不难看出，这个案例存在两个自身对立的条件和结果。

即 R_1=(过桥，发誓，真话)

R_2=(绞死，发誓，假话)

如果情形如此简单，那就很容易判案了，但事实并非如此，如果法官肯定他说的是真的，那么依照法律就得放他过桥；然而要是放他过桥，他的话就成了假话，因而又不允许他过桥，必须予以处死；如果法官肯定他说的是假话，那么依照法律就得绞死他，他的话又成了真话，因而又不能绞死他，又必须放他过桥。这在实际上构成了逻辑上的“悖论”。造成这种情形的原因是什么呢？因为以上 R_1，R_2 物元并未穷尽所有的条件物元，这也是立法者与执法者所关心的问题，这关系到法制是否完善和执法是否公正等重大问题。

物元的概念统一地表现了事物的质和量，一事物具有多种特征，一特征又为多种事务所共有，这是客观事物的一个重要特性，根据物元的可分性和物元转换的特点，对物元的特征“发誓”再做进一步分类——分为“法律自身相关的誓言”、“与法律自身无关的誓言”，于是，就又出现了以下几种情况：

R_1=(过桥，与法律自身有关的誓言，真话)

R_2=(过桥，与法律自身无关的誓言，假话)

R_3=(绞死，与法律自身有关的誓言，假话)

R_4=(绞死，与法律自身无关的誓言，真假悖论)

对于 R_4，由于执法中要宽厚仁心，R_4 无疑是一种消极的目的物元，因此，暂且不予考虑。从经过特征变换后的物元，会发现此案例中的漏洞，即 R_2——如果发誓者所发的誓言直接针对法律自身，便没有已规定了的处置办法。因此，此案最好的审理方法就是放人。

由此可见，利用物元的可分性和物元转换的方法，可以圆满地处理这一案例，这是可拓学运用于法学的一个例子。

习题

1. 简述可拓学的发展。
2. 如何理解可拓集合？
3. 什么是可拓聚类预测？
4. 解释可拓层次分析法并描述集装箱生成量可拓聚类模型。
5. 可拓控制策略有哪几种？
6. 简述菱形思维可拓神经网络。

第5章 粗集信息处理

教学内容：本章讨论粗集信息处理的基本概念、模型及学习算法，介绍几种典型的粗集信息处理模型，讨论粗集信息处理的主要应用。

教学要求：理解粗集信息处理的原理，掌握粗集信息处理模型及学习算法的步骤，了解粗集信息处理的主要应用。

关键字：粗集(Rough Set)　神经网络(Neural Network)　系统评估(System Evaluation)　文字识别(Character Recognition)　图像识别(Pattern Recognition)

5.1 粗集理论基础

5.1.1 粗集理论的提出

粗集(Rough Set，RS，又称为粗糙集)理论是波兰华沙理工大学计算机系教授 Zdzislaw Pawlak 和波兰的其他一些科学家和逻辑学家，于 20 世纪 70 年代，在研究信息系统逻辑特性的基础上发展起来的。1982 年，Pawlak 发表了经典论文 *Rough Sets*，标志粗集理论的诞生。从此，粗集理论引起了许多数学家、计算机研究人员，特别是人工智能研究人员的兴趣。1991 年，Pawlak 出版了专著，对粗集理论的研究成果进行了全面的总结，我国也出版了中文专著。与此同时，以粗集理论为主题的国际会议相继召开，这些会议发表了大量具有一定学术和应用价值的论文，推动了粗集理论的发展及其在各个学科领域的应用。与粗集理论有关的有影响的国际会议如下。

1992 年 9 月在波兰 Kiekrz 召开了第一届国际研讨会 Rough Sets: State of the Art and Perspective；

1993 年 10 月在加拿大 Banff 召开了第二届国际研讨会 the Second International Workshop on Rough Sets and Knowledge Discovery，RSKD'93；

1994 年 11 月在美国 San Jose 召开了第三届国际研讨会 the Third International Workshop on Rough Sets and Soft Computing，RSSC'94；

1995 年在美国 North Carolina 召开了 Rough Set Theory，RST'95 国际会议；

1996 年 11 月在日本东京召开第四届国际研讨会 the Fourth International Workshop on Rough Sets，Fuzzy Sets and Machine Discovery，RSFD'96；

1997 年 3 月在美国 North Carolina 召开了第五届国际研讨会 the Fifth International

Workshop on Rough Sets and Soft Computing, RSSC'97。

作为一种研究不精确、不完整信息、问题的数学工具,粗集理论具有如下许多优点。

(1) 粗集理论将知识定义为不可分辨关系的族,因此,知识有比较清晰的数学含义,很方便用数学方法来分析处理。

(2) 粗集理论在数学上非常严密,有一整套处理数据分类问题的数学方法,特别是当数据不确定,不完整和不精确时。

(3) 粗集理论的实用性非常强,粗集理论是为开发自动规则生成系统而提出的,因而它的研究完全是应用驱动的。

(4) 基于粗集的计算方法非常适合并行处理,粗集计算机的研制工作已在进行之中。

5.1.2 等价类

设 R 为非空集合 A 上的等价关系,若 $\forall x\in A$, $[x]_R=\{y\mid y\in A\wedge xRy\}$ 则称 $[x]_R$ 为 x 关于 R 的等价类,简称为 X 的等价类,简记为 $[x]$。

等价类的概念有助于从已经构造了的集合构造集合。在 X 中的给定等价关系~的所有等价类的集合表示为 $X/\sim$,并叫做 X 除以~的商集。这种运算可以(实际上是非常不正式的)被认为是输入集合除以等价关系的活动,所以名字"商"和这种记法都是模仿的除法。商集类似于除法的一个方面是如果 X 是有限的并且等价类都是等势的,则 $X/\sim$ 的序是 X 的序除以一个等价类的序的商。商集要被认为是带有所有等价点都识别出来的集合 X。

对于任何等价关系,都有从 X 到 $X/\sim$ 的一个规范投影映射 π, $\pi(X)=X$。这个映射总是满射的。在 X 有某种额外结构的情况下,考虑保持这个结构的等价关系。接着称这个结构是良好定义的,而商集在自然方式下继承了这个结构而成为同一个范畴的对象;从 a 到 $[a]$ 的映射则是在这个范畴内的满态射。

5.1.3 知识的约简

在信息系统中,存在有大量的冗余知识,这些冗余知识影响了人们对于信息的约简问题。知识的简化讨论的问题是,在保持知识库中知识不失真的前提下消除知识库中冗余的属性。

完成知识的简化是在简化和核两个基本概念上进行的。为引进知识简化和核两个基本概念,先作以下定义:令 R 为一等价关系,且 $r\in R$,当 $\text{ind}(R)=\text{ind}(R-\{r\})$ 时,称 r 为 R 中可省略的,否则 r 为 R 中不可省略的。若 $r\in R$ 都为 R 中不可省略的,则称 R 为独立的。

可以这样来理解,R 是表达研究对象的属性集合,在近似表达中有一些属性的作用不大,可以去掉这些属性而不影响对对象的表达和理解。去掉冗余属性 r 后,属性集 $R-\{r\}$ 仍然保留其等价关系,也就是对对象的分类没有影响。

如果对于任一 $r\in R$,若 r 不可省略,则 R 为独立的。在用属性集 R 来表达系统的知识时,R 是独立的意味着 R 中的属性都是必不可少的,它独立地构成一组表达系统分类知识的属性。

对于属性子集 $P\subseteq R$,若存在 $Q=P-r$, $Q\subseteq P$,使得 $\text{ind}(Q)=\text{ind}(P)$,且 Q 为最小子

集，则 Q 称为 P 的简化，用 red(P)表示。一个属性集合 P 可以有多种简化。

P 中所有不可省略关系的集合称为 P 的核，记作 core(P)，且满足：

$$\mathrm{core}(P) = \bigcap \mathrm{red}(P)$$

其中 red(P)是 P 的所有简化族。

5.2 粗糙模糊集合

5.2.1 粗集与模糊集合分析

粗集理论建立在等价类的基础上，主要思想是利用已知的知识库将不精确或不确定的知识用已知的知识来近似刻画。粗集的一个局限是它所处理的概念和知识都是清晰的，即所有的集合都是经典集合，但在人们的实际生活中，经常要涉及模糊概念和模糊知识。

因此，将粗集理论与模糊集合理论相结合构成粗模糊集合，是用粗集概念来研究模糊集合的粗近似问题，将粗集理论与模糊集合理论结合构成模糊粗集，是用模糊集合概念来研究粗集的模糊分析的相似性问题。模糊粗集和粗模糊集合的概念不仅丰富了对信息系统中不完善、不准确性知识的描述、处理，而且也为C-演算、随机集合、模型逻辑等几种近似模型提供了一种统一描述。

5.2.2 模糊粗集

设 U 是论域，R 是关于 U 的等价关系。论域 U 中模糊集合 F 的上下近似分别用 $\overline{A}_R(F)$和$\underline{A}_R(F)$表示，作为模糊集合在 $U/R=\{X_1, X_2, \cdots, X_n\}$中的定义为：

$$\mu_{\underline{A}_R}(F)([X]_R) = \inf\{\mu_F(y);\ y \in [X]_R\}$$

$$\mu_{\overline{A}_R}(F)([X]_R) = \sup\{\mu_F(y);\ y \in [X]_R\}$$

如果 $A_R(F)=(\underline{A}_R(F), \overline{A}_R(F)$是模糊集合 F 的模糊粗糙集合，那么，$A_R(F)$的补可定义为：

$$A_R(F) = ((\overline{A}_R(F))^c, (\underline{A}_R(F))^c)$$

如果 $A_R(F_1)$和 $A_R(F_2)$分别是两个模糊集合 F_1 和 F_2 的模糊粗糙集合，那么，可以定义为：

(1) $A_R(F_1)=A_R(F_2)$ iff $\underline{A}_R(F_1)=\underline{A}_R(F_2)$和$\overline{A}_R(F_1)=\overline{A}_R(F_2)$

(2) $A_R(F_1)\subseteq A_R(F_2)$ iff $\underline{A}_R(F_1)\subseteq\underline{A}_R(F_2)$和$\overline{A}_R(F_1)\subseteq\overline{A}_R(F_2)$

(3) $A_R(F_1)\subseteq A_R(F_2)=(\underline{A}_R(F_1)\cup\underline{A}_R(F_2), \overline{A}_R(F_1)\cup\overline{A}_R(F_2))$

(4) $A_R(F_1)\subseteq A_R(F_2)=(\underline{A}_R(F_1)\cap\underline{A}_R(F_2), \overline{A}_R(F_1)\cap\overline{A}_R(F_2))$

对于任意三个模糊粗糙集合 R, S 和 T，下面的命题是很明显的。

命题1：

(1) $R\cap R=R, R\cup R=R$

(2) $R\cap S=S\cap R, R\cup S=S\cup R$

(3) $(R\cap S)\cap T=R\cap(S\cap T)$

$(R\cup S)\cup T=R\cup(S\cup T)$

(4) $(R\cap S)\cup T=(R\cup T)\cap(S\cup T)$

$(R\cup S)\cap T=(R\cap T)\cup(S\cap T)$

(5) $\neg(\neg R)=R$

命题 2：

(1) $\neg(A_R(F_1)\cup A_R(F_2))=(\neg A_R(F_1))\cap\neg(A_R(F_2))$

(2) $\neg(A_R(F_1)\cap A_R(F_2))=(\neg A_R(F_1))\cup\neg(A_R(F_2))$

证明：

$$\begin{aligned}\neg A_R(F_1)\cup A_R(F_2)&=\neg(\{\underline{A}_R(F_1)\cup\underline{A}_R(F_2)\},\{\overline{A}_R(F_1)\cup\overline{A}_R(F_2)\})\\&=\neg(\{\overline{A}_R(F_1)\cup\overline{A}_R(F_2)\}^c,\{A_R(F_1)\cup A_R(F_2)\}^c)\\&=(\{\overline{A}_R(F_1)\}^c\cap\{\overline{A}_R(F_2)\}^c,\{A_R(F_1)\}^c\cap\{A_R(F_2)\}^c)\\&=(\{\overline{A}_R(F_1)\}^c,\{\underline{A}_R(F_1)\}^c)\cap(\{\overline{A}_R(F_2)\}^c,\{\underline{A}_R(F_2)\}^c)\\&=(\neg A_R(F_1))\cap(\neg A_R(F_2))\end{aligned}$$

因此，该命题得证。

命题3：

F_1 和 F_2 是两个模糊集合，如果 $F_1\subseteq F_2$，那么，$A_R(F_1)\subseteq A_R(F_2)$。

命题4：

(1) $\underline{A}_R(F_1\cup F_2)\supseteq\underline{A}_R(F_1)\cup\underline{A}_R(F_2)$

(2) $\overline{A}_R(F_1\cup F_2)=\overline{A}_R(F_1)\cup\overline{A}_R(F_2)$

(3) $\underline{A}_R(F_1\cap F_2)\supseteq\underline{A}_R(F_1)\cap\underline{A}_R(F_2)$

(4) $\overline{A}_R(F_1\cap F_2)=\overline{A}_R(F_1)\cap\overline{A}_R(F_2)$

证明：

$$\begin{aligned}\mu_{\underline{A}_R}(F_1\cup F_2)=([X]_R)&=\inf\{\mu_{F_1}\cup F_2(y);\ y\in[X]_R\}\\&=\inf\{\max\{\mu_{F_1}(y),\mu_{F_2}(y)\};\ y\in[X]_R\}\\&\geqslant\max\{\inf\{\mu_{F_1}(y);\ y\in[X]_R\},\inf\{\mu_{F_2}(y);\ y\in[X]_R\}\}\\&=\max\{\mu_{\underline{A}_R}(F_1)([X]_R),\mu_{\underline{A}_R}(F_2)([X]_R)\}\\&=\mu_{\underline{A}_R}(F_1)([X]_R)\cup\mu_{\underline{A}_R}(F_2)([X]_R)\end{aligned}$$

所以，命题 4 得证。

命题 5：

(1) $A_R(F_1\cup F_2)\supseteq A_R(F_1)\cup A_R(F_2)$

(2) $A_R(F_1\cap F_2)\subseteq A_R(F_1)\cup A_R(F_2)$

命题 6：

一个模糊集合的模糊粗糙集的补就是它的补的模糊粗糙集合。

证明：

$$\begin{aligned}\mu_{\underline{A}_R}(F^c)([X]_R)&=\inf\{\mu_{F^c}(y);\ y\in[X]_R\}=\inf\{1-\mu_F(y);\ y\in[X]_R\}\\&=1-\sup\{\mu_F(y);\ y\in[X]_R\}=1-\mu_{\overline{A}_R}(F)([X]_R)\\&=\mu_{(\overline{A}_R(F))^c}([X]_R)\end{aligned}$$

类似地可以得到：

$$\mu_{\overline{A_R}(F^c)}([X]_R)=\mu_{(\overline{A_R}(F))^c}([X]_R)$$

所以,命题 6 得到证明。

综上,通过对模糊粗糙集合的补,以及两个模糊粗糙集合之间交与并计算方法的讨论,建立了模糊集合和粗糙集合之间的关系。粗糙集理论通过等价关系来研究对象之间的不可分辨关系;模糊集合理论利用集合的特征函数来处理边界的不可定义性,将两种方法结合起来对不确定数据进行处理,更具有实际意义。

5.3 粗集神经网络

5.3.1 Rough-ANN 结合的特点

人工神经网络是一种旨在模仿人脑结构及其功能的信息处理系统。神经网络广泛应用于人工智能领域中模式识别、趋势产生和预测等方面,并在诸如智能控制、计算机视觉、自适应滤波和信号处理、非线性优化、自动目标识别、生物医学工程等方面取得了显著成效。

人工神经网络是一种非常复杂的非线性动力学系统,可以充分逼近任意复杂的非线性关系,可学习和自适应不知道或不确定的系统,能够同时处理定量、定性知识,所有定量或定性的信息都等势分布储存于网络内的各神经元,有很强的鲁棒性和容错性。

粗糙集理论是一种较新的智能信息处理方法,可以有效地分析和处理不精确、不一致、不完整等各种不完备信息,并从中发现隐含的知识,揭示潜在的规律。粗集理论基于分类的思想,以等价关系和不可分辨关系描述和刻画知识,并以此为基础对知识进行化简、推理等计算。

基于粗糙集的神经网络有机结合粗糙集理论和神经网络,旨在对经典神经网络接受和处理信息的方法进行改进,使神经网络在处理学习样本的指标数据集合方面更加合理。基于粗糙集理论的神经网络是一种不同于经典神经网络的网络模型,研究并在模式识别的实际问题中实现这种神经网络,具有一定的理论和实际意义。

(1) 基于粗集理论的神经网络有机结合粗糙集理论和神经网络理论,在网络模型中引入粗糙神经元,改变了神经网络只能接收单值输入的情况,提高了处理复杂、不精确信息的能力。

(2) 从粗集的角度看学习样本集也是知识,可以采用数据表表达,样本的特征对应于对象的属性。学习样本的冗余和矛盾情况可以采用化简算法化简数据表解决。化简后学习样本的特征维数减少,而且保持了同类样本的相似性和不同类样本的差别。

(3) 神经网络学习问题的研究是神经网络研究的一个重要方向。神经网络的学习算法有许多种,各自在稳定性、收敛性、收敛速度等方面优劣程度不同。粗神经网络的学习算法基于 BP 网络的误差逆传播算法,突出的缺点是易于陷入局部极小;将遗传算法和误差逆传播算法结合起来作为粗神经网络的学习算法,不仅能收敛到全局最小值,且学习效率较高。

(4) 粗神经网络的泛化性能可以从改善学习样本质量、优化网络结构、控制训练时间、应用先验知识等方面得到提高;此外还有神经网络集成、正则化神经网络等方法。

(5) 将粗神经网络应用于沉积微相识别这一实际问题,实验结果表明粗神经网络对于样本复杂、学习样本规模大的情况有较好的学习能力和泛化能力，网络性能较稳定。

5.3.2 决策表简化方法

决策表是一类特殊而重要的知识表达系统。决策表可以根据知识表达系统来描述。知识表达系统(KRS)的基本成分是研究对象的集合，关于这些对象的知识可通过指定对象的基本特征(属性)和它们的特征值(属性值)来描述。一个知识表达系统可表达为 $S=<U,C,D,V,f>$，其中 U 是对象的集合，$C\cup D=R$ 是属性的集合，子集 C 和 D 分别称为条件属性和结果属性，$V=\bigcup_{r\in R}V_r$ 是属性值的集合，V_r 表示了属性 $r\in R$ 的属性范围，$f: U\times R\to V$ 是一个信息函数，它指定 U 中每一对象 x 的属性值。这样定义的知识表达系统可以方便地用表格表达来实现。知识的表格表达法可以看成一种特殊的形式语言，它用符号表达等价关系，这样的数据表称为知识表达系统。

在知识表达系统中，列表示属性，行表示对象(如状态、过程等)，并且每行表示该对象的一条信息。数据表可以通过观察、测量得到。

决策表也是知识表达系统，根据知识表达系统作定义如下：$S=(U,A)$ 为一知识表达系统，且 $C,D\in A$ 是两个属性子集，分别称为条件属性和决策属性，具有条件属性和决策属性的知识表可表达为决策表，记为 $T=(U,A,C,D)$ 或简称 CD 决策表。关系 ind(C)和 inid(D)的等价类分别称为条件类和决策类。

决策表的简化就是简化决策表的属性，化简后的决策表具有与化简前决策表相同的功能，但是化简后的决策表具有更少的条件属性。因此，决策表的简化在工程应用中相当重要。利用决策表对知识简化，首先要进行条件属性的简化，消去重复行，然后对每一决策规则进行冗余属性值的简化，合并重复行，导出简化决策表，得到最小解的简单算法。这种方法不仅能应用于决策分析，而且适用于信息处理，例如有用的特征信息提取，去掉冗余属性。

在 RS 理论中，数据约简是非常重要的一个研究课题。研究人员发现，对许多大型系统，仅有部分数据库表属性必须保留，如果能将冗余属性删除，可大大提高系统潜在知识的清晰度。

5.3.3 粗集神经网络系统

粗神经网络系统主要完成学习样本筛选，测试样本属性提取以及粗神经网络训练和识别等过程。系统可以分为 8 个部分，构成的框架图如图 5-1 所示。

主要部分的工作原理描述如下。

(1) 学习样本集。从收集的原始数据中产生；数据的多少取决于许多因素，如神经网络的大小，测试的需要及输入输出的分布等。其中网络大小最为关键，通常较大的网络需要较多的训练数据。影响数据多少的另一个因素是输入模式和输出结果的分布，对数据预先加以分类可以减少所需的数据量。相反，数据稀薄不匀甚至相互覆盖则势必要增加数据量。

(2) 组织数据表。采用量化后的属性值形成一张二维表格，每一行描述一个对象，每一列描述对象的一种属性，属性分为条件属性和决策属性。

(3) 条件属性化简。去掉数据表中的冗余条件属性，同时消去重复的样本并处理矛盾的样本。

(4) 最小条件属性集及相应学习样本。采用约简得到的最小条件属性集及相应的原始数据重新形成新的学习样本集。该样本集除去了所有不必要的条件属性,仅保留了影响分类的重要属性。

(5) 粗神经网络系统。用约简后形成的学习样本对神经网络进行学习和训练。输入按照最小条件属性集及相应的原始数据重新形成的测试样本集,对网络进行测试,输出分类结果。

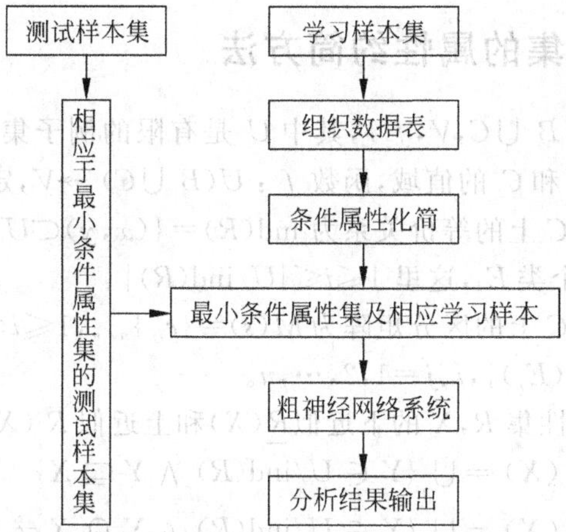

图 5-1 粗集神经网络系统框架图

5.4 贝叶斯分类器粗集算法

5.4.1 简单贝叶斯分类

简单贝叶斯分类器(Simple Bayesian Classifiers,SBC),将训练实例 I 分解成属性向量 A 和决策类别变量 C。SBC 可视为一个贝叶斯网络,如图 5-2 所示。在该网络中,根节点表示决策类别变量 C,属性 $A_i(i=1,\cdots,m)$是子节点。变量 C 取离散值,每个值 $C_j(j=1,\cdots,q)$是一个类,它们彼此独立并具完备性;A_i 是离散属性时,设取值为$\{a_{ik}\mid k=1,\cdots,s_i\}$。SBC 假定属性向量的各分量间相对于决策变量是条件独立的,即有

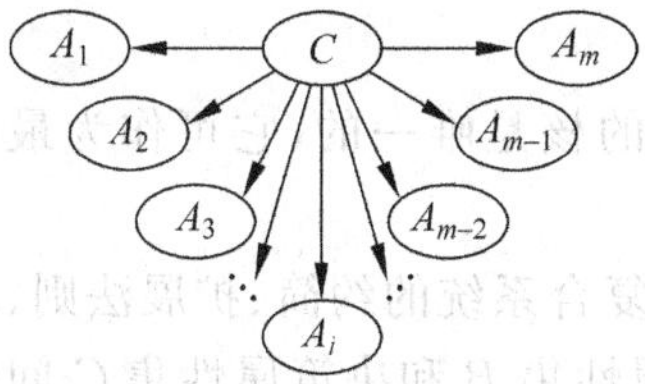

图 5-2 贝叶斯网络

$$p(a_1,a_2,\cdots,a_m\mid c_j)=\prod_{i=1}^{m}p(a_i\mid c_j)$$

由此,SBC 可定义为

$$v_{\mathrm{SBC}}=\arg\max_{c_j\in C}p(c_j)\prod_{i=1}^{m}p=(a_i\mid c_j)$$

SBC 由一个训练集 D 估计如下。

设 $n(a_{ik},c_j)$ 是训练集 D 中 $A_i=a_{ik}$,$C=c_j$ 的样本频率,$n(c_j)$是训练集中类 c_j 的样本频率。若训练集 D 是完整的,则 $p(a_{ik}\mid c_j)$ 和 $p(c_j)$的贝叶斯估计分别为:

$$p(a_{ik} \mid c_j) = \frac{\alpha_{ijk} + n(a_{ik}, c_j)}{\sum_h [\alpha_{ijh} + n(a_{ih}, c_j)]}$$

$$p(c_j) = \frac{\alpha_i + n(c_j)}{\sum_l [\alpha_l + n(c_l)]}$$

式中 α_{ijk}——$A_i = a_{ik}, C = c_j$ 的先验频率；

α_j——类 c_j 的先验频率，一旦 SBC 被训练，可用它对新样本分类。

5.4.2 基于粗集的属性约简方法

信息系统定义为$\langle U, B \cup C, V, f \rangle$，其中 U 是有限的例子集合，B 是条件属性集合，C 是决策属性集合，V 是 B 和 C 的值域，函数 $f: U(B \cup C) \to V$，定义每个例子的属性值。

定义属性集 $R \subseteq B \cup C$ 上的等价关系为 $\mathrm{ind}(R) = \{(x, y) \subset U^2 \mid \forall a \in R, a(x) = a(y)\}$。$\mathrm{ind}(R)$将 U 划分为若干个类 E_i，这里 $1 \leqslant i \leqslant |U/\mathrm{ind}(R)|$。

定义属性集 $R \subseteq B \cup C$ 上的区分矩阵为 $M(s) = \{c_{ij}\}_{n \times n}, 1 \leqslant i \leqslant n, n = |U/\mathrm{ind}(R)|$。其中，$c_{ij} = \{a \in R: a(E_i) \neq a(E_j)\}, i、j = 1, 2, \cdots, n$。

概念 $X(X \subseteq U)$和属性集 R，X 的下近似$\underline{R}(X)$和上近似 $\bar{R}(X)$定义如下：

$$\underline{R}(X) = \bigcup \{Y \in U/\mathrm{ind}(R) \wedge Y \subseteq X\}$$

$$\bar{R}(X) = \bigcup \{Y \in U/\mathrm{ind}(R) \wedge Y \cap X \neq \phi\}$$

定义属性集 C 对属性集 B 的依赖度为

$$v_B(C) = |\mathrm{POS}_B(C)/|U|, (0 \leqslant v_B(C) \leqslant 1) \tag{5-1}$$

式中 $|U|$——集合的基数；

$\mathrm{POS}_B(C)$——C 中 B 的正域，根据属性集 B 可确定分到 C 中某一类的元组，

$$\mathrm{POS}_B(C) = \bigcup_{X \in U/\mathrm{ind}(C)} \underline{R}(X)$$

当 $K(B, C) = K(B - \{a\}, C)$时，属性 a 不影响依赖度，称该属性为多余的属性；当 $K(B - \{a\}, C) < K(B, C)$时，删除属性 a 会降低依赖度，称属性 a 为不可缺的。

属性约简是根据原始信息系统的数据对可分辨对象进行分辨的最小属性集合。其目标是寻求一个最小属性集，或约简，使之能取代全部属性集，又不损失基本信息。即定义条件属性集 B 的一个子集 B'是 B 的约简，应满足条件：

(1) $K(B'C) = K(B, C)$，即 B'保持 B 的依赖度；

(2) $\forall a \in B', K(B', C) \neq K(B' - \{a\}, C)$，即 B'是最小的，任何进一步的属性删除都将改变依赖度。

核(core)是指一个信息系统中所有约简的交集。决策表的核是唯一的，它可作为最佳属性约简的起点。

粗集的典型属性约简算法包括基本算法、属性的重要性、复合系统的约简、扩展法则、动态约简等。其中，根据式(5-1)进行的属性约简，是依据条件属性集 B 和决策属性集 C 间的依赖性进行属性集的简化。它没有考虑条件属性间的依赖性对约简的影响。

5.4.3 基于粗集的贝叶斯分类器算法

在基于粗集的属性约简方法的基础上，提出综合考虑条件属性和决策属性间的依赖

性以及条件属性间的依赖性对约简的影响。并引入信息增益来计算条件属性间的依赖性。

定义 5.4.1 知识 P(属性集合)的信息熵 $S(P)$ 为

$$S(P) = -\sum_{i=1}^{n} p(x_i)\lg p(x_i) \tag{5-2}$$

式中 $p(x_i)$——P 在论域 W 上的划分 $X=(X_1,X_2,\cdots,X_n)$ 上 x_i 的概率,$i=1,2,\cdots,n$。

定义 5.4.2 知识 $Q(U/\text{ind}(Q)=\{Y_1,Y_2,\cdots,Y_n\})$ 相对知识 $P(U/\text{ind})(P=\{X_1,X_2,\cdots,X_n\})$ 的条件熵 $S(Q|P)$:

$$S(Q \mid P) = -\sum_{i=1}^{n} p(x_i) \times \sum_{i=1}^{m} p(Y_j \mid X_i)\lg p(Y_j \mid X_i) \tag{5-3}$$

式中 $p(Y_j|X_i)$——条件概率,$i=1,2,\cdots,n$; $j=1,2,\cdots,m$。

设 a,b 为条件属性,则 a,b 的依赖性可用式(5-4)计算:

$$\text{gain}(a,b) = S(a) + S(b) - S(a,b) \tag{5-4}$$

当 $\text{gain}(a,b)=0$ 时,属性 a,b 独立。由于 $\text{gain}(a,b)$ 具有对称性,因此计算属性约简子集中的条件属性间的依赖性,其平均值最小的属性集即为最优属性约简。

设区分矩阵 $M=(c_{ij})n\times n,i、j=1,2,\cdots,n$。有基于依赖性的最优属性约简算法(DOFR):

输入为一个决策表 $T=\langle U,Q,V,f\rangle,Q=B\cup C,B$ 是条件属性,C 是决策属性。

输出为此决策表的一个相对属性约简 R。

(1) 利用 $M=(c_{ij})_{n\times n}$,求核 B_0,令 $R=B_0$。

(2) 在 $M=(c_{ij})_{n\times n}$ 中,将 $B-B_0$ 的矩阵元素 c_{ij}(c_{ij} 是属性的析取式)以合取式表达,即 $\wedge c_{ij}$。

(3) 将此合取式转化为析取式,每一项即为属性约简集合 $R_i=\{\vee S_i,i=1,2,\cdots,n\}$。

(4) $\forall R_i$,利用式(5-4)计算属性间的依赖性,其平均值最小的属性集即为所求 R。

5.4.4 试验结果

试验中利用一个防空模拟数据库。数据库包括条件属性集 B={防卫目标类型、气温、附近地形、阴晴、机型、架数、距离、高度、风向、来袭方向、临离特征、风速、速度、航路捷径、飞临时间}和决策属性集 C{威胁度};该数据库共含 10 240 条记录。这里对诸属性进行编码,使其规范化,再进行基于 DOFR 的属性选择,约简结果如表 5-1 所示。

表 5-1 基于 DOFR 属性选择结果

核	[0,4,5,6,10,12,12]
约简属性集合	[0,2,4,5,6,7,10,12,13],[0,2,4,5,6,8,10,12,13], [0,2,4,5,6,9,10,12,13],[0,2,4,5,6,10,12,13,14], [0,3,4,5,6,7,10,12,13],[0,4,5,6,7,9,10,12,13], [0,4,5,6,7,10,12,13,14]
最优约简属性集合	[0,4,5,6,7,9,10,12,13]

所得最优属性子集是 A={防卫目标类型、机型、架数、距离、高度、来袭方向、临离特征、速度、航路捷径}共 9 个属性。军事领域已证明这 9 个属性是空中目标威胁度判断的重要且

必不可少的指标。

在此基础上，训练贝叶斯分类器，并以另一个含相同属性且有 4106 条记录的数据库测试，其分类精度为(89 126±169)%。

将 C^3I 系统中一些常见数据库用 DFBC 和 SBC 分别测试，结果如表 5-2 所示。可见，DFBC 的精度好于 SBC。①是防空模拟数据库 Wxd2001；②是某市气象数据库(1991—2001)；③是飞行模拟数据库 ZX00；④是防空武器模拟配置数据库 Ada9806；⑤是 Automobile 数据库。约简后属性 1 是指按 SBC 定义保持属性间独立的人工约简；约简后属性 2 是指 DFBC 约简。

表 5-2 SBC 和 DFBC 的精度比较

数据库	实例数	属性数	SBC		DFBC	
			约简后属性数 1	精度/%	约简后属性数 2	精度/%
①	14 346	16	9	83.61±0.72	10	89.26±0.69
②	4015	15	5	65.31±2.57	6	73.29±2.74
③	12 800	11	5	62.27±3.43	6	71.97±3.82
④	8275	13	5	84.62±2.74	7	90.59±1.83
⑤	205	9	4	60.45±3.17	5	69.23±3.56

5.5 系统评估粗集方法

5.5.1 系统评估粗集方法的特点

系统的综合评估是选择系统最优方案和评价被评对象优劣的有效方法，是辅助决策者进行决策的有效工具。然而在现实世界中的许多复杂系统具有多目标(指标)、多层次、多关联、动态、信息不完备等特点，需要人们在领域信息不完整、不确定、不精确的前提下完成对系统的分析、评估和决策。因此采用常用的综合评估方法进行评估就有一定的困难。

粗集理论是一种研究不完整数据及不精确知识的表达、学习、归纳的智能信息处理方法。该方法的特点是不需要任何先验知识，如模糊集理论中的隶属度函数，统计学中的概率分布，证据理论中的基本概率赋值等，而是直接从给定的数据集出发，通过数据约简，建立决策规则，从而发现给定的数据集中隐含的知识，其应用非常广泛，如模式识别、决策分析、数据挖掘等。

进行系统评估的一个关键步骤是评估指标体系的建立，如何合理地选择能全面反映系统的指标也是一个需要解决的问题。本文应用粗集中的属性约简方法选择与系统评估结果最相关的指标子集，从而建立合理的系统评估指标。

5.5.2 系统综合评估粗集方法

运用基于粗集理论的方法进行系统综合评估一般分为两个阶段：①学习阶段或训练阶

段，就是根据样本数据（或称为历史数据）进行学习，从而提炼过程知识，形成评估规则，为评估做准备；②应用阶段，即应用所形成的评估规则进行系统综合评估，可由图5-3来表示。对系统进行综合评估和决策过程非常类似，从本质上说，是一个分类过程，而粗集是有效地处理分类问题的一种软计算方法，这是粗集能应用于系统综合评估的主要原因。

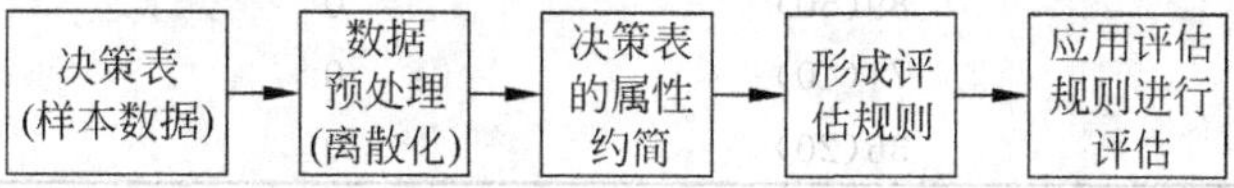

图5-3 基于粗集的系统综合评估模型结构示意图

在应用过程中，把决策表看成是评估系统，则评估结果就对应着决策属性。

5.5.3 建立评估体系的粗集方法

对于一个系统的评估，采用的评估参数越多，描述越详尽，对该系统的认识也越深刻，评估也就越准确。但是，如果利用过多的系统参数作为评估系统的指标，将占用大量的存储空间和机器处理时间，并且评估系统的指标可能具有不同的重要性，这就需要去掉描述系统的重复或相关信息，去掉描述系统的不重要评估指标。对于决策表来说，其实质就是选择有效的属性集来正确地表征研究的对象，以便进行评估。对于所要建立的指标体系，将所有指标的集合看成是决策系统 S 中的条件属性集合 C，将评估结果看成是 S 中的决策属性 d。评估体系的建立过程是选择合理的条件属性，使之可以对决策属性 d 进行最佳描述。

对于 $U/\mathrm{ind}(d)=\{X_1,X_2,\cdots,X_n\}$，$X_i$ 为第 i 个集合，即决策表中第 i 个决策类（评估类），其近似质量为：$\alpha_C(X_i)=CX_i/X_i$，则全部决策类（评估类）的近似质量定义为：

$$\alpha_C(U/\mathrm{ind}(d))=\frac{1}{|U|}\sum_{i=1}^{n}|X_i|\,\alpha_C(X_i)=\frac{1}{|U|}\sum_{i=1}^{n}|\underline{C}X_i|$$

$\alpha_C(U/\mathrm{ind}(d))$ 表征的是用条件属性集合 C 中的信息来近似 $U/\mathrm{ind}(d)$ 的近似质量。

因为 C' 为 C 的 d 相对约简，所以有：$\mathrm{POSC}(d)=\mathrm{POSC}'(d)$，即

$$\bigcup_{X_i\in U/\mathrm{ind}(d)}\underline{C}X_i=\bigcup_{X_i\in U/\mathrm{ind}(d)}\underline{C'}X_i$$

由 $U/\mathrm{ind}(d)=\{X_1,X_2,\cdots,X_n\}$ 知 $X_i\cap X_j=\phi$，因此根据集合下近似的定义知

$$\underline{C}X_i\bigcap\underline{C}X_j=\phi,\quad \underline{C'}X_i\bigcap\underline{C'}X_j=\phi$$

由上式知 $\sum_{i=1}^{n}|\underline{C}X_i|=\sum_{i=1}^{n}|\underline{C'}X_i|$，故可得 $\alpha_C(U/\mathrm{ind}(d))=\alpha_{C'}(U/\mathrm{ind}(d))$。

5.5.4 试验验证

选择的数据来源UCI(University of California at Irvine)机器学习数据库。选择其中的Wine数据集来验证粗集系统综合评估方法，该数据集是对产于意大利的葡萄酒的化学分析，要求用13种不同的组成成分来评判该酒属于三类中的哪一类。

该数据集共有178条记录，每条记录有13个条件属性和1个决策属性，目的就是通过分析13个条件属性的不同含量来评判出该酒属于哪一类。

应用基于粗集的系统综合评估方法，所得结果如表5-3所示。

表 5-3 试验结果

训练样本个数/%	测试样本个数/%	错误个数	准确率/%
53(30)	125(70)	2	98.4
71(40)	107(60)	1	99.1
89(50)	89(50)	0	100
107(60)	71(40)	0	100
142(80)	36(20)	0	100

由表 5-3 可知：基于粗集的系统综合评估方法有较高的准确度，完全可以满足实际的需要。

5.6 文字识别的粗集算法

5.6.1 模式识别与粗集方法

粗集理论是一种用于不完整数据及不精确知识的表达、学习、归纳的智能信息处理方法。该方法的特点是不需要任何先验知识，而是直接从给定的数据集合出发，通过数据约简，建立决策规则，从而发现给定的数据集合中隐含的知识。这个特点对于模式识别，例如文字识别具有明显的实际意义。

作为模式识别研究的重要内容，目前文字识别采用的主要方法有句法结构识别方法、模糊分类识别方法、逻辑推理方法和人工神经网络方法等。文字识别是一种判别与标准样本不同的信息结构的过程与方法，它要求能完成位移不变性、旋转不变和尺度变换。因此，可以认为文字识别的研究是高层次智能行为的研究，其研究不仅与大量试验数据的处理、归纳、分类相联系，而且应该是智能处理的方法与逻辑推理相结合，也要求智能的知识表达和符号推理相结合。

粗集方法用于模式识别，例如：文字识别主要基于知识系统的表达和属性的简化方法，其任务是求出每一个模式的最小描述和对应的决策算法。为此，先对由属性唯一的特性化的模糊集合进行核的计算，这是一种有用特征提取，得到的核作为决策算法的基本属性，再求出基本属性的所有简化，得到要求的最小描述和对应的决策算法，从而简化了信息的空间表达系数，这个方法注重有用的对象之间的本质差别。

5.6.2 文字粗集表达与知识简化

知识表达系统的这个定义在粗集理论中可用知识表达属性值表的表格来实现，因此，文字通过细化、位移、旋转和尺度变换、编码等预处理后，可以表达成知识表达属性值表的形式。知识的表格表达法可以看作是一种特殊的形式语言，用符号来表达等价关系，这样的数据表称做知识表达属性值表或决策表。在知识表达属性值表中，列表示属性，行表示对象：如状态，过程等，并且每行表示该对象的一条信息，数据表可以通过观察、测量得到。容易看出，一个属性对应一个等价关系，一个表可以看作是定义的一族等价关系。

根据粗集理论知识表达和简化方法，利用知识表达属性值表的表格来实现有用特征，提取和化简知识表达系统的步骤如下。

(1) 将文字识别问题表达为知识系统，即将要进行文字识别的试验数据构成一张知识表达属性值表。

(2) 去掉重复信息，即消去重复的行。

(3) 利用不可分辨性，计算每一规则的核，进行条件属性的简化，即从知识表达属性值表中消去某些列。

(4) 消去冗余的属性值，得到全部有用特征。

(5) 根据简化后的知识表达属性值表，得到对应的最小决策算法。

5.6.3 基于粗集理论方法的文字识别

本节以一个简单的文字识别为例，来说明粗集理论方法在文字识别中的应用。

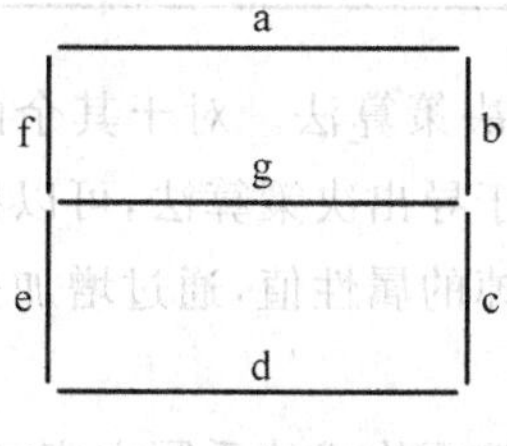

图 5-4 7元素构成显示图

众所周知，计算器中数字 0～9 显示单元可由 7 段显示管构成，如图 5-4 所示。

根据粗集理论的方法，其中 a,b,c,d,e,f,g 这 7 个基本元素称为条件属性，它们就是 0～9 这 10 个数字的基本特征，0～9 这 10 个数字称为决策属性，它们就是我们要识别的基本模式。

首先把该知识表达系统用知识表达属性值表表达，如表 5-4所示。

我们的任务是提取表达模式的有用特征和简化信息处理的空间维数。为此，首先计算每一个规则的核，再分别化简表中的每一决策规则，求出每一个数字的最小描述和对应的决策算法。

去掉属性 a，将使数字 1、7 和 4、9 不可分辨；即 a 是(1,7)和(4,9)中不可省略的，故 a_0 是 1 和 4 的核值，a_1 是 7 和 9 的核值。

去掉属性 b，使数字 6、8 和 5、9 不可分辨；即 b 是(6,8)和(5,9)中不可省略的，故 b_0 是 5 和 6 的核值，b_1 是 8 和 9 的核值。

去掉属性 c，使数字 2、3、5、6 和 8、9 不可分辨；即 c 是(2,3)，(5,6)和(8,9)中不可省略的，对应的核值分别为(e_1,e_0)，(e_0,e_1)和(e_1,e_0)。

去掉属性 f，使数字 2、8 和 3、9 不可分辨；即 f 是(2,8)和(3,9)中不可省略的，对应的核值都是 (f_0,f_1)。

去掉属性 g，使数字 0、8 和 3、7 不可分辨；即 g 是(0,8)和(3,7)中不可省略的，对应的核值分别为(g_0,g_1)和(g_1,g_0)。

去掉属性 c 和 d，将不影响 0～9 数字的分辨，即它们是冗余基本特征。

由此可见，核就是集合{a,b,e,f,g}，它是唯一的简化，因此，可把{a,b,e,f,g}作为模式识别的有用特征，而不必采用{a,b,c,d,e,f,g}的全部特征。也就是说，属性 c 和 d 依赖于简化集，它们不是数字识别中必需的。这样就简化了知识表达的空间维数。下面将所有的决策规则的核值列表如表 5-5 所示。

表 5-4 计算器中数字显示单元简化知识表达属性值

U	a	b	e	f	g
0	1	1	1	1	0
1	0	1	0	1	0
2	1	1	1	0	1
3	1	1	0	0	1
4	0	1	0	1	1
5	1	0	0	1	1
6	1	0	1	1	1
7	1	1	0	0	0
8	1	1	1	1	1
9	1	1	0	1	1

表 5-5 计算器中数字显示单元简化决策规则的核值

U	a	b	e	f	g
0	—	—	—	—	0
1	0	—	—	—	—
2	—	—	1	0	—
3	—	—	0	0	1
4	0	—	—	—	—
5	—	0	0	—	—
6	—	0	1	—	—
7	—	—	—	—	0
8	—	1	1	1	1
9	1	1	0	1	—

可以看到 2、3、5、6、8、9 是已经化简的，它们能以此构成最小决策算法。对于其余的规则，核值使它们不相容，它们不能以此构成最小决策算法，为了便于导出决策算法，可以根据该核值表，将原来的知识属性值表中的某些属性值代替简化中去掉的属性值，通过增加另外适当的属性使规则相容，得到最小决策算法。

为了简化讨论和举例说明，本例表达的是由垂直笔画和水平笔画构成的手写文字，实际中的文字识别系统应该能处理任意书写的文字。当然为了使表达的文字更真实，可以不用 7 个基本元素，而用传感像素矩阵。例如，在这个像素矩阵中分 7 个区域，7 个区域分别代表 a,b,c,d,e,f,g，则对上述算法稍加修改就可以得到更真实的数字表达；如果改变像素矩阵各区域的形状或对各区域进行控制，可以识别更真实更复杂的文字。

5.7 图像中值滤波的粗集方法

5.7.1 基本依据

在图像处理中，一个非常重要的问题就是过滤出混杂在图像中的噪声。由于在图像中含有大量边缘，而边缘往往包含许多重要信息，因此希望在滤出噪声的同时能使边缘得到有效的保护。图像的中值滤波是常用的图像非线性滤波方法，它在一给定的以某像元为中心的处理窗中，以处理窗中所有像元灰度值代替该像元的灰度值。该方法简单易于实现，且具有较好的滤除噪声效果，但在滤噪的同时将使图像细节模糊，边缘清晰。杨平时等人根据噪声和边缘的特征以粗集方法划分噪声和边缘，并分别予以不同的处理，得到粗集中值滤波器。

5.7.2 粗集中值滤波

根据粗集理论中不可分辨关系和近似空间概念，一幅图像可以看成一个知识系统。用 $K=(I,R)$ 表示由图像 I 和等价关系 R 构成一个图像近似空间。当考虑一个滤波窗子图时，用 $K=(W,R)$ 表示由窗内像素和等价关系 R 构成的一个近似空间，图像 I 的滤波窗为 $(M\times M)$，中心元素坐标为 (i,j)。例如，由 1 个坐标为 (i,j) 的中心元素和 8 个相邻元素构成的 3×3 滤波窗表示为

$$\begin{bmatrix} x_1(i-1,j-1) & x_2(i-1,j) & x_3(i-1,j+1) \\ x_4(i,j-1) & x_0(i,j) & x_5(i,j+1) \\ x_6(i+1,j-1) & x_7(i+1,y) & x_8(i+1,j+1) \end{bmatrix}$$

定义 X 为图像中被噪声污染的像素，R 定义为：如果两个像素中的每一个都是在选择的噪声参数范围内，则两个像素 R 相关，即属于等价类。那么可以定义 R 的上近似集为

$$R^{-}(X)=\{x\in W \mid \operatorname{ind}(R):[x]R\cap X\neq 0\}$$

根据选择噪声等价类定义的关系 R，由 $R^{-}(X)$ 得到的像素集合中至少有一个是噪声像素。

在自然图像中，除了噪声之外，相邻像素之间应该存在着很大的相关性。对于一幅图像，如果某一个像素点灰度值与其邻域的灰度值相差很大，则该点很可能已被噪声污染了。如果图像的噪声污染很严重，在同一个滤波窗中，还可能存在两个或多个噪声像素。因此，定义等价关系 R 中的参数为：如果滤波窗中心位置像素点的灰度值大于等于滤波窗中其他像素点的最大值，或小于等于滤波窗中其他像素点的最小值，则可以认为该滤波窗的中心像素点为噪声点。

如果定义 3×3 滤波窗中心像素点的灰度值为 $f(x_0)$，滤波窗内除中心像素点外的所有点灰度最大值为 $\max f(x_i)(1\leqslant i\leqslant 8)$，灰度最小值 $\min f(x_i)(1\leqslant i\leqslant 8)$。如果像素点 x_0 满足下列条件，则认为 x_0 是噪声像素点：

$$f(x_0)\geqslant \max f(x_i) \text{ 或 } f(x_0)\leqslant \min f(x_i) \quad 1\leqslant i\leqslant 8$$

用公式表示为

$$\begin{aligned} R^{-}(X)=\{[x_0]_R: & f(x_0)\geqslant \max f(x_i) \text{ 或 } \\ & f(x_0)\leqslant \min f(x_i)\} \quad 1\leqslant i\leqslant 8 \end{aligned}$$

如果 x_0 是噪声像素点，则对该像素点进行中值滤波。

用 $\operatorname{med} f(x_i)(0\leqslant i\leqslant 8)$ 表示对 3×3 滤波窗内所有点取中值，则

$$f(x_0)=\operatorname{med} f(x_i) \quad 0\leqslant i\leqslant 8$$

5.7.3 试验结论和讨论

在 256×256 的 Lena 灰度图像（如图 5-5(a)所示）中随机加入灰度值分别为 0、25、50、75、101、127、153、177、203、229 和 255 等 11 种噪声，噪声图像的噪声密度为 31.257 %（如表 5-6 所示），然后用 3×3 和 5×5 滤波窗口分别进行滤波实验。其中，图 5-5(c)为标准中值滤波算法 3×3 窗口 4 次迭代的结果；图 5-5(d)为文中算法 3×3 滤波窗口经 4 次迭代的滤波结果；图 5-5(e)为标准中值滤波算法 5×5 窗口 4 次迭代的结果；图 5-5(f)为文中算法 5×5 滤波窗口经 4 次迭代的滤波结果。表 5-6 为新算法与标准算法的滤波效果具体比较。

(a) Lena原图(256×256)

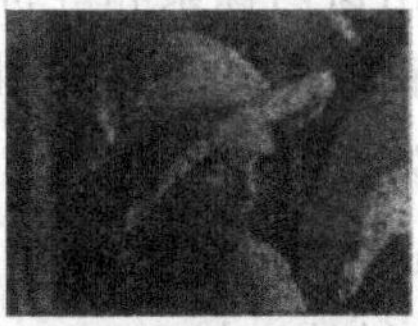

(b) 椒盐噪声图像

(c) 标准中值算法滤波结果
(3×3窗口)

(d) 文中算法滤波结果
(3×3窗口)

(e) 标准中值算法滤波结果
(5×5窗口)

(f) 文中算法滤波结果
(5×5窗口)

图 5-5　比较效果图

表 5-6　两种算法的比较　　(单位：%)

算　法	噪声密度	误判率	漏判率	准确率
标准算法(3×3)	31.257	68.359	2.060	52.365
文中算法(3×3)	31.257	15.248	8.263	86.311
标准算法(5×5)	31.257	72.639	1.897	50.258
文中算法(5×5)	31.257	13.526	9.156	86.902

表 5-6 中，噪声密度、误判率、漏判率和准确率分别定义为：

噪声密度＝(噪声点像素/图像总像素)×100%

误判率＝(滤波后灰度值改变的信号像素/信号总像素)×100%

漏判率＝(滤波后灰度值不发生变化的噪声像素/实际噪声点总像素)×100%

准确率＝(1－(灰度值改变的信号像素＋灰度值不变的噪声像素)/图像总像素)×100%

从上述试验结果分析，可得出下列结论。

(1) 标准中值滤波算法在多值噪声情况下的误判非常严重，而文中算法在噪声误判上有比较大的改善。在中值滤波算法中，误判的主要影响是图像平滑而损失了细节信息。文中算法误判率较低，因此，在滤波后更好地保持了图像细节信息。

(2) 3×3 滤波窗口和 5×5 滤波窗口对文中算法影响较小，3×3 窗口误判率略高，5×5 窗口漏判率略高，最后的滤波准确率相差很小。

5.8 灰色粗集模型与故障诊断

5.8.1 灰色关联分析方法

灰色关联分析是灰色系统理论中提出的一种新的系统分析方法，它用灰色关联度来定量描述系统各因素的关联程度。

设 $X_0=\{X_0(k),k=1,2,\cdots,n\}$ 为标准模式向量(参考序列)；$X_i=\{X_i(k),k=1,2,\cdots,n\}$ 为待检模式向量(比较序列)；$X_i(k)$ 与 $X_0(k)$ 的关联系数为

$$\xi_i(k)=\frac{\min_i\min_k\Delta_i(k)+\rho\max_i\max_k\Delta_i(k)}{\Delta(k)+\rho\max_i\max_k\Delta_i(k)}$$

其中 $\rho\in(0,+\infty)$ 称为分辨系数，一般的取值区间为 $[0,1]$；$\Delta_i(k)=X_0(k)-X_i(k)$ 为 k 时刻(或指标、空间)X_0 与 X_i 的绝对差；$\min_i\min_k\Delta_i(k)$ 为两级间的最小差；$\max_i\max_k\Delta_i(k)$ 为两级间的最大差。定义灰色关联度为

$$\gamma_i=(1/n)\sum\xi_i(k)$$

灰色关联分析的基本思想是根据曲线几何形状的相似程度判断其联系是否紧密，曲线越接近，相应序列之间的关联度就越大。

5.8.2 参数属性分析

从灰色关联分析中可以看到，待检模式向量中的各特征参数均未被区别对待。实际上，对于某种故障，可能只是其中的一部分参数值能反映出诊断对象的状态，而其他的参数则没有明显的变化。因此，在关联度计算时应根据在不同故障诊断时作用的大小对各参数区别对待，从而达到准确的模式识别及决策。另外，由各待检模式向量所得出的诊断结论有时是矛盾的。这是因为各特征参数在不同故障中的决策可能不协调。因此，需要对各参数进行协调性分析。而粗集的方法恰能对上述不足之处加以完善。

1. 待检模式向量中各参数属性的重要性

通过对原始数据处理，可以得到多种特征量。在这些特征量中，有些可以通过其他特征量推导出，有些则是独立的，或部分地依赖于其他特征量。根据粗集理论的分类方法，假设 R 为一等价关系族，且 $r\in R$，如果按 R 划分的集合 U 与按去掉 R 中的 r 关系划分的集合 U 所表达的对象是不变的，则称 r 为 R 中的多余属性(或不重要属性)。用公式表达为

$$\mathrm{ind}(R)=\mathrm{ind}(R-r)$$

设 P 为属性子集，$P\subseteq R$。则所有属性的简化集中都包含的不可省略的集合称为 P 的核，即

$$\mathrm{core}(R)=\bigcap\mathrm{red}(P)$$

$\mathrm{core}(R)$ 是所研究问题中不能再简化的最重要的属性集合。粗集理论定义了特征量的重要性如下：令 $K=(U,R)$ 为知识库，且 $P,Q\in R$，则

$$k = rp(Q) = \text{card}(\text{Pos}p(Q))/\text{card}(U)$$

把 k 看作 Q 与 P 的重要性量度，称知识 Q 是 k 度可导的（$0 \leqslant k \leqslant 1$），记作 $P \to kQ$，这里的 card(Pos$p(Q)$)表示了根据 P,U 中所有能归入 Q 的元素的数目。也就是说，当 $P \to kQ$ 时，由 Q 导出的分类 U/Q 的正域覆盖了知识库的 $k \times 100\%$ 个元素。

对于各故障 f_i，重要性不同的诊断特征参数有不同的 k_{fi}。在灰色粗集模型中，用 k_{fi} 代替有关联度公式中的 ρ，体现了各参数对应于不同故障的重要性。

2. 待检模式向量中各参数的决策协调性分析

在故障诊断时，如果决策依据多于一个时，就有可能出现决策规则不协调的情况。粗集理论中有关决策协调性的判别方法由如下命题给出：当且仅当对于(P,Q)中任一 PQ 决策规则 $\theta' \to \psi'$，$\theta = \theta'$ 蕴含 $\psi = \psi'$，PQ 决策算法中 PQ 决策规则 $\theta \to \psi$ 是 S 中协调的。检验决策规则 $\theta \to \psi$ 是否为真，要将该决策规则的前代从该问题决策算法的其他决策类中分辨出决策 ψ。当相同的前代具有不同的后继时，这种规则是不协调的。只有当所有决策类可由决策算法中所有决策规则的前代来分辨时，该算法是协调的。

在灰色粗集模型中，如果某个参数在决策规则中是不协调的，则对应的 $k'_{fi} = k_{fi}(1-k_{fi})^{1/2}$。

上式说明，灰色粗集模型充分突出了协调性好的参数的作用，降低了不协调参数的作用。

5.8.3 灰色粗集模型的建立

在机械故障诊断中，故障状态样本较难得到。为此，采用灰色门限关联分析结合粗集理论的方法，建立了灰色粗集模型，并根据实际情况设置某一阈值 $\gamma_{\min}$，当 $\gamma_i < \gamma_{\min}$ 时，则认为被监测的机器设备无故障。

现以 CA10B 型汽车变速箱故障诊断试验为例说明灰色粗集模型的建模过程。例子中的故障为一轴常啮合齿轮严重磨损。用 TEAC XR-5000 磁带仪记录振动加速度信号，并转化成数字信号。转化后的原始试验数据如图 5-6 所示（纵坐标轴的 3800 个单位相当于磁带仪模拟量的 9.28）。

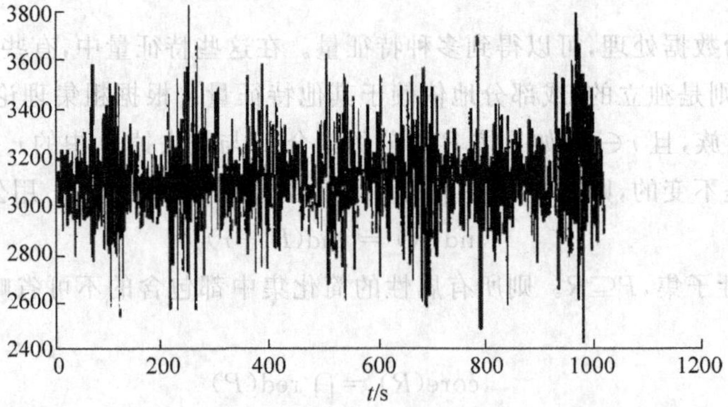

图 5-6　转化后的原始试验数据图

灰色粗集模型的建模基本步骤如下。

(1) 用特征提取后的数字特征参数组成状态模式向量 $X=(x(1),x(2),\cdots,x(k),\cdots,x(n))$，$x(k)$ 为第 k 个特征参数，$k=1,2,\cdots,n$。利用标准状态数据构造其模式向量 $X_0=(x_0(1),x_0(2),\cdots,x_0(k),\cdots,x_0(n))$。

(2) 设定恰当的阈值 $\gamma_{\min}$。

(3) 计算各故障下的粗集关联因子 k_{fi}，k'_{fi}。

(4) 确定待检状态模式向量，将后续测到的样本作为待检模式向量，即 $X_i=(x_i(1),x_i(2),\cdots,x_i(k),\cdots,x_i(n))$。

(5) 分别计算待检状态模式向量 X_i 与 X_0 的关联度 $\gamma(X_0,X_i)$。

(6) 判断 $\gamma(X_0,X_i)$ 与 $\gamma_{\min}$ 的关系，将 6 种待检状态模式向量与标准模式向量 X_0 的关联度由大到小排列，关联度最大者被认为属于相应的故障状态，若 $\gamma(X_0,X_i)<\gamma_{\min}$，则认为与该故障状态无关。

重复上述步骤直到将各标准故障状态模式向量与后续待检模式向量比较完毕。

5.8.4 试验结果及分析

以 CA10B 型汽车传动箱为对象进行试验。对它设置 5 种典型故障，分别为：一轴常啮合齿轮严重磨损；二轴轴承外圈点蚀；二轴轴承内外圈点蚀；二轴齿轮齿根微裂纹；二档齿轮点蚀。通过测试其振动加速度、润滑油成分、润滑油理化指标对该传动箱的 5 种典型故障和正常状态进行监测。

1. 数据处理

从这些试验数据中提取特征参数，对这些特征参数进行重要性、协调性分析。k_{fi} 和 k'_{fi}，建立灰色粗集模型，再抽取一部分测试样本作为待检模式向量，并将其与 5 种典型故障的标准模式向量和正常状态的模式向量进行关联度比较。与某种状态的标准模式向量关联度最大的样本被认为是属于这种状态。表 5-7 和表 5-8 分别为采用灰色关联法和灰色粗集模型进行诊断的结果。

表 5-7 采用灰色关联法的诊断结果

样本号	完好状态	故障 1	故障 2	故障 3	故障 4	故障 5	决策结果
1	0.930 587	0.900 703	0.891 217	0.903 043	0.899 695	0.897 747	完好状态
2	0.868 512	0.942 149	0.838 854	0.867 341	0.872 288	0.869 622	故障 1
3	0.891 952	0.874 484	0.926 169	0.901 751	0.902 672	0.901 644	故障 2
4	0.891 950	0.888 911	0.889 681	0.931 360	0.913 334	0.910 753	故障 3
5	0.882 991	0.885 813	0.886 271	0.906 629	0.934 875	0.922 407	故障 4
6	0.878 658	0.884 682	0.884 747	0.904 238	0.922 794	0.931 065	故障 5

表 5-8　采用灰色粗集模型进行诊断的结果

样本号	完好状态	故障 1	故障 2	故障 3	故障 4	故障 5	决策结果
1	0.921 329	0.878 896	0.889 281	0.874 836	0.871 031	0.886 154	完好状态
2	0.728 126	0.895 663	0.704 455	0.713 343	0.712 293	0.673 560	故障 1
3	0.740 876	0.706 563	0.926 169	0.703 187	0.708 589	0.710 779	故障 2
4	0.701 626	0.710 180	0.700 506	0.881 352	0.720 480	0.710 832	故障 3
5	0.724 890	0.704 962	0.693 015	0.732 023	0.909 833	0.700 744	故障 4
6	0.710 890	0.730 692	0.702 074	0.701 229	0.701 755	0.989 827	故障 5

2. 诊断结果分析

从表 5-7 和表 5-8 中可以发现，这两种诊断方法都可以基本无误地得到诊断结果。不考虑因样本的取值造成的偏差，只对同一行的关联度进行比较。可以看到，用灰色粗集模型进行故障分类时，同一行的关联度差别较大，分类结果鲜明，说明它能更好地把待检模式向量从其不属于的状态模式中区分开来。而灰色关联分析方法的计算结果表明，由于对各特征参数没有区分对待，故不能体现各特征参数在不同故障中的地位和作用，以至于部分诊断结果的分类精度不高或出现决策不协调的趋势。这说明灰色粗集模型在区别对待模式向量中各特征参数后，分类的精度提高了。可以推断，如果实施现场诊断，在进行监测的设备发生故障的初期，由于待检模式向量中各特征参数值变化较小，用灰色粗集模型更能发挥效用，能更精确地进行状态分类。这是由于它很好地利用了特征参数的重要性、协调性。

另外，由于各特征参数对每一种典型故障的属性分类作用不受任何因素的影响，即 k_{fi} 或 k'_{fi} 值不变，所以只要按上述方法对关联度分别进行计算和比较就能找出故障的原因。如果两种故障状态向量都同时超过阈值，则认为发生复合故障。

总之，建立灰色粗集模型进行故障诊断，既能发挥灰色关联分析诊断方法简单、计算量小、适合实时诊断的优点，又能提高诊断的准确程度。但模型中关联因子 k_{fi} 和 k'_{fi} 要根据大量的试验数据才能得到较好的计算结果，且结构不同的设备关联因子是不同的。

习题

1. 简述粗集理论的发展历程。
2. 什么是粗糙模糊集合？
3. 简述系统评估粗集方法的步骤。
4. 基于粗集的文字识别和图像识别分别是如何实现的？
5. 比较灰色关联法和灰色粗集模型的异同。

第6章 遗传算法

教学内容： 本章介绍遗传算法的基本概念、特点，遗传算法的一般过程，主要的实现技术及其主要应用。

教学要求： 掌握遗传算法的基本概念，理解遗传算法的一般过程，掌握TSP问题的遗传算法解。

关键字： 遗传算子(Genetic Operators)　回溯(Backtracking)　并行(Parallel)　协同进化(Co-evolution)　TSP(Traveling Salesman Problem)

6.1 遗传算法基础

遗传算法(Genetic Algorithm)是模拟达尔文生物进化论的自然选择和遗传学机理的生物进化过程的计算模型，是一种通过模拟自然进化过程搜索最优解的方法。它最初由美国密歇根大学J. Holland教授于1975年提出，J. Holland教授出版了颇有影响的专著*Adaptation in Natural and Artificial Systems*，后来GA这个名称才逐渐为人所知，他所提出的GA通常被称为简单遗传算法(SGA)。

6.1.1 遗传算法的历史

遗传算法由密歇根大学的J. Holland和他的同事于20世纪60年代在对细胞自动机进行研究时率先提出。在20世纪80年代中期之前，对于遗传算法的研究还仅限于理论方面，直到在匹兹堡召开了第一届世界遗传算法大会。随着计算机计算能力的发展和实际应用需求的增多，遗传算法逐渐进入实际应用阶段。1989年，纽约时报作者约翰·马科夫写了一篇文章描述第一个商业用途的遗传算法——进化者(Evolver)。之后，越来越多种类的遗传算法出现并被用于许多领域中，财富杂志500强企业中大多数都用它进行时间表安排、数据分析、未来趋势预测、预算以及解决很多其他组合优化问题。

遗传算法的发展经历了萌芽期、发展期、成熟期。

萌芽期(20世纪60—70年代)：1967年，Holland的学生J. D. Bagley在其博士论文中首次提出“遗传算法(Genetic Algorithms)”一词。此后，Holland指导学生完成了多篇有关遗传算法研究的论文。1971年，R. B. Hollstien在他的博士论文中首次把遗传算法用于函数优化。1975年是遗传算法研究历史上十分重要的一年。这一年Holland出版了他的著名专著《自然系统和人工系统的自适应》(*Adaptation in Natural and Artificial Systems*)，这是第一本系统论述遗传算法的专著，因此有人把1975年作为遗传算法的诞生年。Holland在该书中系统地阐述了遗传算法的基本理论和方法，并提出了对遗传算法理论的研究和发展及其重要的模式理论。该理论首次确认了结构重组遗传操作对于获得并行性的重要性。同年，K. A. De Jong完成了他的博士论文《一类遗传自适应系统的行为分析》。该论文所做的研究工作，可看作是遗传算法发展进程中的一个里程碑，这是因为，它将Holland的模式理论与计算实验结合起来了。尽管De Jong和Hollstien一样主要侧重于函数优化的应用研究，但他将选择、交叉和变异操作进一步完善和系统化，同时又提出了诸如代沟(Generation Gap)等新的遗传操作技术。可以认为，De Jong的研究工作为遗传算法及其应用打下了坚实的基础，他所得出的许多结论，迄今仍具有普遍的指导意义。

发展期(20世纪80年代)：进入20世纪80年代，遗传算法迎来了兴盛发展时期，无论是理论研究还是应用研究都成了十分热门的课题。1985年，在美国召开了第一届遗传算法国际会议(International Conference on Genetic Algorithms，ICGA)，并且成立了国际遗传算法学会(International Society of Genetic Algorithms，ISGA)，每两年举行一次会议。1989年，Holland的学生D. E. Goldberg出版了专著《搜索、优化和机器学习中的遗传算法》。该书总结了遗传算法研究的主要成果，对遗传算法及其应用进行了全面而系统的论述。同年，美国斯坦福大学的Koza基于自然选择原则创造性地提出了用层次化的计算机程序来表达问题的遗传程序设计(Genetic Programming，GP)方法，成功地解决了许多问题。

成熟期(20世纪90年代至今)：到20世纪90年代，已形成了遗传算法成熟的理论基础，并开展了应用拓展。在欧洲，从1990年开始每隔一年举办一次Parallel Problem Solving from Nature学术会议，其中遗传算法是会议主要内容之一。此外，以遗传算法的理论基础为中心的学术会议还有Foundations of Genetic Algorithms，该会也是从1990年开始隔年召开一次。这些国际会议论文，集中反映了遗传算法近些年来的最新发展和动向。1991年，L. Davis编辑出版了《遗传算法手册》(*Handbook of Genetic Algorithms*)，其中包括遗传算法在工程技术和社会生活中的大量应用实例。1992年，Koza发表了他的专著《遗传程序设计：基于自然选择法则的计算机程序设计》。1994年，他又出版了《遗传程序设计，第二册：可重用程序的自动发现》，深化了遗传程序设计的研究，使程序设计自动化展现了新局面。有关遗传算法的学术论文也不断在*Artificial Intelligence*、*Machine Learning*、*Information science*、*Parallel Computing*、*Genetic Programming and Evoluable Machine*、*IEEE Transactions on Signal Processing*、*IEEE Transactions on Neural Networks*等杂志上发表。1993年，MIT出版社创刊了新杂志*Evolutionary Computation*。1997年，IEEE又创刊了*Transactions on Evolutionary Computation*、*Advanced Computational Intelligence*杂志即将发刊，由模糊集合创始人L. A. Zadeh教授为名誉主编。

目前，关于遗传算法研究的热潮仍在持续，越来越多从事不同领域的研究人员已经或正在置身于有关遗传算法的研究或应用之中。

6.1.2 遗传算法的基本原理

遗传算法是根据自然界“物竞天择，适者生存”现象而提出来的一种随机搜索算法，这起源于对生物系统所进行的计算机模拟研究。

1. 遗传算法的基本思想

遗传算法的基本思想是基于 Darwin 进化论和 Mendel 的遗传学说的。

Darwin 进化论最重要的是适者生存原理。它认为每一物种在发展中越来越适应环境。物种每个个体的基本特征由后代所继承,但后代又会产生一些异于父代的新变化。在环境变化时,只有那些能适应环境的个体特征方能保留下来。

Mendel 遗传学说最重要的是基因遗传原理。它认为遗传以密码方式存在细胞中,并以基因形式包含在染色体内。每个基因有特殊的位置并控制某种特殊性质;所以,每个基因产生的个体对环境具有某种适应性。基因突变和基因杂交可产生更适应于环境的后代。经过存优去劣的自然淘汰,适应性高的基因结构得以保存下来。

2. 遗传算法的基本概念

由于遗传算法是由进化论和遗传学机理而产生的直接搜索优化方法;故而在这个算法中要用到各种进化和遗传学的概念。

(1) 串:它是个体的形式,在算法中为二进制串,并且对应于遗传学中的染色体。

(2) 群体:个体的集合称为群体,串是群体的元素。

(3) 群体大小:在群体中个体的数量称为群体的大小。

(4) 基因:基因是串中的元素,基因用于表示个体的特征。例如有一个串 S=1011,则其中的 1,0,1,1 这 4 个元素分别称为基因。它们的值称为等位基因。

(5) 基因位置:一个基因在串中的位置称为基因位置,有时也简称基因位。基因位置由串的左向右计算,例如在串 S=1101 中,0 的基因位置是 3。基因位置对应于遗传学中的地点。

(6) 基因特征值:在用串表示整数时,基因的特征值与二进制数的权一致;例如在串 S=1011 中,基因位置 3 中的 1,它的基因特征值为 2;基因位置 1 中的 1,它的基因特征值为 8。

(7) 染色体:染色体又可以叫做基因型个体,一定数量的个体组成了群体,群体中个体的数量叫做群体大小。

(8) 适应度:表示某一个体对于环境的适应程度叫做适应度。为了体现染色体的适应能力,引入了对问题中的每一个染色体都能进行度量的函数,叫做适应度函数。这个函数用于计算个体在群体中被使用的概率。

3. 遗传算法的基本原理

遗传算法从代表问题可能潜在的解集的一个种群开始,初始种群则由经过基因编码的一定数目的个体组成。按照适者生存和优胜劣汰的原理,逐代演化产生出越来越好的近似解,在每一代,根据问题域中个体的适应度大小选择个体,并借助于自然遗传学的遗传算子进行组合交叉和变异,产生出代表新的解集的种群。这个过程将导致种群像自然进化一样的后生代种群比前代更加适应于环境,末代种群中的最优个体经过解码,可以作为问题近似最优解。

执行步骤如下。

1）初始化

选择一个群体，长度为 L 的 n 个二进制串 $b_i(i=1,2,\cdots,n)$ 组成了遗传算法的初解群，也称为初始群体。在每个串中，每个二进制位就是个体染色体的基因。这个初始的群体也就是问题假设解的集合。

2）选择

这是从群体中选择出较适应环境的个体。这些选中的个体用于繁殖下一代。故有时也称这一操作为再生。由于在选择用于繁殖下一代的个体时，是根据个体对环境的适应度而决定其繁殖量的，故而有时也称为非均匀再生。

3）交叉

这是在选中用于繁殖下一代的个体中，对两个不同的个体的相同位置的基因进行交换，从而产生新的个体。

4）变异

这是在选中的个体中，对个体中的某些基因执行异向转化。在串 b_i 中，如果某位基因为 1，产生变异时就是把它变成 0；反亦反之。

5）全局最优收敛

当最优个体的适应度达到给定的阈值，或者最优个体的适应度和群体适应度不再上升时，则算法的迭代过程收敛、算法结束。否则，用经过选择、交叉、变异所得到的新一代群体取代上一代群体，并返回到第(2)步即选择操作处继续循环执行。

6.1.3 遗传算法数学基础分析

遗传算法在机理方面具有搜索过程和优化机制等属性，数学方面的性质可通过模式定理和构造块假设等分析加以讨论，Markov 链也是分析遗传算法的一个有效工具。

1. 模式定理

1）模式

种群中的个体即基因串中的相似样板称为“模式”，模式表示基因串中某些特征位相同的结构，因此模式也可能解释为相同的构形，是一个串的子集。

在二进制编码中，模式是基于三个字符集{0,1,*}的字符串，符号 * 代表 0 或 1。对于二进制编码串，当串长为 L 时，共有 3^L 个不同的模式。

例 6.1.1 *1* 表示 4 个元的子集{010 011 110 111}。

遗传算法中串的运算实际上是模式的运算。如果各个串的每一位按等概率生成 0 或 1，则模式为 n 的种群模式种类总数的期望值为：$\sum_{i=1}^{L} C_L^i 2^i (1-(1-(1/2)^i))^n$，种群最多可以同时处理 $n\times 2^l$ 个模式。

例 6.1.2 一个个体(种群中只有一个)，父个体 011 要通过变异变为子个体 001，其可能影响的模式为：

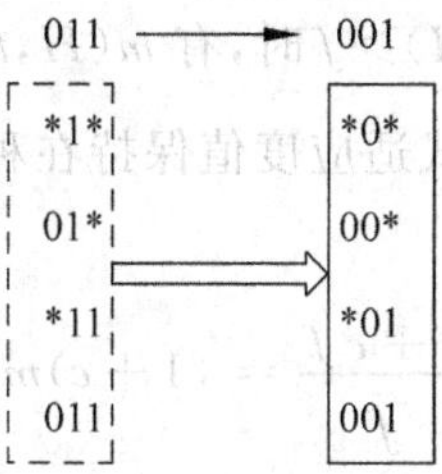

被处理的模式总数为 8 个，$8=1\times 2^3$。

如果独立地考虑种群中的各个串，则仅能得到 n 条信息，然而当把适应值与各个串结合考虑，发掘串群体的相似点，就可得到大量的信息来帮助指导搜索，相似点的大量信息包含在规模不大的种群中。

2）模式阶和定义距

定义 6.1.1 模式阶 模式 H 中确定位置的个数称为模式 H 的模式阶，记作 $O(H)$。例如，$O(011**1**0)=5$。

定义 6.1.2 定义阶 模式中第一个确定位置和最后一个确定位置之间的距离，记作 $\delta(H)$。例如，$\delta(001**1***)=5$。

模式阶用来反映不同模式间确定性的差异，模式阶数越高，模式的确定性就越高，所匹配的样本数就越少。在遗传操作中，即使阶数相同的模式，也会有不同的性质，而模式的定义距就反映了这种性质的差异。

3）模式定理

假定在给定时间步 t（即第 t 代），种群 $A(t)$ 中有 m 个个体属于模式 H，记为 $m=m(H,t)$，即第 t 代时，有 m 个个体属于 H 模式。在再生阶段（即种群个体的选择阶段），每个串根据它的适应值进行复制（选择），一个串 A_i 被复制（选中）的概率为：

$$p_i = \frac{f_i}{\sum_{j=1}^{n} f_j}$$

n 表示种群中个体总数。

当采用非重叠的 n 个串的种群替代种群 $A(t)$，可以得到下式：

$$m(H,t+1) = m(H,t) \cdot n \cdot \frac{f(H)}{\sum_{j=1}^{n} f_j}$$

其中：$f(H) = \frac{\sum_{i\in H} f_i}{m}$，表示在 t 时模式 H 的平均适应度。

若用 $\bar{f} = \frac{\sum_{j=1}^{n} f_j}{n}$ 表示种群平均适应度，则前式可表示为：

$$m(H,t+1) = m(H,t)\,\frac{f(H)}{\bar{f}}$$

上式表明：一个特定的模式按照其平均适应度值与种群的平均适应度值之间的比率生长，换句话说就是：那些适应度值高于种群平均适应度值的模式，在下一代中将会有更多的

代表串处于 $A(t+1)$ 中，因为在 $f(H)>\bar{f}$ 时，有 $m(H,t+1)>m(H,t)$。

假设从 $t=0$ 开始，某一特定模式适应度值保持在种群平均适应度值以上 $c\bar{f}$，c 为常数 $c>0$，则模式选择生长方程为：

$$m(H,t+1)=m(H,t)\frac{\bar{f}+c\bar{f}}{\bar{f}}=(1+c)m(H,t)=(1+c)^t m(H,0)$$

上式表明，在种群平均值以上（以下）的模式将按指数增长（衰减）的方式被复制。

1）交叉对模式 H 的影响

下面讨论交叉对模式 H 的影响。

例 6.1.3 对串 A 分别在下面指定点上与 H_1 模式和 H_2 模式进行交叉。

A 0111000

H_1 *1****0 $\left(被破坏概率：\frac{\delta(H)}{l-1}=\frac{5}{7-1}=\frac{5}{6}；生存率：1/6\right)$

H_2 ***10** $\left(被破坏概率：\frac{\delta(H)}{l-1}=\frac{1}{7-1}=\frac{1}{6}；生存率：5/6\right)$

显然 A 与 H_1 交叉后，H_1 被破坏，而与 H_2 交叉时，H_2 不被破坏。一般地有：模式 H 被破坏的概率为 $\frac{\delta(H)}{l-1}$，故交叉后模式 H 生存的概率为 $1-\frac{\delta(H)}{l-1}$（l：串长；$\delta(H)$：模式 H 的定义阶）。

考虑到交叉本身是以随机方式进行的，即以概率 P_c 进行交叉，故对于模式 H 的生存概率 P_s 可用下式表示：

$$P_s\geqslant 1-P_c\frac{\delta(H)}{l-1}$$

同时考虑选择交叉操作对模式的影响，（选择交叉互相独立不影响）则子代模式的估计：

$$m(H,t+1)\geqslant m(H,t)\cdot\frac{f(H)}{\bar{f}}\left[1-P_c\frac{\delta(H)}{l-1}\right]$$

上式表明模式增长和衰减依赖于两个因素：一是模式的适应度值 $f(H)$ 与平均适应度值的相对大小；另一个是模式定义阶 $\delta(H)$ 的大小（当 P_c 一定，l 一定时）。

2）变异操作对模式的影响

下面再考察变异操作对模式的影响。

变异操作是以概率 P_m 随机地改变一个位上的值，为了使得模式 H 可以生存下来，所有特定的位必须存活。因为单个等位基因存活的概率为 $(1-P_m)$，并且由于每次变异都是统计独立的，因此，当模式 H 中 $O(H)$ 个确定位都存活时，这时模式 H 才能被保留下来，存活概率为：

$$(1-P_m)^{O(H)}\approx 1-O(H)\cdot P_m \quad (P_m)<<1(为\ 0.01\ 以下)$$

上式表明 $O(H)$ 个定位值没有被变异的概率。

由此可得到下式

$$m(H,t+1)\geqslant m(H,t)\cdot\frac{f(H)}{\bar{f}}\left[1-P_c\frac{\delta(H)}{l-1}-O(H)P_m\right]$$

式中 $m(H,t+1)$——在 $t+1$ 代种群中存在模式 H 的个体数目；

$m(H,t)$——在 t 代种群中存在模式 H 的个体数目；

$f(H)$——在 t 代种群中包含模式 H 的个体平均适应度；

$\bar{f}$——t 代种群中所有个体的平均适应度；

l——个体长度；

P_c——交叉概率；

P_m——变异概率。

对于 k 点交叉时，上式可表示为：

$$m(H,t+1) \geqslant m(H,t) \cdot \frac{f(H)}{\bar{f}}\left[1 - P_c \frac{c_l^k - c_{l-1-\delta(H)}^k}{c_{l-1}^k} - O(H)P_m\right]$$

模式定理：在遗传算子选择、交叉和变异的作用下，具有低阶、短定义距以及平均适应度高于种群平均适应度的模式在子代中呈指数增长。模式定理保证了较优的模式（遗传算法的较优解）的数目呈指数增长，为解释遗传算法机理提供了数学基础。

从模式定理可看出，有高平均适应度、短定义距、低阶的模式，在连续的后代里获得至少以指数增长的串数目，这主要是因为选择使最好的模式有更多的复制，交叉算子不容易破坏高频率出现的、短定义长的模式，而一般突变概率又相当小，因而它对这些重要的模式几乎没有影响。

2. 积木块假设

遗传算法通过短定义距、低阶以及高适应度的模式（积木块），在遗传操作作用下相互结合，最终接近全局最优解。

满足这个假设的条件有两个：①表现型相近的个体基因型类似；②遗传因子间相关性较低。积木块假设指出，遗传算法具备寻找全局最优解的能力，即积木块在遗传算子作用下，能生成低阶、短距、高平均适应度的模式，最终生成全局最优解。

模式定理还存在以下缺点。

(1) 模式定理只对二进制编码适用。

(2) 模式定理只是指出具备什么条件的木块会在遗传过程中按指数增长或衰减，无法据此推断算法的收敛性。

(3) 没有解决算法设计中控制参数选取问题。

模式定理保证了较优模式的样本数呈指数增长，从而使遗传算法找到全局最优解的可能性存在；而积木块假设则指出了在遗传算子的作用下，能生成全局最优解。

6.2 遗传算法分析

6.2.1 遗传算法结构及主要参数

遗传算法(GA)的基本框架如图 6-1 所示。

6.2.2 基因操作

遗传操作是模拟生物基因遗传的做法。在遗传算法中，通过编码组成初始群体后，遗传操作的任务就是对群体的个体按照它们对环境适应度(适应度评估)施加一定的操作,从而实现优胜劣汰的进化过程。从优化搜索的角度而言,遗传操作可使问题的解,一代又一代地优化,并逼进最优解。

遗传操作包括以下三个基本基因操作：选择；交叉；变异。这三个遗传算子有如下特点：个体的基因操作都是在随机扰动情况下进行的。因此,群体中个体向最优解迁移的规则是随机的。需要强调的是,这种随机化操作和传统的随机搜索方法是有区别的。遗传操作进行的是高效有向的搜索而不是如一般随机搜索方法所进行的无向搜索。

遗传操作的效果和上述三个基因操作所取的操作概率、编码方法、群体大小、初始群体以及适应度函数的设定密切相关。

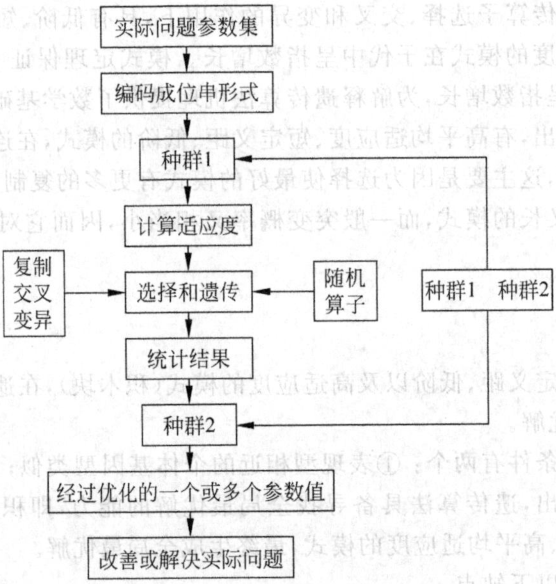

图 6-1 遗传算法(GA)的基本框架

1. 选择

从群体中选择优胜的个体,淘汰劣质个体的操作叫做选择。选择算子有时又称为再生算子。选择的目的是把优化的个体(或解)直接遗传到下一代或通过配对交叉产生新的个体再遗传到下一代。选择操作是建立在群体中个体的适应度评估基础上的,目前常用的选择算子有以下几种：适应度比例方法、随机遍历抽样法、局部选择法。

其中,轮盘赌选择法是最简单也是最常用的选择方法。在该方法中,各个个体的选择概率和其适应度值成比例。显然,概率反映了个体 i 的适应度在整个群体的个体适应度总和中所占的比例。个体适应度越大,其被选择的概率就越高,反之亦然。计算出群体中各个个体的选择概率后,为了选择交配个体,需要进行多轮选择。每一轮产生一个[0,1]之间的均匀随机数,将该随机数作为选择指针来确定被选个体。个体被选后,可随机地组成交配对,以供后面的交叉操作。

2. 交叉

在自然界生物进化过程中起核心作用的是生物遗传基因的重组(加上变异)。同样,遗传算法中起核心作用的是遗传操作的交叉算子。交叉是指把两个父代个体的部分结构加以替换重组而生成新个体的操作。通过交叉，遗传算法的搜索能力得以飞跃提高。

交叉算子根据交叉率将种群中的两个个体随机地交换某些基因，能够产生新的基因组合，期望将有益基因组合在一起。根据编码表示方法的不同，可以有以下的算法。

1）实值重组

（1）离散重组。

（2）中间重组。

（3）线性重组。

（4）扩展线性重组。

2）二进制交叉

（1）单点交叉。

（2）多点交叉。

（3）均匀交叉。

（4）洗牌交叉。

（5）缩小代理交叉。

最常用的交叉算子为单点交叉。具体操作是：在个体串中随机设定一个交叉点，实行交叉时，该点前或后的两个个体的部分结构进行互换，并生成两个新个体。下面给出了单点交叉的一个例子：

个体 A：1 0 0 1 ↑ 1 1 1 → 1 0 0 1 0 0 0 新个体

个体 B：0 0 1 1 ↑ 0 0 0 → 0 0 1 1 1 1 1 新个体

3. 变异

异算子的基本内容是对群体中的个体串的某些基因座上的基因值作变动。依据个体编码表示方法的不同，可以有以下的算法。

(1) 实值变异。

(2) 二进制变异。

一般来说，变异算子操作的基本步骤如下。

(1) 对群中所有个体以事先设定的编译概率判断是否进行变异。

(2) 对进行变异的个体随机选择变异位进行变异。

遗传算法引入变异的目的有两个：一是使遗传算法具有局部的随机搜索能力。当遗传算法通过交叉算子已接近最优解邻域时，利用变异算子的这种局部随机搜索能力可以加速向最优解收敛。显然，此种情况下的变异概率应取较小值，否则接近最优解的积木块会因变异而遭到破坏。二是使遗传算法可维持群体多样性，以防止出现未成熟收敛现象。此时收敛概率应取较大值。

遗传算法中，交叉算子因其全局搜索能力而作为主要算子，变异算子因其局部搜索能力而作为辅助算子。遗传算法通过交叉和变异这对相互配合又相互竞争的操作而使其具备兼顾全局和局部的均衡搜索能力。所谓相互配合，是指当群体在进化中陷于搜索空间中某个超平面而仅靠交叉不能摆脱时，通过变异操作可有助于这种摆脱。所谓相互竞争，是指当通过交叉已形成所期望的积木块时，变异操作有可能破坏这些积木块。如何有效地配合使用交叉和变异操作,是目前遗传算法的一个重要研究内容。

变异率的选取一般受种群大小、染色体长度等因素的影响,通常选取很小的值,一般取0.001～0.1。

6.2.3 遗传算法参数选择及其对算法收敛性的影响

1. 遗传算法参数

(1) 种群规模:即种群中染色体个体的数目。

(2) 适应度函数。

(3) 交叉概率:控制着交叉算子的使用频率。交叉操作可以加快收敛,使解达到最有希望的最优解区域,因此一般取较大的交叉概率,但交叉概率太高也可能导致过早收敛。

(4) 变异概率:控制着变异算子的使用频率。

(5) 终止条件。

2. 遗传算法的收敛性分析

遗传算法本质上是对染色体模式所进行的一系列运算,即通过选择算子将当前种群中的优良模式遗传到下一代种群中,利用交叉算子进行模式重组,利用变异算子进行模式突变。通过这些遗传操作,模式逐步向较好的方向进化,最终得到问题的最优解。

遗传算法要实现全局收敛,首先要求任意初始种群经有限步都能到达全局最优解,其次算法必须由保优操作来防止最优解的遗失。与算法收敛性有关的因素主要包括种群规模、选择操作、交叉概率和变异概率。

(1) 种群规模对收敛性的影响。

遗传算法中初始群体中的个体是随机产生的。一般来讲,初始群体的设定可采取如下的策略:①根据问题固有知识,设法把握最优解所占空间在整个问题空间中的分布范围,然后,在此分布范围内设定初始群体;②先随机生成一定数目的个体,然后从中挑出最好的个体加到初始群体中。这种过程不断迭代,直到初始群体中个体数达到了预先确定的规模。

通常,种群太小则不能提供足够的采样点,以致算法性能很差;种群太大,尽管可以增加优化信息,阻止早熟收敛的发生,但无疑会增加计算量,造成收敛时间太长,表现为收敛速度缓慢。

(2) 选择操作对收敛性的影响。

选择操作使高适应度个体能够以更大的概率生存,从而提高了遗传算法的全局收敛性。如果在算法中采用最优保存策略,即将父代群体中最佳个体保留下来,不参加交叉和变异操作,使之直接进入下一代,最终可使遗传算法以概率1收敛于全局最优解。

(3) 交叉概率对收敛性的影响。

交叉操作用于个体对,产生新的个体,实质上是在解空间中进行有效搜索。交叉概率太大时,种群中个体更新很快,会造成高适应度值的个体很快被破坏掉;概率太小时,交叉操作很少进行,从而会使搜索停滞不前,造成算法的不收敛。

(4) 变异概率对收敛性的影响。

变异操作是对种群模式的扰动,有利于增加种群的多样性。但是,变异概率太小则很难产生新模式，变异概率太大则会使遗传算法成为随机搜索算法。

(5) 适应度函数的设定及对收敛性的影响。

遗传算法在搜索进化过程中一般不需要其他外部信息，仅用评估函数来评估个体或解的优劣，并作为以后遗传操作的依据。由于遗传算法中，适应度函数要比较排序并在此基础上计算选择概率，所以适应度函数的值要取正值。由此可见，在不少场合，将目标函数映射成求最大值形式且函数值非负的适应度函数是必要的。

适应度函数的设计主要满足以下条件。

① 单值、连续、非负、最大化。

② 合理、一致性。

③ 计算量小。

④ 通用性强。

在具体应用中，适应度函数的设计要结合求解问题本身的要求而定。适应度函数设计直接影响到遗传算法的性能。当最优个体的适应度达到给定的阈值，或者最优个体的适应度和群体适应度不再上升时，或者迭代次数达到预设的代数时，算法终止。预设的代数一般设置为100～500代。

6.2.4 遗传算法的特点

(1) 遗传算法从问题解的中集开始搜索，而不是从单个解开始。

这是遗传算法与传统优化算法的极大区别。传统优化算法是从单个初始值迭代求最优解的；容易误入局部最优解。遗传算法从串集开始搜索，覆盖面大，利于全局择优。

(2) 遗传算法求解时使用特定问题的信息极少，容易形成通用算法程序。

由于遗传算法使用适应度这一信息进行搜索，并不需要问题导数等与问题直接相关的信息。遗传算法只需适应度和串编码等通用信息，故几乎可处理任何问题。

(3) 遗传算法有极强的容错能力。

遗传算法的初始串集本身就带有大量与最优解甚远的信息；通过选择、交叉、变异操作能迅速排除与最优解相差极大的串；这是一个强烈的滤波过程；并且是一个并行滤波机制。故而，遗传算法有很高的容错能力。

(4) 遗传算法中的选择、交叉和变异都是随机操作，而不是确定的精确规则。

这说明遗传算法是采用随机方法进行最优解搜索，选择体现了向最优解迫近，交叉体现了最优解的产生，变异体现了全局最优解的覆盖。

(5) 遗传算法具有隐含的并行性。

6.3 TSP的遗传算法解

旅行商问题(Traveling Salesman Problem，TSP)，又译为旅行推销员问题、货郎担问题，是数学领域中的著名问题之一。假设有一个旅行商人要拜访n个城市，他必须选择所要走的路径，路径的限制是每个城市只能拜访一次，而且最后要回到原来出发的城市。路径的选择目标是要求得的路径路程为所有路径之中的最小值。规则虽然简单，但在地点数目增多后求解却极为复杂。以 42 个地点为例，如果要列举所有路径后再确定最佳行程，那么总路径数量之大，几乎难以计算出来。多年来全球数学家绞尽脑汁，试图找到一个高效的算法，近来在大型计算机的帮助下才取得了一些进展。

TSP 在物流中的描述是对应一个物流配送公司，欲将 n 个客户的货物沿最短路线全部送到，主要解决如何确定最短路线的问题。

TSP 最简单的求解方法是枚举法。它的解是多维的、多局部极值的、趋于无穷大的复杂解的空间，搜索空间是 n 个点的所有排列的集合，大小为 $n-1$。可以形象地把解空间看成是一个无穷大的丘陵地带，各山峰或山谷的高度即是问题的极值。求解 TSP，则是在此不能穷尽的丘陵地带中攀登以达到山顶或谷底的过程。

6.3.1 问题的描述与分析

1. TSP 描述

TSP 属于 NP 完全问题，给定一组 n 个城市和它们两两之间地直达距离，寻找一条闭合的旅程，使得每个城市刚好经过一次而且总的旅行距离最短。TSP 的描述很简单，简言之就是寻找一条最短的遍历 n 个城市的路径，或者说搜索整数子集 $X=\{1,2,\cdots,n\}$（X 的元素表示对 n 个城市的编号）的一个排列 $\pi(X)=\{v_1,v_2,\cdots,v_n\}$，使 $T=\sum d(v_i,v_{i+1})+d(v_i,v_n)$ 取最小值。式中的 $d(v_i,v_{i+1})$ 表示城市 v_i 到城市 v_{i+1} 的距离。产生初始种群的方法通常有两种。一种是完全随机的方法产生，它适合于对问题的解无任何先验知识的情况。另一种是某些先验知识可转变为必须满足一组要求，然后在满足这些要求的解中再随机地选取样本。这样选择初始种群可使遗传算法更快地达到最优解。

2. 对 TSP 的遗传基因编码方法

在遗传算法的应用中，遗传基因的编码是一个很重要的问题。对遗传基因进行编码时，要考虑到是否适合或有利于交叉和变异操作。在遗传算法中有两种基于串的基因编码形式，一种是基于二进制的遗传算法（binary coded GA），一种是基于顺序的遗传算法（the order-based GA）。在求解 TSP 时，采用基于二进制的遗传算法，基于二进制的遗传算法不利于交叉和变异操作。

在求解 TSP 时，1985 年，Grefenstette 等提出了基于顺序表示的遗传基因编码方法。顺序表示是指所有城市依次排列构成一个顺序表，对于一条旅程，可以依旅行经过顺序处理每个城市，每个城市在顺序表中的顺序就是一个遗传因子的表示，每处理完一个城市，从顺序表中去掉该城市。处理完所有城市以后，将每个城市的遗传因子表示连接起来，就是一条旅程的基因表示。例如，顺序表 $C=(1,2,3,4,5,6,7,8,9)$，一条旅程为 5-1-7-8-9-4-6-3-2。按照这种编码方法，这条旅程的编码为表 $L=(5\ 1\ 5\ 5\ 5\ 3\ 3\ 2\ 1)$。但是这种表示方法，在进行单点交叉的时候，交叉点右侧部分的旅程发生了随机变化，但是交叉点左侧部分的旅程未发生改变，由于存在这样的缺点，所以顺序表示的方法的适用性存在一定的问题。

6.3.2 针对 TSP 的遗传算法算子

1. 选择算子

求解 TSP，常用的选择机制有轮盘赌选择机制，最佳个体保存选择机制，期望值模型机制，排序模型选择机制，联赛选择模型机制，排挤模型等。遗传算法中一个要求解决的问题是如何防止“早熟”收敛现象。为了保证遗传算法的全局收敛性，就要维持群体中个体的多样性，避免有效基因的丢失。Rudolhp C[4] 提出采用精英选择策略即保持群体中最好的个体不丢失，以保证算法的收敛性。Konstantin Boukreev 采用联赛选择方法和最优个体保存方法相结合的方法，通过在 VC++ 6.0 环境下编程实现了求解 TSP 的遗传算法，取得了很好的效果。谢胜利等人提出浓度控制策略，当某种个体的浓度超过给定的浓度阈值时减少该种个体的数量，使之控制在给定的浓度阈值之内，并随机产生新的个体以补足种群的规模，他们通过实验证明该策略很好地解决了遗传算法中群体的多样性问题。

在该遗传算法中用到了轮盘赌选择和最佳个体保存策略。

1）轮盘赌选择

个体适应度按比例转换为选中概率，将轮盘分成 n 个扇区进行 n 次选择，产生 n 个 0～1 之间的随机数相当于转动 n 次轮盘，可以获得 n 次转盘停止时的指针位置，指针停放在某一扇区，该扇区代表的个体被选中。概率越大所占转盘面积越大，被选中的几率越大。

2）最优保存策略选择

在遗传算法的运行过程中，通过对个体进行交叉、变异等遗传操作而不断产生新的个体，虽然随着群体的进化过程会产生出越来越多的优良个体，但由于遗传操作的随机性，它们也有可能破坏掉当前群体中适应度最好的个体。我们希望适应度最好的个体要尽可能地保存到下一代群体中，为达到这个目的使用最优保存策略进化模型。

最优保存策略进化模型的具体操作过程如下。

(1) 找出当前群体中适应度最高的个体和适应度最低的个体。

(2) 若当前群体中最佳个体的适应度比总的迄今为止最好的个体适应度还要高，则以当前群体中的最佳个体作为新的迄今为止最好的个体。

(3) 用迄今为止最好的个体替换掉当前群体中最差的个体。

2. 交叉算子

旅行商问题求解的交叉算子采用常规单点交叉和部分映射交叉。

1）单点交叉

单点交叉又称为简单交叉，是指在个体编码串中只随机设置一个交叉点，然后在该点相互交换两个配对个体的部分染色体。单点交叉运算的示意如下：

```
A: 01100|11            A¹: 01100|01
                ———→
B: 10011|01            B¹: 10011|11
```

2）部分映射交叉

部分映射交叉（Partially Mapped Crossover，PMC）称为部分匹配交叉。整个交叉分为两步进行：首先对个体编码串进行常规的双点交叉操作，然后根据交叉区域内各个基因值之间的映射关系来修改交叉区域之外的各个基因座的基因值。

算法 PMC 的运算步骤如下。

(1) 随机选取两个基因座 I 和 J 紧后的位置为交叉点，即将第 $I+1$ 和 J 个基因座之间的各个基因座定义为交叉区域。

(2) 对交叉区域中的每个基因座 $P(P=I+1,I+2,\cdots,J)$，在个体 T_X 中去求出 $t_Q^X=t_P^Y$ 的基因座 Q，在个体 T_Y 中求出 $t_R^Y=t_P^X$ 的基因座 R，然后相互交换基因值 t_Q^X 和 t_P^Y，t_R^X 和 t_P^Y 所得的结果即为 T_X^1，T_Y^1。

PMC 操作保留了部分城市的绝对访问顺序，但是它更多地产生了父代巡回路线中所没有的部分新路线，所以这种操作方法的性状遗传特性不太好。

3. 变异算子

遗传算法强调的是交叉的功能。从遗传算法的观点来看，解的进化主要靠选择机制和交叉策略来完成，变异只是为选择、交叉过程中可能丢失的某些遗传基因进行修复和补充，变异在遗传算法的全局意义上只是一个背景操作。针对 TSP，陈国良等人介绍了 4 种主要的变异技术。

(1) 点位变异：变异仅以一定的概率(通常很小)对串的某些位做值的变异。

(2) 逆转变异：在编码串中，随机选择两点，再将这两点内的子串按反序插入到原来的位置中。

(3) 对换变异：随机选择串中的两点，交换其码值。

(4) 插入变异：从串中随机选择一个码，将此码插入随机选择的插入点之后。

此外，对于变异操作还有一些变体形式，如 Sushil Jouis 提出的贪心对换变异(greedy-swap mutation)，其基本思想是从一个染色体中随机地选择两个城市(即两个码值)，然后交换它们，得到新的染色体，以旅程长度为依据比较交换后的染色体与原来的染色体的大小，保留旅程长度值小的染色体。谢胜利等人提出倒位变异算子，该算子是指在个体编码串中随机选择两个城市，是第一个城市的右边城市与第二个城市之间的编码倒序排列，从而产生一个新个体。例如，若有父个体 P(1 4 5 2 3 6)，假设随机选择的城市是 4,3，那么产生的新个体为 O(1 4 3 2 5 6)。Hiroaki Sengoku 等采用 Grefenstette J J 方法的思想，提出了 Greedy Subtour Crossover(GSC)变异算子。这种方法与贪心对换变异有相同的思想，但是更易扩张更有效率。Konstantin Boukreev 实验发现：当城市大小在 200 之内时，该变异算子可以大大改善程序的运行速度，随着城市数目的增加，尤其是当城市数目达到 1000 以上时，程序运行速度非常慢。

6.3.3 实例分析

10 个点的 TSP 的测试数据如下：

0,23,93,18,40,34,13,75,50,35,

23,0,75,4,72,74,36,57,36,22,

93,75,0,64,21,73,51,25,74,89,

18,4,64,0,55,52,8,10,67,1,

40,72,21,55,0,43,64,6,99,74,

34,74,73,52,43,0,43,66,52,39,

13,36,51,8,64,43,0,16,57,94,

75,57,25,10,6,66,16,0,23,11,

50,36,74,67,99,52,57,23,0,42,

35,22,89,1,74,39,94,11,42,0

1. 试验结果

利用回溯算法对上述数据测试,求出5~10个点的TSP的最短路径的路径长度及路径如下。

用回溯算法求出路径长度及路径,采用遗传算法求解TSP的结果如表6-1和表6-2所示。

表6-1 遗传算法求解TSP问题10个点的测试结果一

(a)

$P_c=0.8$			$P_m=0.05$		
运行最大代数	50代			100代	
所用方法	代数	权值	路径	代数	权值
1-1-1	1	184	1653742	30	184
	6	212	1536742		
1-1-2	1	207	1246537	69	184
	2	184	1653742		
1-1-3	7	198	1653742	61	251
	10	212	1536442	3	198
1-1-4	8	198	1653247	46	207
	9	224	1426537	27	184
1-2-1	2	184	1653742	67	184
	7	217	1423567		
1-2-2	6	207	1426537	74	184
	8	224	1735624		
1-2-3	2	224	1426537	14	184
	5	198	1653247		
1-2-4	6	211	1243567	90	184
	1	212	1536742		
2-1-1	1	211	1765342	1	255
	1	211	1765342	2	217
2-1-2	1	211	1243567	24	198
	1	207	1246537		
2-1-3	3	231	1235674	1	184
	2	217	1765342	52	207
2-1-4	1	225	1635247	19	198
	1	198	1742356		

续表

$P_c=0.8$			$P_m=0.05$		
运行最大代数	50 代			100 代	
所用方法	代数	权值	路径	代数	权值
2-2-1	2	258	1253674	21	207
	1	184	1653742		
2-2-2	2	235	1427635	2	184
	1	184	1653742		
2-2-3	1	242	1672435	1	184
	2	184	1653742		
2-2-4	1	227	1635742	1	184
	1	215	1724356	1	207

(b)

点数	路径长度	路　径
5	152	1,2,4,3,5
6	189	1,2,4,3,5,6
7	184	1,2,4,7,3,5,6
8	174	1,2,4,7,8,3,5,6
10	226	1,6,5,3,8,9,2,10,4,7
12	251	1,2,11,6,5,3,8,9,10,4,12,7
13	230	1,2,11,6,13,5,3,8,9,10,4,12,7
15	230	1,7,12,9,8,3,5,15,14,10,4,2,11,6,13
17	222	1,2,16,14,15,5,3,8,9,17,11,6,13,10,4,12,7
19	203	17,12,4,10,19,3,5,15,14,16,2,11,17,9,8,18,6,13
20	212	1,2,16,20,11,17,9,8,14,18,6,13,15,5,3,19,10,4,12,7

表 6-2　遗传算法求解 TSP 问题 10 个点的测试结果二

条件	$P_c=0.8$ $P_m=0.05$				$P_c=0.8$ $P_m=0.1$			
种群	100 个种群				50 个种群		100 个种群	
运行最大代数	100 代		200 代		200 代			
所用方法	代数	权值	代数	权值	代数	权值	代数	权值
1-1-1	67	252	196	252	14	251	30	233
	41	237						
1-1-2	43	233	18	232	127	257	4	237
	71	242						
1-1-3	63	229	81	229	52	259	76	251
	40	245						
1-1-4	79	253	118	265	73	253	36	237
	1	246						
1-2-1	79	338	142	235	199	242	25	245
	1	256						

续表

条件	$P_c=0.8$ $P_m=0.05$				$P_c=0.8$ $P_m=0.1$			
种群	100 个种群				50 个种群		100 个种群	
运行最大代数	100 代		200 代		200 代			
所用方法	代数	权值	代数	权值	代数	权值	代数	权值
1-2-2	29	256	32	256	124	241	6	245
	1	237						
1-2-3	64	248	179	245	101	256	75	247
	5	248						
1-2-4	66	251	113	226	125	304	98	233
	48	258						
2-1-1	2	275	136	259	1	277	2	285
	1	245						
2-1-2	2	233	25	288	1	262	1	259
	1	282						
2-1-3	19	249	1	277	15	254	1	283
	31	266						
2-1-4	1	277	39	261	126	308	1	280
	1	272						
2-2-1	81	266	1	268	143	237	1	276
	37	274						
2-2-2	1	248	5	229	134	266	1	262
	3	256						
2-2-3	1	299	1	258	3	268	1	314
	3	241						
2-2-4	1	287	149	294	2		3	264
	1	232						

注：所用方法按选择，交叉，遗传顺序排列。选择 1：Optimization selection(one best selected and others mate each other)；选择 2：Optimization selection(one best selected mate with others)；交叉 1：one_point_crossover；交叉 2：partially_mapped_crossover；遗传 1：simple_mutation；遗传 2：inversion_mutation；遗传 3：insert_mutation；遗传 4：change_mutation。

2. 试验结论

从上面的测试可以进一步证明，在遗传算法的运行过程中，通过对个体进行交叉、变异等遗传操作而不断地产生新个体。虽然随着群体的进化过程会产生越来越多的优良个体，但由于选择、交叉、变异等遗传操作的遗传的随机性，它们也有可能破坏当前群体中的最好个体。这样就会降低群体的平均适应度，并且对遗传算法的运行效率、收敛性都有不利影响。所以，采用方法 1-1-2(最优保存进化模型)来进行优胜劣汰操作，即当前群体中适应度最高的个体不参与交叉运算和变异运算，而是用它来替换掉本代群体中经过交叉、变异等操作后的适应度最低的个体。

从遗传算法运算过程产生新个体的能力方面来看，交叉运算是产生新个体的主要方法，它决定了遗传算法的全局搜索能力；而变异运算是产生新个体的辅助方法，它决定了遗传算法的局部搜索能力。另外，变异算子对于维持群体的多样性，防止出现早熟现象有一定的能力。

遗传算法的动态分析：从随机过程和数理统计的角度探讨遗传算法较为一般的规律，有助于更好地把握遗传算法的特性，以提高求解效率和改善求解效果。在选择操作中保留当前最好解的基本遗传算法(SGA)能以概率收敛到最优解。

在应用遗传算法求解 TSP 时，有 TSP 顺序表示和路径表示方法及其遗传操作，这两种方法从根本上属于遗传基因码的向量式表示，是否充分表示反映了一条包含的遗传信息是令人怀疑的。1992 年，Fox 和 McMahon 等提出了旅程的矩阵表示方法。将一条旅程定义为一个有优先权的布尔矩阵 M，当且仅当城市 i 排列在城市 j 之前时，矩阵元素 $M_{ij}=1$。针对矩阵表示方法，他们设计了交(intersection)和并(union)。当矩阵中位进行交运算产生的矩阵就可获得一个合法的旅程矩阵。一个矩阵的位子集可以安全地与另一个矩阵的位子集合并，只要这两个子集的交为空。该算子将城市集合分割成两个分离的组，第一组城市从第一个矩阵拷贝位，第二个城市从第二个拷贝位。最后，通过分析行和列的和矩阵变为一个序列。由于时间和自身的水平关系，没有尝试在程序中实现。

针对 TSP，在随机产生的一组数中，用遗传算法产生最优解，确切地说，是近似最优解用的时间和针对该组测试数据用回溯算法的精确解比较接近，而且时间远少于回溯算法。TSP 搜索空间随着城市数 n 的增加而增大，所有的旅程路线组合为$(n-1)/2$。当城市很多时，遗传算法表现了其强大的优势。

6.4 神经网络的遗传学习算法

遗传算法在神经网络中的应用主要反映在三个方面：网络的学习，网络的结构设计，网络的分析。

1. 遗传算法在网络学习中的应用

在神经网络中，遗传算法可用于网络的学习。这时，它在以下两个方面起作用。

1) 学习规则的优化

用遗传算法对神经网络学习规则实现自动优化，从而提高学习速率。

2) 网络权系数的优化

用遗传算法的全局优化及隐含并行性的特点提高权系数优化速度。

2. 遗传算法在网络设计中的应用

用遗传算法设计一个优秀的神经网络结构，首先是要解决网络结构的编码问题；然后才能以选择、交叉、变异操作得出最优结构。编码方法主要有下列三种。

1) 直接编码法

这是把神经网络结构直接用二进制串表示，在遗传算法中，“染色体”实质上和神经网络是一种映射关系。通过对“染色体”的优化就实现了对网络的优化。

2) 参数化编码法

参数化编码采用的编码较为抽象，编码包括网络层数、每层神经元数、各层互连方式等信息。一般对进化后的优化"染色体"进行分析，然后产生网络的结构。

3）繁衍生长法

这种方法不是在"染色体"中直接编码神经网络的结构，而是把一些简单的生长语法规则编码入"染色体"中；然后，由遗传算法对这些生长语法规则不断进行改变，最后生成适合所解的问题的神经网络。这种方法与自然界生物的生长进化相一致。

3. 遗传算法在网络分析中的应用

遗传算法可用于分析神经网络。神经网络由于有分布存储等特点，一般难以从其拓扑结构直接理解其功能。遗传算法可对神经网络进行功能分析，性质分析，状态分析。

本节主要介绍神经网络的遗传学习算法。

6.4.1 遗传学习算法

由于学习是神经网络的一种最重要也是最令人注目的特点，因此在神经网络的发展进程中，学习算法的研究一直有着十分重要的地位。BP 算法的出现弥补了神经网络在实际应用中难以确定权值的不足，使得具有很强识别功能的前向多层神经网络得以应用。但 BP 算法从本质上讲属于梯度下降算法，因而不可避免地具有一些缺陷，如：易陷入局部极小值、训练速度慢、误差函数必须可导、受网络结构的限制等。遗传算法是一种求解问题的高效并行全局搜索方法。在过去的几十年中，在解决复杂的全局优化问题方面，遗传算法已取得了成功的应用，并受到了广泛的关注。在优化问题中，如果目标函数是多峰的，或者搜索空间不规则，就要求所使用的算法必须具有高度的鲁棒性，以避免在局部最优解附近徘徊。由于一个人工神经网络模型可以由有限个参数：神经元、网络层数、各层神经元数、神经元的互连方式、各连接的权重以及传递函数等描述，所以可以对一个人工神经网络模型经过编码，用遗传算法实现神经网络的学习过程。而遗传算法又具有全局随机搜索能力，能够在复杂的、多峰值的、不可微的大矢量空间中迅速有效地寻找到全局最优解，陷入局部最小值的可能性大大减少。另外，由于适应度函数无须可导，因此进化学习算法可适用的神经元（激活函数）类型更为广泛；同时由于遗传算法使用简单、鲁棒性强的特点，用遗传算法进化神经网络无疑具有重要的意义。

6.4.2 利用遗传算法辅助设计人工神经网络的权值和域值

1. 利用遗传算法设计神经网络的权值和域值方案

由于一个人工神经网络模型可以由有限个参数描述，因而可用有限长度的串编码表示。把人工神经网络的参数编码成 GA 的串，并且在选择一个合适的性能评价函数后，可以利用 GA 在参数空间进行全局搜索，取得较好的区域搜索与空间扩展的平衡。实现算法可简要描述如下：定义一个表示人工神经网络模型的编码方案；随机产生 n 个编码，构成初始集 S；根据各个编码的适应度值和概率 P_s 在 S 中随机选择可进行交叉的后代，并随机配对进行交叉；根据各个编码的适应度值和概率 P_m 在 S 中随机选择可进行变异的父代，并进行变异；直到满足性能评价标，或者完成了指定代的搜索；解码 S 中适应度值最大的串，构成人工神经网络。

2. 神经网络权值和阈值的编码及描述

对权值 w 进行编码：依据连接权值数目，对权值用相应维数的实数向量表示。对阈值 B 进行编码：根据隐层和输出层神经元数产生一维实数向量作为阈值向量，其中，s 为隐层节点个数；n 为输出层节点个数。

在传统 GA 中采用的是二进制编码，二进制编码在求解连续参数优化问题时，首先需要将连续的空间离散化，这个离散化过程存在一定的映射误差，特别是它不能直接反映出所求问题的本身结构特征。自 20 世纪 90 年代以来，直接采用实数编码的 GA 求解连续参数优化问题已得到越来越多的重视和发展，实数编码是连续参数优化问题直接的自然描述，不存在编码和解码过程，与基于二进制编码的 GA 相比，存在许多优势：它可以提高解的精度和运算速度，特别是在搜索空间较大时更为明显；避免了编码中带来的附加问题，便于与其他搜索技术相结合。

3. 基于遗传算法的神经网络学习算法

在基于实数向量编码的基础上，交叉操作采用了有关凸集理论中的有关概念，变易操作通过随机产生变异方向进行变异。

隐层节点的激活函数为 Tansig 函数，即 $f(x)=(1-e^{x})/(1+e^{x})$；输出层节点的激活函数为 Sigmoid 函数，即 $f(x)=1/(1+e^{-x})$。这里采用的函数，可以根据输出数据的范围进行不同的选择。适应度函数为网络的全局误差。

遗传算法的神经网络权值和阈值的学习算法，可以分为 9 个步骤完成。

(1) 设定参数。

确定种群规模 L、交叉概率 P_c、变异概率 P_m、网络层数（不包括输入层）和每层神经元数。在算法的仿真过程中，可变换它们的取值，研究其对进化过程的影响。在仿真数据中：种群规模 $L=70$；交叉概率 $P_c=0.1$；变异概率 $P_m=0.6$；评价函数中的参数 $\alpha=0.05$（取 α 为 0.05，设定的选择概率与步骤(6)中产生的随机数更接近，以便选择）。遗传算法对于这些参数的设置是非常鲁棒的，改变这些参数对所得的结果不会有太大的影响。

(2) 初始化。

可随机产生初始种群 $P=\{x_1,x_2,\cdots,x_n\}$，对任一神经网络 $x_i\in P$ 是由一个权值向量和一个阈值向量组成。权值向量为 N 维的实数向量，N 为所有的连接权的个数，阈值向量为 n（不包括输入层神经元）维实数向量。神经元编号采用自低向上，自左向右的方法（包括输入层神经元）。x_i 可用正态分布的小随机数来初始化，在后边的 MATLAB 仿真中使用 $m\times$ randn()函数进行初始化，其中 m 为一个足够大的数，以便确定足够大的搜索空间；randn()可产生一个(0,1)之间均匀分配的随机数。

(3) 评估。

① 适应度计算。根据随机产生的权值向量和阈值向量对应的神经网络，对给定的输入集和输出集计算出每个神经网络的全局误差，使之作为适应度，即 $f=\sum_{p=1}^{k}\sum_{i=1}^{n}(d_{pi}-o_{pi})^2$，其中 o_{pi} 为输入第 p 个训练样本时第 i 个输出节点的输出值；d_{pi} 为期望的输出值；k 为训练集合大小；n 为输出层的神经元数。

② 设定选择概率。为了进行排序选择，给已排好序的染色体设定选择概率。概率确定采用 Michalewicz 提出的指数排序法。

(4) 排序。

根据适应度从小到大排序，即按染色体由好到坏排序，染色体越好，序号越小，并根据步骤(3)的结果给每个染色体按序号设定选择概率，并保留最好的染色体(输出误差最小的染色体)，最好的染色体在后续的进化中可被更好的染色体所替代。

(5) 保留最好染色体。

将适应度最小的染色体(即最好的染色体)和当前已保留的最好染色体进行比较，如果误差变小，则保留新的最好的染色体。

(6) 选择过程。

选择过程以旋转赌轮 L 次为基础，每次旋转都为新的种群选择一个染色体，赌轮按每个染色体的序号设定的概率选择染色体，同时保证最佳个体的选择。这样设定选择概率，不正比于染色体的适应度值，可避免在较早的代中一些超级染色体霸占选择过程，而在较晚的代中种群集中在一起，染色体的竞争减弱，变得像随机搜索，而保留最佳个体的选择可使搜索过程收敛到全局最优解。

(7) 交叉并评估过程。

(8) 变异并评估操作。

(9) 如果网络误差满足要求，或达到一定的进化代数，则停止进化，输出进化结果，否则，转步骤(4)。

4. 算法比较

在标准遗传算法中，通过选择、交叉(重组)和变异三个基本遗传算子实现种群进化，其中交叉是主要的遗传算子，变异是辅助算子，编码为二进制编码。这里提出的进化算法与标准遗传算法有以下几点不同。

(1) 对网络权值和阈值分别进行实数向量形式的编码，即每个染色体编码为两个和解向量维数相同的实向量。将权值和阈值分开编码可避免编码长度和精度互相矛盾，以便解决非常复杂的神经网络设计问题。

(2) 由于采用实数编码，交叉和变异算子与标准遗传算法不同，并且主要以变异为主，或根据情况可不用交叉。这主要是由于设计的交叉算子和变异算子已改变了标准遗传算法中交叉的全局搜索和变异的局部搜索的性能。

(3) 交叉和变异操作方法是为了适应实数编码的需要，与标准遗传算法不同。

(4) 为了引导交叉和变异向着好的方向进化，对每一个要变异的染色体和每一对要交叉的染色体允许多次交叉和变异操作，保留产生的最好结果，作为导向因子，可保证进化快速收敛。

(5) 对选择算子，为了避免染色体间的竞争减弱，首先对染色体的适应度进行排序，保留最好染色体(输出误差最小的染色体)，然后给它们设定选择概率，最后利用设定的选择概率利用旋转赌轮的方法进行选择。

为了验证 GA 算法的有效性，仿真采用了非常典型的三个例子。通过三个实例分别对单个隐层和两个隐层的神经网络进行仿真，所得结果远远优于 BP 算法。

对上述结果，遗传算法恰好发挥了它的优势，这是因为它和常规的优化算法如梯度下降法相比有几个方面的不同，可归纳如下。

(1) GA 不直接和参数打交道，而是处理代表参数的数字串。

(2) GA 在解空间中不只是局限于一点，而是同时处理一群点，这样可以避免陷入局部解。

(3) GA 在寻优过程中，不需要目标函数的微分，只需目标函数的值。

(4) GA 的寻优规则不是定性的，而是由概率决定的。

正是由于上述特点，遗传算法在多峰函数（即有多个极值）的优化过程中，具有无比的优越性，避免了 BP 算法的不足。

6.5 协同进化遗传算法

6.5.1 协同进化算法

协同进化算法（Coevolutionary Algorithm）是近年来计算智能研究的一个热点，它是针对进化算法的不足而兴起的，通过构造两个或多个种群，建立它们之间的竞争或合作关系，多个种群通过相互作用来提高各自性能，适应复杂系统的动态进化环境，以达到种群优化的目的。与协同进化算法相比，进化算法只采用基于个体自身适应度的进化模式，没有考虑其进化的环境和个体之间的复杂联系对个体进化的影响。它在应用中表现出了易出现未成熟收敛并且收敛的速度较慢等缺陷。而协同进化能够利用少数起进化导向作用的个体，减少了不必要的计算量，使收敛的速度加快。

1. 进化算法概述

进化作为从生命现象中抽取的重要的自适应机制已为人们所普遍认识和广泛应用，然而现有的进化模型存在一个共同的不足是未能很好地反映出这样一个普遍存在的事实：多数情况下，整个系统复杂的自适应进化过程事实上是一个系统与局部相互作用的协同进化过程，也就是说它是大规模协同动力学系统。如何反映进化的多样性、多层次性、自适应性和自组织过程，则是有待解决的问题，这也正是解决进化计算机理的关键所在。进化算法以自然界中的生物进化过程作为自适应全局优化搜索过程的直观模拟对象，而进化博弈论的生物学模型同样涉及生物进化过程尤其是生物种群的协同进化过程，因此将进化算法、生物进化论和博弈论结合起来进行研究就成为未来进化算法研究一个自然的选择。

2. 协同进化算法概述

协同进化是指自然环境中两个或多个物种，由于生态上的密切联系，其进化历程相互依赖，当一个物种进化时，物种间的选择压力发生改变，其他物种将发生与之相适应的进化事件，结果形成物种间高度适应的现象。植物和昆虫通过进化，形成一方和另一方在时间上能密切配合的机制，从而保证它们获得相互作用的机会。自然界生物之间维系着自然选择的各种反馈机制，这些反馈机制构成了生物界复杂性的驱动力。协同进化现已广泛用于描述自然界中相互之间有密切关系的物种的进化模式，是进化生物学、系统学、生态学和实验经济学等学科的一个研究热点。

6.5.2　协同进化遗传算法介绍

1. 协同进化遗传算法概述

协同进化遗传算法和普通遗传算法的运算流程是一样的，也要编码、计算适应值、遗传操作等。CGA的基本思想是：首先将待优化复杂系统变量分组，转换为多个少变量系统优化问题；然后对多个少变量系统分别编码，形成多个独立的子种群，各子种群独立进化。因为单个子种群的个体仅代表复杂系统的一个部分，故个体进行适应度评估时必须用到其他子种群的个体信息，称为代表个体。即待优化系统的完整解集由每个子种群中的代表个体组成，各子种群只有相互合作才能完成优化任务。通常选择当前代种群最优个体为代表个体。这里假设把待优化复杂问题形成两个独立的子种群，分别叫做解种群和测试种群。

2. 协同进化遗传算法描述

协同进化遗传算法可以描述如下。

Step1：初始化，产生初始解种群和测试种群。

Step2：初始解个体的适应度按随机挑选的，H 个测试个体中符合的个数计算，相反测试个体的适应度按随机挑选的 H 个解种群中违反的个数计算。

Step3：从两个种群中分别随机选择 H 个个体进行配对，并安排遭遇。在每个遭遇中，如解个体属于符合的情况，它的适应度就增加1，否则为0。而测试个体的适应度计算正好相反。

Step4：对解种群进行选择、较差、变异等遗传操作，产生下一代解种群。

Step5：如果满足停止准则，就结束，输出最佳个体。否则，转Step3。

协同进化遗传算法中最复杂也是最重要的就是适应度的计算，既要考虑单个个体的属性，还要考虑它和其他种群中个体的关系。

6.5.3　协同进化遗传算法的设计

在具体应用时协同进化遗传算法的设计需要面临几个关键问题，这几个问题处理得好坏，直接影响到后面解的质量和算法的性能。这些问题包括编码、种群的产生、个体适应度的评价、操作算子、停止准测等。这里主要介绍个体适应度的评价、操作算子。

1. 个体适应度的评价

个体适应度的评价用来度量种群中个体优劣符合条件的程度的指标值，它通常表现为数值形式，是由用户定义的。Angeline提出了相对适应度的概念。竞争适应度是相对适应度的一个类型。它计算个体的适应度值是通过同其他的个体竞争“决斗”得到的，主要用在博弈论中，如下棋、迭代囚徒困境。有文献提出了一个竞争适应度共享的评价方法，它可以很好地维持种群的多样性。其基本思想是当一个个体 α 打败其对手 β 时，收到的增益为 $1/n$，其中，n 为能够打败 β 的个体的总数。还有文献给出了一个针对寄生虫个体的适应度评价方法，在寄主个体中，对寄生虫个体用重叠方法操作 n 次，实验数据表明，此方法有效。针对实际问题存在复杂的因果关系，并且在评价个体时有很多的组合方式，提出了一个新的评价算法，它的个体不是单独测试适应度，而是根据它所参与的当前决策从系统中收到反馈。如果在某个阶段，一个个体的数目增多，它将有更多的机会参与进化。

2. 操作算子

操作算子包括个体的选择、交叉、变异等，对算法性能影响最大，直接影响算法的收敛性和解的质量。Aidoelin 等人对当前的选择策略进行了深入的研究，经过比较，随机/随机(Random/Random)策略性能最好。其做法是：经过两次随机的组合，把其中较好的适应度值保留下来。Handa 提出了一个新的交叉操作——Superposition，由两个父代个体只产生一个子代个体，而单点交叉、n 点交叉都是两个父代个体产生两个子代个体。其思想是先从两个种群中选择两个父代个体，接着检查它们的相容性，最后合并父代个体的某些特殊位产生子代染色体。下面举例说明：

	11010111000110	寄主个体
合并	**100***1**0*1	寄生虫个体
	11100111100011	子代个体

从操作过程可以看出，产生子代时，以寄生虫个体的基因为主，如果某个基因位有值(或 0 或 1)，则子代遗传寄生虫个体的基因，否则从寄主个体得到遗传基因。

3. 和常规遗传算法的比较

遗传算法虽然实现简单，操作方便，但是存在很多的缺陷：①很容易导致“早熟”，陷入局部最优；②随着问题规模的增大，其计算复杂度明显增加，收敛性显著降低，搜索问题空间能力也下降；③依靠简单的交叉、变异操作，很容易产生不可行解；④交叉产生的子代可能一个适应度很高，另一个很低，低的个体虽然含有比较好的基因，但是会被淘汰。

为此国内外很多学者进行了深入的研究，提出了一些改进的方法，如采用佳点集交叉、二元变异等操作算子，在性能上有了一些改进，但还不能适应将来大型的复杂问题。为此，一些新的方法应运而生，来克服上述缺点。

两种算法的比较结果，很明显就可以看出两种算法的优劣：CGA 要明显优于 GA，计算时间短，收敛速度快，而且收敛精度也比较高。在求解分类神经网络训练问题时计算工作量大大减少，同样达到 90% 的分类精度，CGA 的遗传代数只有 GA 的 1/3。在求解 Manipulator Path Planning 问题时 CGA 占用 CPU 的时间只有 GA 的 1/9。

6.6 应用实例

本节使用遗传算法来解决一个更为贴近实际的问题——旅行商问题(Travelling Salesman Problem)。问题的具体表述如下：一个旅行商需要访问 N 个城市，在任意路线的两个城市之间有一个关联的费用(例如千米数、航空费用等)。找出一个费用最少的路径：从一个城市出发，经过所有其他的城市一次且仅一次，然后回到出发点。

这个问题已被证明是NP难题，当城市数量较大时，使用普通算法将耗费大量的时间，因此尝试使用遗传算法来求解。适应度评价函数很直观：我们要做的是评估路径的长度，然后按照长度对路径进行排序，最短的就是最好的。因此，对于本问题的求解，最重要的部分在于编码方式的确定。

假设有9个城市要访问，编号分别为1,2,…,9。假如简单地用一个4位二进制数(0001,0010,…,1001)来代表每一个城市，二进制串0001 0010 0011 0100 0101 0110 0111 1000 1001代表按照序号顺序进行访问。但问题在于，交叉算子与变异算子很难应用到这种编码方式上，一般的交叉算子和变异算子会产生大量的不可行解，从而影响搜索速度。

另一种方式是使用一个数字(例如1,2,…,9)代表一个城市，通过对这9个数字排序构造路径，选择合适的遗传算子产生路径。Davis(1985)提出了有序交叉(Order Crossover)算子，较好地解决了这个问题，具体方式如下。

(1) 有序交叉通过在一个双亲的路径中选择城市子序列创建子代。

首先，选择两个划分点，用"|"标志，划分点任意插入到双亲路径中的相同位置，如：

p_1=(1 9 2 | 4 6 5 7 | 8 3)，p_2=(4 5 9 | 1 8 7 6 | 2 3)。

两个子代和按下面的方法产生。首先，双亲中划分点中间的部分复制到后代中：

c_1=(*** | 4 6 5 7 | **)，c_2=(*** | 1 8 7 6 | **)。

然后，从一个双亲路径的第二个划分点开始，从另外一个双亲路径中来的城市按相同的顺序复制。当字符串的结尾到达时，转从字符串的开始处继续，最终得到两个子代：

c_1=(2 3 9 | 4 6 5 7 | 1 8)

c_2=(3 9 2 | 1 8 7 6 | 4 5)

一般来说，对于TSP，城市的顺序在生成最少花费路径时非常重要，于是双亲路径中的顺序信息片段传递到子代路径中去是很关键的。

(2) 实现程序。

根据该思路编写程序如下(测试数据来自TSPLIB95：rd100.tsp)：

```
rd100 = importdata('rd100.tsp');
cityAmount = 100;
for i = 1 : 1 : cityAmount
    for j = 1 : 1 : cityAmount
distance(i, j) = sqrt((rd100(i, 2) - rd100(j, 2)) ^ 2 + (rd100(i,3) - rd100(j, 3)) ^ 2);
    end
end
L = 100;
N = 200;
T = 10000;
Pc = 0.8;
Pm = 0.15;
for i = 1 : 1 : N
    x(i, :) = randperm(L);
end
for t = 1 : 1 : T
    for i = 1 : 1 : N/2
        if rand() < Pc
            p1 = unidrnd(L);
```

```
                p2 = unidrnd(L);
                if p1 > p2
                    temp = p1; p1 = p2; p2 = temp;
                end
                flag1 = zeros(1, L); flag2 = zeros(1, L);
                    for j = p1 : 1 : p2
                    x(i + N, j) = x(i, j);
                    flag1(1, x(i, j)) = 1;
                    x(N - i + 1 + N, j) = x(N - i + 1, j);
                    flag2(1, x(N - i + 1, j)) = 1;
                    end
                    j = p2 + 1;
                    k = 1;
                    while 1
                        if j > L
                           j = 1;
                        end
                        if k = = p1
                           k = p2 + 1;
                        end
                        if k > L
                           break;
                        end
                        if flag1(1, x(N - i + 1, j)) = = 0
                           x(i + N, k) = x(N - i + 1, j); j = j + 1; k = k + 1;
                        else j = j + 1;
                        end
                    end
                    j = p2 + 1; k = 1;
                    while 1
                        if j > L
                            j = 1;
                        end
                        if k = = p1
                            k = p2 + 1;
                        end
                        if k > L
                        break;
                        end
                        if flag2(1, x(i, j)) = = 0
                            x(N - i + 1 + N, k) = x(i, j);
                            j = j + 1; k = k + 1;
                        else j = j + 1;
                        end
                     end
                  else
                     x(i + N, :) = x(i, :);
                     x(N - i + 1 + N, :) = x(N - i + 1, :);
                  end
              end
              for i = N + 1 : 1 : 2 * N
```

```
                    if rand() < Pm
                        p1 = unidrnd(L);
                        p2 = unidrnd(L);
                        j = min(p1, p2);
                        k = max(p1, p2);
                        while j < k
                        temp = x(i, j);
                        x(i, j) = x(i, k);
                        x(i, k) = temp;
                        j = j + 1;
                        k = k - 1;
                    end
                end
            end
            for i = 1 : 1 : 2 * N
                y(1, i) = distance(x(i, 1), x(i, L));
                for j = 1 : 1 : L - 1
                    y(1, i) = y(1, i) + distance(x(i, j), x(i, j + 1));
                end
            end
            for i = 1 : 1 : N
                [a, b] = min(y);
                x1(i, :) = x(b, :);
                y(1, b) = inf;
            end
            for i = 1 : 1 : N
                 x(i, :) = x1(i, :);
            end
        end
        answer = distance(x(1, 1), x(1, L));
        for j = 1 : 1 : L - 1
        answer = answer + distance(x(1, j), x(1, j + 1));
        end
        answer
```

经过几次尝试，本实例算法搜索到的近似最优解为 8289.4，与测试数据给出的实际最优解 7910 相比，已经较为接近，但差距不小。如果需要继续提高算法的运行效果，可以对一些初始化参数(种群大小，进化代数上限，交叉概率，变异概率等)进行调整，以获得更佳的搜索能力。

遗传算法的基本思想是：基于达尔文进化论中的适者生存、优胜劣汰的基本原理，按生物学的方法将问题的求解表示成种群中的个体(用计算机编程时，一般使用二进制码串表示)，从而构造出一群包括 N 个可行解的种群，将它们置于问题的环境中，根据适者生存原则，对该种群按照遗传学的基本操作，不断优化生成新的种群，这样一代代地不断进化，最后收敛到一个最适应环境的最优个体上，求得问题的最优解。遗传算法具有以下几个较为突出的特点。

(1) 遗传算法对多解的优化问题没有太多的数学要求。

(2) 遗传算法能够非常有效地进行概率意义下的全局搜索。

（3）遗传算法对于各种特殊问题具有很大的灵活性，从而保证了算法的广泛适用性。

遗传算法虽然在多种领域都有实际应用，展示了它潜力和宽广前景；但是，遗传算法自身存在不足，仍有大量问题需要研究。首先，在变量多、取值范围大或无给定范围时，收敛速度下降；其次，可找到最优解附近，但无法精确确定最优解位置；最后，遗传算法的参数选择尚未有定量方法。对遗传算法，还需要进一步研究其数学基础理论；需要在理论上证明它与其他优化技术的优劣及原因；还需研究硬件化的遗传算法；以及遗传算法的通用编程和形式等。

习题

1. 请描述遗传算法的基本思想。
2. 简述遗传算法的执行步骤。
3. 简述各个遗传算子对遗传算法收敛性的影响。
4. 说明遗传算法在解决 TSP 的优势。
5. 比较协同进化遗传算法与普通遗传算法。

第7章 免疫算法

教学内容：本章介绍免疫算法的基本概念，对免疫算法设计进行介绍。

教学要求：掌握免疫算法的基本概念，能用免疫算法进行简单的程序设计。

关键字：免疫算法(Immune Algorithm,IA)　克隆(Clonalg)　否定选择(Negative Selection)　疫苗(Vaccine)

这些年，随着人类基因工程技术的发展，人们越来越注重生物系统诸多特性在组合优化中的应用。随着计算机技术和网络技术的飞速发展，以计算智能和软计算为代表的智能计算技术也迅速发展，其中有较早的人工神经网络、模糊系统、进化计算，还有近几年刚刚发展起来的DNA计算和人工免疫系统计算，与模式识别和组合优化等领域的发展相得益彰。这些技术都是模拟生物体处理信息过程而发展出来的计算方法，已经引起世界各地研究人员的极大关注。

人工免疫系统在显示其学习性、适应性、记忆机制以及高效率并行搜索等特点时，给人们提供了丰富的灵感和启示，从人体免疫系统抽象出优化计算方法已经引起许多不同领域研究人员的广泛兴趣。目前，免疫算法能够在物流配送路径等优化研究应用中表现出较卓越的性能和效率。

7.1 免疫算法的生物学基础

7.1.1 免疫系统的形态空间

IA的生物学基础是自然免疫系统。免疫系统是一个由执行免疫功能的器官、组织、细胞和分子等组成的复杂系统，它是生物系统保护机体、抵抗细菌、病毒和其他致病因子入侵的基本防御系统，能够识别自身与异己抗原，并通过免疫应答排除抗原性异物，维持机体的生理平衡。免疫系统的结构及其行为特性极为复杂，关于其内在规律的认识，免疫学家们仍在进行不懈的努力。

为了便于了解免疫系统的基本原理，促进基本免疫机理的算法和模型用于解决工程实际问题，有必要先简单介绍一些基本概念和技术术语。

(1) 免疫。所谓“免疫”，顾名思义即免除瘟疫。用现代的观点来讲，人体具有一种“生理防御、自身稳定与免疫监视”的功能叫“免疫”。免疫是指机体免疫系统识别自身与异己物质，并通过免疫应答排除抗原性异物，以维持机体生理平衡的功能。换言之，免疫是指免疫系统抵御外部入侵，使其机体免受病原侵害的应答反应。

(2) 免疫应答。免疫应答是指抗原进入机体后，免疫细胞对抗原分子的识别、激活、分化、增殖和效应的过程，是免疫系统各部分生理的综合体现，包括抗原提呈、淋巴细胞活化、特异识别、免疫分子形成、免疫效应以及形成免疫记忆等一系列的过程，用来动态地适应不断变化的外界环境。

(3) 抗原与抗体。诱导免疫系统产生免疫应答的物质称为抗原，包括侵入机体的各种细菌和病毒，以及发生了突变的自身细胞（如癌细胞）等；能与抗原进行特异性结合的免疫细胞称为抗体，免疫系统主要依靠抗体来对入侵抗原进行清除以保护有机体。

(4) 亲和力。免疫细胞的表面受体和抗原决定基都是复杂的含有电荷的三维结构，二者的结构和电荷越互补，就越有可能相互结合，结合的强度即是亲和力。

(5) 变异。在生物免疫系统中，B 细胞与抗原结合后被激活，然后产生高频变异。这种克隆扩增期间产生的变异形式，使得免疫系统能够适应不断变化的外来入侵。

(6) T 细胞。T 细胞即 T 淋巴细胞，它在胸腺中成熟，功能包括调节其他细胞的活动和直接袭击宿主感染细胞。T 细胞可分为毒性 T 细胞和调节性 T 细胞两类。调节性 T 细胞又可分为辅助性 T 细胞和抑制性 T 细胞。辅助性 T 细胞的主要作用是激活 B 细胞，与抗原结合时分泌，作用于 B 细胞并帮助刺激 B 细胞的分子。毒性 T 细胞能够清除微生物入侵者、病毒或者癌细胞。

(7) B 细胞。B 细胞即 B 淋巴细胞，来源于骨髓淋巴样前体细胞。成熟的 B 细胞存在于淋巴结、血液、脾、扁桃体等组织和器官中。B 细胞是体内产生抗体的细胞，在清除病原体过程中受到刺激，分泌抗体结合抗原，但其发挥免疫作用要受 T 辅助细胞的帮助。

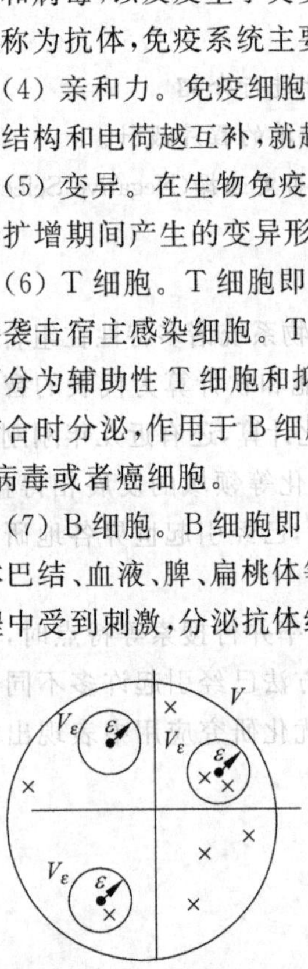

图 7-1 免疫系统的形态空间

为了定量地描述免疫细胞分子和抗原之间的相互作用，Perelson 和 Oster 于 1979 年提出形态空间的模型概念。形态空间是指受体和与之结合的分子之间的结合程度。假设它是 L 维形态空间，如图 7-1 所示，在形态空间 S 内有一个体积为 V 的区域，其中含有抗体（用 · 来表示）和抗原（用×表示）的形状互补区域。假设一个抗体能识别所有在其周围体积 V_ε 范围内的互补的抗原。

如果有一个大小为 N 的指令系统，则该形态空间包含 N 个点。这些点都位于一个体积为 V 的空间内，空间体积受长度、宽度、电荷等条件限制而有限。如果抗体和抗原不能恰好互补，但仍然可以结合，此时亲和力较低。假设每一个抗体能够特异地与所有抗原在其周围较小的区域内相互作用，用 ε 表示作用半径，该区域称为识别区，用 V_ε 表示。每一个抗体能够识别在识别区内的所有抗原。

抗体抗原表示法用于计算它们相互作用（互补）程度的距离测量。利用数学概念定义一个分子 m 的泛化形态，用一个实数坐标集合 $M=(m_1, m_2, \cdots, m_l)$ 表示抗体或抗原，看作 L 维实数空间中的一个点，$M \in S^L \subseteq R^L$，其中 S 表示形态空间，L 表示其维数。那么一个抗体和一个抗原之间的亲和力与它们之间的距离有关，通过两个字符串（或向量）之间的距离测量来估测抗体与抗原之间的亲和力。

7.1.2 免疫应答

免疫系统有两种免疫应答类型：一种是遇到病原体后首先并迅速起防卫作用的固有性免疫应答；另一种是适应性免疫应答。前者在感染早期执行防卫功能，后者是继固有性免疫应答之后发挥效应的，对最终清除病原体、促进疾病治愈及防止再感染起主导作用。免疫算法主要是利用了适应性免疫应答的应答原理，因此这里只对适应性免疫应答作以简介。

适应性免疫应答又分为两种类型：初次免疫应答和二次免疫应答。

初次免疫应答发生在免疫系统遭遇某种病原体第一次入侵时，此时免疫系统产生大量抗体，帮助清除体内抗原。当一种抗原侵入免疫系统后，系统有一个产生抗体的初始化过程。但是几天以后，抗体的浓度水平开始下降，直到再次遇到抗原。自适应免疫系统能够学习和记忆特异种类的抗原。初次应答学习过程很慢，发生在初次感染的前几天，要用几周的时间清除感染。

二次免疫应答是指在初次免疫应答后，免疫系统首次遭遇异物并将之清除体外后，免疫系统中仍保留一定数量的免疫记忆细胞，在免疫系统再次遭遇类似抗原后，不再重新产生抗体，原免疫记忆细胞能快速反应并清除抗原。免疫应答过程如图 7-2 所示。

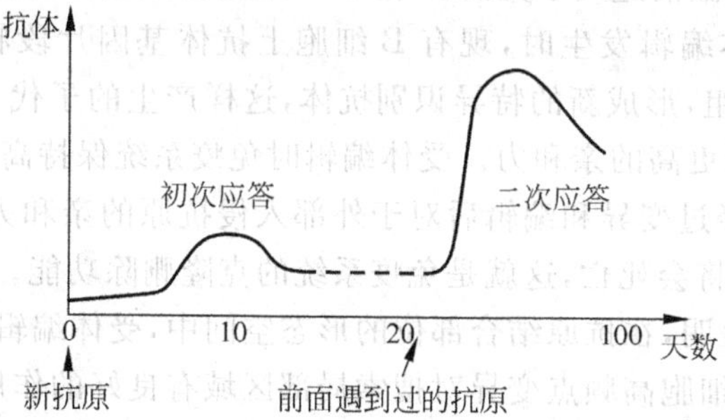

图 7-2 免疫应答过程

7.1.3 多样性

免疫系统的多样性，本质就是抗体的多样性，即产生尽可能多的抗体对抗千变万化的抗原。有机体能识别和抵抗各种抗原袭击的原因在于：免疫细胞表面的受体不是一成不变的，在胚胎初期由于遗传和免疫细胞在增殖中发生基因突变和重排，形成了免疫细胞的多样性，发挥更广泛的免疫功能。这些细胞不断增殖形成无性繁殖系。

抗体变异增加与抗体对抗原的亲和力增加有关，假设高频变异机制完全是随机的，则许多变异破坏对抗原的亲和力。免疫系统克服这个问题的一个方法是，通过选择性增加高亲和力抗体群体。

免疫系统的多样性主要靠体细胞高频变异、受体编辑和随机产生新抗体来实现。

1. 体细胞高频变异

B 细胞与抗原结合后被激活，激活后的 B 细胞就进入了克隆扩增阶段，在克隆扩增期间 B 细胞将会以极高的频率发生变异，该过程称为细胞高频变异。体细胞高频变异是克隆扩增期间产生的重要变异形式，对受体多样性的产生起重要作用。体细胞高频变异的实质是抗体可变区的DNA基因片段重新排列，从而改变了可变区的结构，形成了一种新的抗体。

B细胞在克隆选择与扩增过程中所进行的体细胞高频变异过程，是变异后的子代B细胞增加了具有不简于附带受体结构的抗体决定基，因此就会有不同的抗原决定基亲和力。新的B细胞具有与淋巴结构内捕获的抗原决定基发生结合的机会。

如果不结合将会很快凋亡，如果结合成功，则离开淋巴结，分化为浆细胞和记忆B细胞。

变异的速度积累对于免疫应答的快速成熟是必需的，但是多数变化会导致更弱。如果一个细胞刚刚采用一种有用的变异，并以同一速度在下一次免疫应答期间继续变异，则衰弱变化的积累可能引起变异优点的损失。免疫系统为了避免这种情况的发生，在体细胞高频变异爆发之后，进行克隆选择和扩增，给亲和力提高了细胞得以呼吸的空间。同时选择机制也可以依靠亲和力来调节高频变异过程，使具备低亲和力受体的细胞进一步变异，而且具备高亲和力受体的细胞则可以不激活高频变异。

2. 受体编辑

B淋巴细胞被抗体激活进入了克隆扩增时，B细胞抗原受体将会发生基因重组，这个过程成为受体编辑。受体编辑发生时，现有B细胞上抗体基因片段将会与遗传基因库中的DNA记忆片段进行重组，形成新的特异识别抗体，这样产生的子代B细胞就有可能比父代B细胞具有与特异抗原更高的亲和力。受体编辑时免疫系统保持高度多样性的又一重要的机制。当B细胞抗体经过变异和编辑后对于外部入侵抗原的亲和力降低时，抗体将无法与抗原结合，这样B细胞将会死亡，这就是免疫系统的克隆删除功能。

最近的研究成果表明，在抗原结合部位的形态空间中，受体编辑具有在亲和力域内避免局部优化的能力，而体细胞高频点变异对搜索局部区域有良好的作用。

3. 随机生成新抗体

虽然抗体编辑和高频变异能够使免疫系统保持一定的多样性，但一般的生物免疫系统只同时存在10^8种不同的蛋白质，但是自然界却潜在有10^{16}种不同的外部蛋白质或者模式及抗原决定基需要识别，按照数目比较，免疫系统的多样性显然不够充分结合每一个可能的抗原决定基。在这种情况下，可能会引起严重的问题，生物体如何才能识别这些外部病原体呢？免疫系统能够动态性地解决这个问题。为了保持免疫系统的高度多样性，骨髓每天都要随机产生大量的新的抗体，而大量免疫系统原有的没有与抗原结合的抗体将会凋亡，新产生的这些抗体进入到免疫系统，虽然不一定能结合抗原而最终导致死亡，但是却能够增加并保持免疫系统的多样性，以应对那些可能从未碰到过的病原体。

7.1.4 克隆选择和扩增

克隆选择和扩增的基本思想是只有那些能够识别抗原的细胞才进行扩增，只有这些细胞才能被免疫系统选择并保留下来，而那些不能识别抗原的细胞则不被选择，也不能进行扩增。Burnet于1959年提出的克隆选择学说认为：免疫细胞是随机形成的多样性的细胞克隆，每一克隆的细胞表达同一特异性的受体，当受到抗原刺激时，细胞表面受体特异识别并结合抗原，以导致细胞进行克隆扩增，产生大量后代细胞，合成大量相同特异性抗体。

克隆选择与达尔文变异和自然选择过程类似：克隆竞争结合抗原，亲和力最高的是最适应的，因此复制最多。

亲和力变异是克隆选择效率与进化的主要决定因素，变异由抗体高频变异实现，选择由抗体对抗原的竞争实现。

当细胞进行克隆扩增时，它经历一个自我复制超变异随机过程，免疫系统此时产生广泛抗体指令，从体内清除感染的抗原，并为抵制下次某个时候类似但不同的感染做好准备。如C是一个受到抗原刺激的抗体，如果刺激足够大，抗体开始克隆。如图7-3所示，抗体C分化成许多克隆细胞，每一个克隆细胞受到刺激后又开始克隆，这样就增加了免疫系统中清除异物的抗体的数量。抗原的亲和力刺激了抗体，带有C标志（受抗原刺激）的抗体克隆如图7-3所示。免疫系统通过调整特殊的变异机制产生抗体分子基因密码变异。通过产生不同的抗体集合，使得免疫系统在以后可以对抗同样的或者类似的病原体（抗原）入侵感染。

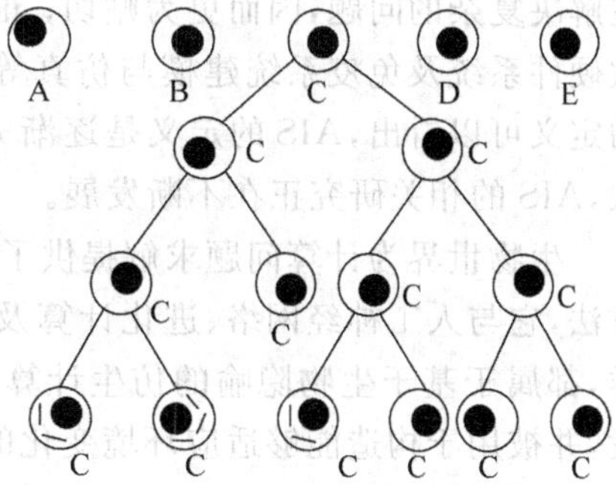

图7-3 克隆扩增示意图

7.2 免疫优化算法概述

7.2.1 人工免疫系统的定义

人工免疫系统从字面意思理解可以有两层含义：一层是医学研究人员利用计算机技术、数学等方法和手段建立的人工系统，其目的是为了更好地研究免疫系统本身的机理；另一层就是工程技术上的含义。对工程技术界来讲，人工免疫系统是新近才发展起来的领域，引起人们对研究人工免疫系统产生极大兴趣的原因不是免疫系统本身的功能，而是从中提取、发现免疫系统的有效机制作为一种解决工程和科学问题的手段。

目前关于人工免疫系统的定义已经有多种表述，以下列举的是其中的几种。

(1) De Castro为人工免疫系统下的第一个定义认为：“人工免疫系统是遵循可信的生物学范例——人类免疫系统原理的数据处理、分类、表示和推理策略系统。”

(2) Timmis为人工免疫系统给出的第一个定义则认为：“人工免疫系统是基于自然免疫系统方法的计算系统。”

(3) Dasgupta给出的定义是：“人工免疫系统是由生物免疫系统启发而来的智能策略所组成，主要用于信息处理和问题解决。”

(4) De Castro后来为人工免疫系统给出了第二个定义：“人工免疫系统是受生物免疫系统启发而来的用于求解问题的适应性系统。”

(5) Timmis后来为人工免疫系统给出了第二个定义：“人工免疫系统是一种由理论生物学启发而来的计算范式，借鉴了一些免疫系统的功能、原理和模型并用于复杂问题的解决。”

(6) 莫宏伟给出的人工免疫系统的定义为：“人工免疫系统是基于免疫系统机制和理论免疫学而发展的各种人工范例的特称。”

上述几种定义中，De Castro 给出的第一个定义仅从数据处理的角度对 AIS 进行了定义，Timmis 给出的第一种定义也仅将 AIS 简单地定义为计算机系统，都不够全面；后面的三个定义则着眼于生物隐喻机制的应用，强调了 AIS 的免疫学的机理，并且说明了 AIS 旨在解决复杂的问题，因而更为贴切；最后一个定义涵盖免疫启发的算法与模型，免疫启发的软硬件系统及免疫系统建模与仿真等多种基于免疫机制的系统与方法。从以上关于 AIS 的定义可以看出，AIS 的定义是逐渐完善起来的，这也表明了人们对 AIS 的认识在不断深入，AIS 的相关研究正在不断发展。

生物世界为计算问题求解提供了很多的灵感和源泉。人工免疫系统作为一种智能计算方法，它与人工神经网络、进化计算及群集智能(包括蚁群优化方法和粒子群优化方法)一样，都属于基于生物隐喻的仿生计算方法，且都来源于自然界中的生物信息处理机制的启发，并被用于构造能够适应环境变化的智能信息处理系统，乃是现代信息科学与生命科学相互交叉渗透的研究领域。

7.2.2 免疫算法的提出

在生命科学领域中，人们已经对遗传与免疫等自然现象进行了广泛深入的研究。60 年代 Bagley 和 Rosenberg 等先驱在对这些研究成果进行分析与理解的基础上，借鉴其相关内容和知识，特别是遗传学方面的理论与概念，并将其成功应用于工程科学的某些领域，收到了良好的效果。时至 80 年代中期，美国 Michigan 大学的 Hollan 教授不仅对以前的学者们提出的遗传概念进行了总结与推广，而且给出了简明清晰的算法描述，并由此形成目前一般意义上的遗传算法(Genetic Algorithm，GA)。由于遗传算法较以往传统的搜索算法具有使用方便、鲁棒性强、便于并行处理等特点，因而广泛应用于组合优化、结构设计、人工智能等领域。另一方面，Farmer 和 Bersini 等人也先后在不同时期、不同程度地涉及到了有关免疫的概念。遗传算法是一种具有生成＋检测(generate and test)的迭代过程的搜索算法。从理论上分析，迭代过程中，在保留上一代最佳个体的前提下，遗传算法是全局收敛的。然而，在对算法的实施过程中不难发现两个主要遗传算子都是在一定发生概率的条件下，随机地、没有指导地迭代搜索，因此它们在为群体中的个体提供了进化机会的同时，也无可避免地产生了退化的可能。在某些情况下，这种退化现象还相当明显。另外，每一个待求的实际问题都会有自身一些基本的、显而易见的特征信息或知识。然而遗传算法的交叉和变异算子却相对固定，在求解问题时，可变的灵活程度较小。这无疑对算法的通用性是有益的，但却忽视了问题的特征信息对求解问题时的辅助作用，特别是在求解一些复杂问题时，这种忽视所带来的损失往往就比较明显了。实践也表明，仅仅使用遗传算法或者以其为代表的进化算法，在模仿人类智能处理事物的能力方面还远远不足，还必须更加深层次地挖掘与利用人类的智能资源。从这一点讲，学习生物智能、开发、进而利用生物智能是进化算法乃至智能计算的一个永恒的话题。所以，研究者力图将生命科学中的免疫概念引入到工程实践领域，借助其中的有关知识与理论并将其与已有的一些智能算法有机地结合起来，以建立新的进化理论与算法，来提高算法的整体性能。基于这一思想，将免疫概念及其理论应用于遗传算法，在保留原算法优良特性的前提下，力图有选择、有目的地利用待求问题中的一些特征信息或知识来抑制其优化过程中出现的退化现象，这种算法称为免疫算法（Immune Algorithm，IA）。下面将会给出算法的具体步骤，证明其全局收敛性，提出免疫疫苗的选择策略和免疫算子的构造方法，理论分析和对 TSP 问题的仿真结果表明免疫算法不仅是有效的而且也是可行的，并较好地解决了遗传算法中的退化问题。

7.2.3 免疫算法中涉及的术语

抗原：在生命科学中，是指能够刺激和诱导机体的免疫系统使其产生免疫应答，并能与相应的免疫应答产物在体内或体外发生特异性反应的物质。在我们的算法中，是指所有可能错误的基因，即非最佳个体的基因。

抗体：在生命科学中，是指免疫系统受抗原刺激后，免疫细胞转化为浆细胞并产生能与抗原发生特异性结合的免疫球蛋白，该免疫球蛋白即为抗体。在本书中是指根据疫苗修正某个个体的基因所得到的新个体。其中，根据疫苗修正某个个体基因的过程即为接种疫苗，其目的是消除抗原在新个体产生时所带来的负面影响。

免疫疫苗：根据进化环境或待求问题所得到的对最佳个体基因的估计。

免疫算子：同生命科学中的免疫理论类似，免疫算子也分为两种类型——全免疫和目标免疫，二者分别对应于生命科学中的非特异性免疫和特异性免疫。其中，全免疫是指群体中每个个体在变异操作后，对其每一环节都进行一次免疫操作的免疫类型；目标免疫则指个体在进行变异操作后，经过一定判断，个体仅在作用点处发生免疫反应的一种类型。前者主要应用于个体进化的初始阶段，而在进化过程中基本上不发生作用，否则将很有可能产生通常意义上所说的"同化现象"；后者一般而言将伴随群体进化的全部过程，也是免疫操作的一个常用算子。

免疫调节：在免疫反应过程中，大量抗体的产生降低了抗原对免疫细胞的刺激，从而抑制抗体的分化和增殖，同时产生的抗体之间也存在着相互刺激和抑制的关系，这种抗原与抗体、抗体与抗体之间的相互制约关系使抗体免疫反应维持一定的强度，保证机体的免疫平衡。

免疫记忆：指免疫系统将能与抗原发生反应的抗体作为记忆细胞保存记忆下来，当同类抗原再次侵入时，相应的记忆细胞被激活而产生大量的抗体，缩短免疫反应时间。

抗原识别：通过表达在抗原表面的表位和抗体分子表面的对位的化学基进行相互匹配选择完成识别，这种匹配过程也是一个不断对抗原学习的过程，最终能选择产生最适当的抗体与抗原结合而排除抗原。

7.2.4 免疫算法的算法思想

免疫算法主要包括如下几个关键步骤。

（1）产生初始群体。对初次应答，初始抗体随机产生；而对再次应答，则借助免疫机制的记忆功能，部分初始抗体由记忆单元获取。由于记忆单元中抗体具有较高的适应度和较好的解群分布，因此可提高收敛速度。

（2）根据先验知识抽取疫苗。

(3) 计算抗体适应度。

(4) 收敛判断。

若当前种群中包含最佳个体或达到最大进化代数,则结束算法;否则进行以下步骤。

(5) 产生新抗体。每一代新抗体主要通过以下两条途径产生。

① 基于遗传操作生成新抗体。采用赌轮盘选择机制,当群体相似度小于阈值 A_0 时,多样性满足要求,则抗体被选中的概率正比于适应度;反之,按下述②的方式产生新抗体,交叉和变异操作均采用单点方式。

② 随机产生 P 个新抗体。为保证抗体多样性,模仿免疫系统细胞的新陈代谢功能,随机产生 P 个新抗体,使抗体总数为 $N+P$,再根据群体更新,产生规模为 N 的下一代群体。

(6) 群体更新:对种群进行接种疫苗和免疫选择操作,得到新一代规模为 N 的父代种群,返回步骤(3)。

免疫算法的流程图如图 7-4 所示。

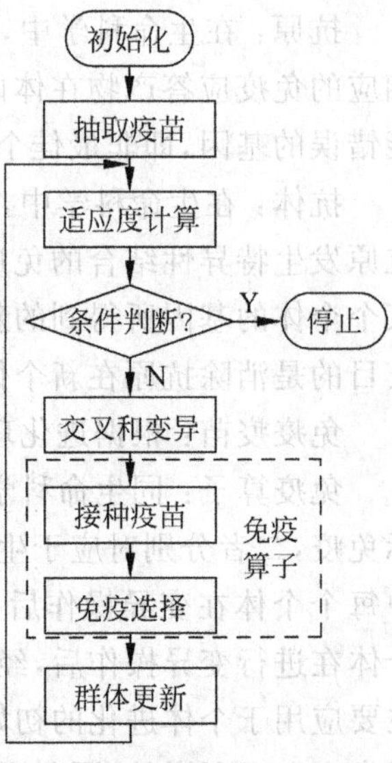

图 7-4 免疫算法的流程图

根据流程图可知具体过程如下。

(1) 随机产生初始父代种群 A_1。

(2) 根据先验知识抽取疫苗。

(3) 若当前群体中包含最佳个体,则算法停止运行并输出结果;否则继续。

(4) 对于目前的第 k 代父本种群 A_k 进行交叉操作,得到种群 B_k。

(5) 对 B_k 进行变异操作,得到种群 C_k。

(6) 对 C_k 进行接种疫苗操作,得到种群 D_k。

(7) 对 D_k 进行免疫选择操作,得到新一代父本 A_{k+1},转至(3)。

7.2.5 免疫算法的收敛性

一代种群的规模为 n_0,则所有种群的规模均为 n_0,种群中的所有个体均为 l 位的 q 进制编码。算法中的交叉操作选择一点或多点均可。变异操作是对每个基因位以概率 P_M 相互独立地进行变异,变异后处于其他任一状态的概率均为 $1/q-1$。算法的状态转移情况可用如下的随机过程来表述:

$$A_k \xrightarrow{\text{交叉}} B_k \xrightarrow{\text{变异}} C_k \xrightarrow{\text{接种疫苗}} D_k \xrightarrow{\text{免疫选择}} A_{k+1}$$

其中从 A_k 到 D_k 的状态转换构成了马尔可夫链,而 A_{k+1} 的状态与前面各变量的状态均有关。但是随机过程 $\{A_k \mid k=1,2,\cdots\}$ 显然仍是一个马尔可夫过程。设 X 为搜索空间,即所有个体的空间,将规模为 n_0 的群体认为是状态空间 $S=X^{n_0}$ 中的一个点,其每个坐标分别是 X 中的个体;用 $|S|$ 表示 S 中状态的数量;用 $s_i \in S, i=1,2,\cdots,|S|$,表示 s_i 是 S 中的某一状态;用 $s_i \sqsubseteq s_j$ 表示 s_i, s_j 作为 X 的子集时的包含关系;用 V_k^i 表示随机变量 V 在第 k 代时处于状态 s_i。设 f 是 X 上的适应度函数,令

$$S^* = \{x \in X \mid f(x) = \max f(x_i)\}$$

则可如下定义算法的收敛性。

定义 7.2.1 如果对于任意的初始分布均有

$$\lim_{k\to\infty}\sum_{s_i\cap S^*\neq\Phi}P\{A_k\}=1\text{，则称算法收敛。}$$

该定义表明：算法收敛是指当算法迭代到足够多的次数以后，群体中包含全局最佳个体的概率接近于1。这种定义即为通常所说的概率1收敛。

7.2.6 免疫算法与免疫系统的对应

IA大致可以分为基于群体（Population-based）的免疫算法和基于网络（Network-based）的免疫算法。前者构成的系统中的各元素之间没有直接的联系，系统组成元素直接和系统环境相互作用，它们之间若要联系只能通过间接的方式。而在由后者组成的系统中，恰恰相反，部分甚至是全体的系统元素都能够相互作用。本文主要对基于群体的免疫算法进行探讨。

免疫算法是借鉴了免疫系统学习性、适应性以及记忆机制等特点而发展起来的一种优化组合方法，在使用免疫算法解决优化问题时，各个步骤都与免疫系统有对应关系。如抗原对应要解决问题数据输入（如目标、约束）；抗体对应问题的解；亲和力对应解的评估等，具体对应关系如表7-1所示。

表 7-1 免疫算法与免疫系统对应关系表

免疫系统	免疫算法
抗原	要解决的问题
抗体	最佳解向量
抗原识别	问题识别
从记忆细胞产生抗体	联想过去的成功解
淋巴细胞分化	优良解（记忆）的保持
细胞抑制	剩余候选解消除
抗体增加（细胞克隆）	利用免疫算子产生新抗体

其中，根据疫苗修正个体基因的过程即为接种疫苗，其目的是消除抗原在新个体产生时带来负面影响。

在实际操作中，在合理提取疫苗的基础上，通过接种疫苗和疫苗选择两个操作步骤完成操作。接种疫苗是为了提高适应度，疫苗选择是为了防止群体的退化。

设个体 x，接种疫苗是指按照先验知识来修改 x 的某些基因位上的基因或其分量，使所得个体以较大的概率具有更高的适应度。这一操作应该满足两点：①若个体 y 的每一基因位上的信息都是错误的，即每一位码都与最佳个体不同，则对任一个体 x，x 转移为 y 的概率为0；②若个体 x 的每个基因位都是正确的，即 x 已经是最佳个体，则 x 以概率1转移为 x。设群体 $c=(x_1,x_2,\cdots,x_n)$，对 c 接种疫苗是指在 c 中按比例 α 随即抽取 $n_\alpha=\alpha_n$ 个个体而进行的操作。免疫操作指免疫检测，即对接种了疫苗的个体进行检测，若其适应度仍不如父代，说明在交叉、变异的过程中出现了严重的退化现象。这时该个体将被父代中所对应的个体取代。

7.2.7 常见免疫算法

1. 否定选择算法

否定免疫算法基于生物免疫系统的特异性，借鉴生物免疫系统中胸腺T细胞生成时的“否定选择(Negative Selection)”过程。Forrest研究了一种用于检测数据变化的否定选择算法，用于解决计算机安全领域的问题。该算法通过系统对异常变化的成功检测而使免疫系统发挥作用，而检测成功的关键是系统能够辨别自己和非己的信息。随机产生检测器，删除那些检测到自己的检测器，以使那些检测到非己的检测器保留下来。

否定选择算法的具体步骤如下。

(1) 定义一个自体字符串集合 S，例如，S 可以是一个程序、数据文件(任何软件)或一般的行为模式。

(2) 随机产生一个检测器集合 R，其中每一个字符串都不能与集合 S 中的字符串相匹配。该算法中的匹配不是完全匹配，而是部分匹配，只要有连续 r 位相同就称为匹配，r 为一个可选择的参数。

(3) 通过与 R 集的匹配不断检测 S 的变化，一旦发生任何匹配，就说明 S 集合发生了变化，即有外来元素的侵入。

否定选择算法的基本框架如下。

```
Procedure 否定选择算法
Begin
    随机生成大量的候选检测器(即免疫细胞);
    While 一个给定大小的检测器集合没有生成 do
    Begin
    计算每一个自体元素和一个候选检测器之间的亲和力;
    If 这个候选检测器识别出了自体集合中的任何一个元素
          删除检测器;
    Else
          将该检测器放入集合;
    End;
End;
```

1996年，D'haeseleer提出了两个和输入规模相关的异常检测器生成算法，尝试选择差距较大的检测器来获得更好的检测效果，并讨论了一些关键参数的选择。2005年，张海英提出一种改进的阴性选择免疫算法，让检测失败率能自适应自体规模的变化。改进后的算法具有更强的处理能力和更低的检测失败率。

2. 肯定选择算法

肯定选择算法与否定选择算法非常类似，其作用则刚好相反。对否定选择算法来说，与自体匹配的免疫细胞必须清除，而在肯定选择算法中则刚好被保留。

Seiden和Celada(1992)提出了一种细胞自动机模型来实现计算机对免疫系统的模拟，基本上这个工作的目的是模拟免疫应答，期间展示了肯定选择算法的应用情况。

肯定选择算法的具体步骤如下。

(1) 初始化。产生一个 T 细胞候选集合 P。假设所有的分子都用长度为 l 的二进制串表示,则可能产生 2^l 个不同的细胞。

(2) 亲和力计算。通过集合 S,计算 P 中所有元素与自体 S 的亲和力。

(3) 可用集合的产生。如果 P 中某个元素与 S 中某个元素的亲和力大于或等于一个给定的阈值,即这个 T 细胞能识别这个自体,则它肯定被系统选用,放入 A;否则删除它。

肯定选择算法的基本框架如下。

```
Procedure 肯定选择算法
Begin
    随机生成大量的候选检测器;
    While 一个给定大小的检测器集合没有生成 do
      Begin
            计算每一个自体元素和一个候选检测器之间的亲和力;
            If 这个候选检测器识别出了自体集合中的任何一个元素
               将该检测器放入集合;
               Else
                 删除检测器;
               End;
End;
```

肯定和否定选择算法都是参考“自己”和“非己”的。特别适合于未知环境的变化下故障诊断和计算机安全检测等情况。

3. 克隆选择算法

克隆选择算法是一种基于克隆选择理论设计的 IA。Castro 最早提出了用于优化和学习的克隆选择算法 CLONALG。克隆选择原理被用来解释免疫系统是怎么与抗原作战的。当外部细菌或病毒侵入机体后,B 细胞开始大量克隆并消灭入侵者,那些能够识别抗原的细胞根据识别的程度通过无性繁殖达到增生的目的:与抗原具有越高的亲和力,该细胞就能产生更多的后代。在细胞分裂的过程中,个体细胞还经历了一个变异的过程,其结果使它们与抗原具有更高的亲和力:父代细胞与抗原具有越高的亲和力,则它们就经历越小的变异。

算法分 6 步完成,每执行完 6 步,生成新一代的免疫细胞。

(1) 生成候选方案的一个集合 P(初始群体),它由记忆细胞 M 的子集合加上剩余群体 $Pr(P=Pr+M)$。

(2) 选择 n 个具有较高亲和力的个体。

(3) 克隆这 n 个最好的个体,组成一个临时的克隆群体 C。与抗原亲和力越高,个体在克隆时的规模也就越大。

(4) 把克隆群体提交到高频变异,根据亲和力的大小决定变异。产生一个成熟的抗体群体 C^*。

(5) 对 C^* 进行再选择,组成记忆细胞集合 M。P 中的一些成员可以被 C^* 中的其他一些改进的成员替换掉。

(6) 生成 d 个新的抗体取代 P 中 d 个低亲和力的抗体,保持多样性。

克隆选择算法的基本架构如下。

```
Procedure 克隆选择算法
  Begin
        随机生成一个属性串(免疫细胞)的群体;
        While 收敛标准没有满足 do
    Begin
        While not 原搜索完毕 do/ * 初始化 * /
        Begin
          选择那些与抗原具有更高亲和力的细胞;/ * 选择 * /
          生成免疫细胞的副本: 越高亲和力的细胞具有越多的副本;/ * 再生 * /
          根据它们的亲和力进行变异: 亲和力越高变异越小;/ * 变异 * /
        End;
      End;
   End;
```

在克隆选择算法表现出的重要特征中,高频变异、受体编辑是其重要的组成部分,它们是实现多样性的基本保障。

高频变异机制的目的是为了使免疫应答能够快速地成熟。整数形态空间可以被看成是字母表大小缩小了的海明形态空间。如果串中的元素受到某种约束,比如串中元素不能重复等,就可以提出某种特定的变异算子。例如,当串中元素不能重复的时候,可以随机地选择两个属性交换它们的位置,如图 7-5 所示。这个过程被称为逆反变异,它可以被应用于一对或多对属性上。

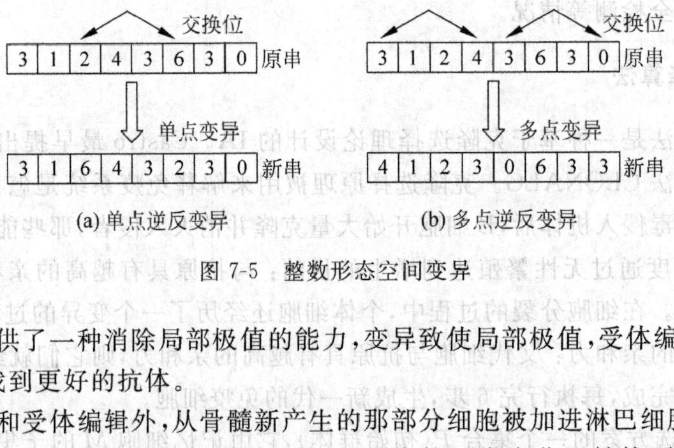

(a) 单点逆反变异　　(b) 多点逆反变异

图 7-5　整数形态空间变异

受体编辑提供了一种消除局部极值的能力,变异致使局部极值,受体编辑进行更大范围的搜索,有可能找到更好的抗体。

除了点变异和受体编辑外,从骨髓新产生的那部分细胞被加进淋巴细胞池,以维持群体的多样性。这可以产生与受体编辑同样的结果,即在抗原绑定位置结构更广的范围内搜索最佳的值。

7.2.8 免疫算子说明

1. 多样化

算法中为了表明群体中抗体的多样性,引入信息熵的概念。在免疫算法中一个抗体就用一个位串来表示。如图 7-6 所示为 N 个抗体(即位串),每个抗体有 M 位,每位可供选择的字母表中共有 S 个字母: $k_1, k_2, \cdots, k_s$,则这 N 个抗体的平均信息熵为:

$$H(N) = \frac{1}{M}\sum_{j=1}^{M} H_j(N)$$

式中 $H_j(N)=\sum_{i=1}^{s}-p_{ij}\log p_{ij}$。其中，$H_j(N)$为这 N 个抗体第 j 位的信息熵，p_{ij} 是第 i 个等位基因为字母 k_j(来自第 j 个基因)的概率。若在第 j 个基因的所有等位基因都是同样性质，则平均信息量等于 0。平均信息量由此可以看作一种免疫系统中认知多样性的方法。

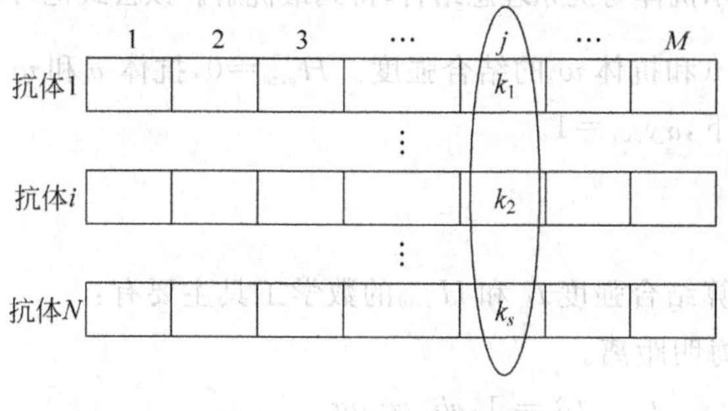

图 7-6 信息熵的概念

2. 抗体抑制和促进

采用浓度概念来调节抗体的促进和抑制。在免疫系统中，当一种抗体受到抗原刺激或其他抗体刺激或抑制时，这种抗体的数量将发生变化。在群体更新中，亲和力大的抗体浓度提高，高到一定值就要受到抑制，反之相应提高浓度低的抗体的产生和选择概率。这与实际免疫系统中的抗体产生的促进和抑制是一致的。这种机制确保了抗体群体更新的抗体多样性，避免未成熟收敛。

$$c_i=\frac{\text{与抗体 } i \text{ 具有最大亲和力的抗体数}}{\text{抗体总数 } N}$$

3. 抗体抗原编码方式

目前一般免疫算法中抗体抗原，即解决问题的编码方式主要有二进制编码、实数编码和字符编码三种，少数有灰度编码等。二进制编码因简单实用而得到广泛应用。编码后亲和力的计算一般是比较抗体抗原字符串之间的异同，根据上述亲和力计算方法计算，比如 Euclidean 距离是每一维中的差的平方和的平方根。

抗体 $a_1,a_2,\cdots,b_1,b_2$ 之间的 Euclidean 距离是 $\sqrt{\sum_{1\leqslant i\leqslant n}(a_i-b_i)^2}$。海明距离是抗体抗原中不同位置数的计算。字符编码 ABDCCDADDA 和 ABACCDADCA 的海明距离是 2，因为有两个位置不同。

4. 亲和力

免疫系统通过识别在抗原和抗体之间的独特型或者是抗体和抗体之间的独特型产生多种抗体，结合强度用亲和力估计。

免疫算法中最复杂的计算就是亲和力计算，由于产生于确定克隆类型的抗体分子独特型是一样的，抗原抗体的亲和力也是抗体之间亲和力的测量。一般计算亲和力的公式有如下形式：

$$(Ag)_k=\frac{1}{1+t_k}$$

式中 $(Ag)_k$——抗原和抗体 k 之间的亲和力；

t_k——抗原和抗体 k 的结合强度；

$(Ag)_k$ 的值在 0～1 之间；

$(Ag)_k=1$ 时表示抗体与抗原理想结合，得到最优解。该公式也可写为 $\alpha y_{v,w}=\dfrac{1}{1+H_{v,w}}$；

$H_{v,w}$——抗体 v 和抗体 w 的结合强度。$H_{v,w}=0$，抗体 v 和 w 的基因完全匹配，这种情况下，$\alpha y_{v,w}=1$。

5. 结合强度

一般免疫算法计算结合强度 t_k 和 $H_{v,w}$ 的数学工具主要有：

(1) 海明空间的海明距离。

海明距离测量 $D=\sum_{i=1}^{L}\delta,\begin{cases}\delta=1, ab_i\neq ag_i\\ \delta=0, \text{其他}\end{cases}$

(2) Euclidean 形态空间的 Euclidean 距离。

$$D=\sqrt{\sum_{i=1}^{L}(ab_i-ag_i)^2}$$

(3) Manhattan 形态空间 Manhattan 距离。

$$D=\sqrt{\sum_{i=1}^{L}|ab_i-ag_i|}$$

7.3 免疫算法与遗传算法的比较

7.3.1 两者关系

免疫算法也作为一种进化算法，所用的遗传结构与遗传算法所用的类似，采用重组、变异等算子操作解决抗体优化等问题。免疫算法与遗传算法在生物学上的区别是：遗传算法的生物学机理是基于达尔文的物种宏观进化思想，免疫算法是在个体基础上发展的，但物种宏观进化对个体免疫系统的进化是有重要影响的。免疫系统随着物种的进化一方面慢速进化，另一方面为了适应病原体环境而快速进化。也就是说，生物进化是在有机体之间进行的自然选择，免疫系统个体发育进化是在一个有机体内进行的自然选择。自然选择和个体发育盲目变化对于生物为了生存而进行的无休止的斗争至关重要。正是二者之间这种千丝万缕的联系反映在计算智能方面，使二者的算法即遗传算法和免疫算法既具有相似性，又具有各自的特点，且可以相互促进。

免疫算法与遗传算法的区别如下。

(1) 免疫算法起源于抗原和抗体之间的内部竞争，其相互作用的环境既包括外部也包括内部的环境；而遗传算法起源于个体和自私基因之间的外部竞争。

(2) 免疫算法假设免疫元素互相作用，即每一个免疫细胞等个体可以互相作用，而遗传算法不考虑个体之间的作用。

(3) 免疫算法中,基因可以由个体自己选择,而在遗传算法中基因由环境选择。

(4) 免疫算法中,基因组合是为了获得多样性,一般不用交叉算子,因为免疫算法中基因是在同一代个体进行进化,这种情况下,设交叉(杂交)概率为0;而遗传算法后代个体基因通常是父代交叉的结果,交叉用于混合基因。

(5) 免疫算法选择和变异阶段明显不同,而遗传算法中它们是交替进行的。

基于免疫系统原理的免疫算法也可以看作是遗传算法的补充。

7.3.2 遗传算法的原理及缺陷

遗传算法及普遍意义上的进化算法出现在20世纪60年代早期,并在计算机科学的确定性和非确定性算法之间占据了一席之位。本质上,遗传算法具有希望的确定性,意味着用户可以决定重复次数和结束条件。

利用遗传算法解决最优化问题,首先应对可行域中的点进行编码(一般采用二进制或者十进制编码),然后在可行域中随机挑选一些编码作为进化起点的第一代编码组,并计算每个解的目标函数值,即编码的适应度函数。如同自然界中一样,利用选择机制从编码组中按某种规律挑选编码作为繁殖过程前的编码样本。选择机制应保证适应度较高的解能够保留较多的样本;而适应度较低的解则保留较少的样本,甚至被淘汰。在繁殖过程中,遗传算法提供了交叉和变异两种算子对挑选后的样本进行交换,交叉算子交换随机挑选的两个编码的某些位,变异算子则直接对一个编码中的随机挑选的某一位进行反转,产生下一代编码组,重复上述选择和繁殖过程,直到满足结束条件为止。

基本遗传算法在理论上已经形成了一套较为完善的算法体系,然而在实际应用中,由于遗传算法自身存在的诸多难以解决的问题(如早熟收敛、随机漫游、控制参数的选择等),给遗传算法的实际应用带来了极大的不便,有待于进一步研究探讨。例如,对于单调函数或单峰函数,基本遗传算法在初始时很快向最优值逼近,但是在最优值附近收敛较慢;而对于多峰值函数的优化问题,往往会出现"早熟"现象,即收敛于局部极值。导致这种情况的原因主要是通常使用的基本遗传算法的选择策略多采用个体繁殖机会同其适应值成正比例的方法,这样就很容易导致超级个体问题和多个相似数字交换问题。交叉算子的设计一般都采用随机交叉的方式,由两个个体的交叉产生两个新个体,其结果是父代与子代间很相似,这也会导致上述问题。这些缺陷都限制了基本遗传算法的广泛应用。

7.3.3 免疫算法的原理及优势

免疫算法是基于人工免疫的基本理论发展而来的,它是对人工免疫理论应用和研究的扩充和发展。免疫算法是在抽取和反映人工免疫理论的基础上,结合遗传算法提出的一个用于求解科学研究和工程技术中各种组合搜索和优化计算问题的计算模型,它主要借鉴了免疫系统具有的抗原识别、免疫记忆、免疫调节等特性,将其概念与理论应用于遗传算法中。

免疫算法核心思想是在合理提取疫苗的基础上,通过接种疫苗和免疫选择两个操作步骤来提高群体适应度,加速迭代过程并防止群体的退化。抗原识别是指通过表达在抗原表面的表位和抗体表面的对位进行相互匹配选择完成识别的过程;免疫记忆是指免疫系统将能与抗原发生反应的抗体作为记忆细胞保存记忆下来，当同类抗原再次入侵时，迅速识别与其发生反应的过程；免疫调节是指在免疫反应过程中，大量抗体的产生降低了抗原对免疫细胞的刺激，从而抑制抗体的分化和增殖，使抗体和抗原、抗体和抗体之间维持一定强度的免疫平衡。

免疫算法不仅继承了遗传算法的遗传算子，使得免疫算法具有更强的全局搜索能力，而且增加了免疫算子，使得免疫算法有效地防止了遗传算法后期的退化现象，并加快了收敛速度。

在任何数值计算方法中，算法的收敛性是最重要的一项评价指标。如果一个算法是发散的，那么这个算法也就无用了。因此，对免疫优化算法的收敛性进行研究具有至关重要的地位。

免疫算法与遗传算法比较，优势主要体现在以下几个方面。

1. 改进的疫苗提取算法

在免疫算法中，免疫疫苗对应于待求解问题的解的一些特征信息，从遗传角度来说，免疫疫苗则是对待求解问题最优解的匹配模式的一种估计。免疫算法的执行效率在很大程度上取决于免疫疫苗选取，优良的免疫疫苗是免疫算子有效发挥作用的基础和保障。

1）疫苗的自我识别

尽管免疫疫苗的优劣并不影响免疫算法的收敛性，但对免疫算法的收敛速度却有着决定性的影响，所以能否有效提取优良的免疫疫苗直接影响免疫算法的优劣。另一方面，为提高免疫算法的普遍适用性，必然要求提高疫苗提取算法的普遍适用性。

生物免疫系统具有很强的自适应性，关键在于免疫系统中B淋巴细胞具有强的自我识别能力。自我识别，是指免疫系统中的B淋巴细胞通过比较自我基因与目标细胞的基因是否相同来识别入侵细胞的过程。免疫疫苗的提取采用模拟生物免疫系统中B淋巴细胞的自我识别过程的方法，即将已知的适应度函数定义为自我串，采用自我识别的方法来提取具有较强适应度的免疫疫苗，从而增加免疫算法中提取免疫疫苗的自适应性，并降低原算法在提取疫苗时的不稳定因素。

2）分区域提取疫苗

在生物免疫系统中，单个B淋巴细胞的自我识别过程相对比较缓慢，但由于每个B淋巴细胞的识别过程是相互独立的，整个免疫系统中又存在大量的B淋巴细胞，因而免疫系统的识别能力是十分强大的。同样，在免疫算法提取疫苗时，若在整个解空间中进行自我识别，则识别速度比较缓慢，所以应采用将整个解空间分割为若干区域进行识别，以提高识别的效率。因为每个区域的识别过程是相互独立的，所以可以采用并行计算以提高提取疫苗的速度。

由于区域的大小将决定本区域内提取疫苗的速度，区域划分得越细越小则提取疫苗的速度越快，所以划分区域是以每个区域包含一至两个基因串为佳。

3）疫苗提取算法

（1）将解空间分割为若干相互有交叉的区域，并把适应度函数定义为“自己”。

（2）不断在每个区域内产生随机串并计算适应度。

（3）将满足适应度条件的基因串分解，产生本区域内疫苗；否则拒绝。

(4) 在每个区域内，保存适量适应度最高的疫苗作为最终注射疫苗。

疫苗提取算法如图 7-7 所示。

4) 疫苗的构造

由生物学相关理论可知，生物的每一性状都是由在染色体上一个或几个位置固定的基因决定的。换句话说，基因能够影响生物性状不仅取决于基因本身碱基的顺序，还取决于基因在染色体上的位置；因此，两个碱基顺序相同的基因放在生物染色体的不同位置将对生物产生不同的影响。免疫疫苗是包含一个或几个连续基因的基因串，其注射位置不同对于疫苗发挥的效果也是不一样的，所以在产生疫苗时也应保存有关疫苗中基因串的位置信息，这将有利于免疫操作发挥更大的作用。基于以上目的，在产生免疫疫苗时，应让每个疫苗包含一定的辅助信息——其所包含基因在染色体中位置的信息。

定理 7.3.1 包含基因相对位置关系的低阶、短距、高适应度的疫苗在遗传算子的作用下，容易相互结合，生成高阶、长距、高适应度的模式，最终生成全局最优解。

此定理证明可参见遗传算法相关定理。此处仅通过举例来说明。

在求解 VRP 问题时(如图 7-8 所示)，假设某局部空间有 3 个疫苗 I_1(15,16,17)，I_2(19,20,21)，I_3(17,18,19)；在注射完疫苗 I_1 和 I_2 以后，形成基因串(15,16,17,18,19,20,21)的概率必然很小；但由于疫苗自身包含相对的位置信息，注射完疫苗 I_3后，将直接形成全局最优基因串(15,16,17,18,19,20,21)。可见，当疫苗中包含相对位置关系后，将大大提高收敛速度。

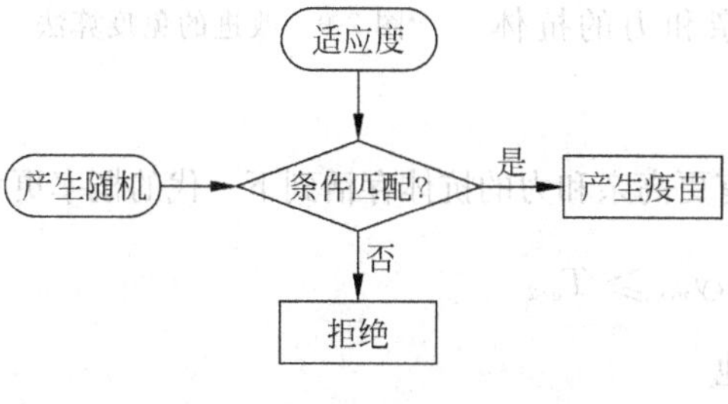

图 7-7 疫苗提取算法

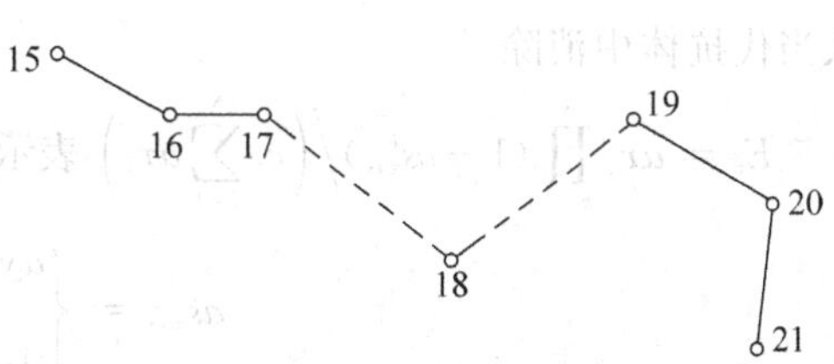

图 7-8 VRP 问题求解

另外，在将解空间分割时，需将其划分为相互有交叉的区域，目的在于使每个区域的相对位置关系也被保存在疫苗中，从而使得在不同区域产生的疫苗也能找到它的合理位置，有利于疫苗发挥作用。

2. 改进的注射疫苗算法

由于每个疫苗本身已包含位置信息，在注射疫苗时应利用该信息进行注射，而不是采用原先的随机注射的方法，从而使注射的疫苗的位置更合理，发挥出更大的作用。疫苗注射算法：①随机从疫苗库中选取一个疫苗；②利用该疫苗所含位置信息，寻找疫苗注射的合理位置；③找到个体中与将要注射的疫苗相冲突部分，并将冲突部分删除；④在找到的注射位注射疫苗。

另外，值得注意的是在注射新疫苗时，除了要有效利用疫苗自身携带的位置信息以外，还要防止注射新疫苗而导致已注射的疫苗被破坏。当发生新疫苗与已注射疫苗冲突时，以保留适应度高的疫苗为标准。

3. 改进的免疫算法流程

改进的免疫算法流程如图 7-9 所示。

(1) 利用浓度概念计算记忆细胞和抑制细胞分化。当抗体 v 的浓度 c_v 超过阈值 T_c、分化成记忆细胞 m 时,计算所有抗体浓度。由于记忆细胞数有限,当记忆细胞总数达到上限 M,计算目前保存的记忆细胞和分化的记忆细胞之间的亲和力程度时,那些具有最大亲和力程度的记忆细胞与分化细胞交换。接着,具有同样基因的抑制细胞 s 作为新分化的记忆细胞,消除与抑制细胞的亲和力超过 T_{ac1} 的抗体。

$$c_v = \sum_{W=1}^{N} ac_{v,w}/N$$

$$ac_{v,w} = \begin{cases} 1, ay_{v,w} \geqslant T_{ac1} \\ 0, 其他 \end{cases}$$

式中 T_{ac1}——亲和力阈值;

N——抗体总数;

$ac_{v,w}$——0-1 变量。

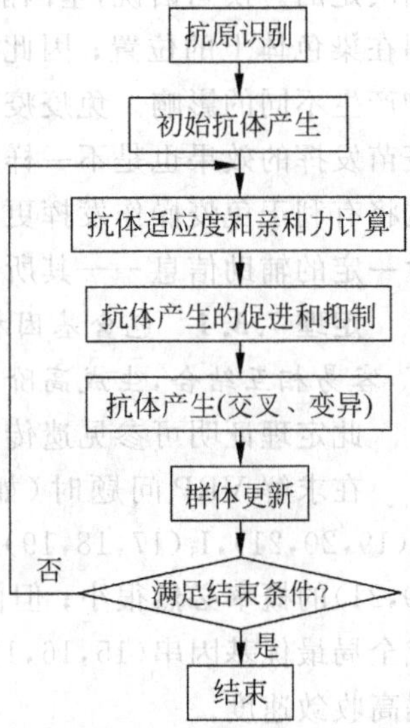

图 7-9 改进的免疫算法

(2) 利用期望值计算抗体产生的促进和抑制。抗体 v 活到下一代的期望值 E_v 由下式计算。具有最低亲和力的抗体从当代抗体中消除。

$$E_v = ax_v \prod_{k=1}^{s} (1 - as_{v,s}^{k}) \Big/ \left(c_v \sum_{i=1}^{N} ax_i \right)$$ 表示具有更高亲和力的抗体存活到下一代的概率更大。

$$as_{v,s} = \begin{cases} ay_{v,s}, ay_{v,s} \geqslant T_{ac2} \\ 0, 其他 \end{cases}$$

式中 s——抑制细胞总数;

k——抑制能量;

T_{ac2}——亲和力阈值。

(3) 通过随机决定基因产生新抗体,取代在前面被消除的抗体。存活下来的和新产生的抗体,通过复制来选择 $N/4$ 抗体集合;但是,假定具有更高期望值的抗体更可能被选择,对于成对的抗体,通过交叉产生 $N/2$ 新抗体。对于产生的抗体,用预先设定的变异率和变异操作方法改变基因。操作方法和交叉、变异概率是任意设定的,直到达到目前最后一代。

7.4 免疫优化算法在 VRP 中的应用

现有文献研究的 VRP 多为单向车辆路径问题,包括从物流中心向客户送货的纯送货问题和将货物从客户集取到物流中心的纯取货问题。本 VRP 范围是分类装卸混合问题,即同时考虑送货和取货的双向物流配送问题。对于这类集散型物流中心,在制定配送方案时,既要考虑到集货的问题,又要考虑到送货的问题,也就是集货与送货一体化的物流配送问题。对于上述问题，如果将送货和取货分别考虑，即通过求解两个单向车辆路径问题分别确定送货的配送路线和取货的配送路线，有悖于现代物流配送的商效性、一体化等特点。而解决该问题的更为科学合理的方法是将送货和集货统一考虑，来决定货物的配送路径，即在各条配送路径中，既考虑送货又考虑集货。

7.4.1 装卸一体化的物流配送 VRP 描述

一般地，一些货物的每一次运输任务都可能有自己的集货点和送货点，要求车辆在一定的集货点装货后运至一定的送货点卸货，在节点既装货又卸货（本文称之为单向配送），这就是装卸一体化的物流配送问题。

该问题可具体描述为：有 n 个节点需要提供装货或卸货服务，表示为 $1,\cdots,n$，可使用车辆数为 K（K 条物流配送路径），每条路径都有自己的装货点和送货点。已知：要求在节点 i 的装货量为 μ_i，卸货量为 v_i。这些任务由车场发出的车辆来完成，假设车辆容量为 Q_i，已知 μ_i、$v_i<Q_i$，如何确定车辆行驶线路，使得总费用最小或者总行车路线最短？

本节对 VRP 的数学模型有如下假设。

(1) 每一车辆都有一定的装载能力限制，配送路径上各节点的供货量和需求量均不超过汽车的核定载重量。

(2) 每辆车只有一条行驶路线，期间可以为多个节点服务。

(3) 每个节点的集送货服务只能由一辆车提供。

(4) 封闭式配送，即每辆车的路线的开始和结束位置都在配送中心。

(5) 节点的供货量和需求量为一定值。

(6) 配送中心使用的车型相同，即所有车辆的装载能力相同，且车辆参数相同。

(7) 受混合时间窗限制。

某 J 物流配送中心向周围 8 个节点提供集送货服务，在节点 $j(i=1,2,\cdots,8)$ 的装货量为 u_i，卸货量为 v_i（单位为吨）。配送中心共有两辆车用于配送，每辆汽车的载重量为 8t，每次配送的最大行驶距离为 40km，配送中心与各需求点之间、各需求点相互之间的距离及各节点的装卸货物量如表 7-2 和表 7-3 所示（其中需求点 0 表示配送中心）。假设车辆的行驶时间与距离成正比，每辆车的平均行驶速度为 50km/h。

表 7-2 配送节点数据

节点编号	需求量/t	供应量/t	作业时间/h	运达期限/h
1	1	2	1	【1,4】
2	2	2	2	【4,6】
3	1	2	1	【1,2】
4	2	2	3	【4,7】
5	1	2	2	【3,5】
6	4	2	2.5	【2,5】
7	2	2	3	【5,8】
8	2	2	0.8	【1.5,4】

表 7-3 物流配送中心与各节点间的距离

节点编号	0	1	2	3	4	5	6	7	8
0	0	40	60	75	90	200	100	160	80
1	40	0	65	40	100	50	75	110	100
2	60	65	0	75	100	100	75	75	75
3	75	40	75	0	100	50	90	90	150
4	90	100	100	100	0	100	75	75	100
5	200	50	100	50	100	0	70	90	75
6	100	75	75	90	75	70	0	70	100
7	160	110	75	90	75	90	70	0	100
8	80	100	75	150	100	75	100	100	0

对上述算例进行免疫优化程序设计，步骤如下。

步骤 1：抗原识别。

步骤 2：产生初始抗体。

初始化抗体群 Ab，随机产生 N 个抗体，假设 $N=10$。在第一次迭代时，抗体通常是在解空间中用随机的方法产生的。

步骤 3：计算亲和性。

分别计算抗原和抗体 v 之间的亲和性 ax_v 及抗体 v 和抗体 w 之间的亲和性 $ay_{v,w}$。对 Ab 中的抗体按照亲和力由大至小按降序排列，再将这 10 个抗体进行克隆，得到规模为 N_c 的抗体群 Abc。

步骤 4：克隆删除。

对 Abc 中的抗体按照基因重组概率进行基因重组后，进行克隆删除操作，得到规模为 N_c 的抗体群 Abe：对 Abe 中的抗体按照突变概率进行突变操作后，进行克隆删除操作，得到规模为 N_c 的抗体群 Abm。合并抗体群 Ab 和 Abm，选出亲和力最高且互不相同的 N 个抗体组成抗体群 Ab′。

步骤 5：记忆单元更新。

将与抗原亲和性高的抗体加入到记忆单元中。由于记忆单元数目有限，所以在记忆单元中用新加入的抗体取代与其亲和性最高的原有抗体。

步骤 6：促进和抑制抗体的产生。

计算抗体 i 的期望值 e_i，期望值低的抗体将受到抑制。

$$e_i = a_{x_i} / c_i$$

式中 c_i——抗体 i 的密度(即数目)。

为了有利于优化过程的进行，在步骤 5 中，某些与抗原有较高亲和性的抗体也必须受到抑制。

从上式中可以看出，与抗原亲和性高的抗体和低密度的抗体生存几率较大。由于高亲和性的抗体得到促进，而高密度的抗体受到抑制，所以上式体现了控制机制的多样性。经过这一步后幸存下来的抗体可以进入下一步。

步骤 7：产生抗体。

通过变异和交叉，产生进入下一代的抗体。随机挑选的两个抗体按照事先设定的变异概率进行变异后，相互之间再进行交叉。重复执行步骤 3～步骤 6，直到终止条件(收敛判据)满足为止(在一般免疫系统中,变异率为0.005)。

步骤8:终止条件。

判断是否满足终止条件,不满足则转至步骤2继续执行,满足则结束计算。

7.4.2 抗体编码

本节采用简单、直观的自然数编码(序数编码),用0表示配送中心,用1,2,…,8表示各节点。因为共有两辆车,最好存在两条配送路径,每条配送路径都始于配送中心,也终于配送中心。为了在编码中反映车辆配送的路径,采用了增加2−1=1个虚拟配送中心的方法,分别用自然数1~9来表示。这样1,2,…,9(其中9表示物流配送中心)这个互不重复的自然数的全排列就构成了9!个抗体,表示着相应的物流配送方案。如抗体126398547表示配送路径的方案为路径1:0−>1−>2−>6−>3>9(0);路径2:9(0)−>8−>5−>4−>7−>0。

7.4.3 初始抗体的产生

按照上述的编码方式,随机产生N(先假设$N=10$)个编码长度为l的抗体,l=节点数+车辆数−1=8+2−1=9。在第一次迭代时,抗体通常是在解空间中用随机的方法产生的,以下为随机产生的10个抗体:

Ab_1=659 243 178　　Ab_2=931 864 752　　Ab_3=492 561 387

Ab_4=563 197 248　　Ab_5=429 738 156　　Ab_6=318 654 297

Ab_7=356 824 971　　Ab_8=218 935 476　　Ab_9=586 124 739

Ab_{10}=659 317 824

7.4.4 抗体亲和力计算

分别计算抗体v和抗原间的亲和性ax_v,及抗体v和抗体w间的亲和力$ax_{v,w}$,抗原与抗体v之间的亲和力ax_v。由于目标函数为求最小值,因此亲和力函数可以由目标函数的变换得到——取目标函数的倒数,即:

$$ax_v = \frac{1}{f(v)} = \frac{1}{\sum_{k=1}^{K}\left(\sum_{i=1}^{n_k} d_{r_{k(i-1)}r_{ki}} + d_{r_{kn_k}r_{k0}}\varphi(n_k)\right)}$$

将上述随机产生的10个初始抗体以Ab_1,…,Ab_{10}分别计算亲和力,按照亲和力由大至小按降序排列:Ab_2,Ab_8,Ab_9,Ab_7,Ab_3,Ab_4,Ab_1,Ab_{10},Ab_6,Ab_5。

可见,在这10个初始抗体中,抗体Ab_2与抗原之间的亲和性最大(其亲和力等于0.001 398 60),抗体Ab_5与抗原之间的亲和性最小(亲和力等于0.001 030 93)。

抗体与抗体之间的亲和力反映了抗体之间的相似程度,免疫算法一般采用基于信息熵概念的亲和力计算方法,以上述10个初始抗体为例来说明抗体与抗体之间的亲和力计算。群体规模是10,抗体基因长度$i=9$,符号集$S=9$,对于初始群体Ab_1,…,Ab_{10}:

(1) 计算出第一个符号 1 出现在基因座 1 上的概率。

$$p_{11}=\frac{\text{基因座 1 上出现第 1 个符号的总个数}}{10}=\frac{0}{10}$$

同理可以计算出 $p_{12}=0.2, p_{13}=0.1, \cdots, p_{21}=0.1, \cdots, p_{99}=0.1$。

$$p_{ij}=\begin{bmatrix} 0 & 0.2 & 0.1 & 0.2 & 0.1 & 0.1 & 0.2 & 0 & 0.1 \\ 0.1 & 0.1 & 0.1 & 0.1 & 0.2 & 0 & 0.2 & 0.1 & 0.1 \\ 0.2 & 0.1 & 0.1 & 0.1 & 0.2 & 0.1 & 0.1 & 0.1 & 0 \\ 0.2 & 0 & 0 & 0 & 0.1 & 0.4 & 0.1 & 0.1 & 0.1 \\ 0.2 & 0.3 & 0 & 0.1 & 0.1 & 0.1 & 0 & 0.2 & 0 \\ 0.2 & 0.1 & 0.2 & 0.1 & 0.2 & 0 & 0 & 0 & 0.2 \\ 0 & 0 & 0 & 0.1 & 0 & 0.2 & 0.2 & 0.3 & 0.2 \\ 0 & 0.1 & 0.2 & 0.2 & 0 & 0.1 & 0.1 & 0.1 & 0.2 \\ 0.2 & 0.1 & 0.3 & 0.1 & 0.1 & 0 & 0.1 & 0.1 & 0.1 \end{bmatrix}$$

(2) 计算这 10 个初始抗体信息座 j 的信息熵 $H_j(10)$。

$$H_1(10)=\sum_{i=1}^{9}-p_{i1}\log p_{i1}=-(p_{11}\log p_{11}+p_{21}\log p_{21}+\cdots+p_{91}\log p_{91})=0.159\,176$$

同理可得：$H_2(10)=0.196\,658$，$H_3(10)=0.136\,452$，$H_4(10)=0.279\,588$，$H_5(10)=0.219\,382$，$H_6(10)=0.098\,970$，$H_7(10)=0.219\,382$，$H_8(10)=0.196\,658$，$H_9(10)=0.219\,382$。

则这 N 个抗体的平均信息熵为：

$$H(N)=\frac{1}{M}\sum_{j=1}^{M}H_j(N)=0.175\,457。$$

(3) 计算出抗体 Ab_1，Ab_2 的平均信息熵 $H_{1,2}(2)$。

$$H_{1,2}(2)=1/2(H_1+H_2)=0.177\,917$$

同理可以算出抗体 Ab_1，Ab_3 的平均信息熵 $H_{1,3}(2)=0.147\,814$，……得到抗体 Ab_i 和抗体 Ab_j 之间的平均信息熵结果如表 7-4 所示。

表 7-4 初始抗体间的平均信息熵

	1	2	3	4	5	6	7	8	9
1	0.1592	0.1779	0.1478	0.2194	0.1893	0.1290	0.1893	0.1779	0.1893
2	0.1779	0.1967	0.1666	0.2381	0.2080	0.1478	0.2080	0.1967	0.2080
3	0.1478	0.1668	0.1365	0.2080	0.1779	0.1177	0.1779	0.1666	0.1779
4	0.2194	0.2381	0.208	0.2796	0.2495	0.1893	0.2495	0.2381	0.2495
5	0.1893	0.208	0.1779	0.2495	0.2194	0.1592	0.2194	0.2080	0.2194
6	0.1291	0.1478	0.1177	0.1893	0.1592	0.0990	0.1592	0.1478	0.1592
7	0.1893	0.208	0.1779	0.2495	0.2194	0.1592	0.2194	0.2080	0.2194
8	0.1779	0.1976	0.1666	0.2381	0.2080	0.1478	0.2080	0.1967	0.2080
9	0.1893	0.2080	0.1779	0.2495	0.2194	0.1592	0.2194	0.2080	0.2194

(4) 计算抗体 Ab_1，Ab_2 的相似度(亲和力)ay_{12}，如表 7-5 所示。

$$ay_{12}=\frac{1}{1+H_{12}(2)}=\frac{1}{1+0.777\,917}=0.862\,682$$

表 7-5 初始抗体的相似度

	1	2	3	4	5	6	7	8	9
1	0.8627	0.8490	0.8712	0.8201	0.8408	0.8857	0.8408	0.8490	0.8408
2	0.8490	0.8357	0.8572	0.8077	0.8278	0.8712	0.8278	0.8357	0.8278
3	0.8712	0.8572	0.8799	0.8278	0.8490	0.8947	0.8490	0.8572	0.8490
4	0.8209	0.8077	0.8278	0.7815	0.8003	0.8408	0.8003	0.8077	0.8003
5	0.8408	0.8278	0.8490	0.8003	0.8201	0.8627	0.8209	0.8278	0.8201
6	0.8857	0.8712	0.8947	0.8408	0.8627	0.9099	0.8627	0.8712	0.8627
7	0.8408	0.8278	0.8490	0.8003	0.8201	0.8627	0.8201	0.8278	0.8201
8	0.8490	0.8357	0.8572	0.8077	0.8278	0.8712	0.8278	0.8357	0.8278
9	0.8408	0.8278	0.8490	0.8003	0.8201	0.8627	0.8209	0.8278	0.8201

7.4.5 产生记忆/抑制细胞

在计算过程中，当一种抗体 v 的浓度 C_v 超过某一设定的阈值 T_c 时，表明抗体 v 在群体中占据了较大优势，达到了一个相对最优点，这时生成一个记忆细胞，以记录此局部最优解。如果记忆细胞库已存满，则与抗原亲和力最低的记忆细胞被新产生的有较高抗原亲和力的记忆细胞取代。

记忆细胞同时也是抑制细胞，对那些与记忆细胞有较高亲和力的抗体产生抑制作用，使它们的生存力降低。这样做的目的是保证免疫算法不会陷入局部最优解。

7.4.6 选择、交叉、变异

这一步骤与通常应用于车辆路径优化调度(VRP)的遗传算法差别不大。对群体中的抗体按照各自的生存力进行选择，采用的是轮盘赌选择的方式，按照一定的淘汰率淘汰一部分生存力低的抗体，用随机产生的新抗体代替。选择生存下来的抗体再按一定的交叉概率进行随机配对交叉，交叉方法是顺序交叉(OX)法。然后，以一定的变异概率进行变异，采用的是对换变异的方法。

1. 选择算子

采用比例机制，以正比于个体适应度的概率选择相应的个体，计算方法是轮盘赌选择。为了选择交配个体，需要多轮选择。每一轮选择均匀产生一个[0,1]的随机数，用该随机数作为选择指针，通过与个体的相对适应度(即单个个体的适应度与群体中所有个体适应度总和的比值)来确定被选个体。个体的适应度越大，被选中的概率越高。

2. 交叉算子

对于 VRP 来说，父代个体 p_1 和 p_2 分别采用浮点数编码方案：

p_1：(123|456|789)　　　p_2：(256|478|139)

如果进行简单的单点交叉：

O_1：(256|456|789)　　O_2：(123|478|139)

交叉后可能出现某一个或者几个城市重复走，而某些城市却没有走到的情况，使交叉后的抗体失去有效性。因此，用一组称为重排操作的新操作来处理这类问题。

3. 变异算子

对交叉后的群体，以某一概率改变某一个或者一些基因位上的基因值为其他的等位基因，变异本身是一种局部随机搜索，与选择算子结合在一起，保证了免疫算法的有效性，使免疫算法具有局部的随机搜索能力，同时使得免疫算法保持种群的多样性，以防止出现未成熟收敛。659 243 178 做单点基因位换位操作时，若随机生成正整数 4、7，则换位后的抗体是 659 143 278。

7.5 用免疫算法求解 TSP

7.5.1 TSP 描述

TSP 是优化搜索算法尝试求解的经典问题之一，属于 NP 完全问题。TSP 是旅行商问题的简称，即一个商人从某一城市出发，要遍历所有目标城市，其中每个城市必须而且只须访问一次。TSP 是寻找一条最短的遍历 n 个城市的路径，或者说搜索整数子集 $X=\{1,2,\cdots,n\}$（X 的元素表示对 n 个城市的编号）的一个排列 $(V_1,V_2,\cdots,V_n)$，使 $T_d=\sum_{i=1}^{n-1} d(v_i,v_{i+1})+d(v_n,v_1)$ 取最小值，式中的 $d(v_i,v_{i+1})$ 表示城市 v_i 到城市 v_{i+1} 的距离。由于它是诸多领域内出现的多种复杂问题的集中概括和简化形式，所以成为各种启发式的搜索、优化算法的间接比较标准。该问题是一个典型的 NP 问题，即随着规模的增加，可行解的数目将做指数级增长。

7.5.2 免疫算子的构造方法

免疫算子包括全免疫和目标免疫两种。对于 TSP，要找到适用于整个抗原（即全局问题求解）的疫苗极为困难，所以不妨采用目标免疫。具体而言，在求解问题之前先从每个城市点的周围各点中选取一个路径最近的点，以此作为算法执行过程中对该城市点进行目标免疫操作时所注入的疫苗。每次遗传操作后，随机抽取一些个体注射疫苗，然后进行免疫检测，即对接种了疫苗的个体进行检测：若适应度提高，则继续；反之，若其适应度仍不如父代，说明在交叉、变异的过程中出现了严重的退化现象，这时该个体将被父代中所对应的个体所取代。在选择阶段，先计算其被选中的概率，后进行相应的条件判断。

7.5.3 免疫疫苗选取的具体步骤

1. 分析待求问题，搜集特征信息

假设在某一时刻，某人从一城市出发，欲前往下一个目标城市。一般而言，他首先考虑的选择目标是距离当地路程最近的城市。如果目标城市恰恰就是前面走过的某一城市时，

则下一个要到达的目标更替为除该城市之外的距离最小的城市，并以此类推。这种方法虽然不能作为全局问题的解决方案，但在一个很小范围内，比如只有三四个城市的情况（相对于全局问题而言，这属于一种局部问题），这种考虑往往不失为一个较好的策略。当然，能否作为最终的解决方案，还需要进一步的判断。

2. 根据特征信息制作免疫疫苗

基于上述认识，就 TSP 的特点而言，在最终的解决方案中，即最佳路径的选取里，必然包括而且在很大程度上包括相邻城市间距离最短的路径。TSP 的这种特点即可作为求解问题时供参考的一种特征信息或知识，故能够视为从问题中抽取疫苗的一种途径。所以在具体实施过程中，只需使用一般的循环迭代方法找出所有城市的邻近城市即可（当然，某一城市既可能是两个或多个城市的邻近城市，也可能都不是）；疫苗不是一个个体，故不能作为问题的解。它仅具备个体在某些基因位上的特征。

3. 接种疫苗

设 TSP 中所有与城市 A_i 距离最近的城市为 A_j，并且二者非直接连接而是处于某一路径的两段：A_{i-1}——A_i——A_{i+1} 和 A_{j-1}——A_j——A_{j+1}，则当前的遍历路径为：$P=\{A_0,\cdots,A_{i-1},A_i,A_{i+1},\cdots,A_{j-1},A_j,A_{j+1},\cdots,A_N\}$，其对应的路径长度为：

$$D_{\pi_c}=\sum_{k=1}^{i-1}a_k+a_i+\sum_{k=i+1}^{j-2}a_k+a_{j-1}+a_j+\sum_{k=j+1}^{N}a_k \tag{7-1}$$

在免疫概率 P_i 发生条件下，对城市 A_i 而言，免疫算子将把其邻近城市 A_j 排列为它的下一个目标城市，而使原先的遍历路径调整为：$\pi_c=\{A_0,\cdots,A_{i-1},A_i,A_j,A_{i+1},\cdots,A_{j-1},A_{j+1},\cdots,A_N\}$，则相应的路径长度变化为：

$$D_{\pi}=\sum_{k=1}^{i-1}a_k+l_1+l_2+\sum_{k=i+1}^{j-2}a_k+l_3+\sum_{k=j+1}^{N}a_k \tag{7-2}$$

比较式(7-1)和式(7-2)，因为 A_j 是所有城市中（即全局中）与城市 A_i 距离最近的点，在由 A_i——A_j——A_{i+1} 所构成的三角形中 l_1 一定为最短边或次短边（此时 l_2 一定为最短边。因为若 $a_i<l_1$，则与 A_i 最近的城市为 A_{i+1} 而非 A_j），而在 A_{j-1}，A_j 和 A_{j+1} 之间却不一定具有这个性质。所以在多数情况下，l_3 较 $a_{j-1}+a_j$ 的减少量要大于 l_1+l_2 较 a_i 的增加量。而且更加重要的是在这一个局部环境内，算子对路径做了一次最佳调整。当然，这次调整究竟能否对整个路径有所贡献，还有待于选择机制的进一步判断。但是，从分析过程中，不难得出下列关系：$P(D_{\pi_c}<D_\pi)>>P(D_{\pi_c}>D_\pi)$，式中，$P(A)$ 表示事件 A 发生的概率。上述所谓的“调整”过程，即为 TSP 求解时基于某一特定疫苗的免疫注射过程。

7.5.4 免疫算法的程序

免疫算法的求解框图如图 7-10 所示。

具体过程如下。

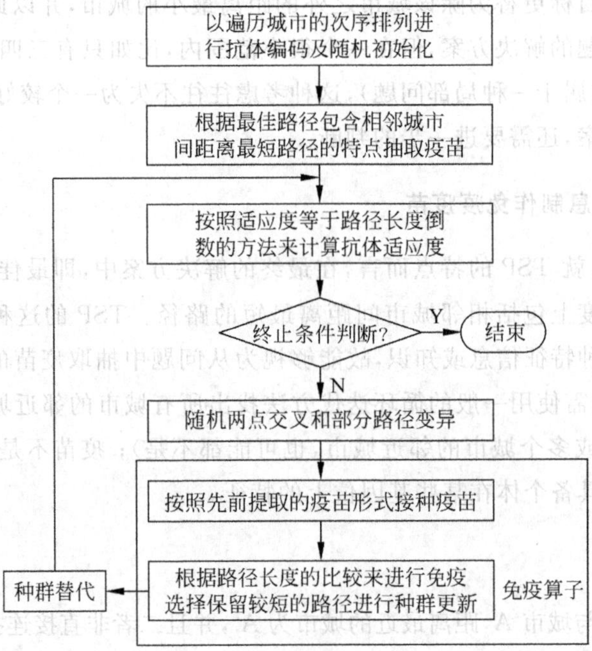

图 7-10 求解框图

1. 个体编码和适应度函数

算法实现中,将 TSP 的目标函数对应于抗原,问题的解对应于抗体。

抗体采用以遍历城市的次序排列进行编码,每一抗体码串形如:$V_1,V_2,\cdots,V_n$,其中,V_i 表示遍历城市的序号。适应度函数取路径长度 T_d 的倒数,即:

$$\mathrm{Fitness}(i)=1/T_d(i)$$

式中 $T_d(i)=\sum_{i=1}^{n-1}d(v_i,v_{i+1})+d(v_n,v_1)$——第 i 个抗体所表示的遍历城市的路径长度。

2. 交叉与变异算子

采用单点交叉,其中交叉点的位置随机确定。对于免疫操作,算法中加入了对遗传个体基因型特征的继承性和对进一步优化所需个体特征的多样性进行评测的环节,在此基础上设计了一种部分路径变异法。该方法每次选取全长路径的一段,路径子段的起点与终点由评测的结果估算确定。具体操作为采用连续 n 次的调换方式,其中 n 的大小由遗传代数 K 决定。

3. 免疫算子

由前面可知免疫算子包括全免疫和目标免疫两种。对于 TSP,要找到适用于整个抗原(即全局问题求解)的疫苗极为困难,所以不妨采用目标免疫。具体而言,在求解问题之前先从每个城市点的周围各点中选取一个路径最近的点,以此作为算法执行过程中对该城市点进行目标免疫操作时所注入的疫苗。每次遗传操作后,随机抽取一些个体注射疫苗,然后进行免疫检测，即对接种了疫苗的个体进行检测：若适应度提高，则继续；反之，若其适应度仍不如父代，说明在交叉、变异的过程中出现了严重的退化现象，这时该个体将被父代中所对应的个体所取代。在选择阶段，先计算其被选中的概率，后进行相应的条件判断。

习题

1. 请描述免疫系统的生物学基础。
2. 免疫系统有哪些特点？
3. 简述免疫算法的步骤。
4. 比较免疫算法与遗传算法。

第8章 蚁群算法

教学内容：本章介绍蚁群算法的基本概念，蚁群算法的一般过程和善于与其他算法融合的特点及其应用在不同领域中所需要做的变化。

教学要求：掌握蚁群算法的基本概念，理解蚁群算法的一般过程，掌握 TSP 的蚁群算法解，能将蚁群算法稍加改进应用到其他问题上。

关键字：蚁群算法(Ant Colony Algorithm)　优化(Optimize)　融合(Merge)　自适应性(Self-Adaptive)

8.1 蚁群算法原理

8.1.1 蚁群智能

蚂蚁是一种古老的社会性昆虫，它的起源可追溯到一亿年前，大约与恐龙同一时代。这种看似简单的小东西很早就引起了人们的注意。在楚汉相争之时，汉高祖刘邦的谋士张良用饴糖作为诱饵，使蚂蚁"闻糖"而聚，组成了"霸王自刎乌江"6 个大字，项羽到此以为天意，吓得失魂落魄，把剑自杀而死。"汉家天下，蚂蚁助成"的故事从此流传开来。

蚂蚁属膜翅类，蚁总科，已知 360 属，约 9000 种，估计应有 12 000～15 000 种。数以百万亿计的蚂蚁悄悄地布满了我们的星球，像人类一样，蚂蚁占据了几乎每一片适于居住的土地，只有永远雪封的南北两极未曾被其涉足。蚂蚁虽然有成千上万种，但无一种是独居的，都是群体生活，建立了自己独特的蚂蚁社会。

蚂蚁的个体结构和行为很简单，单个蚂蚁能做的各种动作不超过 50 个，其中大部分是传递信息，但由这些简单个体所构成的整个群体——蚁群，却表现出高度结构化的社会组织，在很多情况下能够完成远远超出蚂蚁个体能力的复杂任务。蚂蚁社会中的个体从事不同的劳动，群体可以很好地完成个体的劳动分工。作为社会昆虫的一种，蚂蚁社会成员除有组织有分工，还有互相的通信和信息传递。蚁群有着独特的信息系统，其中包括视觉信号、声音通信和更为独特的信息素。蚂蚁之所以能够"闻糖"而聚，全因蚂蚁的信息系统。

根据仿生学家的长期研究发现：蚂蚁虽然没有视觉，但运动时会通过在路径上释放出一种特殊的分泌物——信息素来寻找路径。当它们碰到一个还没有走过的路口时，就随机地选择一条路径前行，同时释放出与路径长度相关的信息素。蚂蚁走的路径越长，则释放的信息量越小。当后来的蚂蚁再次碰到这个路口的时候，选择信息量较大的路径的概率相对较大，这样便形成了一个正反馈机制。最优路径上信息量越来越大，而其他路径上的信息量却随着时间的流逝而逐渐消减，最终整个蚁群会找出最优路径。同时蚁群还能适应环境的变化，当蚁群的运动路径上突然出现障碍物时，蚂蚁也能很快地找到最优路径。可见，在整个寻径过程中，虽然单只蚂蚁的选择能力有限，但是通过信息素的作用使整个蚁群行为具有非常高的自组织性，蚂蚁之间交换着路径信息，最终通过蚁群的集体自催化行为找出最优路径。

1. 蚂蚁行为特征

目前，人们已总结出生物界中蚂蚁行为具有如下一些特征。

(1) 能够察觉前方小范围区域内的状况，并判断出是否有食物或其他同类的信息素轨迹。

(2) 能够释放出两种类型的信息素："食物"信息素和"巢穴"信息素。

(3) 仅当携带食物或是将食物带回到巢穴时才会释放信息素。

(4) 所释放的信息素数量会随着其不断移动而逐渐减少。

2. 蚂蚁运动规则

蚂蚁的运动还遵循以下简单的规则。

(1) 按随机方向离开巢穴，仅受其巢穴周围的信息素影响。

(2) 按随机方式移动，仅受其周围"食物"信息素的影响。当察觉到"食物"信息素轨迹时，将沿强度最大的轨迹移动。

(3) 一旦找到食物，将取走部分，并开始释放"食物"信息素。

(4) 移动过程中，将受到"巢穴"信息素的影响。

(5) 一旦回到巢穴，将放下食物，并开始释放"巢穴"信息素。

8.1.2 基本蚁群算法的机制原理

受到自然界中真实蚁群集体行为的启发，意大利学者 M. Dorigo 在他的博士论文中首次系统地提出了一种基于蚂蚁种群的新型进化算法——蚁群算法(Ant Colony Optimization, ACO)，并用该方法解决了一系列的组合优化问题。蚁群算法在解决这类问题中取得了一系列较好的实验结果，受其影响，该算法逐渐引起了许多研究者的注意，并将其应用到实际工程问题中。

在蚁群算法中，提出了人工蚁的概念。人工蚁有着双重特性，一方面，它们是真实蚂蚁行为特征的一种抽象，通过对真实蚂蚁行为的观察，将蚁群觅食行为中最关键的部分赋予了人工蚁；另一方面，由于所提出的人工蚁是为了解决一些工程实际中的优化问题，因此为了能使蚁群算法更有效，人工蚁具备了一些真实蚂蚁所不具备的本领。

人工蚁群系统所具有的主要性质如下。

(1) 蚂蚁群体总是寻找最小费用可行解。

(2) 每个蚂蚁具有记忆，用来储存其当前路径的信息，这种记忆可用来构造可行解，评价解的质量、路径反向跟踪。

(3) 当前状态的蚂蚁可移动至可行领域中的任一点。

(4) 每个蚂蚁可赋予一个初始状态和一个或多个终止条件。

(5) 蚂蚁从初始状态出发移至可行领域状态，以递推方式构造解，当至少有一个蚂蚁满足至少一个终止条件时，构造过程结束。

(6) 蚂蚁按某种概率决策规则移至领域节点。

(7) 当蚂蚁移至领域节点时，信息素轨迹被更新，该过程称为“在线单步信息素更新”。

(8) 一旦构造出一个解，蚂蚁沿原路返回追踪，更新其信息素轨迹，该过程称为“在线延迟信息素更新”。

蚁群算法是一种随机搜索算法，与其他模拟进化算法一样，通过候选解组成群体来寻求最优解的进化过程，包含两个基本阶段：适应阶段和协作阶段。在适应阶段，各候选解根据积累的信息不断调整自身结构；在协作阶段，候选解之间通过信息交流，以期望产生性能更好的解。

蚁群算法实际上是一类智能多主体系统，其自组织机制使得蚁群算法不需要对所求问题的每一方面都有详尽的认识。自组织本质上是蚁群算法机制在没有外界作用下使系统熵增加的动态过程，体现了从无序到有序的动态演化。其逻辑结构如图 8-1 所示。

由图 8-1 可见，先将具体的组合优化问题表述成规范的格式，然后利用蚁群算法在“探索”和“利用”之间根据信息素这一反馈载体确定决策点，同时按照相应的信息素更新规则对每只蚂蚁个体的信息素进行增量构建，随后从整体角度规划出蚁群活动的行为方向，周而复始，即可求出组合优化问题的最优解。

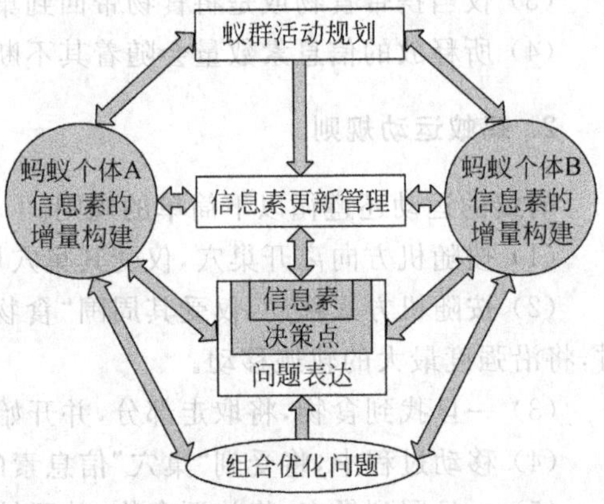

图 8-1 基本蚁群算法的逻辑结构

8.1.3 蚁群算法的系统学特征

1. 系统性

系统科学的基本特点是强调整体性，不同学科由于研究范围和重点不同，往往给出不同的系统定义。常用的贝塔朗菲定义为：系统是相互联系、相互作用的诸元素的综合体。该定义强调的不是功能而是系统元素之间的相互作用以及系统对元素的整合作用。显然，自然界的蚂蚁群体构成一个系统，具备系统的三个基本特征，即多元性、相关性和整体性。在该系统中，蚂蚁个体行为是系统元素，其相互影响体现了系统的相关性，而蚂蚁群体完成个体所完成不了的任务则体现了系统的整体性，表现出系统整体大于部分之和的整体突现原理。

2. 分布式计算

生命系统是一个分布式系统，它使得生命体具有强适应能力。例如，人体有很多细胞相互独立地完成同一项工作，当一个细胞停止工作或者新陈代谢之后，整体的功能不会因此受到影响。这就是分布式带来的强适应能力，它依赖于个体的行为但不单独依赖于个体的行为。

要实现分布式，需要很多的个体完成相同的过程，从另一个意义上说，需要个体行为的冗余。冗余产生容错，这是普遍的规律。可以发现，蚂蚁群体行为体现出了分布式现象。当群体需要完成一项工作的时候，其中的许多蚂蚁都为同样一个目的进行着同样的工作，而群体行为的完成不会因为某个或者某些个体的缺陷受到影响。在具体的优化问题中，蚁群算法所体现出的分布式特征就具有了更为现实的意义，不仅增加了算法的可靠性，也使得算法具有较强的全局搜索能力。

3. 自组织性

蚁群算法的另一重要特征是自组织性，这也是包括遗传算法、人工神经网络在内的仿生型算法的共有特征，正是这种特征的存在，才使得算法具有足够的鲁棒(健壮)性。

通常认为，在系统论中，自组织和他组织是组织的两个基本分类，其区别在于组织力或者组织指令是来自系统的内部还是来自系统的外部，来自系统内部的是自组织，来自系统外部的是他组织。如果系统在获得空间的、时间的或者功能的结果过程中，没有外界的特定干预，便可以说系统是自组织的。不难看出，最典型的自组织系统就是生物机体。事实上，生物学里有个观点，就是类似蚂蚁、蜜蜂这样的昆虫，由于个体作用简单，而且个体之间的协同作用特别明显，因而将它们视作一个整体来研究，甚至可以认为它们就是一个独立的生物体。这样的生物群落中，各个个体在相互作用下逐渐完成一项群体工作，体现了协同从无序到有序的过程，因而是自组织的。

蚂蚁群体是一个自组织系统，而对其自组织行为的抽象模拟所建立的蚁群算法则可视作是一种自组织的算法。

4. 正反馈性

反馈是信息学中的重要概念，代表了信息输出对输入的反作用。系统学认为，反馈就是将系统现有行为及现有行为结果作为影响未来行为的原因。反馈分为两种，一种是正反馈，一种是负反馈。以现有的行为结果去加强未来的行为，是正反馈，以现有的行为去削弱未来的行为，则是负反馈。

从真实蚂蚁的觅食过程中不难看出，蚂蚁能够最终找到最短路径，直接依赖于最短路径上信息素的累积，而这种累积却正是一个正反馈的过程。对蚁群算法而言，初始时在环境中存在完全相同的信息素量，若给予系统一个微小的扰动，使得各边上的轨迹浓度不相同，蚂蚁构造的解就存在了优劣。算法采用的反馈方式是在较优路径上留下更多的轨迹，并由此吸引更多的蚂蚁，这个正反馈的过程引导了整个系统向最优解的方向进化。因此，正反馈是蚁群算法的重要特征，它使得算法演化的过程得以进行。

然而，蚁群算法中并不仅仅存在正反馈，单一的正反馈或者负反馈存在于线性系统之中，是无法实现系统的自组织的。自组织系统是通过正反馈和负反馈的结合，实现系统的自我创新和更新。蚁群算法中同样隐藏着负反馈机制，它通过算法中构造问题解的过程所用到的概率搜索技术来体现，这种技术增加了生成解的随机性。而随机性的影响一方面在于接受了解在一定程度上的退化，另一方面又使得搜索的范围得以在一段时间内保持足够大。

这样，正反馈缩小搜索范围，保证算法朝着优化方向演化，负反馈保持搜索范围。避免算法过早收敛于不好的结果。正是在这种共同作用和影响下，使得算法得以获得一定程度上的满意解。

8.2 Ant-Cycle 算法与自适应蚁群算法

8.2.1 基本蚁群系统模型

本节以求解平面上 n 个城市的 TSP($0,1,\cdots,n-1$ 表示城市序号)为例说明蚁群系统模型。n 个城市的 TSP 就是寻找通过 n 个城市各一次且最后回到出发点的最短路径。为模拟实际蚂蚁的行为，首先引进如下记号：设 m 是蚁群中蚂蚁的数量，$d_{ij}\ (i,j=1,2,\cdots,n)$ 表示城市 i 和城市 j 之间的距离，$\tau_{ij}(t)$ 表示 t 时刻在 ij 连线上残留的信息量。初始时刻，各条路径上的信息量相等，设 $\tau_{ij}(C)=C$(C 为常数)。蚂蚁 $k(k=1,2,\cdots,m)$ 在运动过程中，根据各条路径上的信息量决定转移方向，p_{ij}^k 表示在时刻 t 时蚂蚁由位置 i 转移到位置 j 的概率

$$p_{ij}^k(t)=\begin{cases}\dfrac{[\tau_{ij}(t)]^{\alpha}\times[\eta_{ij}(t)]^{\beta}}{\sum\limits_{s\in \text{allowed}_k}[\tau_{ij}(t)]^{\alpha}\times[\eta_{ij}(t)]^{\beta}}, & j\in \text{allowed}_k\\ 0, & \text{否则}\end{cases} \tag{8-1}$$

式中 $\text{allowed}_k=\{0,1,\cdots,n-1\}-\text{tabu}_k$——蚂蚁 k 下一步允许选择的城市。

与实际蚁群不同，人工蚁群系统具有记忆力功能，$\text{tabu}_k(k=1,2,\cdots,m)$ 用以记录蚂蚁 k 以前所走过的城市，集合 tabu_k 随着进化过程做动态调整。α 为信息启发式因子，表示轨迹的相对重要性，反映了蚂蚁在运动过程中所积累的信息在蚂蚁运动中所起的作用，其值越大，则该蚂蚁越倾向于选择其他蚂蚁经过的路径，蚂蚁之间的协作性越强。β 为期望启发式因子，表示能见度的相对重要性，反映了蚂蚁在运动过程中启发信息在蚂蚁选择路径中受重视程度，其值越大，则该状态转移概率越接近于贪心规则；$\eta_{ij}(t)$ 为启发函数，其表达式如下

$$\eta_{ij}(t)=\frac{1}{d_{ij}}$$

对蚂蚁而言，d_{ij} 越小，则 $\eta_{ij}(t)$ 越大，$p_{ij}^k(t)$ 就越大。显然，该启发函数表示蚂蚁从元素(城市)i 转移到元素(城市)j 的期望程度。

为了避免残留信息素过多引起残留信息淹没启发信息，在每只蚂蚁走完一步或者完成对所有城市的遍历后，要对残留信息进行更新处理。这种更新策略模仿了人类大脑记忆的特点，在新信息不断存入大脑的同时，存储在大脑中的旧信息随着时间的推移逐渐淡化，甚至忘记。由此，$t+n$ 时刻在路径(i,j)上的信息量可按如下规则进行调整。

$$\tau_{ij}(t+n)=(1-\rho)\tau_{ij}(t)+\Delta\tau_{ij}(t)$$

$$\Delta\tau_{ij}(t)=\sum_{k=1}^{m}\Delta\tau_{ij}^k(t)$$

式中 ρ——信息素挥发系数，则 $1-\rho$ 表示信息素的残留因子，为了防止信息的无限积累，ρ 的

取值范围为[0,1)；

$\Delta\tau_{ij}(t)$——本次循环中路径(i,j)上的信息素增量，初始时刻$\Delta\tau_{ij}(0)=0$，$\Delta\tau_{ij}^{k}(t)$表示第k只蚂蚁在本次循环中留在路径(i,j)上的信息量。

根据信息素更新策略的不同，M. Dorigo提出了三种不同的基本蚁群算法模型，分别称为Ant-Cycle模型、Ant-Quantity模型及Ant-Density模型，其差别在于$\Delta\tau_{ij}^{k}(t)$求法的不同。

在Ant-Cycle模型(蚁周系统模型)中

$$\Delta\tau_{ij}^{k}(t)=\begin{cases}\dfrac{Q}{L_x}, & \text{若第}k\text{只蚂蚁在本次循环中经过}(i,j)\\ 0, & \text{否则}\end{cases}$$

式中 Q——信息素强度，它在一定程度上影响算法的收敛速度；

L_x——一个目标函数，在TSP中，它表示第k只蚂蚁在本次循环中所走的路径的总长度。

在Ant-Quantity模型(蚁量系统模型)中

$$\Delta\tau_{ij}^{k}(t)=\begin{cases}\dfrac{Q}{d_{ij}}, & \text{若第}k\text{只蚂蚁在本次循环中经过}(i,j)\\ 0, & \text{否则}\end{cases}$$

在Ant-Density模型(蚁密系统模型)中

$$\Delta\tau_{ij}^{k}(t)=\begin{cases}Q, & \text{若第}k\text{只蚂蚁在本次循环中经过}(i,j)\\ 0, & \text{否则}\end{cases}$$

Ant-Quantity模型和Ant-Density模型利用的是局部信息，即蚂蚁完成一步后更新路径上的信息素；而Ant-Cycle模型是整体信息，即蚂蚁完成一个循环后更新所有路径上的信息素，在求解TSP时性能较好，因此采用Ant-Cycle模型作为蚁群算法的基本模型。

8.2.2 Ant-Cycle算法

以TSP为例和8.2.1节的假设前提，Ant-Cycle算法(即蚁周系统模型的算法)的具体步骤如下。

(1) 初始化参数，令循环次数$Nc=0$，设置最大循环次数$Nc\max$，将每个蚂蚁置于不同的n个城市上，令有向图上每条边(i,j)的初始化信息量$\tau_{ij}(0)$为一个常数，且初始时刻$\Delta\tau_{ij}(0)=0$。

(2) 使蚂蚁都根据状态转移概率公式计算的概率选择城市j并前行。

(3) 修改禁忌表指针，即选择好后把蚂蚁移到新的城市，并把该城市移到该蚂蚁个体的禁忌表中。

(4) 重复(2)，(3)步骤，最后使得每个蚂蚁都遍历完了一遍城市。

(5) 求出此次循环中的最优解并与先前保存的最优解相比较，并保存较优解。

(6) 迭代次数Nc加1。

(7) 判断是否满足结束条件，即迭代次数达到最大或每个蚂蚁都走相同的路线。若达到结束条件，输出最优解，结束。若未到达结束条件，根据此次循环更新每条路径的信息量，然后跳转到第(2)步。

图8-2显示了Ant-Cycle算法流程图。

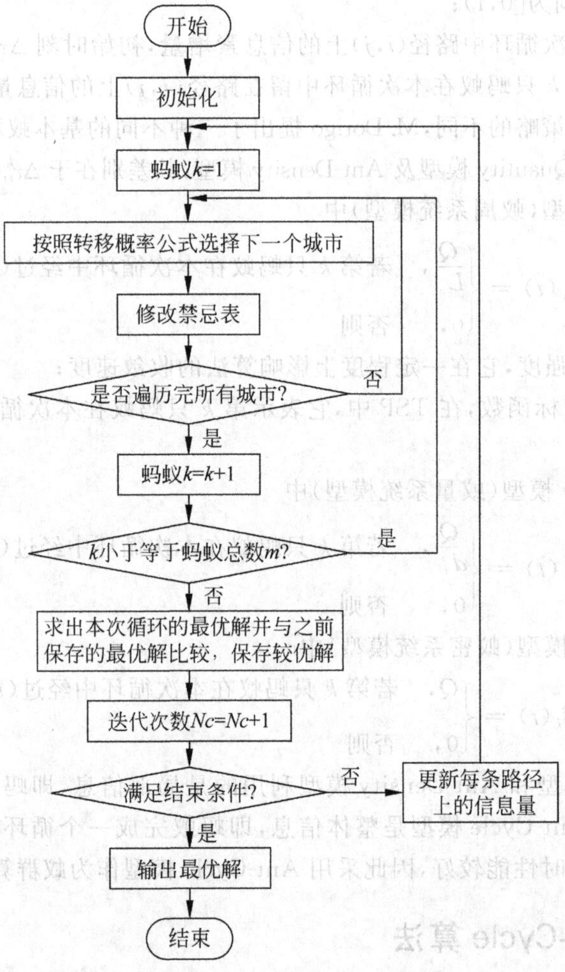

图 8-2 Ant-Cycle 算法流程图

8.2.3 自适应蚁群算法

蚁群算法作为一种新型的进化算法,与其他进化算法同样存在易于陷于局部最小点等缺陷。为了克服蚁群算法的上述缺陷,通过自适应地改变算法的信息素挥发因子、信息量、状态转移概率等参数,可以在保证收敛速度的条件下提高解的全局性。

1. 自适应调整信息素挥发因子的蚁群算法

它对基本蚁群算法改动如下。

(1) 保留最优解。在每次循环结束后,求出最优解,并将其保留。

(2) 自适应地改变 ρ 值。当问题规模比较大时,由于信息量挥发系数 ρ 的存在,使那些从未被搜索到的信息量会减小到接近 0,降低了算法的全局搜索能力,而且 ρ 过大时,当解的信息量增大时,以前搜索过的解会被选择的可能性过大,也会影响到算法的全局搜索能力。通过减小 ρ 虽然可以提高算法的全局搜索能力,但又会使算法的收敛速度降低;因此可以将自适应地改变 ρ 的值。$\rho(t_a) = 1$;当算法求得的最优值在 N 次循环内没有明显改

进时，ρ 减为

$$\rho(t)=\begin{cases}0.95\rho(t-1) & \text{若 } 0.95\rho(t-1)\geqslant\rho_{\min}\\ \rho_{\min} & \text{否则}\end{cases} \tag{8-2}$$

式中 $\rho_{\min}$——ρ 的最小值，以防止 ρ 过小降低算法的收敛速度。

具体算法的改进方法如下：每次循环后求出最佳解，如果该最佳解等于先前保持着的最佳解，则根据上述公式更新 ρ。

经过仿真实验可以看出，改进的蚁群算法在不同参数下所得到的最坏结果小于基本蚁群算法的最优结果。而其所需的进化代数也由基本蚁群算法的 300 代以上缩小为 200 代以内。

2. 基于 *Q*-学习的自适应蚁群算法

蚁群算法的状态转移概率反映了蚁群算法与 Q-学习算法之间的内在联系。其中，τ_{ij} 相当于 Q-学习算法中的 Q 值，表示学习所得到的经验，而 η_{ij} 由某种启发式算法确定。

M. Dorigo 等在提出基本蚁群算法后不久，又提出一种新的蚁群算法，并将其命名为 Ant-Q System。为了避免出现停滞现象，M. Dorigo 等在该算法中采用了确定性选择和随机性选择相结合的选择策略，并在搜索过程中动态调整状态转移概率。具体而言，Ant-Q System 使用了自适应伪随机比率选择规则，即对位于城市 r 的蚂蚁 k 按照下式选择下一城市 r

$$s=\begin{cases}\operatorname{argmax}_{u\in \text{allowed}_r}\{[\mathrm{AQ}(r,u)]^{\alpha}\cdot[\mathrm{HE}(r,u)]^{\beta}\}, & \text{若 } q\leqslant q_0\\ p_k(r_1 s)=\begin{cases}\dfrac{[\mathrm{AQ}(r,s)]^{\alpha}\cdot[\mathrm{HE}(r,s)]^{\beta}}{\sum_{(r)}[\mathrm{AQ}(r,u)]^{\alpha}\cdot[\mathrm{HE}(r,u)]^{\beta}}, & \text{若 } S\in p_k(t)\\ 0, & \text{否则}\end{cases} & \text{否则}\end{cases}$$

式中 q_0——区间[0,1]内的一个随机数；

$I_k(r)$——待选择的城市集合；

$\mathrm{HE}(r,u)$——启发式信息，信息量 AQ 值按照如下规则进行更新

$$\mathrm{AQ}(r,s)\leftarrow(1-\delta)\cdot\mathrm{AQ}(r,s)+\delta\cdot(\Delta\mathrm{AQ}(r,s)+r\cdot\max_{u\in\text{allowed}_r}\mathrm{AQ}(s,u))$$

上述三个公式进一步揭示了 Ant-Q System 与 Q-学习算法之间的内在联系。其中，信息素增量 $\Delta\mathrm{AQ}(r,s)$ 的求法有两种，即全局最优法和本次迭代最优法。

(1) 全局最优法的公式为

$$\Delta\mathrm{AQ}(r,s)=\begin{cases}\dfrac{W}{L_{k_{gb}}}, & \text{若}(r,s)\text{ 为蚂蚁 } k_{gb} \text{ 所经过的路径}\\ 0, & \text{否则}\end{cases} \tag{8-3}$$

式中 W——常数，一般设 $W=10$；

k_{gb}——寻到与全局最优解相对应路径的蚂蚁；

$L_{k_{gb}}$——该蚂蚁所经过的路径长度。

式(8-1)表明只有与全局最优解相对应的 AQ 值才可得到强化。

(2) 本次迭代最优法的公式为

$$\Delta\mathrm{AQ}(r,s)=\begin{cases}\dfrac{W}{L_{k_{ib}}}, & \text{若}(r,s)\text{ 为蚂蚁 } k_{ib} \text{ 所经过的路径}\\ 0, & \text{否则}\end{cases} \tag{8-4}$$

式中　k_{ib}——本次迭代中寻到最优路径的蚂蚁；

$L_{k_{ib}}$——该蚂蚁所经过的路径长度。

式(8-4)表明只有与本次迭代最优解相对应的AQ值方可得到强化。

M. Dorigo等通过大量的仿真实验表明，全局最优法和本次迭代最优法的求解效果非常接近，但在实验应用中更倾向于使用本次迭代最优法。其原因有两个：一是在同样的求解效果下，本次迭代最优法比全局最优法速度快；二是本次迭代最优法对因子γ的选择不敏感。

3. 动态自适应调整信息素的蚁群算法

针对蚁群寻优过程中容易出现停滞和陷入局部最优等问题，这里研究了一种根据蚁群算法搜索情况来自适应动态修改信息素的方法，可在一定程度上有效地解决扩大搜索空间和寻找最优解之间的矛盾，从而使得算法跳离局部最优解。

这里采用时变函数$Q(t)$来代替调整信息素$\Delta\tau_{ij}^{k}=Q/L_k$中$Q$为常数项的信息素强度，即选择

$$\Delta\tau_{ij}^{k}(t)=f(t)=\frac{Q(t)}{L_k} \tag{8-5}$$

由状态转移概率公式可知，当$\alpha=0$时，只是路径信息起作用，算法相当于最短路径寻优，从而有

$$\rho_{ij}^{k}=\eta_{ij}^{\beta}(t)$$

当$\beta=0$时，路径信息的启发作用等于0，此时算法相当于盲目地随机搜索，从而有

$$\rho_{ij}^{k}=\frac{\eta_{ij}^{\beta}(t)}{\sum\tau_{is}^{\alpha}(t)}$$

选用时变函数替代常数Q，在路径上的信息素随搜索过程蒸发或增多的情况下，继续在蚂蚁的随机搜索和路径信息的启发作用之间继续保持“探索”和“利用”的平衡点。这里，可选择如下阶梯函数

$$Q(t)=\begin{cases}Q_1, & 若\ t\leqslant T_1\\ Q_2, & 若\ T_1<t\leqslant T_2\\ Q_3, & 若\ T_2<t\leqslant T_3\end{cases}$$

式中　Q_i对应阶梯函数的不同取值；

$Q(t)$也可选择连续函数，如$\tan h(t)$。

如果一段时间内获得的最优解没有变化，说明搜索陷入某个极值点中(未必是全局最优解)，此时可采用强制机制减小要增加的信息量，力图使其从局部极小值中跳脱出来，即减小公式(8-5)中的$Q(t)$；在搜索过程的初始阶段，为了避免陷入局部最优解，缩小最优路径和最差路径上的信息量，需要适当抑制蚁群算法中的正反馈，在搜索过程中可以加入少量负反馈信息量，如采取$Q(t)=-0.0001$，以减小局部最优解与最差解对应路径上的信息素的差别，从而扩大算法的搜索范围。由于信息正反馈及信息素随时间衰减这两个因素的存在，在搜索陷入局部最优时，某组信息素相对其他路径弧段的信息素而言在数量上占绝对的优势，因此本算法还对各路径弧段上的信息量做最大和最小值的限制，即对于$\forall\tau_{ij}(t)$，有

$$f\text{Phrm\_min}\leqslant \min_{t\to\infty\tau_{ij}}(t)=\tau_{ij}\leqslant f\text{Phrm\_max}(i,j\in[1,\cdots,n])$$

为了使算法对于不同的问题具有更强的适应性，有必要考虑路径弧段的归一化。对于

路径弧段的归一化，多采用线性映射的方式，即对于 $D=d_{ij}$，其中 $d_{ij}\in[d_{\min},d_{\max}]$，将其映射到 $D'=[d'_{ij}]$，TSP 中路径弧段所对应的代价值不小于 0，因此，$d'_{ij}=a\cdot d_{ij}+b\in[0,1]$，从而

$$\begin{matrix} d'_{ij\min}=0=a\cdot d_{ij\min}+b \\ d'_{ij\max}=1=a\cdot d_{ij\max}+b \end{matrix}\Rightarrow\begin{cases} a=1/(d_{ij\max}-d_{ij\min}) \\ b=a\cdot d_{ij\min} \end{cases}$$

8.3 遗传算法与蚁群算法的融合

遗传算法具有快速全局搜索能力，但对于系统中的反馈信息却没有利用，往往导致无谓的冗余迭代，求解效率低。蚁群算法是通过信息素的累积和更新而收敛于最优路径，具有分布、并行、全局收敛能力。但初期信息素匮乏，导致算法速度慢。

为了克服两种算法各自的缺陷，形成优势互补，微创首先利用遗传算法的随机搜索、快速性、全局收敛性产生有关问题的初始信息素分布。然后，充分利用蚁群算法的并行性、正反馈机制以及求解效率高等特性。这样融合后的算法，在时间效率上，优于蚁群算法，在求解效率上优于遗传算法，形成了一种时间效率和求解效率都比较好的启发式算法。将这种遗传算法(GA)与蚁群算法(Ant Algorithm，AA)融合的算法称为 GAAA 算法，图 8-3 给出了 GAAA 算法的总体流程图。

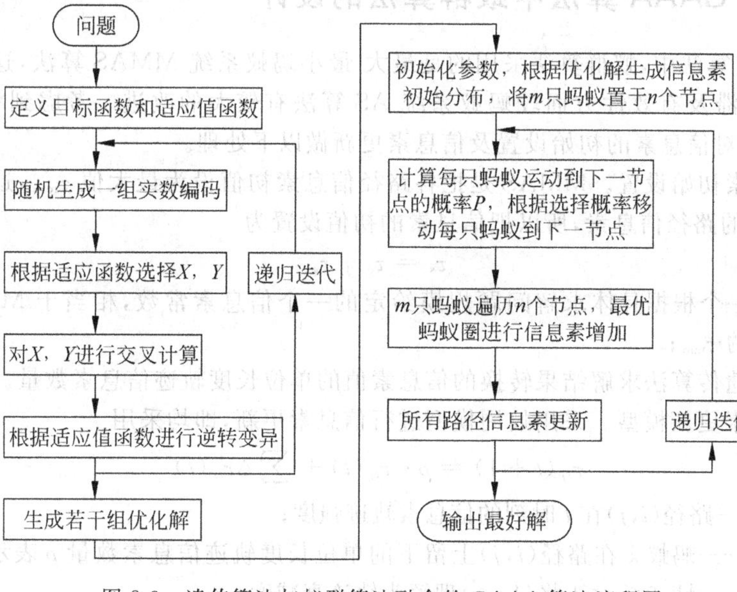

图 8-3　遗传算法与蚁群算法融合的 GAAA 算法流程图

8.3.1 GAAA 算法中遗传算法的结构原理

(1) 编码与适应值函数。结合解决的具体问题，采用十进制实数编码，适应值函数结合目标函数而定。如 TSP，以城市的遍历次序作为遗传算法的编码，适应度函数取为哈密顿圈的长度的倒数。

(2) 种群生成与染色体的选择。利用 rand 函数随机生成一定数量的十进制实数编码

种群，根据适应值函数选择准备进行交配的一对染色体父串。

(3) 交叉算子。采用 Davis 提出的顺序交叉方法，先进行常规的双点交叉，再进行维持原有相对访问顺序的巡回路线修改，具体交叉如下。

步骤 1：随机在父串上选择一个交配区域，如两父串选定为

$$\text{old1} = 12 \mid 3456 \mid 789$$

$$\text{old2} = 98 \mid 7654 \mid 321$$

步骤 2：将 old2 的交配区域加到 old1 前面，将 old1 的交配区域加到 old2 前面

$$\text{old1}' = 7654 \mid 123456789$$

$$\text{old2}' = 3456 \mid 987654321$$

步骤 3：依次删除 old1′和 old2′中与交配区相同的数码，得到最终的两个子串

$$\text{new1} = 765412389$$

$$\text{new2} = 345698721$$

(4) 变异算子。采用逆转变异方法，所谓“逆转”，如染色体(1-2-3-4-5-6)在区间 2-3 和区间 5-6 处发生断裂，断裂片段又以反向顺序插入，于是逆转后的染色体变为(1-2-5-4-3-6)。这里的“进化”，是指逆转算子的单方向性，只有经过逆转后，适应值有提高的才被接受下来，否则逆转无效。

8.3.2 GAAA 算法中蚁群算法的设计

在 GAAA 算法中，蚁群算法采用的是最大-最小蚂蚁系统 MMAS 算法，这种算法在防止算法过早停滞及有效性方面较蚂蚁系统 AS 算法有较大的改进。考虑到将 MMAS 与 GA 算法衔接，对信息素的初始设置及信息素更新做以下处理。

(1) 信息素初始设置。MMAS 是把各路径信息素初值设为最大值 $\tau_{\max}$，这里通过遗传算法得到一定的路径信息素，所以把信息素的初值设置为

$$\tau_s = \tau_c + \tau_g$$

式中 τ_c——一个根据具体求解问题规模给定的一个信息素常数，相当于 MMAS 算法中的 $\tau_{\min}$；

τ_g——遗传算法求解结果转换的信息素值的单位长度轨迹信息素数量。

(2) 信息素更新模型。采用蚁周模型进行信息素更新，即均采用

$$\tau_{ij}(t+1) = \rho \cdot \tau_{ij}(t) + \sum \Delta\tau_{ij}^k(t)$$

式中 $\tau_{ij}(t)$——路径(i,j)在 t 时刻的信息素轨迹强度；

$\Delta\tau_{ij}^k(t)$——蚂蚁 k 在路径(i,j)上留下的单位长度轨迹信息素数量 ρ 表示轨迹的持久性，$0 \leqslant \rho < 1$ 将$(1-\rho)$理解为轨迹衰减度。

8.4 组合优化的蚁群算法与连续优化问题的蚁群算法

蚁群算法作为一种新的群体智能启发式优化方法，主要用于求解组合优化问题，其中包括旅行商问题(TSP)、二次分配问题(QAP)、车间任务调度问题(JSP)、车辆路线问题(VRP)、图着色问题(GCP)、有序排列问题(SOP)以及网络路由问题等。而不同于离散域组合优化问题，蚁群算法对于连续空间优化问题的研究则需要做一些改进。

蚁群算法一类应用于静态组合优化问题，另一类用于动态组合优化问题。静态问题一次性给出问题的特征，在解决问题过程中，问题的特性不再改变。这类问题的范畴是经典的旅行商问题；动态问题定义为一些量的函数，这些量的值由隐含系统动态设置。因此，问题在运行时间内是变化的，而优化算法必须在线适应不断变化的环境。这类问题的典型例子是网络路由问题。

8.4.1 在静态组合优化中的应用

(1) 旅行商问题(TSP)。蚁群优化算法首先应用于一个测试问题就是旅行商问题。TSP是组合优化中研究最多的NP-hard问题之一，该问题就是寻找通过 n 个城市，各一次且最后回到原出发城市的最短路径。许多研究表明，应用蚁群优化算法求解TSP优于模拟退火法、遗传算法、神经网络算法、禁忌算法等多种优化方法。

(2) 二次分配问题(QAP)。二次分配问题是指分配 n 个设备给 n 个地点，从而使得分配的代价最小，其中代价是设备被分配到位置上方式的函数。QAP是继TSP之后蚁群算法应用的第一个问题，实际上，QAP是一般化的TSP。

(3) 车间任务调度问题(JSP)。JSP是指已知一组 M 台机器和一组 T 个任务，任务由一组指定的将在这些机器上执行的操作序列组成。车间任务调度问题就是给机器分配操作和时间间隔，从而使所有操作完成的时间最短，并且规定两个工作不能在同一时间在同一台机器上进行。Colorni、Dorigo等人将蚂蚁算法应用于车间任务调度问题。

混流装配线问题(SMMAL)是JSP的具体应用之一，是指在一定时间内，在一条生产线上生产出多种不同型号的产品，产品的品种可以随顾客需求的变化而变化。

(4) 车辆路线问题(VRP)。VRP来源于交通运输。已知 M 辆车的容量为 D，目的是找出最佳行车路线在满足某些约束条件下使得运输成本最小。利用蚁群算法研究VRP的结果表明，该方法优于模拟退火和神经网络，稍逊于禁忌算法。

(5) 图着色问题(GCP)。已知一个图 $G=(N,E)$，G 的一个 q 个颜色的着色是一个映射 $C: N\rightarrow\{1,\cdots,q\}$ 使得如果 $(i,j)\in E$，则 $C(i)\neq C(j)$。GCP就是找出图 G 的一种着色，从而使得所使用的颜色数量 q 最小。Costa和Heits提出使用两条信息素轨迹解决图着色问题。

(6) 有序排列问题(SOP)。给定一个有向图，图上的弧和节点都加了权，服从于节点间先后次序的约束，SOP指在有向图上找出一个最优权值的哈密顿路径。SOP是NP难题，它以许多工程实际问题为模型，如有着接载和运送乘客约束的单车选路径问题，生产计划以及柔性制造系统中的运输问题等。Gambardella和Dorigo应用扩展的蚂蚁算法解决SOP，结果非常理想。

(7) 最短的公共父序列问题(SCS)。已知在字母表 Σ 上的一组 L 串，找出一个在 L 中的每个串的父序列并且该串长度最短，其中如果S能通过在A插入0或更换的字母从A中获得，则串S为串A的父序列。这就是Michel和Middendorf用AS-SCS解决的最短公共父序列问题(SCS)。AS-SCS与AS不同是因为它使用了一个预测函数，该函数考虑了选择在下一循环中附加的下一符号的影响。有预测函数返回的值取代了概率决策规则中的启发值 η。并且AS-SCS中由一个被称做LM的简单启发返回的值在信息素轨迹相中被分解成因子。Michel和Middendorf通过使用计算的岛屿模型，进一步改善了他们的算法AS-SCS-LM(不同群落的蚂蚁使用私有的信息素轨迹分布合作地为同一个问题工作；在每固定次数的循环中，它们互相交换所找出的最好的解决方案），并与他们提出专门用于解决 SCS 问题的遗传算法进行了比较。在绝大多数的检测问题上，AS-SCS-LM 都是性能最好的算法。

8.4.2 在动态组合优化中的应用

在动态组合优化问题中，通信网络是一个典型的例子。网络优化问题有一些特征，如信息和计算分布，非静态随机动态以及不同时的网络状态更新等。路由是网络控制中最关键的组件之一，它涉及建立和使用路由表来指导数据通信量在网络范围内的分配活动。普通路由问题可以理解为是要建立一个路由表使得网络性能中的一些量度最大化。

(1) 有向连接的网络路由。在有向连接的网络中，同一个话路的所有数据包沿着一条共同的路径传输，这条路径由一个初步设置状态选出。在国际上 Schoonderwerd 等人首先将 ACO 算法应用于路由问题。后来，White 等人将 ACO 算法用于单对单点和单对多点的有向连接网络中的路由，Bonabeau 等人通过引入一个动态规则机制改善 ACO 算法。Dicarogy、Dorigo 研究将蚁群算法用于高速有向连接网络系统中，达到公平分配效果最好的路由。在国内，开展了基于蚂蚁算法的 QoS 路由调度方法及分段 QoS 路由调度方法研究工作。

(2) 无连接网络系统路由。在无连接或数据包中，同一话路的网络系统数据包，可以沿着不同的路径传输，在沿着信道从源节点的每一个中间节点上，一个具体决策是由局部路由组件做出。

随着 Internet 规模不断扩大，在网络上导入 QoS 技术，以确保实时业务的通信质量。QoS 组播路由的目的是在分布的网络中寻找最优路径，要求从源节点出发，历经所有的目的节点，并且在满足所有约束条件下，达到花费最小或达到特定的服务水平。在分析路由问题时，为方便可将网络看成无向带权的连通图。应用蚂蚁算法研究解决包含带宽、延时、延时抖动、包丢失率和最小花费等约束条件在内的 QoS 组播路由问题，效果优于模拟退火算法及遗传算法。

8.4.3 连续优化问题的蚁群算法

在离散域组合优化问题中，蚁群算法的信息量留存、增减和最优解的选取都是通过离散的点状分布求解方式来进行的；而在连续域优化问题的求解中，其解空间是一种区域性的表示方式，而不是以离散的点集来表示的。因此，连续域寻优蚁群算法与离散域（以 TSP 为例）寻优蚁群算法之间主要存在着以下不同之处。

(1) 从优化目标来说，求解 TSP 的蚁群算法要求所搜索出的路径最短且封闭；而用于连续域寻优问题的蚁群算法要求所求问题的目标函数值达到最优，目标函数中包含各蚂蚁所走过的所有节点的信息以及系统当前的性能指标信息。

(2) 从信息素更新策略来说，求解 TSP 的蚁群算法是根据路径长度来修正信息量，求解过程中，信息素是遗留在两个城市之间的路径上，每一步求解过程中的蚁群信息素留存方式只是针对离散的点或点集分量；而用于连续域寻优问题的蚁群算法将根据目标函数值来修正信息量，在求解过程中，信息素物质则是遗留在蚂蚁所走过的每一个节点上，每一步求解过程中的信息素留存方式在对当前蚁群所处点集产生影响的同时，对这些点的周围区域也产生相应的影响。

(3) 从寻优方式来说，由于连续域问题求解的蚁群信息留存及影响范围是区间性的，而非点状分布，所以在连续域问题求解中，蚁群判断寻优方式还应考虑总体信息量与蚂蚁个体当前位置所对应特定区间内的信息量累计比较值。

(4) 从行进方式来说，蚁群在连续解空间中的行进方式不同于离散解空间点集之间跳变的行进方式，而应是一种微调式的行进方式。

Bilchev G. A. 等最早提出了一种连续蚁群算法，求解问题时先使用遗传算法对解空间进行全局搜索，然后利用蚁群算法对所有结果进行局部优化；后来，高尚等提出了一种基于网格划分策略的连续域蚁群算法，该算法与网格划分不同之处在于前者利用了每一点的信息，而后者只利用了最小值的信息；Wang L. 等将离散域蚁群算法中的"信息量留存"过程拓展为连续域中的"信息量分布函数"，并定义了应用于连续函数寻优问题的改进蚁群算法；Li Y. J. 等在借鉴遗传算法求解连续域优化问题编码方法、精英策略以及混合算法中的区域搜索思想的基础上，提出了一种用于连续域优化问题求解的自适应蚁群算法。还有许多学者提出了其他一些方面的连续域蚁群算法，下面介绍一种基于网格划分策略的连续域蚁群算法。

网格划分就是在变量区域内打网格，在网格点上求约束函数与目标函数的值，对于满足约束条件的点，再比较其目标函数的大小，从中选择较小者，并把该网格点作为一次迭代的结果；然后在求出的点附近将分点加密，再打网格，并重复前述计算与比较，直到网格的间距小于预先给定的精度。

假设要求解的无约束非线性最优化问题为

$$\min f(x_1, x_2, \cdots, x_n)$$

基于网格划分策略的连续域蚁群算法的思路为：首先可根据所求连续域优化问题的性质估计出所求变量的取值范围 $x_{j\text{lower}} \leqslant x_j \leqslant x_{j\text{upper}}$ $(j=1,2,3,\cdots,n)$。在变量区域内打网格，空间上的网格点对应于一个状态，蚂蚁在各个空间网格点之间移动，并根据各网格点的目标函数值留下不同的信息量，因此影响下一批蚂蚁的移动方向。循环一段时间后，相邻节点间的目标函数差值(评价函数值)小的网格点信息量比较大，然后找出信息量较大的空间网格点，并缩小变量范围，在此点附近进行蚁群移动。不断重复这一过程，直到满足算法的停止条件为止。

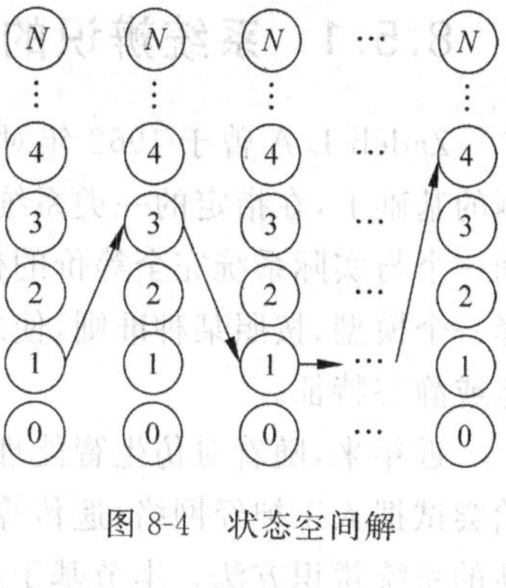

图 8-4 状态空间解

假设参数变量分成 N 等份，从而可把 n 个变量变成 n 级决策问题，每一级有 $N+1$ 个节点，这样共有 $(N+1)\times n$ 个节点从第一级到第 n 级之间连接在一起，组成了解空间内的一个解，如图 8-4 所示。

由图 8-4 可见，状态空间所示的状态为 $(1,3,1,\cdots,4)$，则其所对应解为

$$(x_1, x_2, x_3, \cdots, x_n) = \left(x_{1\text{lower}} + \frac{x_{1\text{upper}} - x_{1\text{lower}}}{N} \times 1, x_{2\text{lower}} + \frac{x_{2\text{upper}} - x_{2\text{lower}}}{N} \times 3,\right.$$
$$\left. x_{3\text{lower}} + \frac{x_{3\text{upper}} - x_{3\text{lower}}}{N} \times 1, \cdots, x_{n\text{lower}} + \frac{x_{n\text{upper}} - x_{n\text{lower}}}{N} \times 4\right) \tag{8-6}$$

蚂蚁从第 1 级到第 n 级之间的状态转移概率可按式(8-7)进行计算

$$p_{ij}=\frac{\tau_{ij}}{\sum_{i=1}^{N}\tau_{ij}} \tag{8-7}$$

假设 τ_{ij} 为第 j 级第 i 个节点的信息量，其更新方程为

$$\tau_{ij}^{\text{new}}=\rho\cdot\tau_{ij}^{\text{old}}+\frac{Q}{f} \tag{8-8}$$

式中 f——目标函数值。

改进后蚁群算法的具体实现步骤如下。

(1) 估计出各变量的取值范围：$x_{j\text{lower}}\leqslant x_j\leqslant x_{j\text{upper}}(j=1,2,3,\cdots,n)$。

(2) 将各变量分成 N 等份，$h_j=\frac{x_{j\text{upper}}-x_{j\text{lower}}}{N}(j=1,2,3,\cdots,n)$。

(3) 若 $\max(h_1,h_2,\cdots,h_n)<\varepsilon$，则算法停止，最优解为 $x_j^*=\frac{x_{j\text{lower}}+x_{j\text{upper}}}{2}(j=1,2,3,\cdots,n)$；否则跳转到第(4)步。

(4) 循环次数 $N_c\leftarrow 0$，给 τ_{ij} 矩阵赋相同的数值，设置 $Q,\rho,N_{c_{\max}}$ 的初始值。

(5) 假设蚂蚁数为 num_ant，对每只蚂蚁按式(8-7)选择下一个节点。

(6) 按更新方程修改信息量，$N_c\leftarrow N_c+1$。

(7) 若 $N_c<N_{c_{\max}}$，则跳转到第(5)步；否则，找出 τ_{ij} 矩阵中每列最大的元素所对应的行 $(m_1,m_2,\cdots,m_n)$，并缩小变量的取值范围：$x_{j\text{lower}}\leftarrow x_{j\text{lower}}+(m_j-\Delta)h_j$，$x_{j\text{upper}}\leftarrow x_{j\text{lower}}+(m_j+\Delta)h_j$，其中 $j=1,2,3\cdots,n$，跳转到第(2)步。

8.5 系统辨识的蚁群算法与聚类问题的蚁群算法

8.5.1 系统辨识的蚁群算法

Zadeh L A 曾于 1962 年对"系统辨识"给出如下定义："系统辨识是在对输入和输出观测的基础上，在指定的一类系统内确定一个与被识别系统相等价的模型。"实际上，不可能找到一个与实际系统完全等价的模型。但从实用的角度来看，系统辨识就是从一组模型中选择一个模型，按照某种准则，使之能最好地拟合由系统的输入、输出观测出的实际系统的动态或静态特征。

近年来，随着对仿生智能理论研究的不断深入及其在不同领域的广泛应用，许多学者开始尝试把人工神经网络、遗传算法、蚁群算法、微粒群算法等应用于系统辨识中，发展了很多新的系统辨识方法。本节基于蚁群算法的基本思想，以连续空间内的一类线性系统为例，研究线性系统的参数辨识问题。

这里以连续空间内线性系统 $\dot{x}=A_px+B_pu$ 的参数辨识问题为例，研究了多维连续空间内基于蚁群算法的参数辨识问题。用于线性系统参数辨识的蚁群算法总框架如图 8-5 所示，其中被辨识系统参数为 A_p 和 B_p，而参照系统参数 A_{Si} 和 B_{Si} 的变化受蚁群在解空间内的寻优移动过程制约。在此辨识问题中，蚁群算法寻优的空间维数为矩阵 A_p 和 B_p 的元素个数之和，即所需辨识的参数个数之和。现假设矩阵 A_p 和 B_p 均为单元素，即蚁群个体是在 A 轴和 B 轴所构成的二维参数空间内进行参数辨识操作。

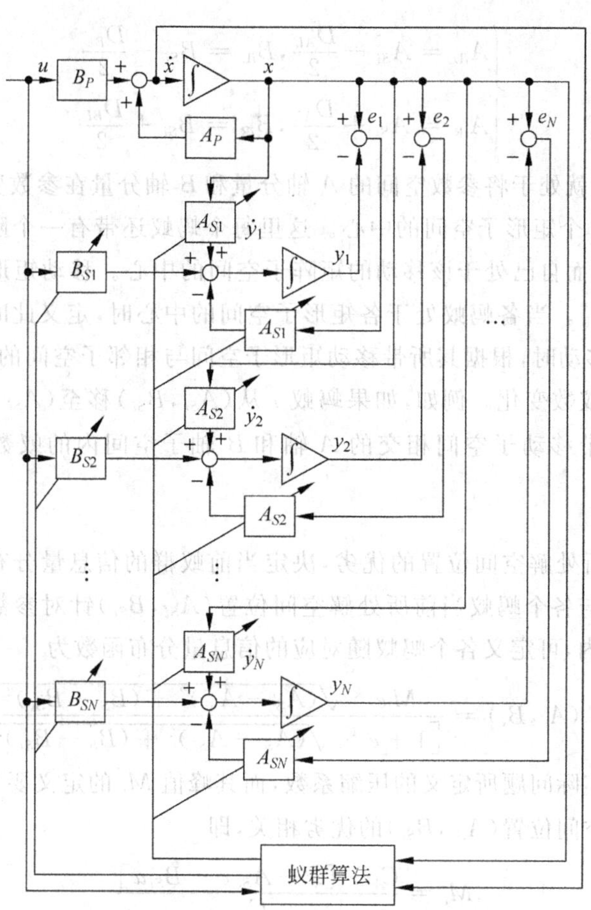

图 8-5 蚁群算法用于线性系统辨识的总体框图

用于线性系统参数辨识的蚁群算法具体步骤如下。

(1) 将蚁群在解空间内按照一定方式做初始分布。这里需根据问题定义域的大小，即被辨识系统参数的可能范围的大小，决定合适的蚁群规模。这里采用的蚁群规模为 N^2 个，即以每 N 个蚂蚁为一组，在 A 轴方向上作均匀分布，而同一组内的 N 个蚂蚁又按照 B 轴方向在问题空间内做均匀分布。举例来说，如果被辨识系统问题的定义域为 A：[Start$A$，End$A$]，B：[Start$B$，End$B$]矩形形状，同时，蚁群分布又按照先变化 B_{Si}，后变化 A_{Si} 的均匀分布方式，则蚁群的初始坐标分布为

$$\begin{cases} A_{Si} = \text{Start}A + \left[\text{lnt}\left(\dfrac{i-1}{N}\right) + \dfrac{1}{2}\right] D_{AL} \\ B_{Si} = \text{Start}B + \left[i - \text{lnt}\left(\dfrac{i-1}{N}\right) \cdot N - \dfrac{1}{2}\right] D_{BL} \end{cases} \tag{8-9}$$

式中 lnt()——取整函数；

D_{AL} 和 D_{BL}——将问题空间在 A 轴和 B 轴上的映射进行 N 等分后所得的单维区间长度，即

$$D_{AL} = \frac{\text{End}A - \text{Start}A}{N}, \quad D_{BL} = \frac{\text{End}B - \text{Start}B}{N} \tag{8-10}$$

这些区间在 A 轴和 B 轴上的映射的左边界 A_{iL}、B_{iL} 和右边界 A_{iR}、B_{iR} 的取值分别为

$$\begin{cases} A_{i\mathrm{L}} = A_{Si} - \dfrac{D_{AL}}{2}, B_{i\mathrm{L}} = B_{Si} - \dfrac{D_{BL}}{2} \\ A_{i\mathrm{R}} = A_{Si} + \dfrac{D_{AL}}{2}, B_{i\mathrm{R}} = B_{Si} + \dfrac{D_{BL}}{2} \end{cases} \tag{8-11}$$

这样，每个蚂蚁就处于将参数空间的 A 轴分量和 B 轴分量在参数变化范围内均进行 N 等分后所得到的 N^2 个矩形子空间的中心。这里每个蚂蚁还带有一个随自己坐标位置变化的移动矩形子空间，而自己处于该移动的矩阵子空间的中心。移动矩形子空间的长度和宽度分别为 D_{AL} 和 D_{BL}。当各蚂蚁处于各矩形子空间的中心时，定义此时各子空间内的蚁数为 1。而当各蚂蚁移动时，根据其所带移动矩形子空间与相邻子空间的重叠程度变化，定义相邻子空间的实际蚁数变化。例如，如果蚂蚁 i 从(A_{Si}, B_{Si})移至$(A_{Si}+\Delta A, B_{Si}+\Delta B)$，则移动后与此蚂蚁所带移动子空间相交的 A 轴和 B 轴子空间内的蚁数就相应变化 $\Delta n_A = \dfrac{\Delta A}{D_{AL}}, \Delta n_B = \dfrac{\Delta B}{D_{BL}}$。

(2) 根据蚁群所处解空间位置的优劣，决定当前蚁群的信息量分布。这里蚁群信息量分布函数的定义要与各个蚂蚁当前所处解空间位置(A_{Si}, B_{Si})针对参数辨识正确性的优劣相关。在二维空间内，可定义各个蚂蚁随对应的信息量分布函数为

$$T_i(A_s, B_s) = \frac{M_i e^{-k}\sqrt{(A_S - A_{Si})^2 + (B_S - B_{Si})^2}}{\left[1 + e^{-k_i}\sqrt{(A_S - A_{Si})^2 + (B_S - B_{Si})^2}\right]} \tag{8-12}$$

式中　k_i——根据实际问题所定义的压缩系数，而其峰值 M_i 的定义要与各个蚂蚁当前所处的解空间位置(A_{Si}, B_{Si})的优劣相关，即

$$M_i = \frac{C_4 - [\dot{x} - A_{Si}x - B_{Si}u]^2}{C_5} \tag{8-13}$$

式中　x、$\dot{x}$、u——被辨识系统当前检测的状态量、状态量变化率及系统的外加输入。显然当(A_{Si}, B_{Si})接近于(A_p, B_p)时，以上所定义的信息量分布函数峰值较高。

(3) 根据当前蚁群散布的总信息量分布情况和上一循环过程中信息量的遗留和挥发情况，决定各子区间内应有的蚁数分布。先针对 A 轴进行以上操作。首先，求得当前蚁群散布的总信息量分布函数在各 A 轴子区间内的积分值 IN_{iA}，即有

$$\mathrm{IN}_{iA} = \int_{\mathrm{Start}B}^{\mathrm{End}B}\int_{A_{i\mathrm{L}}}^{A_{i\mathrm{R}}}\sum_{i=1}^{N^2} T_i(A_S, B_S)\,\mathrm{d}A_S\,\mathrm{d}B_S \tag{8-14}$$

各 A 轴子区间的实际总信息量 I_{iA} 应为当前蚁群在该 A 轴子区间内散布的信息量(IN_{iA})加上上一次总信息量的遗留部分($\eta I_{iA\mathrm{Last}}$，η 为信息量留存系数)，再与所设定的信息量挥发常数 E_V 相减所得的结果，即

$$I_{iA} = \mathrm{IN}_{iA} + \eta I_{iA\mathrm{Last}} - E_V \tag{8-15}$$

然后，按照式(8-16)求取实际总信息量在整个 A 轴问题区间的总积分值

$$I\sum_A = \sum_{i=1}^{N^2} I_{iA} \tag{8-16}$$

根据各 A 轴子区间实际总信息量 I_{iA} 占总积分值 $I\sum_A$ 的比例，可求得当前蚁群分布条件下决定的各 A 轴子区间内应有的蚂蚁数，即有

$$N_{iMA} = \frac{I_{iA}}{I\sum_{A}} \cdot N^2 \tag{8-17}$$

在实际的编程运算中，由于所取的信息量分布函数 $T_i(A_S,B_S)$ 为可积函数，且函数曲面是连续平滑的。这样，对积分值 IN_{iA} 的求取可得到一定程度的简化。

针对 B 轴各子空间的运算操作与 A 轴类似（其中在针对 B 轴各子区间的积分值求取时，A 轴分量的积分边界取[Start$A$,End$A$]）。

(4) 根据各子区间内应有蚁群分布状况和当前蚁群分布状况之间的差别，决定蚁群的移动方向，并加以移动。

同样，先针对 A 轴进行以上操作。

首先，根据已求得的 A 轴各子区间内的应有蚂蚁数 N_{iMA}，以所考查之蚁当前所处的 A 轴区间为界进行求和操作，求出被考察至蚁所处 A 轴区间 i 之左的应有蚂蚁数之和 $N_{i\mathrm{RLA}} = \sum_{i=1}^{i-1} N_{j\mathrm{RA}}$ 和所处 A 轴区间 i 之右的实际蚂蚁数之和 $N_{i\mathrm{RRA}} = \sum_{j=i+1}^{N} N_{j\mathrm{RA}}$。

然后，根据被考察之蚁所处 A 轴子区间及其左右的实际蚂蚁数和应有蚂蚁数之间的差别，决定该蚂蚁的运动方向，并将该蚂蚁的 A 轴坐标值变化 ΔA_s。其他情况下被考察之蚁的 A 轴坐标均不作变动。

为避免整个蚁群处于同一子区间时可能出现的停滞状态，这里规定，决定蚁群在 A 轴方向的移动，不仅以各个蚂蚁 A 轴坐标所处子区间为准进行考察，而是同时在与各个蚂蚁所在移动子区间相交的两个 A 轴子区间内进行考察，按照考察结果决定被考察之蚁的移动方向。蚁群 B 轴分量的变化寻优过程与 A 轴分量类似。

在蚁群做完一次整体移动之后，又可回到第(2)步，进行相应的信息量分布、考察和蚁群移动操作，如此循环往复，直到产生最优解为止。

8.5.2 聚类分析的蚁群算法

聚类，又称分割，是对数据集进行分组，使类间相似性最小化，而使类内相似性最大化。虽然人类对聚类的研究始于 20 世纪 60 年代，但是聚类是一个古老的问题，它伴随着人类社会的产生和发展而不断深化，人类要认识世界，就必须区别不同的事物并认识事物间的相似性。

经典的聚类分析方法包括分层算法、K 均值算法、模糊 C 均值算法、图论聚类法、神经网络法以及基于统计的方法等。近几年蚁群算法在聚类分析领域的应用也取得了很大的研究进展。将蚁群算法用于聚类分析，灵感源于蚂蚁堆积它们的尸体和分类它们的幼体。Deneubourg J. L. 等基于蚁群聚类现象建立了一种基本模型，Lumer E. 和 Faieta B. 将该模型推广到数据分析范畴，其主要思想是将待聚类数据初始随机地散布在一个二维平面内，然后在该平面上产生一些虚拟的蚂蚁对其进行聚类分析。

本节首先对一种单蚁群聚类算法做了改进；然后模仿多蚁群的协作性能，将运动速度各异的多个蚁群独立且并行地进行聚类分析，并将其聚类结果组合为超图，然后再用蚁群算法对超图进行二次划分。

1. 改进的单蚁群聚类算法

首先将数据对象随机地投影到一个平面，然后每只蚂蚁随机地选择一个数据对象，根据该对象在局部区域的相似性而得到的概率，决定蚂蚁是否“拾起”、“移动”或“放下”该对象。经过有限次迭代，平面上的数据对象按其相似性而聚集，最后得到聚类结果和聚类数目。

1) 平均相似性

假设在时刻 t 某只蚂蚁在地点 r 发现一个数据对象 o_i，则可将对象 o_i 与其领域对象 o_j 的平均相似性定义为

$$f(o_i) = \max\left\{0, \frac{1}{s^2}\sum_{\delta_j \in \mathrm{Neigh}_{s\times s}(r)}\left[1 - \frac{d(o_i, o_j)}{\alpha\left(1+\dfrac{v-1}{v_{\max}}\right)}\right]\right\} \tag{8-18}$$

式中 α——相似性参数；

v——蚂蚁运动的速度；

$v_{\max}$——最大速度；

$\mathrm{Neigh}_{S\times S}(r)$——地点 r 周围的以 s 为边长的正方形局部区域；

$d(o_i, o_j)$——对象 o_i 和 o_j 在属性空间中的距离。通常采用 Euclidean 或余弦距离函数，其定义为

$$d(o_i, o_j) = \sqrt{\sum_{k=1}^{m}(o_{ik} - o_{jk})^2}$$

式中 m——属性个数。余弦距离定义为

$$d(o_i, o_j) = 1 - \mathrm{sim}(o_i, o_j)$$

式中

$$\mathrm{sim}(o_i, o_j) = \frac{\sum_{k=1}^{o}(o_{ix}, o_{jx})}{\sqrt{\sum_{k=1}^{n}(o_{ix})^2 \cdot \sum_{k=1}^{n}(o_{jx})^2}}$$

$\mathrm{sim}(o_i, o_j)$称做余弦相似函数，即二矢量之间的夹角的余弦。当数据对象变得越相似，$\mathrm{sim}(o_i, o_j)$趋近于 1；反之，则趋近于 0。

这里采用了上述两种距离函数组合，原因是它们能够相互补偿。例如，当两矢量在一条直线上而又不完全相等时，余弦距离为 0，不能区分这两个矢量；而 Euclidean 距离不为 0，能很好地区分它们。

在式(8-18)中，α 为调节数据对象间相似性的参数，同时它也决定了聚类数目和收敛速度。α 越大时，对象间的相似程度 $f(o_i)$越大，也许使不太系统的对象归为一类，其聚类数目越少，收敛速度也越快。反之，α 越小，对象间相似程度越小，在极端情况下可能将一个大类分成了许多小类。同时随着聚类数目的增多，收敛速度将变慢。

蚂蚁的运动速度影响聚类效果，运动速度快的蚂蚁能很快将对象粗略地分为大的几类，而慢速运动的蚂蚁能更精确地细分对象。因此按照蚂蚁运动速度的不同，这里设计了三种不同的蚁群。

(1) v 为常数：所有蚂蚁在任何时刻以同样速度运动。

(2) v 为随机数：蚂蚁的速度为一个从 1 到 v_{max} 范围内的随机数。

(3) v 为递减随机数：蚂蚁刚开始运动时的速度较快，以便迅速聚类；然后其值以随机的方式逐渐减小，以使聚类结果更为精细。

2）概率转换函数

概率转换函数是 $f(o_i)$ 的一个函数，它将数据对象的平均相似性转化为"拾起"概率或"放下"概率。其转换原则为：数据对象与其邻域的平均相似性越小，说明该数据对象属于此邻域的可能性越小，则"拾起"概率越高，"放下"概率越低；反之亦然。依据这一原则，选取对称式 Sigmoid 函数具有非线性，运算中只需调整一个参数，比 LF 算法中的二次函数有更快的收敛性。

将随机运动的无负载蚂蚁"拾起"一个物体的"拾起"概率定义为

$$P_p = 1 - \text{Sigmoid}(f(o_i)) \tag{8-19}$$

类似地，将随机运动的有负载蚂蚁"放下"一个物体的"放下"概率定义为

$$P_d = \text{Sigmoid}(f(o_i)) \tag{8-20}$$

式中

$$\text{Sigmoid}(x) = \frac{1 - e^{cx}}{1 + e^{cx}}$$

为自然指数形式，参数 c 越大，曲线饱和越快，算法收敛得也越快。值得注意的是，在聚类的过程中，有一些被称做孤立点的对象与其他对象均不相似，蚂蚁"拾起"它们后，很难尽快"放下"它们，从而影响算法的收敛速度。这里采用了在算法后期增大 c 值，尽快"放下"孤立点的策略。

3）算法描述

综上所述，对单蚁群聚类算法及其改进部分做了较详细的介绍，其伪码描述如下。

(1) 初始化蚁群中的蚂蚁个数 n_ant，最大迭代次数 M，局部区域边长 s，参数 α, c 等。

(2) 将数据对象投影到一个平面，即给每个对象随机地分配一对坐标值 (x,y)。

(3) 每只蚂蚁初始化为有负载，并随机地选择一个对象。

(4) 参数 v 取三种类型值之一：常数、随机数或递减随机数。

(5) For $i=1,2,\cdots,M$

For $j=1,2,\cdots,$ n_ant

(5.1) 根据式(8-18)计算对象的平均相似性；

(5.2) 如果蚂蚁无负载，根据式(8-19)计算"拾起"概率 P_p。若 P_p 大于某一随机概率，而同时该对象未被其他蚂蚁"拾起"，则蚂蚁"拾起"该对象，随机移往别处，并标记自己有负载；否则，蚂蚁拒绝"拾起"该对象，而随机选择其他对象；

(5.3) 如果蚂蚁为负载状态，根据式(8-20)计算"放下"概率 P_d。若 P_d 大于某一随机概率，则蚂蚁"放下"该对象，并标记自己无负载，再重新选择一个新对象。

(6) For $i=1,2,\cdots,n$

(6.1) 如果某个对象是孤立的或其领域对象个数小于某一常数，则标记该对象为孤立点；

(6.2) 否则给该对象分配一个聚类序号，并递归地将其领域对象标记为同样的序列号。

2. 多蚁群聚类组合算法

1）系统结构图

图 8-6 给出了多蚁群聚类组合算法的系统结构图。

图 8-6 中的第一层为三个速度类型不同的蚁群模块，每个模块采用改进的单蚁群聚类组合算法并行地进行聚类，得到初步结果；中间层为聚类组合模块，它将初步聚类结果组合成为超图；最后一层为图划分模块，它采用基于蚁群算法的图划分算法对超图进行二次划分，得到最终聚类结果。

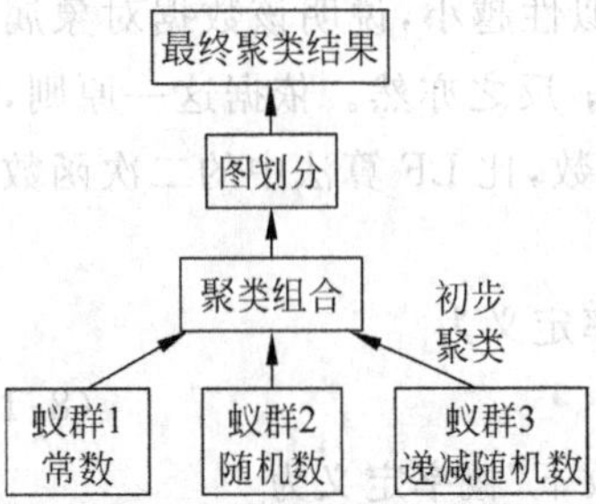

图 8-6　多蚁群聚类组合算法系统结构图

2）聚类组合

Strehl A 和 Ghosh J 提出的超图模型可将已知的一组聚类结果表示成一个超图。假设 $O=(o_1,o_2,\cdots,o_n)$ 表示一个对象集，这 n 个对象被分成 k 类，可表示成标记矢量 $\lambda\in I^n$。在 r 组聚类结果中，已知第 q 个聚类 $\lambda^{(q)}$ 被分为 $k^{(q)}$ 类，则可得到一个二进制成员矩阵 $H^{(q)}\in I^{n\times k(q)}$，在该矩阵中，每个聚类被表示成一条超边（对应矩阵的列）。将这些成员矩阵组合起来，于是得到一个具有 n 个顶点 $\sum_{q=1}^{r}k^{(q)}$ 条超边的超图邻接矩阵

$$H=(H(1),H(2),\cdots,H(r))$$

矩阵 H 中的每一行表示一个顶点（对象），每一列表示一条超边，属于同一超边的顶点取值为 1，否则为 0。至此，一组聚类结果已被映射成超图的邻接矩阵。

下面通过一个简单的例子来说明上述概念。表 8-1 给出了有 7 个对象 $o_i(i=1,2,\cdots,7)$ 的三个聚类标记矢量，其中聚类 1 和 2 逻辑上是一致的，聚类 3 在对象 3 和 5 的分类上有些争议。将此映射成超图的邻接矩阵 H 如表 8-2 所示，其中 $r=3,k^{(1,2,3)}=3$，超图的 7 个顶点 $v_i(i=1,2,\cdots,7)$ 对应 7 个对象，每个聚类被表示成一条超边，共有 9 条超边。

表 8-1　聚类标记矢量

	$\boldsymbol{\lambda}^{(1)}$	$\boldsymbol{\lambda}^{(2)}$	$\boldsymbol{\lambda}^{(3)}$		$\boldsymbol{\lambda}^{(1)}$	$\boldsymbol{\lambda}^{(2)}$	$\boldsymbol{\lambda}^{(3)}$
o_1	1	2	1	o_5	2	3	3
o_2	1	2	1	o_6	3	1	3
o_3	1	2	2	o_7	3	1	3
o_4	2	3	2				

表 8-2　超图的邻接矩阵

$\boldsymbol{H}$	$\boldsymbol{H}^{(1)}$			$\boldsymbol{H}^{(2)}$			$\boldsymbol{H}^{(3)}$		
v_1	1	0	0	0	1	0	1	0	0
v_2	1	0	0	0	1	0	1	0	0
v_3	1	0	0	0	1	0	0	1	0
v_4	0	1	0	0	0	1	0	1	0
v_5	0	1	0	0	0	1	0	0	1
v_6	0	0	1	1	0	0	0	0	1
v_7	0	0	1	1	0	0	0	0	1

接下来，可通过下式将 n 个顶点 $\sum_{q=1}^{r}k^{(q)}$ 条超边的超图邻接矩阵 H 转换成 $n\times n$ 的对称

邻接矩阵 S

$$S = HH^{\mathrm{T}}$$

式中 H^{T}——H 的转置矩阵。S 的每一行及每一列均对应超图中的一个顶点，非对角线上的值反映超边的加权值。若两个顶点属于同一超边的次数越多，则超边的加权值越大。

3. 基于蚁群算法的图划分算法

对超图进行二次划分，用 KLS 算法尝试将基于蚁群算法的聚类 LF 算法运用于图划分。其主要思想是将 LF 模型中对数据对象 o_i 的操作改为对顶点 v_i 的操作，公式(8-12)中对象间的距离 $d(o_i,o_j)$ 改为顶点间的距离 $d(v_i,v_j)$。由此，基于蚁群算法的图划分算法实质是通过顶点在平面上运动而动态聚类。

假设 $G(V,E)$ 表示一个有向图，$V=\{v_i,i=1,\cdots,n\}$ 为顶点的集合，E 为边的集合。有向图的邻接矩阵 $A=[a_{ij}]$，其中

$$\begin{cases} a_{ij} \neq 0, \text{当且仅当}(v_i,v_j) \in E \\ a_{ij} = 0, \text{当且仅当}(v_i,v_j) \notin E \end{cases}$$

可将有向图中任意两顶点间的距离 $d(v_i,v_j)$ 定义为

$$d(v_i,v_j) = \frac{|D(\rho(v_i),\rho(v_j))|}{|\rho(v_i)|+|\rho(v_j)|} \tag{8-21}$$

式中 $\rho(v_i)=\{v_j \in V;\ a_{ij} \neq 0\} \cup (v_i)$——与顶点 v_i 相邻接的所有顶点的集合，包括 v_i 本身；

D——两个集合间的对称差，$D(A,B)=(A \cup B)-(A \cap B)$。

如果两个顶点 v_i 和 v_j 有大量共同相邻接的节点，即 $(\rho(v_i) \cup \rho(v_j))-(\rho(v_i) \cap \rho(v_j))$ 是一个小集合，则 $d(v_i,v_j)$ 较小，亦即 v_i 和 v_j 最终将聚在一起，归为一类，反之，如果两顶点 v_i 和 v_j 间只有少量或没有相邻接的边，即 $(\rho(v_i) \cup \rho(v_j))-(\rho(v_i) \cap \rho(v_j))$ 是一个大集合，则 $d(v_i,v_j)$ 较大，换言之，v_i 和 v_j 最终将相距甚远，归为不同类。

如果用有向图的邻接聚类表示，则可将式(8-21)简化为

$$d(v_i,v_j) = \frac{\sum_{k=1}^{n} |a_{ik}-a_{jk}|}{\sum_{k=1}^{n} |a_{ik}|+\sum_{k=1}^{n} |a_{jk}|}$$

式中 $d(v_i,v_j)$ 的值在 0 和 1 之间变化。按照式(8-18)、式(8-19)及式(8-20)，可计算出顶点 v_i 的平均相似性 $f(v_i)$、“拾起”概率 P_p 和“放下”概率 P_d。按照蚁群聚类组合算法步骤对超图顶点进行聚类，即可得到顶点最终的聚类结果。

8.6 函数优化蚁群算法与蚁群神经网络

8.6.1 蚁群算法在函数优化问题中的应用

用蚁群算法进行函数优化问题时，通过对目标函数的自动适应来调整蚂蚁的路径搜索行为，同时通过路径选择过程中的多样性来保证得到更多的搜索空间，从而快速找到函数的

全局最优解。受遗传算法的启发，也采用二进制编码，使用选择算子。在函数优化中分配蚂蚁对不同的 x_i 进行搜索，经多个典型的测试函数检验，用蚁群算法解此类问题也能取得较好的效果。

(1) 编码。对候选解 $\{x_1, x_2, \cdots\}$ 的每一变量 x_i 用字长为 N 的二进制码串 $\{b_{N-1} b_{N-2} \cdots b_1 b_0\}$ 表示，其中 $b_j \in \{0,1\}$，$j=1,2,\cdots,N$；b_{N-1} 为最高位，b_0 为最低位。变量 x_i 的左边界实数值为 $x_{i\min}$，右边界实数值为 $x_{i\max}$，二进制码串对应的十进制整数值为 k，则可依据下面的公式进行参数解码

$$x_i = \frac{(x_{i\max} - x_{i\min})^k}{2^N - 1} + x_{i\min} \tag{8-22}$$

(2) 做出有向图 G。定义有向图 $G=(C,L)$，其中顶点集 C 为

$$\{c_0(v_S), c_1(v_N^0), c_2(v_N^1), c_3(v_{N-1}^0), c_4(v_{N-1}^1), \cdots,$$
$$c_{2N-3}(v_2^0), c_{2N-2}(v_2^1), c_{2N-1}(v_1^0), c_{2N}(v_1^1)\}$$

式中 v_S——起始顶点，顶点 v_j^0 和 v_j^1 分别用于表示二进制码串中位 b_j 取值为 0 和 1 的状态，有向弧集合 L 为

$$\{(v_S, v_N^0), (v_S, v_N^1), (v_N^0, v_{N-1}^0), (v_N^0, v_{N-1}^1), (v_N^1, v_{N-1}^0), (v_N^1, v_{N-1}^1), \cdots,$$
$$(v_2^0, v_1^0), (v_2^0, v_1^1), (v_2^1, v_1^0), (v_2^1, v_1^1)\}$$

即对于 $j=2,3,\cdots,N$，在所有顶点 v_j^0 和 v_j^1 处，分别有且只有指向 v_{j-1}^0 和 v_{j-1}^1 的两条有向弧。以 $N=4$ 为例有向图共有 9 个顶点，用连接矩阵表示有向图为

	c_0	c_1	c_2	c_3	c_4	c_5	c_6	c_7	c_8
c_0	0	1	1	0	0	0	0	0	0
c_1	0	0	0	1	1	0	0	0	0
c_2	0	0	0	1	1	0	0	0	0
c_3	0	0	0	0	0	1	1	0	0
c_4	0	0	0	0	0	1	1	0	0
c_5	0	0	0	0	0	0	0	1	1
c_6	0	0	0	0	0	0	0	1	1
c_7	0	0	0	0	0	0	0	0	0
c_8	0	0	0	0	0	0	0	0	0

(3) 对基本蚁群算法的改动。通过将函数优化有向图转换，求函数优化问题时对基本蚁群算法稍加改动即可应用。简述如下。

设 Path$^*(t)$ 为第 t 搜索周期的最佳路线，该路径对应的目标函数值为 $f^*(t)$，路段 (i,j) 中顶点 i 对应候选解 x 的第 k 位，则蚁群搜索的信息素按式(8-23)更新

$$\tau_{ij}(t+1,k) = \begin{cases} \rho \cdot \tau_{ij}(t,k) + (1-\rho) \cdot \dfrac{1}{1+2^{f^*(L-K)}}, & f^*(t) \leqslant f^*(t-1) \\ \rho \cdot \tau_{ij}(t,k), & \text{其他} \end{cases} \tag{8-23}$$

式中 L——候选解的二进制编码的编码长度，为正整数，仅对最佳路线包含的路段增强信息素能够正确指导蚂蚁下一个搜索周期的搜索，消除了在计算信息素更新时非最佳路径对这些路段信息素的影响，从而避免了大量无效搜索，明显提高搜索效率。

例 8.6.1 求函数 $f_1(x)=100(x_1^2-x_2)^2+(1-x_1)^2$，$x_j \in [-2.048, 2.048]$ 的最大值。该函数是局部有些凹的双变量二次函数，蚁群算法参数设置 $\alpha=1$，$\beta=0$，$\rho=0.8$，编码长

度各为 8，每个 x_i 放置 10 个蚂蚁，只需两种蚂蚁，共 20 只蚂蚁，搜索周期总次数为 30 次，它的计算结果如表 8-3 所示。

表 8-3 $f_1(x)$的运行结果

算法名称	运行次数	得到的最优目标值	目标函数平均值	实际最优值	获得实际最优值的比率/%	平均值相对误差/%
蚁群算法	500	3905.926	3902.184	3905.926	55.8	9.5

例 8.6.2 求函数 $f_2(x)=x_1^2+x_2^2+x_3^2, x_i\in[-5.12,5.12]$的最小值。

该函数为三变量、单峰、二次函数，蚁群算法参数设置 $\alpha=1,\beta=0,\rho=0.8,m=50$，编码长度各为 8，每个 x_i 放置 10 只蚂蚁，需三种蚂蚁，共 30 只蚂蚁，搜索周期总次数为 40 次，它的计算结果如表 8-4 所示。

表 8-4 $f_2(x)$的运行结果

算法名称	运行次数	得到的最优目标值	目标函数平均值	实际最优值	获得实际最优值的比率/%
蚁群算法	500	0.0000	0.0158	0.0000	64

8.6.2 蚁群神经网络

将蚁群算法和人工神经网络(ANN)相融合，可兼有 ANN 的广泛映射能力和蚁群算法的全局收敛以及启发式学习等特点，从而可在某种程度上避免 ANN 收敛速度慢、易于陷入局部极小点等问题。

Li S. H. 等首先将蚁群算法与 ANN 的融合策略应用于解决异步传输模式(ATM)网中的呼叫接纳控制(CAC)问题，并取得了很好的仿真效果；Zhang S. B. 等在 Li S. H. 等研究的基础上，将蚁群算法与 ANN 的融合策略应用于解决 ATM 网中的 CAC 问题和用法参数控制(UPC)问题；洪炳熔等提出了蚁群算法学习反向传播(BP)神经网络的权值，并将其用于求解非线性模型的辨识问题及倒立摆的控制问题，随后又提出了用蚁群算法学习 Hopfield 神经网络的权值策略，并将其应用于 TSP 求解；邹政达等在洪炳熔等研究的基础上，提出了一种基于蚁群算法的递归神经网络(RNN)，并将其应用于电力系统的短期负荷预测(STLF)。

1. 基于蚁群算法的多层前馈神经网络

ANN 具有复杂的非线性映射能力、函数逼近及大规模并行分布处理能力，AAN 中应用最广泛的是多层前馈网络模型，其中 BP 神经网络是一种在 ANN 中应用十分广泛的多层前馈神经网络。但由于 BP 神经网络采用的是沿梯度下降十分，所以，训练通常需要很长时间才能收敛，而且不可避免地会出现局部极小的问题。

蚁群算法是一种全局优化的启发式算法，因此用它来训练 ANN 的权值，可避免 BP 神经网络的缺陷。算法融合大的基本思想是：假设网络中有 m 个参数，它包括所有权值和阈值。首先，将神经网络参数 $p_i(1\leqslant i\leqslant m)$设置为 N 个随机非零值，形成集合 I_{pi}。蚁群中的每只蚂蚁在集合 I_{pi} 中选择一个权值，在全部集合中选择一组神经网络权值。蚂蚁的数目为

h,$\tau_j(I_{pi})$表示集合$I_{pi}(1\leqslant i\leqslant m)$中第$j$个元素$p_i(I_{pi})$的信息量。蚂蚁搜索时,不同的蚂蚁选择元素是相互独立的。每只蚂蚁从集合I_{pi}出发,根据集合中每个元素的信息量和状态转移概率从每个集合I_{pi}中选择一个元素。当蚂蚁在所有集合中完成选择元素后,它就到达食物源,然后调节集合中元素的信息量。这一过程反复进行,直到进化趋势不明显或达到给定的迭代次数为止。

改进后的蚁群算法的具体步骤如下。

(1) 初始化:令时间t和循环次数N_c为零,设置最大循环次数$N_{c\max}$,令每个集合中的每个元素的信息量$\tau_j(I_{pi})=C$,且$\Delta\tau_j(I_{pi})=0$,将全部蚂蚁置于蚁巢。

(2) 启动所有蚂蚁,针对集合I_{pi},蚂蚁$k(k=1,2,\cdots,h)$根据式(8-24)计算状态转移概率

$$Pr(\tau_j^k(I_{pi}))=\frac{\tau_j^k(I_{pi})}{\sum\limits_{g=1}^{N}\tau_g(I_{pi})} \tag{8-24}$$

(3) 重复第(2)步,直到蚁群全部到达食物源。

(4) 令$t\leftarrow t+m$;$N_c\leftarrow N_c+1$;利用各蚂蚁选择的权值计算神经网络的输出值和误差,记录当前最优解。经过m个时间单位,蚂蚁从蚁巢到达食物源,各路径上的信息量自然根据式(8-25)更新

$$\tau_j(I_{pi})(t+m)=(1-\rho)\tau_j(I_{pi})(t)+\Delta\tau_j(I_{pi}) \tag{8-25}$$

$$\Delta\tau_j(I_{pi})=\sum_{k=1}^{n}\Delta\tau_j^k(I_{pi}) \tag{8-26}$$

$$\Delta\tau_j^k(I_{pi})=\begin{cases}\dfrac{Q}{e^k}, & \text{若第 } k \text{ 只蚂蚁在本次循环中选择 } p_i(I_{pi})\\ 0, & \text{否则}\end{cases} \tag{8-27}$$

式中 e^k——将第k只蚂蚁选择的一组权值作为神经网络权值的输出误差,其定义如下

$$e^k=|O-O_q| \tag{8-28}$$

式中 O和O_q——神经网络的实际输出和期望输出。可见,误差e^k越小,相应的信息量的增加就越多。

(5) 如果蚁群全部收敛到一条路径或循环次数$N_c\geqslant N_{c\max}$,则循环结束,并输出计算结果;否则跳转到第(3)步。

2. 基于蚁群算法的 RNN

邹政达等在洪炳熔等研究的基础上,提出了一种基于蚁群算法的递归神经网络(RNN),并将其应用于电力系统的短期负荷预测(STLF)。不同于上面的AAN,基于蚁群算法的RNN(ACA-RNN)将第k只蚂蚁的输出误差e^k定义为训练样本集后的最大输出误差,即

$$e^k=\max_{p=1}^{s}|O-O_q|$$

考虑到STLF模型中预测点的动态性,这里采用单步预测输出,并反馈用作下一步预测输出的输入元素。输入矢量维数$m=7$,即以预测时刻前7个点的负荷作为预测模型的输入维。根据训练样本集,用穷举法确定ACA-RNN模型隐含层的节点数为8,预测神经网络模

型的结构为 7-8-1，其输出表达式为

$$y(t+\tau)=F[x(t),x(t-\tau),x(t-2\tau),\cdots,x(t-(m-1)\tau)] \tag{8-29}$$

采用 RNN 的结构如图 8-7 所示。这里主要研究蚁群算法对预测精度性能的影响，仅用蚁群算法形成优化 RNN。训练样本是按预测日前 14 天的历史负荷数据形成对应于 24 个预测点的固定训练样本集。

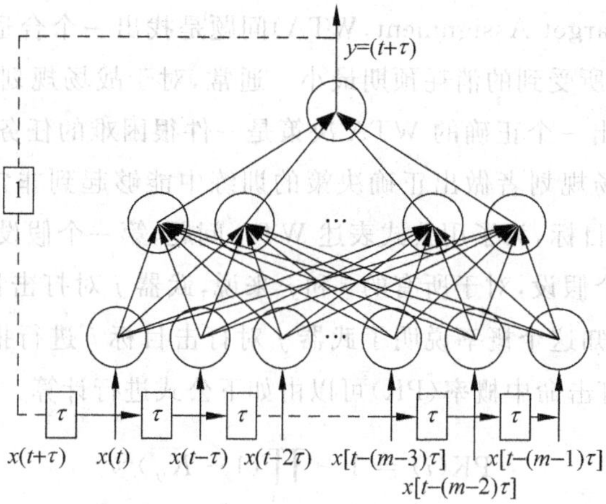

图 8-7 RNN 预测模型结构

在 ACA-RNN 训练和仿真测试中，发现学习样本过多会导致网络的学习过度，使预测精度下降，这里取实际负荷系统的训练样本集数为 10～15 个(天)时，预测效果较好。在对预测日进行负荷预测时，各预测点的测试样本按式(8-29)的预测点步进动态移动获得。

8.7 免疫算法与蚁群算法的融合

自然界中的免疫系统是一个非常复杂的系统，它通过多种机制来抵抗致病的生物体。然而这种自然界的免疫系统却成为解决寻找最优解问题的灵感来源之一。从信息处理的角度来看，免疫系统是一个复杂的自适应系统，在计算领域的许多方面具有重要作用。当与进化算法协同工作时，免疫系统在进化过程中能够提高搜索能力。因此可以通过一个特别设计的免疫系统来提高 ACO 在局部搜索时的效率。

生物学上，免疫系统的作用就是保护身体不受到抗原的侵害。有几种不同类型的免疫性，例如抗感染免疫性、自身免疫性以及特殊免疫性。从自身免疫的角度来看，身体中有很多抗体与同一抗源做斗争。它们对于消除衰老和变质的局部组织起到了帮助，并且它们并不损害健康的组织。从自身免疫的观念出发，一个免疫系统的新模型可以成为将启发式嵌入到遗传算法中来解决旅行商问题。这种创新包含两个主要特性，第一个特性是用疫苗的接种来减少当前适合度的值。它通过启发式来修补当前解的一些比特位，从而获得具有更好适合度的可能解；另一个特性就是用来预防变质的免疫选择。它包括两个步骤，第一个步骤叫做免疫测试，第二个步骤叫做退火选择：免疫测试用来检验接种疫苗的比特位，退火选择则根据它们的适合度所确定的概率来选择接受哪些比特位。

把上述的免疫思想引入到 ACO 中，就构成了基于免疫的蚁群优化算法，这种算法综合了 ACO 和免疫系统的优点。ACO 算法是通过一个人工蚂蚁的群体，相互协同工作来寻找良好的解，同时能完成全局的搜索并避免局部的最优化。免疫系统则利用特定问题的启发式来指导局部搜索，而且能在解空间内进行微调。

WTA(Weapon-Target Assignment, WTA)问题是找出一个合适的武器打击目标的分配方案，使得已方火力所受到的消耗预期最小。通常，对于战场规划者来说，面对着各种具有威胁的打击目标做出一个正确的 WTA 决策是一件很困难的任务。于是，一个 WTA 问题辅助决策系统在战场规划者做出正确决策的训练中能够起到非常重要的作用。设想有 W 件武器和 T 个打击目标，为了用公式表述 WTA 问题，第一个假设，所有的武器都必须分配给打击目标。第二个假设，对于所有的 i 和 j 来说，武器 j 对打击目标 i 进行打击时命中的独立概率(K_{ij})。已知这个概率说明了武器 j 对打击目标 i 进行摧毁时的效率。打击目标 i 整体上所受到的打击命中概率(PK)可以由如下公式进行计算

$$\mathrm{PK}(i) = 1 - \prod_{j=1}^{w} (1 - K_{ij})^{X_{ij}}$$

式中　X_{ij}——布尔值，用来判断目标 i 是不是分配给了武器 j，如果目标 i 分配给了武器 j，则 $X_{ij}=1$。仔细考虑后可以发现，WTA 问题就是要使下面的对应函数的值最小化

$$F(\pi) = \sum_{i=1}^{T} \mathrm{EDV}(i) \times \mathrm{PK}(i)$$

由于每一件武器都必须分配到目标，于是有

$$\sum_{i=1}^{T} X_{ij} = 1, \quad j = 1,2,\cdots,W$$

式中　$\mathrm{EDV}(i)$——在打击目标 i 时所消耗的火力资源的值；

π——合理的 ETA 列表，$\pi(j)=1$ 表明将目标 i 分配给武器 j。

基于免疫的蚁群优化算法用于求解 WTA 问题的流程如图 8-8 所示。

在这种算法中，与传统的 ACO 相像，首先利用"蚂蚁的生成和活动"来生成可行的 WTA 列表。在这个过程中，每一个蚂蚁随机地选择一件武器，陆续地将打击目标分配给这些武器，直到所有的武器都被分配完毕。蚂蚁 k 将目标 i 分配给武器 j 的规则如下

$$\pi(i) = \begin{cases} \arg\{\max_{i=\mathrm{allowed}_k(t)} [\tau_{ij}(t)]\eta_{ij}^{\beta}\}, & q \leqslant q_0 \\ S, & \text{其他} \end{cases}$$

启发式信息(η_{ij})被设置成为 $K_{ij} \times \mathrm{EDV}(i)$的最大值。其后，实时信息素更新规则的使用则根据式(8-30)，因为第 i 次选择的目标已经分配给了第 j 件武器，所以已选择目标的 $\mathrm{EDV}(i)$值应该被 $\mathrm{EDV}(i) \times (1-K_{ij})$替换。在生成所有的分配列表之后，如果找到了新的最优越的解，则启动式(8-31)所确定的信息素更新规则。

$$\tau_{ij}(t+1) \leftarrow (1-\psi)\tau_{ij}(t) + \psi\tau_0 \tag{8-30}$$

式中　$0<\psi\leqslant 1$——一个常数；

$\tau_0=(mF_{\mathrm{nn}})^{-1}$——信息素轨迹的初始值；

m——蚂蚁的数量；

F_{nn}——由最近距离启发算法计算出来的适合值。

$$\tau_{ij}(t+1)=(1-\rho)\tau_{ij}(t)+\rho\Delta\tau_{ij}(t) \tag{8-31}$$

$\Delta\tau_{ij}(t)=1/F^{\mathrm{elitist}}$，$F^{\mathrm{elitist}}$是搜索过程开始时的最优值。

在另一方面，免疫算法用来指导寻找一个更好的解，其流程如图 8-9 所示。

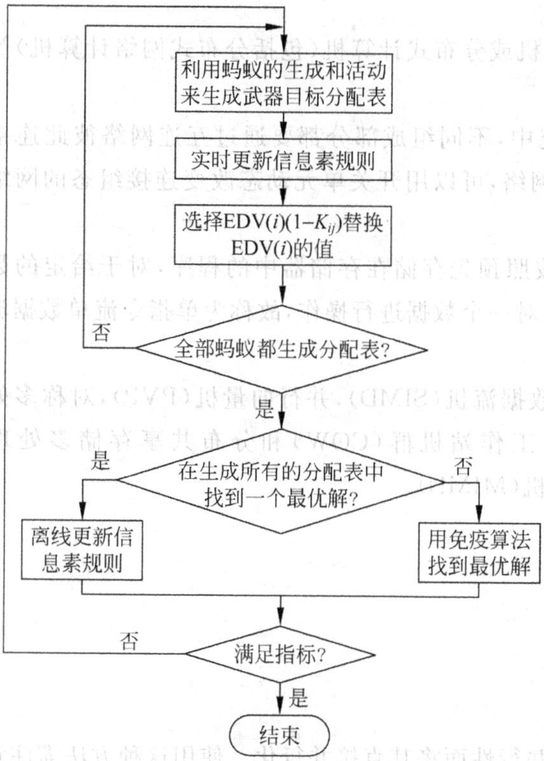

图 8-8 基于免疫的蚁群优化算法流程图

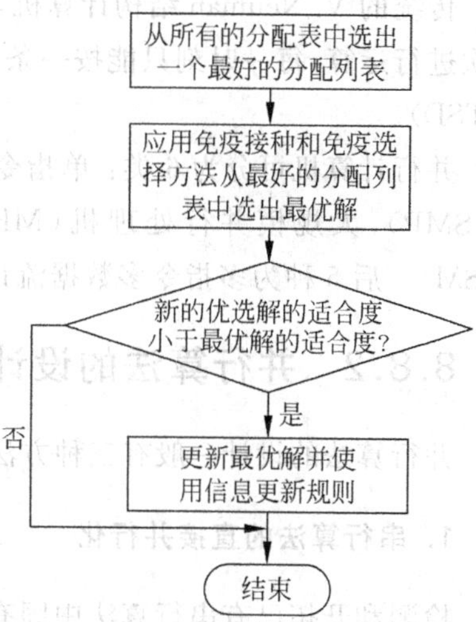

图 8-9 免疫算法流程图

首先，从所有的分配列表中选择出一个最好的分配列表。然后，应用疫苗接种和免疫选择的方法从最好的分配列表中选出最优解。在分配列表中武器与目标的配对越合理，能找出最优解的可能性就越大。如果在所有 i 中，武器 j 的目标分配方案所对应的 $K_{ij}\times\mathrm{EDV}(i)$是最高的，则称第 j 个比特位已经足够好了。如果某一比特位并非足够好，则它将通过从 1 到 T 之间的随机整数来修补。在免疫测试中，具有更好的适合度的修补后比特位被接受，根据退火选择，那些修补以后但是适合度并不好的比特位同样也可能被接受。在退火选择中，第 j 个修补后的比特位能够被接受的概率为

$$p_j=\frac{e^{-F_\lambda^{ij}/\tau_\lambda}}{\sum_{j=1}^{w}e^{-F_\lambda^{ij}/\tau_\lambda}}$$

式中 F_λ^{ij}——$K_{ij}\times\mathrm{EDV}(i)$的值，表示在迭代 λ 下，武器 j 分配给目标 i 的适合度。

随后，如果找到了一个优越解，则它将会被更新，并且信息素轨迹的更新规则也相应地

被使用。这些步骤重复地执行一直达到一个终止条件被满足，例如执行了数目足够多的迭代或者已经完成了固定的运行时间。

8.8 并行蚁群算法

8.8.1 并行计算机及其分类

一般地讲，并行计算是利用并行计算机或分布式计算机（包括分布式网络计算机）等高性能计算机系统所做的计算。

在多处理机、多计算机或分布式系统中，不同组成部分都要通过互连网络彼此连接起来。采用固定连接的网络称为静态互连网络，可以用开关单元动态改变连接组态的网络称为动态互连网络。

传统的 V. Neuman 结构计算机，即按照预先存储在存储器中的程序，对于给定的数据依次进行运算，每一时刻只能按一条指令对一个数据进行操作，故称为单指令流单数据流机(STSD)。

并行计算机可分为 6 类：单指令多数据流机(SIMD)，并行向量机(PVP)，对称多处理机(SMP)，大规模并行处理机(MPP)，工作站机群(COW)和分布共享存储多处理机(DSM)。后 5 种为多指令多数据流计算机(MIMD)。

8.8.2 并行算法的设计

并行算法的设计一般有三种方法。

1. 串行算法的直接并行化

检测和开拓已有串行算法中固有的并行性而将其直接并行化。使用这种方法需注意两点：①对于一类具有内在顺序性的串行算法，每一步都要用到上一步的结果，显然这样的串行算法无法并行执行；②并非一个好的串行算法就可以产生好的并行算法，相反，一个不好的串行算法有可能产生很优秀的并行算法。应该指出，直接并行化也并非那么简单、直接，有时为了并行化，需要将原串行算法不做本质性修改，例如调节执行顺序，复制共享变量等。

2. 直接设计并行算法

从所要求解问题本身的描述出发，根据问题的固有属性，从一开始就直接设计并行算法。并行算法设计的基本策略是试图将 T 串分段并行处理，而设计并行串匹配算法需要从问题的描述出发研究串匹配的基本性质。两串能否匹配与串的自身前缀有关。所以研究串的周期性这一数学性质是寻求并行化设计的一种途径。

3. 借用已有的并行算法

借用已有并行算法是指借用已知某类问题的求解算法来求解另一类问题，这种方法要求设计者不但要从问题求解方法的相似性方面仔细研究，找出求解问题的共同点，而且要从借用可行性及使用效率上全面考虑。借用法尚无一般规律可循，但往往从求解问题的数学方法上能获得某些启发。

8.8.3 蚁群算法常用的并行策略

尽管ACO搜索方法在许多层次上都是可并行的，但目前在这方面只有少量的研究，包括Bullnheimer，Stutzle，Michel和Middendor等。以往的工作是对蚂蚁(代理)层次上并行的初级研究。然而，这些研究都没有在并行体系结构上实现他们的系统。所以，很难判定他们并行方案的效率。Stutzle描述了并行的最简单情况：并行独立不交互的ACO搜索。Michel和Middendor提出了一个根据ACO算法改进的岛模型，其中，在独立的蚁群之间有路径信息交换。

当考虑常用的并行策略时，并行可以在一个或更多等级上使用。在最大的等级上，如同Stutzle描述的一样，整个搜索都可以同时进行。有时，在评估解决方法的元素中也可以使用并行，特别是在评估需要很大的计算量时。在TSP中，对研究方法的元素评估微不足道，所以在这个等级上的并行是不合适的。对于描述的其他策略都应该在启发式算法内部寻求并行。

除了并行独立蚁群之外，所有方法都是以著名的主人/奴隶方法为基础，所以适合广泛流行的多输入、多数据(MIMD)机器体系结构。另外，如消息传递接口(MPI)的标准工具可以使用在ACO引擎的编程里，以保证跨平台的兼容性。对于ACO来说，下述的方法2、4和5是新的。在考虑不同的并行方法时，需要注意一点，当处理器间有大量通信花费时，并行的性能会退化。所有方法都假定一个分布的，而非共享的存储器系统，因为这些结构更普遍。然而，因为ACO系统通常使用全局存储结构(例如探索矩阵)，共享存储器的机器，所以会使通信量更低并能进一步提高并行性能。

下面将蚁群算法的并行策略归纳为如下五种方法。

1. 并行独立蚁群

对于这种方法，一系列有序的ACO搜查在通用的处理器上交叉运行。各个蚁群的主参数值是有差别的。任何参数都可以经过处理器加以更改，那么随机种子是不错的选择。这种方法的优点在于处理器之间不需要通信。这种简单的方法可以作为一系列有序程序在一台MIMD机器/工作站机群上运行。

2. 并行交互蚁群

这个方法同上面的方面相似，不同点是在特定的迭代中，蚁群间进行信息交换，将表现最好的蚁群的信息素结构拷贝到其他蚁群中。如何定义表现最佳的蚁群是一个问题，因为有许多可供使用不同的度量标准。这种方法的通信代价会很高，因为需要传播整个信息素结构，这对于许多问题通信量都会很大。

3. 并行蚂蚁

在这种方法中，给每个蚂蚁(奴隶)分配一个独立的处理器，用来构建它的解决方案。当

$m>P$ 时,需要在每个处理器上聚集若干个蚂蚁。主处理器负责接收用户输入,将蚂蚁放置在随机的路径起始点,执行全局信息素更新和产生输出。它也可以担当奴隶以保证更高效的执行。

这种方法的通信量适中。其中,最大的组件是对独立信息素结构加以维护。算法的每个步骤完成后,每个蚂蚁必须更新它的 τ 值,以满足局部信息素更新规则。

4. 解决方法元素的并行评估

在算法的每一步,每只蚂蚁需要检查所有可用的解决方法元素,然后才做出选择。这个操作的计算量会非常大,尤其是需要访问约束条件时。由于各个元素间是独立的,它们的评估可以并行地进行。所以,为每个奴隶处理器分配了等量的元素来评估,这适用于高约束的问题。这种方法已经在 tabu 搜索的并行中广泛应用。

5. 蚂蚁和解决方法元素的并行结合

如果有足够多可用的处理器,那么上述两种方法的结合是可行的。在这种情况下,为每只蚂蚁分配了数量相等的处理器(一个组)。在每组中,一个主处理器负责构建蚂蚁的行程,并代表组内每个奴隶评估解决方法的元素。例如,有 10 只蚂蚁(正如 ACS 中常用的),每个蚂蚁组有两个处理器,那么就有 20 个处理器。对于现代的并行机而言,这是一个可行的配置。

8.9 蚁群算法的应用案例

背包问题是一类典型的整数规划问题:假设有一个徒步旅行者,有 n 种物品可供其选择后装入背包中。已知第 i 种物品的重量为 $w_i$kg、使用价值为 p_i,这位旅行者本身所能承受的总重量不能超过 Vg。问该旅行者如何选择这 n 种物品的件数,使其总使用价值最大。这就是著名的背包问题。类似的问题有货物运输中的最优载货问题、工厂里的下料问题、银行资金的最佳信贷问题等。

设,x_i 为旅行者选择第 $i(i=1,2,\cdots,n)$ 种物品的件数,则背包问题的数学模型为

$$\text{Max } Z=\sum_{i=1}^{n} p_i x_i$$

$$\begin{cases}\displaystyle\sum_{i=1}^{n} w_i x_i \leqslant V \\ x_i \geqslant 0 \text{ 且为整数}\end{cases}$$

若 x_i 只取 0 或 1,则称为 0-1 背包问题。

背包问题的描述有多种形式,其中,一般的整数背包问题可在有界的前提下化成等价的 0-1 背包问题,因此这里仅考虑最基本的 0-1 背包问题。

对 0-1 背包问题,记 $\eta_{ij}=f_j-f_i$(目标函数差值),其中,目标函数 f 的形式已转化为

$$f=\sum_{i=1}^{n} p_i x_i - M \mid \min\{0, V-\sum_{i=1}^{n} w_i x_i\} \mid$$

M 为一充分大的正数,即把原约束方程作为函数项加入原目标中。

转移概率定义为

$$p_{ij}=\frac{\tau_i \eta_{ij}}{\displaystyle\sum_{k} \tau_k \eta_{ik}}$$

式中 τ_i——蚂蚁 j 的领域吸引力强度。

强度更新方程为

$$\tau_i^{\text{new}} = \rho \cdot \tau_i^{\text{old}} + \sum_k \Delta\tau_i^k$$

优化过程借助蚂蚁从其初始状态(0 或 1 的位置点)开始的不断移动来进行：当 $\eta_{ij}>0$，蚂蚁 i 按概率 p_{ij} 从状态 i 移至状态 j，即相应的 x 变为 $1-x$；当 $\eta_{ij}\leqslant 0$ 时，蚂蚁 i 维持原状态。算法具体实现过程如下。

步骤 1：$N_c \leftarrow 0$；各参数初始化。

步骤 2：设置每个蚂蚁对应各变量的初始组合；

对每个蚂蚁计算对应变量组合的最小值；

计算变量组合的差异；

计算转移概率是否进组合交换；

若交换，则将组合 i 用 j 代替，增加 j 各变量的信息素。

步骤 3：计算各蚂蚁的目标函数值；记录当前最好解。

步骤 4：按更新方程修改轨迹强度。

步骤 5：置 $\Delta\tau_{ij} \leftarrow 0$；$N_c \leftarrow N_c+1$。

步骤 6：若 N_c 小于预定迭代次数且无退化行为，则转步骤 2。

步骤 7：输出最好解。

算例分析：

(1) $n=10, V=269$，

$W=\{95,4,60,32,23,72,80,62,65,46\}$，

$P=\{55,10,47,5,4,50,8,61,85,87\}$。

运行的蚁群算法，100 次迭代后，可得最优值 295，平均收敛性态如图 8-10 所示。

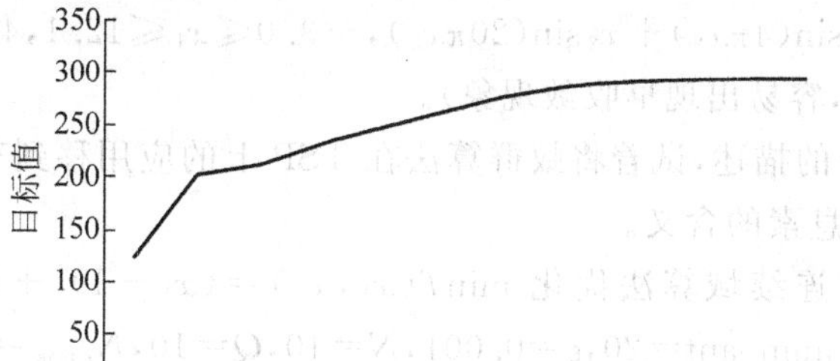

图 8-10 平均收敛性态 1

(2) $n=20, V=878$，

$W=\{92,4,43,83,84,68,92,82,6,44,32,18,56,83,25,96,70,48,14,58\}$，

$P=\{44,46,90,72,91,40,75,35,8,54,78,40,77,15,61,17,75,29,75,63\}$。

运行的蚁群算法，200 次迭代后，可得最优值 1024，平均收敛性态如图 8-11 所示。

各迭代次数上的最好、最差和平均结果如表 8-5 所示。

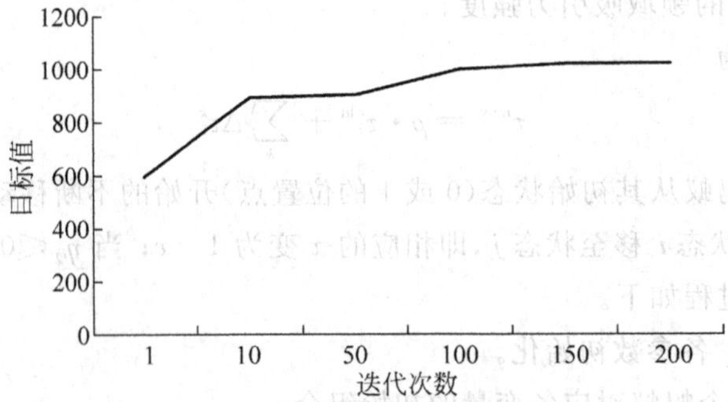

图 8-11 平均收敛性态 2

表 8-5 迭代结果

迭代次数	最差	最好	平均
1	406	849	600
10	788	926	887
50	887	1024	902
100	979	1024	966
150	995	1024	1015
200	1009	1024	1022

习题

1. 根据 8.2.2 节，试着写出求解 TSP 的 Ant-Cycle 算法的 C 语言代码(或伪代码)。

2. 根据 8.3 节，试着用融合了遗传算法的连续域蚁群算法求解 Michalewicz 函数 $f(x_1,x_2)=2.15+x_2\sin(4\pi x_2)+x_2\sin(20\pi x_2)$，$-3.0\leqslant x_1\leqslant 12.1$，$4.1\leqslant x_2\leqslant 5.8$(该函数包含多个局部最优点，容易出现早收敛现象)。

3. 根据 8.4.1 节的描述，试着将蚁群算法在 TSP 上的应用移到车辆路径问题上，试着定义其目标函数和信息素的含义。

4. 根据 8.4.3 节连续域算法优化 $\min f(x_1,x_2)=(x_1-1)^2+(x_2-2.2)^2+1$，$x_1\in[0,2]$，$x_2\in[1,3]$，设 num_ant=20，$\varepsilon=0.001$，$N=10$，$Q=10$，$N_{c\max}=100$(基于网格划分策略的连续域蚁群优化算法)。

第9章 量子智能信息处理

教学内容：本章首先通过介绍量子信息论的一些基本概念和理论，逐渐引入了量子信息处理的内容，介绍了几种典型的量子神经网络模型，最后讨论了量子遗传算法的现状和改进，并将量子信息算法应用到相关的领域当中。

教学要求：初步了解和掌握量子智能信息的相关概念，熟练掌握量子神经计算模型和相应的算法处理，掌握几种典型的量子神经网络模型及它们之间的相似和不同之处，了解并掌握量子神经元的相关概念，在此基础上进一步熟悉量子遗传算法，了解量子信息论的应用实例。

关键字：量子计算(Quantum Calculation)　量子神经网络模型(Quantum Neural Network Model)　量子逻辑特性(Quantum Logic Characteristics)　量子优化(Quantum Optimize)　量子搜索(Quantum Search)

9.1 量子信息论

9.1.1 量子计算

计算机技术突飞猛进地发展促进了人类信息技术的巨大变革，从20世纪中叶以来，计算机的出现所带来的技术变革深刻地影响着人类生产的各个方面。21世纪初的今天，信息科学在保持高速发展势头的同时也面临着前所未有的挑战，以半导体晶体管为基础的电子计算机已经不能满足计算速度进一步提高的要求，取而代之的是以量子器件为基础的量子计算机，它源于量子力学和信息科学的结合，必将导致一场前所未有的信息技术的革命。

量子计算是应用量子力学原理来进行有效计算的新颖计算模式。作为其核心器件的量子计算机是个由许多量子处理器构成的多体量子体系，每个量子处理器是个两态量子系统。基于量子叠加性原理，采用合适量子算法可以加快某些函数的运算速度，如Shor量子并行算法可以将“大数因子分解”这个电子计算机上指数复杂度的难题变成多项复杂度的“易解”问题，从而可攻破现有广泛使用的公钥RSA等体系。

所谓“量子信息”是指以量子比特(即两态量子系统)的量子态为信息单元的信息，其信息的产生、存储、传输、处理和检测等均要遵从量子力学规律。显然，现在广泛使用的经典信息(以0或1即比特作为信息单元)是量子信息的一种特例(即α或β为0)，因此量子信息是经典信息的扩展和完善，正如复数是实数的扩展和完善一样。

$$|\varphi\rangle=\alpha|0\rangle+\beta|1\rangle,\quad |\alpha|^2+|\beta|^2=1$$

设想有一台由 N 个存储器构成的计算机，若这台是现在使用的电子计算机，那么计算机只能存储一个数据，即 2^N 个可能数据中的任一个，计算机操作一次只能实现一个数据的变换(处理)。如若是台量子计算机，基于量子力学的叠加原理，N 个量子存储器可同时存储 2^N 个数据，数据量随 N 呈指数增长，同时，量子计算机操作一次可同时对 2^N 数据实现变换，这种并行处理数据的能力等效于电子计算机要进行 2^N 次操作的效果，或者由 2^N 个 CPU 构成的(硬件)并行计算机的一次操作效果。从这个例子不难看到量子计算的诱人前景。但是，量子力学的基本原理在对这个新生事物提供巨大优势的同时也为其设置了障碍：虽然可以在 N 个量子比特上同时对 2^N 个数据进行并行的计算，但是计算结束后，不能同时提取这 N 个计算结果。只能提取一个结果，该结果随机地来自 2^N 个结果中的任意一个，其结果出现的概率由量子的几率幅来决定。也就是说，要想获得计算的结果，就要对计算的末态进行测量，而量子的测量过程相当于将"量子状态"重新打回"经典状态"的过程，这使得我们只能非常有限地获得计算结果的信息。从输出结果的随机性上来说，这有点像经典意义下的概率计算，但是与经典的概率计算所不同的是，量子的几率幅之间可以干涉，而几率幅的模平方对应于结果出现的概率，正是有这样的干涉特性，人们有可能设计出特殊的量子算法，使得想获得的结果以大的概率出现，从而大大提高在求解某些难解问题时的运算速度。

作为计算机科学的开端：1936 年 Alan Turing 提出图灵机模型。同时，Turing 和 Church 提出 Turing-Church 命题：如果某一个算法可以被一个硬件装置(个人计算机)所实施，那么对于普适的图灵机，存在一个等价算法，它可以执行与这个个人计算机中所运行的算法相同的任务。Turing-Church 命题的伟大意义在于，它引入了计算的普适性的概念。也就是说对于任意一个可以计算的问题，都可以用如图 9-1 所示的图灵机模型来求解。

现在的电子计算机正是基于图灵机模型发展起来的。现在的电子计算机充分体现了图灵机可以做普适计算的特点，从工厂中的自动化控制，金融系统的信息处理，大坝水位的调节，天气趋势的预报，汽车、飞机设计中的仿真模拟到个人家庭中的计算机，以及冰箱、洗衣机的模糊控制等，电子计算机似乎无所不能。可以说，计算机的出现，加速了人类社会自动化、信息化的进程，是人类社会进步的一个显著标志。

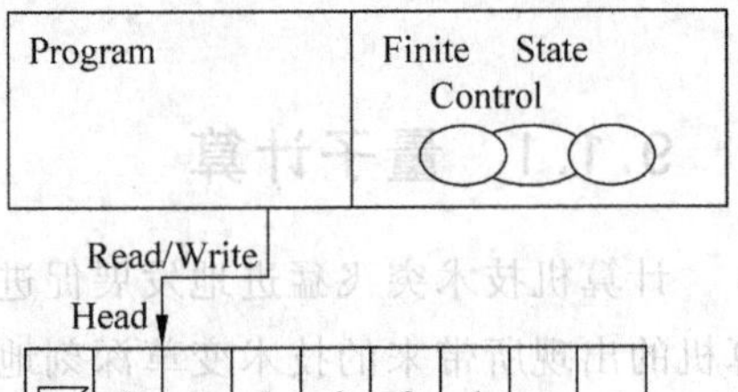

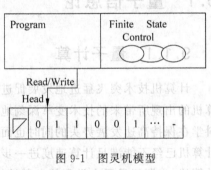

图 9-1 图灵机模型

为了进行有效的量子计算，量子计算机应当满足下列 4 个基本要求。

(1) 量子比特要有足够长的相干时间。事实上，外部环境不可避免地破坏着量子计算机的量子相干性，使之自发地向经典的概率计算机演化，这将导致量子计算失去其可靠性，甚至完全无法运作。

(2) 具备有完备的普适幺正操作能力。任何高维幺正操作均可分解成一系列低维操作来实现，最基本的幺正操作单元称为普适门。最简单的普适逻辑门的集合是单比特的任意幺正旋转和两比特的受控非操作。量子计算机能对任意量子比特精确地实施这些基本操作。

(3) 具备有初态制备能力。因为任何量子计算的出发点都是从纯态开始，所以，我们要

有给量子计算机归零的能力。不失一般性，在计算开始时，让所有的逻辑量子比特都置为|0>。

(4) 必须有能力对量子计算机终态实施有效的量子测量，以提取最终输出值。这时，量子的信息转变为经典的信息。因为人是生活在经典世界中的，而量子计算的最终目的是服务于经典世界中的人。

总之，量子算法的核心思想在于利用量子态的干涉特性，使所需的结果增强，同时使不必要的结果减弱，这样所需的结果在测量时就会以较高的概率出现。

9.1.2 量子信息论基础

近来物理学和信息科学的交叉产生了“量子信息”的概念。量子力学是经典过程的基础，但直到最近信息通常是以其经典形式被考虑，量子力学作为辅助角色只是用于设计处理这些信息的设备。如传统的“量子电子学”，一般只是关于器件的讨论，而很少关心量子的信息问题。现在，已产生了量子信息和信息处理理论，其最重要的用途如下。

(1) 安全性基于基础物理的密码理论。

(2) 能够极大加快某些数学问题解决的量子计算机。

这些能力源于量子属性，如不确定性、干涉和纠缠量子信息论扩展和完备了经典信息论。新的理论扩展了经典概念如信源、信道和编码，也带来两点补充：可以记数的信息种类——经典信息和量子纠缠。经典信息可以复制，但只能从发送者到接收者在时间上前向传输。纠缠不能被复制，却能连接时空中任意两点。传统的数据处理运算破坏了纠缠，但量子运算能建立、保存和使用它(纠缠、量子运算能有效地加快某些计算)，并能辅助经典数据(“量子超密度编码”)或完整量子态(“量子转运”)，即完成从发送者到接收者的传输。

1. 量子信道的容量

任何传输量子系统，并或多或少地保持其从一处到另一处的完整性的方式，如光纤，都可视为量子信道。与经典信道不同，量子信道有以下三个独特的容量。

(1) 传输经典数据的容量 C。

(2) 较低的传输完整量子态的容量 Q。

(3) 在经典双边信道辅助下传输完整量子态的容量 Q_2。

2. 量子信息与经典信息的不同

量子信息，及处理量子信息的运算是如何与传统的数字数据和数据处理运算不同的呢？经典的bit(比特)(例如：一个存储单元或线路载运的二进制信号)是一个包含很多原子的系统，由一个或多个连续参数(如电压)描述。设计者在参数范围内选择两个相对分离的区域代表0和1；为抵抗环境干扰、制造缺陷等导致的漂移，信号要周期性地恢复到这些标准区域(如高电压和低电压)。N-bit存储器存在2^N种逻辑状态，记为000…00到111…11。经典计算机除了存储二进制数据外，也用一系列布尔运算处理它们(如AND和NOT)。这些布尔运算在同一时刻作用于一或两个bit，足以实现各种变换。

相反地，量子比特，或qubit(量子比特)为微观系统，如一个原子或核自旋或极化光子。布尔态0和1由一对确定的qubit可区分的状态如水平和垂直极化|0>，|1>代表。qubit

也可存在于中间态的连续区中，或所谓“重用二维复矢量空间”（“希尔伯特空间”）中的单位矢量代表（基矢量$|0>$和$|1>$）。对于光子，这些中间态对应于其他极化，例如，

$$⤢=\sqrt{\frac{1}{2}}\quad(|0>+|1>)$$

$$⤡=\sqrt{\frac{1}{2}}\quad(|0>-|1>)$$

$$↳=\sqrt{\frac{1}{2}}\quad(|0>+i|1>)\text{（右旋极化）}$$

与经典比特的中间态（如标准 1、0 值之间的电压）不同，即使在理论上中间态也不能相对于基态可靠地被辨别。测量方法重叠$|\Psi>=\Psi_0|0>+\Psi_1$ 以概率$|\Psi_0|^2$ 表现为$|0>$，以概率$|\Psi_1|^2$ 表现为$|1>$。一般地，两个量子态当且仅当其代表矢量正交时能可靠辨别。如⤢和⤡，$\leftrightarrow$和⤢是可辨认的，而$\leftrightarrow$和$\updownarrow$不可区别。状态矢量乘以任意相因子不改变其物理意义：虽然通常以单位矢量代表，更恰当地，可以把量子态看成射线；一射线等价于一个矢量乘复常数所得的一类矢量。

为行文方便，可以用 bra-ket 记号记两个 d-维矢量$|\Psi$ 和$|\Phi>$的内积：

$$<\Psi|\Phi>=\sum_{x=1}^{d}\Psi_x^*\Phi_x$$

其中，星号表示复共轭。

这可理解为行矢量$<\Psi|=(\Psi_1^*,\cdots,\Psi_d^*)$与列矢量$|\Phi>=\begin{pmatrix}\Phi_1\\ \Phi_d\end{pmatrix}$的矩阵乘积。其中对于任意标准列矢量$|\Psi>$，其行表示（或 bra）$<\Psi|$通过转置再取复共轭获得。

一对 qubit（如不同位置的两个光子）能存在于 4 个基本态：$|00>$，$|01>$，$|10>$，$|11>$以及它们各种可能的重叠。一对 qubit 存在于四维 Hilbert 空间中。空间包括如下状态：

$$\sqrt{\frac{1}{2}(|00>+|01>)}=\sqrt{\frac{1}{2}}|0>(|0)+|1>)=\leftrightarrow⤢$$

这可解释为两个光子的独立极化，以及“纠缠”状态，即诸如

$$\sqrt{\frac{1}{2}(|00>+|11>)}\text{ 的状态}$$

尽管光子对有确定态，其中任意一个光子都没有自己的确定态。

3. 量子信息串的空间

一般地，一串 n 经典比特存在 2^n 种布尔态 $X=000\cdots11$ 到 $111\cdots1$。而一串 n qubit 可以以下任一状态存在：

$$\Psi=\sum_{x=000\cdots0}^{111\cdots1}\Psi_x|x>$$

式中　Ψ_x 为复数，$\sum_x|\Psi_x|^2=1$，换句话说，n qubit 量子态由 2^n维 Hilbert 空间中复单位矢量（或更恰当地，射线——因为 Ψ 乘以相位因子并不改变其物理意义）Ψ 代表（二维 Hilbert 空间代表了单 qubit 量子状态，2^n 维 Hilbert 空间是 n 倍（copy）二维 Hilbert 空间的张量积）。这种指数维数增大是量子计算机与经典模拟计算机突出的不同。在经典计算机中，

由一定数量参数描述的状态在系统大小增长时只线性增长；这是由于在经典系统中，无论是模拟的还是数字的，可由独立描述各部分状态来完备描述。相反，大多数量子状态是纠缠的，不允许这样（相对独立）的描述。保持和使用纠缠状态的能力是量子计算机的突出特点，既使它具有强大的计算能力，也使它难以制造。

9.1.3 量子信息处理

随着计算机技术的发展，尤其是计算速度的提升，使得信号与信息处理技术及其应用得到了很大的发展。但是，信号与信息处理技术的发展，尤其是信号与信息处理新的理论与方法的出现，同时也导致了计算量的剧增。大量性能良好的现代信号处理方法，如非线性谱估计、高阶累量方法、多维信号处理、现代阵列信号处理和贝叶斯高分辨方法等，由于涉及诸如多维计算、多维寻优等问题，用经典计算机和传统的计算方法完成时遇到诸如计算量巨大、计算时间冗长、实时性差等问题，使其只能停留在理论阶段，无法在实时处理中得到应用。因此，如何提高计算速度，增强计算能力已经成为信号与信息处理领域中迫切需要解决的一个关键问题。

以量子计算机为基础的量子计算所展现出的高速并行的运算能力为信号与信息处理技术的突破展现出一片光明的前景。例如，算法 Shor 是一种基于量子相干性的量子并行算法，它可有效地进行大数因子分解。大数因子分解是现在广泛应用于金融、网络等领域的公开密钥体系 RSA 的安全依据。如果采用现有的计算手段对 N 作大数因子分解，其运算时间将随输入二进制数长度 $\log N$ 呈指数增长。迄今在实验中能够被分解的最大数为 129 位。1994 年在全世界范围内同时使用 1600 个工作站，用了 8 个月时间才完成了这个分解。若用同样的设备完成 250 位数的分解将需要 8×10^5 年，而对 1000 位的数，则需要 10^{25} 年。相反，若采用 Shor 算法将在几分之一秒内实现 1000 位数的因子分解。可见，Shor 算法将大数分解算法由现有的随输入数字长度呈指数增长的运算复杂度变成多项式增长的运算复杂度，即从 NP-问题变为 P-问题。目前的密码系统在量子算法面前将失去作用。

由此可见，量子计算惊人的运算能力使得量子计算与信号处理技术相结合成为必然。但是，量子计算在信号与信息处理领域应用仍然存在着很多问题需要解决。首先，量子计算的理论虽然在前面所述的几个量子算法中表现得非常出色，但是要想在信号与信息处理中得到应用还需要建立完整的算法体系；其次，量子模拟还有许多问题没有定论，亟待解决；最后，真正用于实现量子信号与信息处理的硬件基础——量子器件，其目前的发展水平还无法在实际中发挥作用。因此，在目前量子计算机还不成熟的情况下，有效深入地研究适用于信号与信息处理领域的量子算法是量子计算在信号与信息处理领域中的一个重要研究方向，其研究重点主要有以下几方面。

(1) 以现有的量子算法为基础，着手研究新型的应用面更广的信号与信息处理量子算法。

(2) 在深刻领会现有量子算法本质的基础上研究能够完成特定功能（例如多维寻优、蒙特卡罗方法等）的量子算法模块，用其代替经典信号与信息处理算法中的相应部分，以显著缩短计算时间，提高实时应用的可能性。

(3) 利用已有的量子模拟器（如 qcl），研究能有效模拟量子算法和量子计算机的方法，同时可以用其仿真信号与信息处理量子算法，从而开创量子信号与信息处理的新领域。

经典的概念如信源、信道、编码和信道容量被扩展以包括多种信道(有噪的和无噪的)的最佳使用,不仅用于经典信息的通信,也用于完整量子态的通信和在分离的观察者间分享纠缠。虽然量子信息论所基于的基础物理和数学具有50年的历史,这一新理论主要在过去5年中形成。量子数据压缩,超密度编码,量子转运,纠缠集中,例证了一种有价值的方式,即量子信道单独或与经典信号结合使用,以传输量子或经典信息。最近,量子纠错码和纠缠蒸馏协议被发现;它们允许在这些应用中用有噪量子通道代替无噪信号。目前还有一些重要问题,如发现有噪量子信道经典和量子容量的准确表达式,而不仅是上下界。如前所述,纠缠在此扩大的信息论中扮演了中心角色,在数学方面补充了经典信息中的角色。量子信息论的一个重要任务是对双边和多变系统、纯态和混合态,给出纠缠的数量度量。更一般地,该理论应表现出多边状态可以仅用局部运算和经典通信互换的效率特色,无须各方面的量子信息交换。

9.1.4 量子加密

信息论的一个具体应用是密码学。随着信息技术的发展,数据加密技术得到了广泛的应用。本节分析 Grover 量子搜索法和 Shor 量子算法对目前的 DES、RSA 经典密码体系的安全机制存在潜在的威胁,提出量子技术实现信息的绝对加密。

信息的窃取与保密是信息社会中永恒的话题,在这个领域,密码学及密码分析学问题与复杂的数学问题有着不解之缘,近年来量子物理学也加入这个领域。在保障信息安全各种功能特性的诸多技术中,密码技术是信息安全的核心和关键技术,通过数据加密技术,可以在一定程度上提高数据传输的安全性,保证传输数据的完整性。数据加密过程就是通过加密系统把原始的数字信息(明文),按照加密算法变换成与明文完全不同的数字信息(密文)的过程。假设 E 为加密算法,D 为解密算法,K 为密钥,P 为明文,则数据的加密解密数学表达式为:$P=D(KD,E(KE,P))$。

经典密码体制大致可分为两类:一类是双方共享一个密钥的单密钥体制(对称密钥体制,也叫私钥密码体制),分为流密码和分组密码;另一类是双钥体制,其中的一个作为公钥,另一个作为私钥。它们的安全性都依赖于一些难解的数学问题。数据加密标准和 RSA 公钥密码体制,是目前应用最广泛的密码体制。由 IBM 公司于 1975 年研究成功并公开发表的密码算法(Data Encryption Standard,DES)即数据加密标准。这一密码体系算法是通过 16 轮的代替和置换操作实现的,所使用的运算是标准的算术和逻辑运算。因其密钥太短,DES 算法的弱点是不能提供足够的安全性,公钥密码体系最著名的算法是 RSA 算法,它是由美国 MIT 的两位青年数学家 Rivest,Adleman 基于解析数学论中一些基本定理来构造的。RSA 算法既能用于数据加密,也能用于数字签名,其理论依据为,寻找两个大素数比较简单,而将它们的乘积分解开则异常困难。

量子密码术是密码术与量子力学结合的产物,利用了系统所具有的量子性质。美国科学家 1970 年首先提出将量子物理用于密码术。1984 年,贝内特和布拉萨德提出了第一个量子密码术方案,称为 BB84 方案。1992 年,贝内特又提出一种更简单,但效率减半的方案,即 B92 方案。量子密码术并不用于传输密文,而是用于建立、传输密码本。量子密码系统基于如下基本原理:量子互补原理(或称量子不确定原理),量子不可克隆和不可擦除原理,从而保证了量子密码系统的不可破译性。

(1) 量子互补原理。Heisenberg 测不准(不确定性)关系表明,两个算符不对易的力学量不可能同时确定。因此，对一量子系统的两个非对易的力学量进行测量，那么测不准关系决定了它们的涨落不可能同时为零。在一个量子态中，如果一个力学量的取值完全确定(涨落为零)，那么与其不对易的力学量的取值就不能确定。这样，对一个量子系统施行某种测量必然对系统产生干扰，而且测量得到的只能是测量前系统状态的不完整信息。因此任何对量子系统相干信道的窃听，都会导致不可避免的干扰，从而马上被通信的合法用户所发现；互补性的存在，可以使人们对信息进行共轭编码，从而保证保密通信模式。

(2) 量子不可克隆定理。量子力学的线性特性决定了不可能对一个未知量子态进行精确复制。量子不可克隆定理保证了通过精确地复制密钥来进行密码分析的经典物理方法，对基于单光子技术的量子密码系统完全无效。

(3) 量子的不可完全擦除定理。量子相干性不允许对信息的载体——量子态任意地施行像存储在经典信息载体上的0,1经典信息进行的复制和任意的擦除，量子态只可以转移，但不会擦除(湮灭)。单光子的偏振特性来进行共轭编码，即经典的0,1。

9.1.5 信息论与量子信息论对比

量子计算机和计算机的原理是不相同的。这其中的道理是，量子理论虽然把任何事物包括光、物质、能量甚至时间都看成是以大量的量子形式显现的，并且这些量子是粒子和波的多种组合，以多种方式运动，但量子的拓扑几何形状抽象却长期没有统一。一种认为量子是质点，如类粒子模型；一种认为量子是能量环，如类圈体模型。电子计算机属类粒子模型，因为它的微处理器是以大规模和超大规模半导体集成电路芯片为部件，这是以晶体能带p-n结法则决定的电子集群粒子性为基础得以开发的。而量子计算机则属于类圈体模型，因为一台桌式量子计算机的基本元件如核磁共振分光计，它操纵的是量子的自旋，而类圈体模型最具有自旋操作的特色。类圈体的三旋即面旋、体旋、线旋不仅可以用作夸克的色动力学编码，而且也可以用作量子计算逻辑门的建造。因为类圈体的三旋根据排列组合和不相容原理，可构成三代62种自旋状态，并且为量子的波粒二相性能作更直观的说明：在类圈体上任意作一个标记^类似密度波，由于存在三种自旋，那么在类圈体的质心不作任何运动的情况下，观察标记在时空中出现的次数是呈几率波的，更不用说它的质心有平动和转动的情况。这与量子行为同时处于多种状态且能同时处理它的所有不同状态是相通的。而这正是量子计算机开发的理论基础，并且能提高计算速度。即由信息与电子计算科学(计算机)、信息与通信技术，引起的实践与概念的转换，正在导致一场大变革，然而计算机的信息革命却误导了人们，以为仅是电子计算机正面临晶体管的尺寸缩小到常规微芯片的极限，显示的量子行为的限制，才要求功能强大的量子计算机的。并且，这也不是有的人认为的，量子计算机的研究范围和数学工具，与计算机信息论并没有本质的不同。例如，量子计算机利用量子行为能同时处于多种状态且能同时处理它的所有不同状态，类似打开一把有两位的号码锁，在电子计算机中，一位的状态由0或1规定，两位就构成4种不同，即0与0,0与1,1与0,1与1。随着计算过程的进行，数据位就能很有秩序地在众多的逻辑门间移动，因此在电子计算机中可能需要进行4次尝试才能打开的计算，在类似的一台由极少量的氯仿构成的两位量子计算机中，一个量子位可同时以0和1的状态存在，两个量子位也构成类似的4种不同状态，而量子位却不需移动，要执行的程序被汇编成一系列的射频脉冲，通过各种各样的核磁共振操作把逻辑门带到量子位那里，该锁只用一步就被打开。

总之量子信息理论是现有信息论的延伸和完备，它与信息论之前存在着许多相似之处，但也有很多不同的地方。量子之间的比较如表 9-1 所示。值得一提的是量子态纠缠特性在量子信息理论中占了很大一部分，补充了现有理论中的不足之处，量子态纠缠特性也使 QNN 具有比 ANN 更强的并行处理能力，并能处理更大的数据集合。这一特性可用于量子加密、密集编码等量子通信中。

表 9-1 信息论与量子信息论对比

属　性	经 典 的	量 子 的
状态表达	比特 X 属于 $\{0,1\}^n$	量子比特
计算基元	确定或随机的单比特或双比特运算	单-qubit 和双-qubit 变换
不可靠门的可靠计算	可以，使用经典容错门阵列	可以，使用量子容错门阵列
量子计算加速		因式分解：指数加速 搜索：平凡加速 黑箱递归：无加速
通信基元	传输经典比特	传输经典比特 传输 qubit 分享 EPR 对
信源熵	$H=-\sum p(x)\log p(x)$	
纠错技术	纠错码	量子纠错码
纠缠辅助通信		纠缠蒸馏 超密度编码 量子转运
通信复杂性	分布式计算的比特通信代价	qubit 代价，或纠缠辅助的比特代价，可以较小
密钥协议	对无限计算能力不安全 (若 P＝NP)	被量子计算机攻击和对无限计算均安全
双边比特通信	对无限计算能力不安全 (若 P＝NP)	被量子计算机攻击则不安全
数字签名	对无限计算能力不安全 (若 P＝NP)	未知量子实现

9.2 量子神经计算

9.2.1 神经计算回顾

神经计算科学是从信息科学的角度，用计算的方法研究神经网络如何模仿和延伸人脑的思维、意识、推理、记忆等高级精神活动的机理及实现类脑智能信息系统的问题。神经计算科学是综合和扩展神经网络与计算智能的研究内容，即神经＋计算并上升到一门科学。因此神经计算科学是实现类脑信息系统的一种新思想和新策略，要研究的内容比较丰富。

一般来说，“神经网络”研究内容是 ABC^2 问题，这里 A 指人工神经网络，B 指生物神经网络，C 是指认知科学。“计算智能”研究内容包括神经网络、模糊系统和进化计算即 ABC^3+EF，这里多了一个 C 是计算神经网络。但是神经计算科学要研究的内容是 $ABC^3+DEF+GHI$，其中 D 指设计大规模的复杂非线性动力学系统，G 代表如何从网络结构上运用信息几何理论，H 指混合模型，I 指信息科学。神经计算科学中的“神经计算”是广义的，除包括神经网络的“神经计算”(经典的、狭义的)之外，还有模糊计算、进化计算、基因(DNA)计算以及量子计算等。

9.2.2　量子计算与神经计算的结合

人工神经网络是对人脑工作机理的简单模仿，它建立在简化的神经元模型和学习规则的基础上，由此产生了许多计算上的优势，并且已拥有非常成功的应用，不过随着应用的深入推广，神经计算的局限与不足也逐渐显现出来，特别表现在：①传统意义上的学习在信息量大的情况下处理速度过慢，不符合人脑实时反应、大容量作业的特征；②神经网络的记忆容量有限；③神经网络需要反复训练，而人脑却具有一次学习的能力；④神经网络在接受新信息时会发生灾变性失忆现象等。这些本质上的缺陷促使人们产生发展传统神经计算理论的强烈要求，由此出现了神经计算与其他理论相结合的研究，其中神经计算与量子理论的结合是一个极富前景的尝试。

量子理论自诞生一百多年以来已取得了巨大的成功，但之前它与计算机科学、信息理论一直是作为不同的学科并行发展，很少有人注意到它们之间有联系和交叉的可能性，这一局面一直维持到 1982 年，Beniof 和 Feynman 发现了将量子力学系统用于推理计算的可能，1985 年 Deutsch 提出第一个量子计算模型，由此，量子计算迅速成为一门引人入胜的新学科，特别是近年来由 Shor 提出的大数质因式分解算法和 Grover 提出的量子查询算法，他们对传统算法实现了近乎指数级的改进，更是极大地推动了该领域的发展。随后便出现了以量子计算机、量子通信以及量子编码为代表的量子信息科学，使人们越来越清楚地认识到，其实信息理论、计算机科学和量子物理学之间存在着密切而又深刻的内在联系。

量子计算与传统意义上的计算有着质的不同，它的特点主要体现在量子态的叠加、纠缠以及干涉等性质上，许多计算上的优势如量子并行等皆由此而产生。量子计算所表现出的惊人潜力和异乎寻常的特征皆是源于对传统计算进行了量子改造，而神经计算则是对生物行为以信息处理方式的模拟，同时它的动力学特征与量子系统有着许多相似之处，那么自然可以推断：量子理论与神经计算相结合就会构建出新的量子神经计算模式。从理论上分析，这种结合将有助于理解人脑和意识的本质，有助于求解问题，同时也有助于深入理解神经计算理论和量子理论本身。因此，近年来国际上已有少数先行者在此领域展开了诸如量子联想、并行学习、经验分析等问题的研究，虽然目前还只是处于初始阶段，但是他们构筑了人工神经网络中量子计算的基础。

9.2.3　量子神经信息处理

导致量子神经计算研究的直接原因有两个：其一，是有关人脑中存在量子效应的假设，早在 1989 年就讨论了量子理论与人脑意识之间的关系问题，指出解决量子测量问题是最终解决人脑意识问题的先决条件则认为，在神经元内骨骼支架的微管之中或周围，意识是作为一个宏观量子态由量子级事件相干的一个临界级突现出来的；最近 Perus 指出，量子波函数的坍缩十分类似于人脑记忆中的神经模式重构现象等。虽然目前神经科学界尚无法确认人脑中确实存在量子效应，但是用量子理论来解释大脑现象（所谓量子思维）的确富有创见和一定的合理性；其二，由于量子理论是经典物理发展到微观层次的产物，它具有更普遍更本质的特征，由此可知，量子神经计算应该是传统神经计算系统的自然进化，它势必会利用量子计算的巨大威力，提升神经计算的信息处理能力。

1. 量子理论与神经计算模型的对应

神经计算与量子理论的结合可以有多种形式，由此产生的计算模型也各有特点，将二者结合所对应的主要概念对照如表 9-2 所示。

表 9-2 量子理论与神经计算模型的对应概念

量子理论	神经计算模型
波函数	神经元
态叠加（相干）	内部连接（连接权）
测量（消相干或坍缩）	趋向吸引子的演化
态纠缠	学习规则
幺正变换	增益函数（变换）

当然，上述的对应并非一成不变，但建立如此的对应关系是构成量子神经计算模型的前提，而且合理的定义有利于模型和算法的设计与实现。

值得注意的是，上述对应中存在一个关键问题，即如何调和神经计算非线性特征与量子系统中线性幺正变换之间的关系。可以通过以下三种途径来加以解决。

(1) 利用量子坍缩原理。虽然量子系统中的演化算子是幺正的，但在结果的测量时（即坍缩过程）所发生的消相干却是一个非幺正过程，可以把它视为量子系统趋向某个吸引子的非线性演化，从而在量子系统中实现非线性映射。

(2) 根据 Feynman 路径积分理论，由于在路径积分公式

$$\Psi(t)\rangle = \sum_{\text{all-paths}} e^{\frac{i}{\hbar}\int_0^t \left[\frac{mx^2(t)}{2} - V(x(t))\right]dt}$$

中包含非线性关系（表现为上式中的势函数和指数函数），所以利用该理论可进行非线性推导。

(3) Everett 的多宇宙观点。它认为量子态波函数始终满足 Schrodinger 方程，但测量的结果是将观测值分为互不察觉的若干部分，而每个部分（即宇宙）只可能有一个结果，该理论特别适合于设计多感知机类的网络结构。

2. 量子神经计算的步骤

量子神经计算的计算步骤，对于 BP 神经计算的计算思想及流程，可归纳如下。

(1) 对结构中的传感器按识别误差最小准则或插值拟合准则进行最优化布置，以最少数目的传感器来获得结构的目标参数信息的最大化。

(2) 将位移监测值、荷载值按以下公式进行归一化处理，将处理结果组成训练模式对。

$$X' = (X - X_{min})/(X_{max} - X)$$

式中　X'——归一化后的数值；

X——未归一划数值；

$[X_{min}, X_{max}]$——相应参数 X 的取值范围，对于位移、荷载，其值分别取为桥梁结构在理论极限破坏状态下的最大、最小值。

(3) 选择合适的 BP 网络拓扑机构，进行网络初始化，确立收敛准则。

(4) 用训练模式对离线训练网络，直到收敛准则满足为止。

(5) 将结构中监测得到的位移测值经归一化处理后，作为网络的输入，经网络在线计算后得到相应的输出，将其还原为荷载值。检验此值是否在允许范围内，若在，则认为它就是问题的解；否则，将此值按一定规则回调至允许范围内，然后与本次计算的输入一起组成新的模式对并补充到原训练模式对集中，用样本添加法对网络重新离线学习。如此反复，直至满足要求，计算与实测值对比曲线如图 9-2 所示。

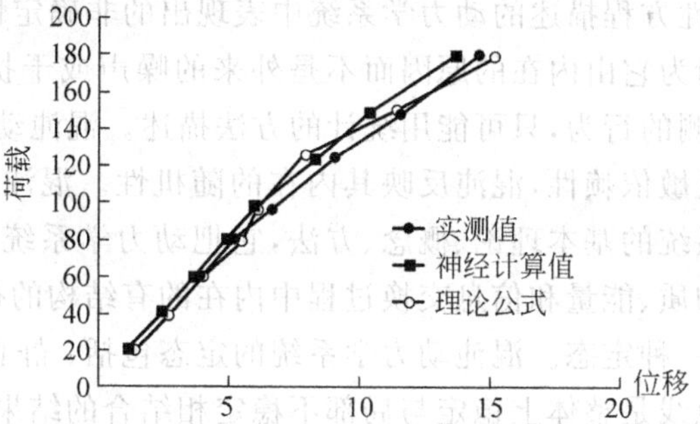

图 9-2　计算值与实测值对比曲线

人工神经网络模型主要考虑网络连接的拓扑结构、神经元的特征、学习规则等。目前，已有近 40 种神经网络模型，其中有反传网络、感知器、自组织映射、Hopfield 网络、波耳兹曼机、适应谐振理论等。根据连接的拓扑结构，神经网络模型可以分为以下几种。

(1) 前向网络。网络中各个神经元接受前一级的输入，并输出到下一级，网络中没有反馈，可以用一个有向无环路图表示。这种网络实现信号从输入空间到输出空间的变换，它的信息处理能力来自于简单非线性函数的多次复合。网络结构简单，易于实现。反传网络是一种典型的前向网络。

(2) 反馈网络。网络内神经元间有反馈，可以用一个无向的完备图表示。这种神经网络的信息处理是状态的变换，可以用动力学系统理论处理。系统的稳定性与联想记忆功能有密切关系。Hopfield 网络、波耳兹曼机均属于这种类型。

学习是神经网络研究的一个重要内容，它的适应性是通过学习实现的。根据环境的变化，对权值进行调整，改善系统的行为。由 Hebb 提出的 Hebb 学习规则为神经网络的学习算法奠定了基础。Hebb 规则认为学习过程最终发生在神经元之间的突触部位，突触的联系强度随着突触前后神经元的活动而变化。在此基础上，人们提出了各种学习规则和算法，以适应不同网络模型的需要。有效的学习算法，使得神经网络能够通过连接权值的调整，构造客观世界的内在表示，形成具有特色的信息处理方法，信息存储和处理体现在网络的连接中。根据学习环境不同，神经网络的学习方式可分为监督学习和非监督学习。在监督学习中，将训练样本的数据加到网络输入端，同时将相应的期望输出与网络输出相比较，得到误差信号，以此控制权值连接强度的调整，经多次训练后收敛到一个确定的权值。当样本情况发生变化时，经学习可以修改权值以适应新的环境。使用监督学习的神经网络模型有反传网络、感知器等。非监督学习时，事先不给定标准样本，直接将网络置于环境之中，学习阶段与工作阶段成为一体。此时，学习规律的变化服从连接权值的演变方程。非监督学习最简单的例子是 Hebb 学习规则。竞争学习规则是一个更复杂的非监督学习的例子，它是根据已建立的聚类进行权值调整。自组织映射、适应谐振理论网络等都是与竞争学习有关的典型模型。

研究神经网络的非线性动力学性质，主要采用动力学系统理论、非线性规划理论和统计理论，来分析神经网络的演化过程和吸引子的性质，探索神经网络的协同行为和集体计算功能，了解神经信息处理机制。为了探讨神经网络在整体性和模糊性方面处理信息的可能，混沌理论的概念和方法将会发挥作用。混沌是一个相当难以精确定义的数学概念。一般而言，"混沌"是指由确定性方程描述的动力学系统中表现出的非确定性行为，或称之为确定的随机性。"确定性"是因为它由内在的原因而不是外来的噪声或干扰所产生，而"随机性"是指其不规则的、不能预测的行为，只可能用统计的方法描述。混沌动力学系统的主要特征是其状态对初始条件的灵敏依赖性，混沌反映其内在的随机性。混沌理论是指描述具有混沌行为的非线性动力学系统的基本理论、概念、方法，它把动力学系统的复杂行为理解为其自身与其在同外界进行物质、能量和信息交换过程中内在的有结构的行为，而不是外来的和偶然的行为，混沌状态是一种定态。混沌动力学系统的定态包括：静止、平稳量、周期性、准同期性和混沌解。混沌轨线是整体上稳定与局部不稳定相结合的结果，称之为奇异吸引子。

虽然目前量子神经计算的研究还处于萌芽阶段，其理论未成熟，但已有的理论分析和应用已有证明，与传统的神经计算比较，量子神经计算模型至少在以下几个方面具有明显的优势。

(1) 指数级的记忆容量和回忆速度。

(2) 较小的规模和简洁的网络拓扑结构，因此理论上有更好的稳定性和有效性。

(3) 快速学习和一次学习的能力。

(4) 消除灾变性失忆的能力。

(5) 高的信息处理速度等。

9.2.4 量子神经计算模型

几种典型的量子神经计算模型的设计要点如表 9-3 所示。下面就其中几类主要的模型分别进行讨论。

表 9-3 典型量子神经计算模型设计要领

模型	神经元	连接	变换	网络类型	动力学特性
Perus	量子神经元	01661 函数	线性	时域	坍缩
Chrisley	狭缝位置	经典连接权	非线性	多层 BP	非叠加
Behrman	时间片段	光子作用	非线性	时、空域	路径积分
Goertzel	经典神经元	量子连接	非线性	经典	路径积分
Menneer	经典神经元	经典连接权	非线性	多感知机	多宇宙
Ventura	量子位	态纠缠	非线性	多感知机	非幺正变换

1. 基于量子双缝干涉实验的计算模型

1995 年 Chrisley 提出量子学习的概念，结合量子双缝干涉实验结构给出非叠加态量子神经计算模型，此模型具有前馈网络的拓扑结构，如图 9-3 所示。

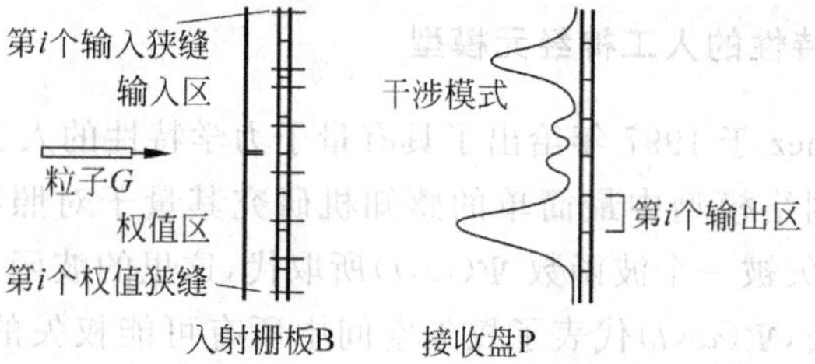

图 9-3　量子神经计算模型

粒子 G 首先入射栅板 B，之后是一个光敏接收盘 P，在栅板 B 上有许多狭缝，其中上面部分组成输入区，下面部分组成权值区，调节狭缝的不同位置便可以在接收盘 P 上产生不同的干涉模式，这样就可以实现两组映射：一个是由输入非叠加态量子神经计算模型（如特征串、图像、查询等）到栅板狭缝结构的映射，另一个则是由干涉模式到输出（如分类、存储数据等）的映射。假设输入为 x，输出为 a，权值为 w，干涉模式为 p，这样可得 $S(x,w)=p$，此处 $S(.)$ 为 Sigmoid 函数，而 $a=()(S(x,w))$，再定义系统的误差函数 $E=\Sigma_i(\vec{a}'-\vec{a})^2$，其中 $\vec{a}'$ 为期望输出。这样，该系统就可以利用类似于经典的 BP 算法来学习任意映射关系。

Chrisley 模型巧妙地将量子实验的结构与神经计算的方式结合起来，改造了传统的神经网络模型，并从中产生出一些新的特点，主要体现在以下几方面。

(1) 权值更新。它不同于传统神经网络中每个权值仅调节与之相连的节点的连接关系，在这里，每改变权值区中的任何一个权值（即权值区狭缝的结构），将会影响到所有输入节点的连接。

(2) 输出。该模型的输出是几率幅的叠加，本质上是复值的，它增加了网络的信息容量。

(3) 物理实现。它具有很直观的物理意义，易于物理系统实现。

但是，该模型存在以下几点问题。

(1) 其前端未考虑量子态的叠加，本意是为了避免相干态的维持，但现实中量子态的叠加是客观存在的，仅利用上述理论框架，将会失去由量子态叠加而产生的计算优势，如量子超并行、量子纠缠等。

(2) 虽然 Chrisley 给出了学习算法的大致框架，但很难实现，因为在该模型中很难设计出神经网络的量子对照物，比如输入量的表示，由于粒子源是单一的，它对于每个狭缝应是等同的，仅靠狭缝的不同位置不宜表征不同的输入量，若用粒子的入射角度或相位表示，就会导致计算复杂度的大幅提高甚至无解。

正是上述两点严重地制约了 Chrisley 模型的应用。

考虑到上述模型的缺陷，可以从网络的输入量着手，通过设计量子实验来寻找合适的神经网络对照物。因为由量子理论可知，当微观粒子进入不同介质后，其运动轨迹会发生改变，可以选取不同介质的介电常数矢量作为网络的输入量，以粒子穿越栅板到达探测器的实际运动轨迹作为网络的权值(实际上它最终由狭缝的位置和栅板间距所决定、取探测器所测得点的强度(即几率))作为网络的输出,以此来构造一个多狭缝-多栅板结构的量子神经计算模型。特殊地,该模型的单层结构可以完成类似逻辑异或(XOR)运算,这是传统神经网络所无法实现的。

2. 具有量子力学特性的人工神经元模型

Ventura 和 Martinez 于 1997 年给出了具有量子力学特性的人工神经元模型的框架,他们针对传统人工神经网络模型中最简单的感知机研究其量子对照物。在量子神经元模型中,原来的单个连接权矢被一个波函数 $\Psi(w,t)$ 所取代,这里的波函数处于 Hilbert 空间,其基态为经典模型的权矢,$\Psi(w,t)$ 代表了权矢空间中所有可能权矢的概率幅度(广义上为复数),在任意时刻 t 满足归一条件,于是感知机的权矢就被许多权矢的量子叠加所代替。不过,一旦当它与环境发生作用时将立即坍缩到其中之一的经典权矢之上。

考察一个单输入单输出的双极性 NOT 函数,若将权值限定在 $-\pi \leqslant w_i \leqslant \pi$ 区间之内,再假定时间恒定,只与 w 有关,于是波函数 $\Psi(w,t)$ 就蜕变为一维矢量,考虑到权值的限制,这时寻找就等价于量子力学中求解一维刚性箱体问题,其解的形式为:

$$\Psi(w_0) = A\sin\left(\frac{n_{\omega_0}\pi}{a}\omega_0\right)$$

其中 A 为归一化常数,可由式(9-1)求得;$n=1,2,3$;w_0 称为 w 的单个元素,a 是箱体的宽度,通常取 2π,也可以更小。

对于更复杂的两值输入异或 XOR 问题,与上面的推导思想相似,可得二维权空间问题的解等价于二维刚性箱体问题,其解的形式为:

$$\Psi(\omega_0,\omega_1) = A\sin\left(\frac{n_{\omega_0}\pi}{a}\omega_0\right)\sin\left(\frac{n_{\omega_1}\pi}{a}\omega_1\right) \tag{9-1}$$

显然,由于量子神经元保持了权的相干叠加,所以它能够解决线性不可分问题,具体解的形态如图 9-4 所示。

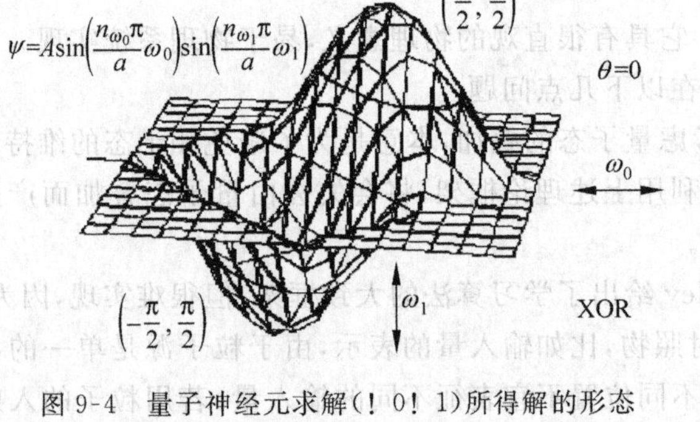

图 9-4 量子神经元求解(! 0! 1)所得解的形态

这里与时间无关,其中可改变的项只有势函数 V,所以可由改变 V 而改变。

另外,可以认为在量子神经元模型中不仅可以将连接权叠加,还可考虑输入、输出值的叠加,这样建立的模型更具有普遍性。

9.3　典型量子神经网络模型

9.3.1　ANN概念的量子类比

人工神经网络(ANN)是模拟人脑组织结构和人类认知过程的信息处理系统，自1943年首次提出以来，已经迅速发展成为与专家系统并列的人工智能技术的另一个重要分支。它以其诸多优点，如并行分布处理、自适应、联想记忆等，在智能故障诊断中受到越来越广泛的重视，而且已显示出巨大的潜力，并为智能故障诊断的研究开辟了一条新途径。ANN技术特别适合处理那些故障诊断中无法用显性公式表示的、具有复杂非线性关系的情况，能够出色解决那些传统模式识别方法难以圆满解决的由于非线性、反馈回路和容差等引起的问题；它以分布的方式存储信息，利用网络的拓扑结构和权值分布实现非线性的映射，利用全局并行处理实现从输入空间到输出空间的非线性信息变换，有效解决了复杂系统故障诊断中存在的故障知识获取的"瓶颈"、知识推理的"组合爆炸"等问题。

建立量子理论与ANN相关概念之间的类比关系是ANN向QNN演变的前提，导致ANN与量子计算的结合可以有多种方式，由此产生的QNN模型也各有特点，而且合理的定义有利于模型算法的设计和实现，表9-4所示为量子理论与神经网络的主要概念。

表9-4　神经网络与量子理论主要概念对照

神经网络	量子理论
神经元，连接权，吸引子演化，学习规则，增益函数	波函数，叠加(相干)、测量(消相干)、纠缠，幺正变换

量子力学是线性理论，神经计算是数据处理的非线性方法，建立这两个研究相关领域概念间的对应关系确实非常复杂，是ANN向QNN演化发展过程中的巨大挑战，且存在一个关键的问题是如何调和神经网络模型的非线性特征与量子计算中线性幺正变换之间的关系，本节指出解决这个问题的两种途径。

(1) 根据量子力学的Copenhagen解释，量子计算系统输出结果测量时所发生的消相干(即拓缩)过程是非幺正过程，可以把它视作量子系统趋向某个吸引子的非线性演化，从而在基于幺正演化算子的量子计算系统中实现非线性映射。

(2) 根据量子力学的Everett多体解释，量子态的消相干是一个假象，其波函数始终满足Schrodinger方程，测量将观察值分为互不察觉的相等实体，每个实体只是测量的一个可能结果。

许多研究者根据量子理论的不同解释建立了量子理论和神经网络相关的类别关系，如表9-5所示。

9.3.2　QNN的物理实现

常规ANN的许多功能都源于其并行分布式处理能力和神经元变换的非线性。然而，量子理论的态叠加原理使QNN具有比ANN更强的并行处理能力且能处理更大类型的数据。

表 9-5 ANN 相关概念的量子类比

QNN 模型	神经元	连接权	变换特性	网络类型	动态特征
Perus	量子神经元	Green 函数	线性	时域	坍缩—吸引子收敛
Chrisley	输入区狭缝位置—经典神经元	权值区狭缝位置—经典连接权	非线性	多层 BP	非叠加
Behrman 等	时间片段—量子神经元	光子作用	非线性	空时	Feynman 路径积分
Goertzel	经典神经元	量子连接权	非线性	经典	路径积分
Menneer 等	经典神经元	经典连接权	非线性	多体中的单个网络	经典
Venture	量子比特	纠缠	线性与非线性	多体中的单个模块	幺正与非幺正变换

QNN 神经网络是将神经元与模糊理论相结合的模糊神经网络。QNN 的物理实现是 ANN 向 QNN 演变的最困难之处。任何量子计算系统包括计算系统均要求系统保持量子相干直至计算完成,而量子系统与环境的相互作用必将破坏量子叠加态而产生消相干从而导致计算错误,因而克服量子消相干成为 QNN 物理实现中的突出问题。由于量子位叠加态的存在是概率性的,在测量 QNN 的输出结果时需要测量多次,而测量会引起坍缩,因此要使多次测量成为可能也是 QNN 实现的难点之一。神经元之间的高密度互连是集成度高的 QNN 实现的又一难点,在现已提出的 QNN 模型中,非叠加量子神经计算机通过力学量实现神经元的互连,量子联想记忆模型通过量子位之间的纠缠实现神经元之间的互连。基于 Grover 算法的 QNN 的量子联想记忆模型的物理实现可采用核磁共振方案……而 Behrman 等则对用量子点方案实现 QNN 进行了研究。可用于量子计算机物理实现的离子阱方案、腔量子电动力学方案、超导量子干涉装置等,也可考虑用于 QNN 的物理实现。

9.3.3 几种 QNN 模型

1. 量子衍生神经网络

Menneer 等人将量子理论中的多体(或多宇宙)观点应用到单层 ANN 中,构造出一种量子衍生神经网络模型,并利用量子坍缩原理初步实现该模型的训练过程。

在常规 ANN 中,一个网络需针对多个模式进行训练且需反复学习式,直到网络对每个模式达到合适的输出为止,而在量子衍生神经网络中,许多单层神经网络各自分别训练一个模式。该模型根据量子力 Everett 多体解释将训练集中的每个模式看作一个粒子,它在不同的宇宙中被不同的网络所处理,且每个网络只训练一个模式,网络个数等于训练模式数。每个网络与其相关的训练模式处于同一个分立的宇宙中,不同宇宙中的单层网络同时进行训练,一旦每个网络在其宇宙中训练成功,则计算这些网络的量子叠加,从而产生量子衍生神经网络并将其推广到所有输入模式,所得叠加权矢即量子衍生波函数,它坍缩到实际输入模式上，具体坍缩方式取决于输入模式和坍缩方法。

实验证明，该模型在训练时权值更新的次数比常规 ANN 减少近 50%，其训练时长远小于 ANN 却无泛化能力的损失；处于每个宇宙中的分立的单层网络仅训练一个模式且无须重复，学习过程中模式之间不发生相互干扰因而具有消除灾变性失忆的潜力；多体中的单层网络能解决线性不可分问题，对于分类问题该模型比常规 ANN 更为有效。

2. 量子并行自组织映射模型

量子并行自组织映射(SOM)模型是以并行计算为基础通过对传的 Kohonen 自组织映射模型进行改进后得到的，它由两个分立的神经元层相互连接而成，如图 9-5 所示。

与 Kohonen SOM 模型不同的是量子并行 SOM 模型的输入、输出层均为神经元的二维阵列，一个输入层神经元只与一个而不是多个输出层神经元相连，神经元之间的每个连接被看作一个独立的处理器；输入、输出层神经元数以及它们之间的连接数均等于输入信号个数(M)与数据可能的分类模板数(P)的乘积，即均为 $M\times P$ 个。图 9-6 有助于更好地理解量子并行 SOM 模型。由于输入、输出层神经元之间的每个连接分别作为一个独立的处理器，因而 M 个 SOM 的训练可同时进行，适合于并行处理，在训练过程中权值矩阵和距离矩阵的所有元素同时进行运算，权值更新通过一系列同步运算完成。因而传统的重复训练过程修正为一次学习过程，这与人脑的一次学习和记忆功能更相似。在并行计算环境中，改进的权值更新算法使并行 SOM 与传统 SOM 有同样的竞争学习能力和收敛特性。

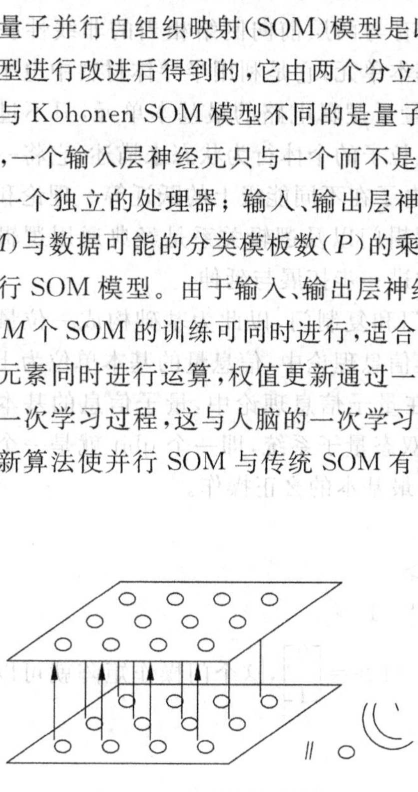

图 9-5　量子并行 SOM

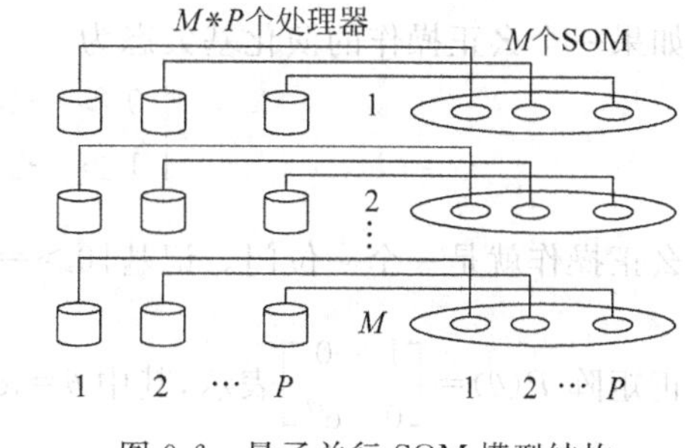

图 9-6　量子并行 SOM 模型结构

3. 纠缠神经网络模型

遵循量子态不可克隆定理并利用量子纠缠现象可以实现不发送任何量子位而把量子位的未知态(即这个态包含的信息)发送出去，此即量子隐形传态(Quantum Teleportation)。在量子隐形传态过程中，一些有限的信息通过经典信道传输，而量子态通过量子信道传输。在基于隐形传态及其在智能意义上的延伸的基础上 Li 提出纠缠神经网络的概念。神经元 A(Alice)、神经元 B(Bob)、ERP 源以及经典信息通道构成一个纠缠神经网络的基本单元，如图 9-7所示。将如图 9-7 所示单元的操作类似于量子隐形传态，但在网络中，没有重复学习过程，因而减少了相干的影响。

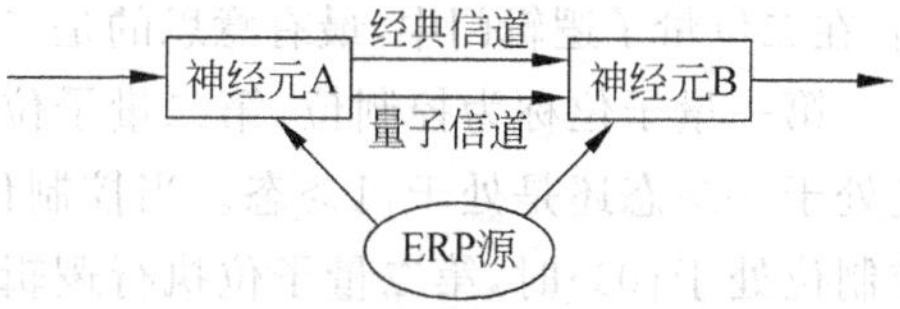

图 9-7　纠缠神经网络基本单元结构

9.4 量子神经元

9.4.1 量子逻辑门

本节介绍与量子神经网络相关的量子计算基础，描述了一种量子神经元模型，讨论量子学习算法与收敛性，分析了该量子神经元模型的计算功能。分析和试验证明，单个量子神经元能实现经典神经元无法实现的 XOR 函数，并具有与两层前向网络相当的非线性映射能力。在经典逻辑电路中，门电路是逻辑电路的最基本单元，它是利用半导体材料中电子的宏观运动所表现的特性来表征。量子逻辑门同样是量子逻辑电路的最基本单元，只不过它已不再是用电子的宏观统计特性来表征，而是用微观粒子的个体行为状态来描述，它将一个态演化为另一个态。例如，电子等微观粒子的自旋、电子在不同能级上的跃迁等。理论和实践技术证明，由最基本的量子逻辑门所组成的通用逻辑门以及逻辑关系是经典通用逻辑门和逻辑关系不可比拟的，是经典逻辑门和逻辑关系的进一步拓展与延伸。

量子逻辑电路中，最基本的逻辑门有与门、非门和复制门，以此为基础构成一位量子逻辑门、二位量子逻辑门和三位量子逻辑门。在经典信息理论中，信息量的基本单位为 bit，一个 bit 是给出经典二值系统一个取值的信息量。在量子信息理论中，量子信息的基本单位是量子 bit(qbit)，称为量子位。一个 qbit 是一个双态量子系统，即一个 qbit 就是一个二维 Hilbert 空间。量子逻辑门的本质是对量子位实施最基本的幺正操作。

如果一个幺正操作的演化基矢态为

$$|0>->|0>$$
$$|1>-> \quad e^{iwt}|1>$$

这个幺正操作就是一个一位门。记基$|0>=\begin{bmatrix}1\\0\end{bmatrix}$　$|1>=\begin{bmatrix}0\\1\end{bmatrix}$，这个门操作矩阵就可以用一个幺正矩阵 $P(\theta)=\begin{bmatrix}1 & 0\\0 & e^{i\theta}\end{bmatrix}$表示，其中 $\theta=wt$。

与经典逻辑最基本的与、非、或门有其本质的区别，量子逻辑门除具有经典逻辑门的所有特征外，还具有改变量子态的相对位相的门、Hadamard 旋转门和一个恒等操作门，即

$$X=\begin{bmatrix}0 & 1\\1 & 0\end{bmatrix}\quad Z=\begin{bmatrix}1 & 0\\0 & -1\end{bmatrix}\quad H=\frac{1}{\sqrt{2}}\begin{bmatrix}1 & 1\\1 & -1\end{bmatrix}\quad I=\begin{bmatrix}1 & 0\\0 & 1\end{bmatrix}$$

其作用为：$X|0>=|1>$，$Z|0>=P(\pi)$，$H|0>=\frac{1}{\sqrt{2}}(|0>+|1>)$，$H|0>=\frac{1}{\sqrt{2}}(|0>-|1>)$，$I|0>=|0$ 作用到两个量子位上的所有可能的幺正操作构成二位量子逻辑门，在二位量子逻辑门中，最有意思的是二位控制-U 门，其表达式为$|0\times0|\otimes I+|1\times1|\otimes U$。

第一量子位称为控制位，第二量子位称为靶位。控制-U 门对 8 位的作用决定于控制为是处于$|0>$态还是处于$|1>$态。当控制位处于$|1>$时，第二量子位执行逻辑非门操作，而当控制位处于$|0>$时，第二量子位执行逻辑恒等操作。因此，在二位量子逻辑中，仅当第一量子位处于$|1>$时，才对第二量子位执行一位门运算(U 变换)。

作用到三个量子位上的所有可能的幺正操作构成三位量子逻辑门，即它有两个控制位，第一、第二位为控制位，第三位为靶位。其作用是，当且仅当第一、第二位均处于态$|1>$时，才对第三量子位执行U变换。在三位量子门中，对第三量子位U取逻辑非时，就得到了经典的Toffoli门——经典通用门，其表达式为

$$|0\times 0|\otimes I+|0\times 0|\otimes I+|1\times 1|\otimes U$$

由一位、二位和三位量子逻辑门构成量子通用逻辑门组。1995年，Deutsch证明，几乎任意的二位量子门或n位量子门对量子计算构成实际的通用逻辑门组。同时，Barenco等人又证明，通用量子门还可由经典多位门和量子一位门构成。

9.4.2 量子神经元模型

1. 量子神经元拓扑结构

量子神经元的拓扑结构如图9-8所示。

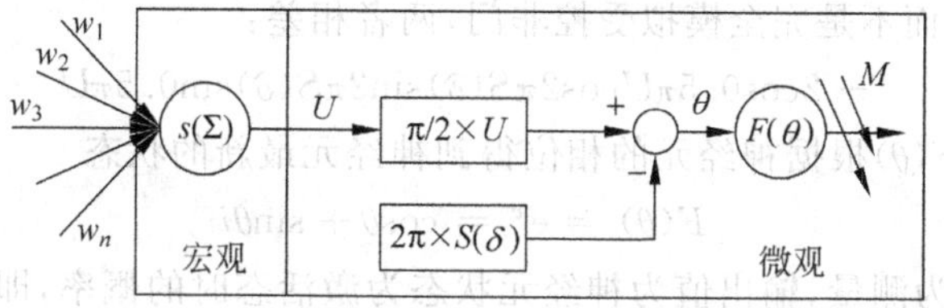

图9-8 量子神经元拓扑结构

图9-8中各部分说明如下(从左向右)。

(1) $w_1,w_2,\dots,w_n$：临近神经元所表达出激活态时的概率，知道了概率，也就了解了神经元活动情况。

(2) $S(\sum)$：其中$\sum$综合所收集到的概率值和全值，做简单加分，$S(.)$是Sigmoidal函数，将收集到的综合信息转到[0,1]范围内，是产生控制量子比特相位的初始阶段。

(3) $0.5\pi\times U$：产生控制量子比特的相位。

(4) $2\pi\times S(\delta)$：神经元内部状态的相位，δ是相位的调节参数(相移参数)。

(5) $F(\theta)$：根据控制量子比特，神经元状态改变后的状态。

(6) M：观测也就是说，将神经元激活态时的概率表达出来，作为该神经元的信息输出。

总体来说，宏观信息收集部分的主要功能是：收集其他相连神经元的信息，然后综合信息，同时转换成控制量子比特。微观信息处理部分的主要功能是：模拟受控非门，根据控制量子比特，来改变工作量子比特，即神经元内部状态，然后对神经元最新状态测量，将神经元激活态的概率值，作为神经元的宏观信息传递出去。

2. 工作原理

图9-8的量子神经元模型工作原理解释如下。

假定神经元的状态为$|\delta>$，此时的相角为$2\pi S(\delta)$(S为Sigmoidal函数)，具体状态如下：

$$|\delta_1>=\cos 2\pi S(\delta)\,|0>+\sin 2\pi S(\delta)\,|1>$$

如果控制量子比特为$|0>(U=0)$，神经元状态的相角变为$-2\pi S(\delta)$，此时神经元的状态为：

$$|\delta_2>=\cos 2\pi S(\delta)|0>-\sin 2\pi S(\delta)|1>$$

可以看出神经元状态和其初态具体相同的可观测性，从测量的角度看，神经元的状态没有改变，如果控制量子比特为$1|>(U=1)$，则神经元的角度变为$0.5\pi-2\pi S(\delta)$，神经元的状态为：

$$|\delta_2>=\cos 2\pi S(\delta)|1>+\sin 2\pi S(\delta)|0>$$

此时神经元的状态被翻转。

如果控制量子比特$|\delta>=\cos 0.5\pi U|0>+\sin 0.5\pi U|1>(0<U<1)$，按受控非门的工作原理神经元为激活态时的概率为：

$$\cos 0.5\pi U^2 \sin 2\pi S(\delta)^2+\sin 0.5\pi U^2\cos 2\pi S(\delta)^2$$

按图 9-8 的工作所得到的神经元为激活态似的概率为：

$$\cos 0.5\pi U^2\sin 2\pi S(\delta)^2+\sin 0.5\pi U^2\cos 2\pi S(\delta)^2-2\cos 0.5\pi U\cos 2\pi S(\delta)\sin 2\pi S(\delta)\sin 0.5\pi U$$

很显然，在$U=1$和$U=0$时，图 9-8 完全模拟受控非门，而在$0<U<1$时，图 9-8 仅是近似模拟受控非门，而不是完全模拟受控非门，两者相差：

$$-2\cos 0.5\pi U\cos 2\pi S(\delta)\sin 2\pi S(\delta)\sin 0.5\pi U$$

图 9-8 中函数$F(\theta)$根据神经元的相位得到神经元最新的状态

$$F(\theta)=e^{i\theta}=\cos\theta+\sin\theta i$$

图 9-8 中的M为测量，输出值为神经元状态为激活态时的概率，即$\mathrm{Im}^2(F(\theta))$（Im 为求复数的虚部）。

9.4.3 量子神经元学习算法

与传统神经元算法的误差修正学习算法类比，科学家在经过多次试验后提出了一个实用的量子学习算法，步骤如下。

(1) 选定参数：自适应增益常数$\eta>0$和期望误差$E_{\min}$。

(2) 置初值：误差$E<-0$；迭代次数$k<-1$；权值矩阵初值$W_j(0)$为小随机数，$j=1,2,\cdots,N$。

(3) 计算量子神经输出：假设式(9-2)中$F=I$，其中I为单位算子，则输出$|y(k)>=\sum_{j=1} W_j(k)|X_j$。

(4) 修正权值：设$|d>$为导师信号。则有：

$$W_j(k+1)=W_j(k)+\eta(|d>-|y(k)>)<x_j,\quad j=1,2,\cdots,N \tag{9-2}$$

(5) 计算误差：$E\leftarrow\||d>-|y(k)>\|$。

(6) 检验训练结果：若$E>E_{\min}$，$k<-k+1$，返回步骤(3)；若$E<E_{\min}$，结束训练，输出W_j，j和E，为了证明该算法的收敛性，做如下推导：

$$\||d>-|y(k+1)>\|^2=|d>-\sum_{j=1}^{N}W_j(k+1)|x_j>\|^2$$

$$=\||d>-\sum_{j=1}^{N}(W_j(k)|x_j>+\eta(|d>-|y(k)>)<x_j|x_j>)\|^2 \tag{9-3}$$

在式(9-3)中令$<x_j|x_j>=1$，即选择输入态$<x_j|$为归一化量子态，则有：

$$\| \mid d> - \mid y(k+1)> \|^2 = \| \mid d> - \mid y(k)> - \sum_{j=1}^{N} \eta(\mid d> - \mid y(k)> \|^2$$
$$= (1 - N\eta)^2 \| \mid d> - \mid y(k)> \|^2 \tag{9-4}$$

从式(9-4)中可以看出，若选择合适的自适应增益常数 $\eta\left(0<\eta<\frac{1}{N}\right)$，则迭代结果必能使量子神经元的输出态 $|y>$ 收敛于导师信号 $|d>$。当 $\eta=\frac{1}{N}$ 时，收敛速度最大，只需迭代一次即可收敛。量子神经元与经典神经元的输入端数均为 $N=10$，期望误差 $E_{\min}=10^{-8}$。

(1) 随着自适应增益常数 η 的增加，量子神经元的收敛速度增快；η 越接近于 $\eta=\frac{1}{N}\left(\eta=\frac{1}{N}=0.1\right)$，收敛速度越快。

(2) 与经典神经元比较，η 越接近于 $\frac{1}{N}$ 时，量子神经元的迭代次数将少于经典神经元。如果 $\eta=0.095\,238$ 时，量子神经元只需要 8 步迭代即可收敛，而经典神经元要经 12 步迭代即可收敛。这说明，当选择合适的自适应增益常数时，量子神经元的训练时长小于经典神经元。

9.4.4 量子逻辑运算特性

对如图 9-8 所示量子神经元进行分析发现，选择合适的权值矩阵 W_j 和算符 F，该量子神经元可完成不同的逻辑运算。

首先考虑一个单输入单输出的量子神经元，即令 $N=1$。由式(9-3)可得其输出为：

$$\mid y> = FW \mid x>$$

令权值矩阵 W 和算符 F 分别为：

$$W = \begin{pmatrix} 1 & 0 \\ 0 & 1 \end{pmatrix}, \quad F = \begin{pmatrix} 0 & 1 \\ 1 & 0 \end{pmatrix} \tag{9-5}$$

则当 $|X>=|0>=\begin{pmatrix}1\\0\end{pmatrix}$ 时输出 $|y>=\begin{pmatrix}0&1\\1&0\end{pmatrix}\begin{pmatrix}1\\0\end{pmatrix}=\begin{pmatrix}0\\1\end{pmatrix}=|1>$；而当 $|x>=|1>=\begin{pmatrix}0\\1\end{pmatrix}$ 时输出 $|y>=\begin{pmatrix}0&1\\1&0\end{pmatrix}\begin{pmatrix}0\\1\end{pmatrix}=\begin{pmatrix}1\\0\end{pmatrix}=|0>$，则该量子神经元实现了量子非门的运算功能。

将式(9-5)中算符 F 改变为：

$$W = \begin{pmatrix} 1 & 0 \\ 0 & 1 \end{pmatrix}, \quad F = H = \frac{1}{\sqrt{2}}\begin{pmatrix} 1 & 1 \\ 1 & -1 \end{pmatrix} \tag{9-6}$$

式中 H——Hadamard 变换。对应于输入 $|0>$ 态和 $|1>$ 态，可以得到量子神经元的输出分别为：

$$\mid y> = FW \mid 0> = \frac{1}{\sqrt{2}}(\mid 0> + \mid 1>) \tag{9-7}$$

$$\mid y> = FW \mid 1> = \frac{1}{\sqrt{2}}(\mid 0> - \mid 1>) \tag{9-8}$$

式(9-7)相当于将输入 $|0>$ 顺时针方向旋转 45°，式(9-8)相当于将输入 $|1>$ 逆时针旋转 135°，即量子神经元完成了 Hadamard 变换，实现了量子 H 门的功能。其次，考虑一个两个输入端的量子神经元。根据式(9-3)有：

$$|y> = \hat{F}\sum_{j=1}^{2} W_j \mid x_j> = \hat{F}(W_1 \mid x_1> + W_2 \mid x_2>) \tag{9-9}$$

$$W_1 = W_2 = \hat{H} = \frac{1}{\sqrt{2}}\begin{pmatrix}1 & 1\\ 1 & -1\end{pmatrix},\quad \hat{F} = \frac{1}{\sqrt{2}}\begin{pmatrix}0 & 1\\ 1 & -1\end{pmatrix}\begin{pmatrix}\mathrm{sgn}(\cdot) & 0\\ 0 & \mathrm{sgn}(\cdot)\end{pmatrix} \tag{9-10}$$

式中 sgn(.)——符号函数，经推导可得该量子神经元的输出为异或(XOR)函数，如表 9-6 所示，所以单个量子神经元既能实现 XOR 功能，而单个经典神经元无法实现 XOR 运算，需构成两层 NN 即可。再次考虑一个多输入的量子神经元。可令式(9-3)中 $N=2$，权值矩阵和算符分别为

$$W_j = \frac{1}{\sqrt{2^n}}\hat{I} \text{ 和} \hat{F} = \hat{I},\quad |y> = \frac{1}{\sqrt{2^n}}\sum_{j=1}^{2^n} |x_j> \tag{9-11}$$

则其输出如表 9-6 所示。

表 9-6 XOR 运算功能

$\|x_1>$	$\|x_2>$	$\hat{w}_1\|x_1>+\hat{w}_2\|x_2>$	$\|y>$
$\|0>$	$\|0>$	$(\sqrt{2},\sqrt{2})^T$	$\|0>$
$\|0>$	$\|1>$	$(\sqrt{2},0)^T$	$\|1>$
$\|1>$	$\|0>$	$(\sqrt{2},0)^T$	$\|1>$
$\|1>$	$\|1>$	$(\sqrt{2},-\sqrt{2})^T$	$\|0>$

Hadamard 变换式量子计算领域的一个十分重要的变换，将 Hadamard 变换 H 分别作用于 n 个$|0>$态量子位，则有：

$$(\hat{H}\otimes\hat{H}\otimes\cdots\otimes\hat{H}) \mid 00\cdots0> = 1/\sqrt{2^n}(|0>+|1>)\otimes(|0>+|1>)\otimes\cdots\otimes(|0>+|1>)$$

$$= \frac{1}{\sqrt{2^n}}\sum_{j=1}^{2^n} |x_j> \tag{9-12}$$

9.5 量子遗传算法

9.5.1 量子遗传算法基础

量子遗传算法(Quantum Genetic Algorithm，QGA)是基于量子计算原理的一种遗传算法。将 QGA 用于求解组合优化问题(背包问题)，取得了较好的效果。但将 QGA 用于连续函数的优化时，测试发现 QGA 容易出现早熟现象。用典型的多峰函数进行测试时发现，QGA 的成功收敛率只达到了 80%，远远低于一般的改进 GA，且易陷入局部极值。

1. 量子遗传算法简介

在量子计算中，量子状态用量子位来表示，量子计算操作对象是量子叠加态和量子纠缠态，若以纯态表示数，则叠加态可以表示很多数，从而对叠加态的操作就意味着对多个数同时多路操作运算。其操作是使构成叠加态的各个基态通过量子门的作用互相干涉，改变它

们之间的相对相位，使概率幅发生变化，从而使各个由基态所表示的运算结果被观测到的概率也发生变化。由此可看出，量子计算有很强的并行性。

2. 量子位表示法

在 QGA 中，染色体不是用确定性的值（如二进制数、浮点数或符号等）表示，而是用量子位表示，或者说是用随机概率方式表示。一个量子位不仅表示 0 或 1 两种状态，而且同时表示这两种状态之间的任意中间态。一般地，用 n 个量子位就可以同时表示 2^n 个状态，因而，对于相同的优化问题，QGA 的种群大小可比传统 GA 小很多。

在 QGA 中，一个量子位可能处于 $|1>$ 或 $|0>$，或者处于 $|1>$ 和 $|0>$ 之间的中间态，即 $|1>$ 和 $|0>$ 的不同叠加态，因此一个量子位的状态可表示为

$$|\Psi>=\alpha|0>+\beta|1>$$

其中　α 和 β 可以是复数，表示相应状态的概率幅，且满足下列归一化条件：

$$|\alpha|^2+|\beta|^2=1 \tag{9-13}$$

在式(9-13)中，$|\alpha|^2$ 表示 $|0>$ 的概率，$|\beta|^2$ 表示 $|1>$ 的概率。

3. 量子遗传操作

在 QGA 中，由于染色体的状态处于叠加或纠缠状态，因而 QGA 的遗传操作不能采用传统 GA 的选择、交叉和变异等操作方式，而采用将量子门分别作用于各叠加态或纠缠态的方式；子代个体的产生不是由父代群体决定，而是由父代的最优个体及其状态的概率幅决定。遗传操作主要是将构造的量子门作用于量子叠加态或纠缠态的基态，使其相互干涉，相位发生改变，从而改变各基态的概率幅。因此，量子门的构造既是量子遗传操作要解决的主要问题，也是 QGA 的关键问题，因为它直接关系到 QGA 的性能好坏。在 QGA 中，主要采用量子旋转门，即

$$U=\begin{bmatrix}\cos\theta & -\sin\theta\\ \sin\theta & \cos\theta\end{bmatrix}$$

式中　θ——旋转角。

9.5.2 改进量子遗传算法

从 QGA 的算法中可看出，QGA 只是将当前代的最优个体进行保留，以便进行量子门的更新操作，当 QGA 当前代的最优个体为局部极值时，算法就很难从中摆脱出来，于是就陷入局部极值中，造成过早收敛的发生。

本节中介绍的 IQGA 主要从以下几方面对 QGA 进行了改进。

(1) 采用最优保留的机制，以保证算法具有全局收敛性。

(2) 用最优保留机制保留的最优个体来更新量子旋转门的旋转角，以取代 QGA 用当前最优个体更新量子门的方法，从而可加快算法的收敛速度。

(3) 当算法在接连数代的最优个体都无任何变化时，表明算法陷入了局部极值，需要采取措施使其跳出局部极值的束缚。这时，就对群体进行灾变操作，对进化过程中的种群施加一较大扰动，使其脱离局部最优点，开始新的搜索。具体操作为：只保留最优值，重新生成其余个体，宛如自然界种族濒临灭绝后的再生。采用灾变操作并非使种族退化，而是尽快摆

脱进化迟钝状态，开始新搜索的有效手段。

9.5.3 新量子遗传算法

1. 量子遗传算法主要存在问题

目前的量子遗传算法主要存在以下问题。

(1) 通过测量量子位的状态获得二进制解，这是一个概率操作，具有很大的随机性和盲目性，因此在种群进化的同时，部分个体将不可避免地产生退化。

(2) 二进制编码虽然适合于某些组合优化。但对于连续优化，由于频繁解码操作加大了计算量，因此严重降低了优化效率。

(3) 对于量子旋转门的转角方向，目前几乎都是基于最初在文献中提出的查询表或其变种，由于涉及多路条件判断，从而影响了算法效率，对于转角太小，现有方法对全部种群一视同仁，没有考虑各染色体之间的差异。

(4) 由于优化空间的选取依赖于具体问题，因此难以制订统一的优化策略。

(5) 种群初始化时，优化问题的先验问题(例如：解的范围)无法利用。

基于以上问题，本节提出了一种基于量子位相位编码的量子遗传算法(PQGA)。用典型函数的极值优化问题进行仿真，并通过与普通量子遗传算法、量子遗传算法对比，结果验证了 PQGA 的有效性。

2. PQGA 基本原理

1) PQGA 染色体的相位编码方案

在量子计算中，采用|0>和|1>表示单量子比特的基态，单量子比特的任意状态都可以表示为这两个基态的线性组合。比特和量子比特的区别在于，量子比特的状态除为|0>和|1>之外，还可以是基态的线性组合，通常称其为叠加态，例如：

$$\phi > = a \mid 0 > + \beta \mid 1 > \tag{9-14}$$

式中 a,β——一对复数，称为量子态的概率幅，即量子态 $|\phi>$ 因测量导致或者以 $|a|^2$ 拓缩到|0>，或者以 $|\beta|^2$ 的概率拓缩到|1>，且满足

$$|\alpha|^2 + |\beta|^2 = 1 \tag{9-15}$$

考虑到式(9-15)的约束，量子比特也可借助三角函数表达为式(9-16)

$$|\phi> = \cos\theta \mid 1 > + \sin\theta \mid 1 > \tag{9-16}$$

式(9-16)中 θ 称为量子比特 $|\phi>$ 的相位。在 PQGA 中，染色体依然由量子位组成，与普通量子遗传算法不同的是，直接采用量子位的相位作为染色体上基因链的编码。

2) PQGA 编码方案

PQGA 编码方案如下。

$$P_i = [\theta_{i1}, \theta_{i2}, \cdots, \theta_{in}] \tag{9-17}$$

式中 $\theta_{ij} = 2\pi\text{md}$，md 为(0,1)之间的随机数，$i=1,2,\cdots,m$；$j=1,2,\cdots,n$；$m$ 是种群规模，n 是量子位数。

9.5.4 分组量子遗传算法

1. 分层操作

分组量子遗传算法是运行 N 代，每一代即为一层，每一层随机产生 n 个样本，然后对每一层子种群按类运行各自的量子遗传算法，这些遗传算法在设置特性上应具有较大差异，这样可保持种类的多样性。每一代适应值计算后保留本代最优，最后在每代计算中比较得出全局最优。

2. 分组操作

此算法首先将种群分为两组。规定奇数代为一组，偶数代为第二组，计算出每一代的 1 的个数并算出它与总数所占比例。如果是第一类则量子角旋转方向朝同方向偏，即如果原来种群中 1 多，则它下一代产生 1 的几率更大，如果原来种群中 0 多，则它下一代产生 0 的几率更大。如果是第二类则往不同方向偏，即如果原来种群中 1 多，则量子门旋转使下一代 0 产生几率增多，如果原来种群中 0 多，则量子门旋转使下一代 1 产生几率增多。这样就对解空间的各个方向作了试探，增加了染色体的多样性。

3. 分组量子遗传算法的具体算法

(1) 初始化：初始化所需变量，产生初始种群 $P(t)=\{p_1',p_2',\cdots,p_n'\}$；其中 n 是种群的规模，$p_j(j=1,2,\cdots,n)$ 为种群的第一代的一个个体

$$p_j'=[\alpha_1',\alpha_2',\alpha_3',\cdots,\alpha_m';\ \beta_1',\beta_2',\beta_3',\cdots,\beta_m']$$

式中 m——量子位数目，即染色体的长度，在初始化时，α,β 都取 $\frac{1}{\sqrt{2}}$，它代表等几率的线性叠加。

(2) 根据 $P(t)$ 中概率幅的取值情况构造出 $R(t)$，$R(t)=|b_1',b_2',b_3,\cdots,b_n'|$，其中 $b_j(j=1,2,\cdots n)$ 是一个长度为 m 的二进制串，其中每一元素由 $p_j(j=1,2,\cdots,n)$ 中概率幅决定。

9.5.5 量子遗传算法的其他形式

1. 多宇宙并行量子遗传算法

遗传算法是一种模拟自然界中物种进化机制的启发式搜索算法，但由于种群的规模和解空间的大搜索范围导致其计算开销特别大，QGA 引入了量子比特的概率描述和量子旋转门演化机制，能有效地提高算法的运算效率，但从总体上看，QGA 并没有利用生物界物种演化的混沌和并行特点。生物界所有种群、每个个体无时不在维系它们的生命，丝毫不停地从事着它们的进化，可见它们的行为是并发的。因此，描述这种自然进化现象的模型理应是并行的。实现 QGA 的并行化可加速执行速度，提高算法的执行效率。由此，提出了多宇宙并行量子遗传算法(MPQGA)，MPQGA 采用了多宇宙并行结构。在多宇宙并行结构中，不同的宇宙向着各自的目标演化，宇宙之间采用移民和量子交叉的策略交换不同进化环境下的优良个体，能有效克服早熟收敛现象，具有比 QGA 更快的收敛速度和精度。

“分而治之”是并行算法的基本思想。一个计算任务常分解成多个子任务映射到多种群中执行。这与 QGA 的内在并行性不谋而合。并行算法的实现途径有：主从式并行化方法、粗粒度模型和细粒度模型。QGA 的内在并行性使得它特别适合粗粒度的并行计算。

在并行模型确定后，网络的拓扑结构直接影响着算法的性能，包括宇宙之间信息交互的路径和交互方式。目前使用较多的网络结构有：线性阵列、环状、二叉树、星状、超立方和立方环等。其中，星状结构的网络直径最短，而网络直径直接影响了信息交互的速度。但星状网络的节点度较大，在宇宙数目较多时将使得网络结构非常复杂。故根据宇宙数目的多少选取不同的网络拓扑结构。当宇宙数目较少时采用星状结构，如图 9-9 所示；当宇宙数目较多时采用超星状结构，即首先进行分组，组内采用星状结构，组与组之间再采用星状结构，如图 9-10 所示。图中 U 代表一个宇宙，U 后的数据代表宇宙号。

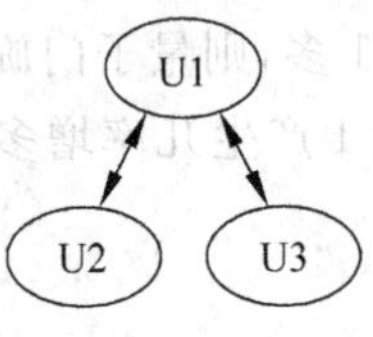

图 9-9 星状结构

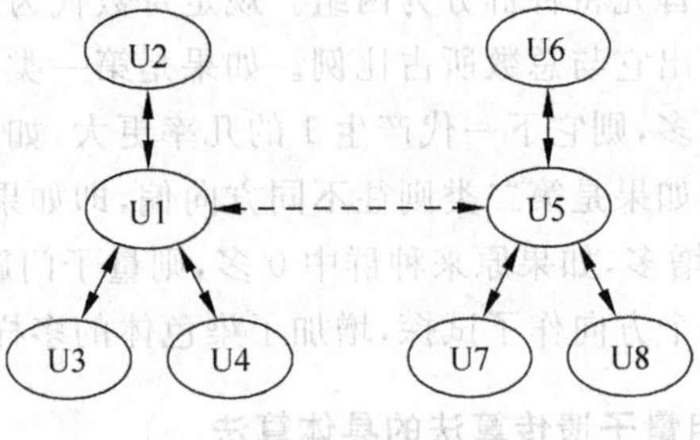

图 9-10 超星状结构

2. 多宇宙之间信息的交换

多宇宙之间信息的交换是能克服早熟收敛的有效途径。本研究采用了移民和量子交叉两种策略来实现多宇宙之间信息的交换。通过各宇宙之间的移民和量子交叉，体现了宇宙之间的相互纠缠，即一个宇宙内的信息发生变化。通过信息的交互，迅速引起其他宇宙的信息发生变化。

移民操作是粗粒度模型中普遍采用的信息交互方式，一般采用最佳移民和最差删除方法。实现的关键是移民策略、移民规模和移民周期的选择。移民策略包括“一对多”和“一对一”。所谓“一对多”是每个宇宙对应有若干相邻宇宙，每个宇宙将自己的最佳个体传送给其所有相邻宇宙，并且接收来自所有相邻宇宙的最佳个体，将这些个体与本宇宙的个体同时考虑，淘汰适应度差的个体。“一对一”是指每个宇宙都将自己的最佳个体传送给与之相邻的一个宇宙。“一对多”中的通信开销较大——尤其在宇宙中个体数较少时，这种移民策略往往会导致各宇宙中的个体雷同，失去并行的目的。故本文中采用“一对一”的移民策略。大规模的移民有利于优良个体在多个宇宙中传播和收敛速度的提高，但同样会增大通信开销，并导致宇宙中个体多样性下降，失去并行算法在多个方向上同时搜索的特点。典型的移民规模是宇宙中个体数目的 10%~20%。移民周期小有利于各宇宙之间的融合，使得优良个体能及时传播到其他宇宙，但同时会增大通信开销，而且某些优良个体在宇宙中的统治地位会降低宇宙中个体的多样性，使整个宇宙类似于串行算法中的随机交配群体。一般的移民周期可根据具体情况选择每隔几代移民一次。

量子交叉在遗传算法中，交叉的作用是实现两个个体间结构信息的互换，通过这种互换使得具有低阶、短距、高平均适应度的模式能够合并而产生高阶、高适应度的个体。量子交叉也应具有这种能力。在MPQGA中最能体现各宇宙结构信息的是各宇宙的演化目标。

基于上述考虑，提出了一种满足上述要求的量子交叉操作。其基本思想是，通过在两宇宙之间暂时交换各自的演化目标，使得本宇宙的结构信息有效地传递给另一参加交叉的宇宙，并对对方宇宙的演化方向产生影响，同时本宇宙也从对方宇宙的演化目标中获得对方的演化信息。

具体实现如下。

(1) 按确定的选择概率从宇宙中随机选取一个或若干个个体。

(2) 对它们分别进行一次测量，得到一组确定解 P_{Ai} 和 P_{ni}，计算它们的适应度值。

(3) 随机选取一个或若干个其他宇宙，以各宇宙的演化目标作为个体当前的演化目标，对个体进行一次量子旋转门演化操作。

(4) 重复(1)～(3)操作，直至全部宇宙都进行量子交叉操作。

9.5.6 量子智能优化的算法模型

量子衍生进化算法结合，虽然理论上可以证明，进化算法能在概率的意义上以随机的方式搜索到问题的最优解，但是自然进化的生命现象的不可知性导致了进化算法的本质缺陷。进化算法最明显的缺陷就是它的收敛性问题，包括收敛速度慢和未成熟收敛。虽然已有很多算法对其进行了改进，至今尚没有突破性的进展。进化算法之所以能使个体得到进化，首先是采用选择操作根据适应度尽量选出比较好的若干个体，保证下一代个体一般不差于前代，使个体趋于最优解；同时采用交叉和变异的进化操作，产生新的个体，从而有机会生成更好的个体，借以维持群体的多样性。分析进化算法可以看出：虽然在进化过程中，进化算法尽量维持个体多样性和群体收敛性之间的平衡，但该算法没有利用进化中未成熟优良子群体所提供的信息，因此收敛速度很慢。如果能在进化中引入记忆和定向学习的机制，增强算法的智能性，则可以大大提高搜索效率，解决进化算法中的早熟和收敛速度问题。基于以上考虑，将进化算法和量子理论相融合的量子衍生进化算法，无疑是一个很有前途的研究方向。

习题

1. 量子信息与经典信息在运算处理方面有哪些不同？

2. 信息的量子加密算法有哪些？为什么能够改善信息的安全度？

3. 信息论与量子信息论有什么相似和不同的地方？试分别从状态表达、通信基元、密钥协议等方面进行相应概述。

4. 如何调和神经计算模型非线性特性特征与量子系统中线性幺正变换之间的关系？

5. 量子神经计算模型有哪些？简要阐述几种ANN相关概念的量子类比。

6. 简要概述量子神经元的拓扑结构及其工作原理。

7. 改进量子遗传算法的方法有哪些？简单阐述其在哪些方面对量子遗传算法进行了改进。

第10章 信息融合

教学内容：本章首先对信息融合的概念、分类和技术发展的初步知识进行了简要介绍，然后详细介绍了信息融合的模型和算法，进而从Bayes理论、模糊决策、D-S证据理论、Vague集、神经网络、模糊神经Petri网方面对信息融合的方法及应用进行了详细阐述。

教学要求：掌握信息融合的概念，了解信息融合的方法及应用。

关键词：多源(Multi-Source)　信息融合(Information Fusion)　模型(Model)　算法(Algorithm)

10.1 多源信息融合概述

多源信息融合(Multi-Source Information Fusion，MSIF)技术是研究对多源不确定性信息进行综合处理及利用的理论和方法，即对来自多个信息源的信息进行多级别、多方面、多层次的处理，产生新的有意义的信息。

信息融合最早应用于军事领域，是组合多源信息和数据完成目标检测、关联、状态评估的多层次、多方面的过程。这种信息融合的目的是获得准确的目标识别，完整而及时的战场态势和威胁评估。

随着传感器技术、计算机科学和信息技术的发展，各种面向复杂应用背景的多传感器系统大量涌现，使得多渠道的信息获取、处理和融合成为可能，并且在金融管理、心理评估和预测、医疗诊断、气象预报、组织管理决策、机器人视觉、交通管制、遥感遥测等诸多领域，人们都认识到把多个信息源中的信息综合起来能够提高工作的成绩。因此多源信息融合技术在军事领域和民用领域得到了广泛的重视和成功的应用，其理论和方法已成为智能信息处理及控制的一个重要研究方向。

10.1.1 多源信息融合基本概念

1. 多源信息融合的来源

多源信息融合是人类和其他生物系统进行观察的一种基本功能，自然界中人和动物感知客观对象，不是单纯依靠一种感官，而是多个感官的综合。人类的视觉、听觉、触觉、嗅觉和味觉，实际上是通过不同感官获取客观对象不同质的信息，或通过同类传感器(如双目)获取同质而不同量的信息，然后由大脑对这些信息进行交融，得到一种综合的感知信息。也就是说人本身就是一个高级的信息融合系统，大脑这个融合中心协同眼（视觉）、耳（听觉）、口（味觉）、鼻（嗅觉）、手（触觉）等多类"传感器"去感觉事物各个侧面的信息，并根据人脑的经验与知识进行相关分析、去粗取精，从而做出判决，获得对周围事物性质和本质的全面认识。

这种把多个感官信息进行交融的过程就是多传感器信息融合或称多源信息融合。最初人们把信息融合也称为数据融合。

由于人类的感官对于在不同的空间范围内发生的不同物理现象采用不同的测量特征来度量，所以这个处理过程是很复杂和自适应的。例如，当不同观察者观察同一个对象时，由于他们观察物体的角度和观点不同，因此获得的观察结果是有歧义性和不完整性的。一个古代的寓言讲到：三个盲人把一头大象分别辨认成了一根柱子、一面墙和一把扇子，为了得到一个统一的综合观察结果就必须对他们的结果进行综合，这个过程也是一个融合过程，是相当复杂的。

近年来，人类的许多功能都已用自动化系统进行了模拟。同样，人工智能的研究，特别是知识表示的技术，推动了高级计算机技术的发展，也改善了人们执行自动信息融合的能力，这就使得人类信息融合功能也可以用自动信息融合系统来进行模拟。

2. 多源信息融合的定义

由于信息融合研究内容的广泛性和多样性，很难对信息融合给出一个统一的定义。目前普遍接受的有关信息融合的定义，是1991年由美国三军组织——实验室理事联合会(Joint Directors of Laboratories，JDL)提出，1994年由澳大利亚防御科学技术委员会(Defense Science and Technology Organization，DSTO)加以扩展的。它将信息融合定义为一种多层次、多方面的处理过程，包括对多源数据进行检测、相关、组合和估计，从而提高状态和特性估计的精度，以及对战场势态和威胁以及重要程度进行适时的完整评价。

也有专家认为，信息融合就是由多种信息源如传感器、数据库、知识库和人类本身获取的相关信息，进行滤波、相关和集成，从而形成一个表示架构，这种架构适合于获得有关决策，如对信息的解释，达到系统目标（例如识别、跟踪或态势评估），传感器管理和系统控制等。

一般意义上的多源信息融合技术是一种利用计算机技术，对来自多种信息源的多个传感器观测的信息，在一定准则下进行自动分析、综合，以获得单个或多类信息源所无法获得的有价值的综合信息，并最终完成其最终任务的信息处理技术。这一处理过程称为融合，表示把多源信息"综合或混合成一个整体"的处理过程。在商业、民事和军事C^3I系统中，许多重要的任务都需要多源信息的智能组合。这种信息综合处理过程有多种名称，诸如多传感器数据融合、多传感器或多源相关、多传感器信息融合等。

3. 多传感器系统的定义

在多传感器数据融合中，多传感器是数据融合技术的"硬件"基础，多信息源是数据融合的对象，识别优化是数据融合技术的核心。例如在C^3I系统中，多传感器系统是指由有源和无源两类传感器（如单基地和双-多基地雷达、激光探测器、声学探测器、电子侦查信息、电子情报等）组成的网络。它们覆盖了整个频谱（从微波经毫米波、红外直到电光）。

由于在C^3I系统中，多传感器系统中的传感器类型有很多种，采用不同的度量方法及度量单位，因此所获得的目标信息类型也有很多种，要把这些不同测量特征的信息进行融合显然是一件十分困难的事情。

最简单的融合是合并多个相同传感器的数据，这种合并可以获得较为满意的解决。例如，空中交通管制系统和网状雷达防空系统需要组合多个雷达的飞机跟踪数据（位置、速度、方向）。由于每部雷达提供的数据相类似（包括位置、方向、速度），数据融合就是建立在相同类型数据的基础上，很直截了当。需要注意的是，一部传感器同时处理的目标数一般为几百个。当目标从一个传感器探测区域转移到另一个传感器探测区域时，系统需要将目标跟踪从一个传感器正确地切换到另一个传感器。

当传感器或其他数据源的性质、精度和细节程度不同时，融合是相当复杂的。例如，先前有某个探测源报告某地机场有架飞机已经起飞，而一段时间后异地的雷达探测器探测到的一架飞机是否就是那架飞机，这个判断过程并不那么容易。在融合中，不同探测源或传感器数据的有效性能够改善估算质量，但是，从分布广泛的信息源中自动收集数据不仅逻辑上困难，而且多余的（甚至是欺骗性的）信息增加了融合的难度，降低了估算结果的可信度。因此首先需要对大量的数据进行检测，将冗余数据丢掉。除此之外，如果收集和处理数据的时间太长，估算结果得到的太迟也毫无价值。

10.1.2 多源信息融合分类

多源信息融合有多种分类方法，如按照其融合技术、融合算法、融合结构分类等，以下给出多源信息融合的各种分类。

1. 按融合技术分类

多源信息融合技术分为假设检验型信息融合技术、滤波跟踪型信息融合技术、聚类分析型信息融合技术、模式识别型信息融合技术、人工智能型信息融合技术等。

1）假设检验型信息融合技术

假设检验型信息融合技术是以统计假设检验原理为基础，信息融合中心选择某种最优化假设检验判决准则执行多传感器数据假设检验处理，获取综合相关结论。

2）滤波跟踪型信息融合技术

滤波跟踪型信息融合技术是将卡尔曼滤波（或其他滤波）航迹相关技术由单一传感器扩展到多个传感器组成的探测网，用联合卡尔曼滤波相关算法执行多传感器滤波跟踪相关处理。

3）聚类分析型信息融合技术

聚类分析型信息融合技术是以统计聚类分析或模糊聚类分析原理为基础，在多目标、多传感器大量观测数据样本的情况下，使来自同一目标的数据样本自然聚集、来自不同目标的数据样本自然隔离，从而实现多目标信息融合。

4）模式识别型信息融合技术

模式识别型信息融合技术是以统计模式识别或模糊模式识别原理为基础，在通常的单一传感器模式识别准则基础上建立最小风险多目标多传感器模式识别判决准则，通过信息融合处理自然实现目标分类和识别。

5）人工智能型信息融合技术

人工智能型信息融合技术将人工智能技术应用于多传感器信息融合，对于解决信息融合中的不精确、不确定信息有着很大优势，因此称为信息融合的发展方向。智能融合方法可分为以下几种。

（1）基于专家系统的融合方法

基于专家系统的融合方法是以规则为基础的传统的物理及符号表示方法，它以规则表示形式并构成知识库，运用适当的解决问题的推理方法，在计算机上得到解决问题的推论。舰艇和舰艇编队常常采用黑板模型和黑板模型知识库来构成舰用专家系统。这种技术比较成熟，适用性强，操作方便。

基于知识的专家系统用于多传感器信息融合可以优化跟踪和识别功能。但是，专家系统基本基于演绎逻辑推理，如果没有适当的、充分的控制方法，推理技术可能导致数据和子目标的组合爆炸，使之在使用范围上受到限制。此外，应用专家系统进行目标识别时需要经过特征提取、数据压缩和匹配判断等过程，使得运行时间延长，难以满足军事应用的实时性要求。

（2）基于人工神经网络的融合方法

人工神经网络是模拟人脑的神经元结构，完成记忆、形象思维和抽象思维的整个过程。人工神经网络有以下几个主要特点。

① 具有高度并行性和非线性处理功能，以非线性并行处理单元来模拟人脑神经元，以各处理单元复杂而灵活的连接关系来模拟人脑中的突触功能，它具有高速协调和运算能力。

② 具有自学习、自组织能力，这种能力来自于人工神经网络的训练过程。在学习过程中，可随机改变权值，适应复杂多变的环境，并且对环境做出不同的反应。

③ 具有分布存储方式和容错能力。系统善于联想、概括、类比与推广，具有语言、图像识别能力。

由于具有以上优点，人工神经网络在快速计算、不精确信息处理、非线性数据处理等方面优于专家系统，可满足大数据流的实时处理要求。在军事领域，人工神经网络能支持 C^3I 系统各方面和各层次的需求，在传感器融合、信号处理、目标识别等方面有着广阔的应用前景，是未来高技术的重要研究领域之一。近年来，许多国家在研究和开发用于 C^3I 系统的神经网络硬件和软件，美国精密自动化公司已研制出第一台用于海军信息融合的神经网络计算机。

在多传感器信息融合方面，神经网络的多信息融合系统首先通过预处理器把原始传感器的信号转换为神经网络的输入，然后由反馈部分将预处理器的处理结果调整到最佳可信度，得到需要的精度，最后由神经网络完成信息融合。人工神经网络在多传感器信息融合方面的应用有战术目标识别和自动跟踪。

神经网络硬件和软件的实现过程远比专家系统复杂，现在这项技术还处于概念开发、样机研制和实验阶段，要真正推广应用到 C^3I 系统中还需要解决一些技术难题。目前提出神经网络与专家系统的结合技术，这种混合型智能系统可以克服各自系统的局限性，发挥各自的长处，实现高效率处理机制和优势互补，不失为一条理想的军事智能化途径，值得重视和研究。

（3）以生物为基础的融合方法

生物技术是21世纪的高新技术之一，其原理已被用于军用传感器信息融合硬件、软件的开发，以提高传感器对微弱目标的探测能力和反应能力。近年来，美国的传感器融合技术专家与神经网络专家一起开发了一种独特的传感器融合电路芯片，并将其推广应用到海军的信号探测和信息融合等关键领域。

智能传感器融合技术是今后有待开发的关键技术，涉及许多学科领域。预计今后会在扩大运用基于知识的专家系统的基础上，使传感器信息融合技术研究向人工神经网络、生物技术和综合智能技术方面发展，使未来的指挥作战系统、决策支持系统能顺应复杂多变的战场环境要求。

2. 按融合判决方式分类

多源信息融合的融合判决方式分为硬判决方式和软判决方式。所谓硬判决或软判决指的是数据处理活动中用于信号检测、目标识别的判决方式。每个传感器内部或信息融合中心既可选用硬判决方式，也可选用软判决方式。

1）硬判决方式

硬判决方式设置有确定的预置判决门限。只要当数据样本特征量达到或超过预置门限时，系统才做出判决断言；只有当系统做出了正确的断言时，系统才会向更高层次系统传送"确定无疑"的判决结论。这种判决方式以经典的数据逻辑为基础，是确定性的。

2）软判决方式

软判决方式不设置确定不变的判决门限。无论系统何时收到观测数据都要执行相应分析，都要做出适当评价，也都向更高层次系统传送评判结论意见以及有关信息，包括评判结果的置信度。这些评判不一定是确定无疑的，但它可以更充分地发挥所有有用信息的效用，使信息融合结论更可靠、更合理。

3. 按传感器组合方式分类

在多传感器网络中多种传感器可以按同类传感器或异类传感器进行组合。

1）同类传感器组合

同类传感器组合只处理来自同一类型传感器的环境信息，其数据格式、信息内容都完全相同，因而处理方法相对比较简单。

2）异类传感器组合

异类传感器组合同时处理来自各种不同类型传感器采集的数据。优点是信息内容广泛，可以互相取长补短，实现全源信息相关，因而分析结论更准确、更全面、更可靠，但处理难度则高得多。

4. 按信息融合处理层次分类

按信息融合处理层次分类，多源信息融合可以分为数据级信息融合、特征级信息融合、决策级信息融合等。

1）数据级信息融合

数据级信息融合直接对未经预处理的传感器原始观测数据进行综合和分析。其优点是保持了尽可能多的客体信息，基本不发生信息丢失或遗漏；缺点是处理数据太多，耗费时间太长，实时性差。

2）特征级信息融合

特征级信息融合也称文件级信息融合，是对已经过传感器初步预处理之后，在传感器实现基本特征提取、提供文件报告的基础上执行的综合分析处理。其优点是既保持足够数量的重要信息，又已经过可容许的数据压缩，大大稀释了数据量，可以提高处理过程的实时性；而且特别有价值的是在模式识别、图像分析、计算机视觉等现代高技术应用中，实际都以特征提取为基础，都已在这方面开展大量工作。特征级信息融合的缺点是，不可避免地会有某些信息损失，因而需对传感器预处理提出较严格的要求。

3）决策级信息融合

决策级信息融合是在各传感器和各低层信息融合中心已经完成各自决策的基础上，根据一定准则和每个传感器的决策与决策可信度执行综合评判，给出一个统一的最终决策。

5. 按信息融合结构模型分类

多源信息融合结构模型可以分为集中式和分布式。

1）集中式信息融合结构

每个传感器获得的观测数据都被不加分析地传送给上级信息融合中心。信息融合中心借助一定的准则和算法对全部初始数据执行联合、筛选、相关和合成处理，一次性地提供信息融合结论输出。

2）分布式信息融合结构

每个传感器都先对原始观测数据进行初步分析处理，做出本地判决结论，只把这种本地判决结论及有关信息，或经初步分析认定可能存在某种结论但又不完全可靠的结论及其有关信息，向信息融合中心呈报；然后再由信息融合中心在更高层次上集中多方面数据做进一步相关合成处理，获取最终判决结论。

集中式信息融合方案的优点是数据全面、无信息丢失、最终判决结论置信度高，但数据量大、对传输网络要求苛刻、信息处理时间长、影响系统响应能力。相比之下分布式信息融合方案需传送的数据量要少得多，对传输网络的要求可以放松，信息融合中心处理时间可以缩短，响应速度可以提高。在当前战场环境日趋复杂，数据容量日益增大的情况下，分布式信息融合方案越来越得到重视。

6. 按信息融合目的分类

多源信息融合的目的大体可分为检测、状态估计和属性识别。

1）检测融合

检测融合(Detection Fusion)的主要目的是利用多传感器进行信息融合处理，可以消除单个或单类传感器检测的不确定性，提高检测系统的可靠性，获得对检测对象更准确的认识，例如利用多个传感器检测目标以判断其是否存在。

利用单个传感器的检测缺乏对多源多维信息的协同利用、综合处理，也未能充分考虑检测对象的系统性和整体性，因而在可靠性、准确性和实用性方面都存在着不同程度的缺陷，需要多个传感器共同检测，并利用多个检测信息进行融合。

2）估计融合

估计融合(Estimation Fusion)的主要目的是利用多传感器检测信息对目标运动轨迹进行估计。利用单个传感器的估计可能难以得到比较准确的估计结果，需要多个传感器共同估计，并利用多个估计信息进行融合，以最终确定目标运动轨迹。

3）属性融合

属性融合(Recognition Fusion)的主要目的是利用多传感器检测信息对目标属性、类型进行判断。

7. 按融合的信息类型分类

按融合的信息类型区分，多源信息融合可以分为数据融合和图像融合。

数据融合(Data Fusion)的信息格式为数据形式。

图像融合(Image Fusion)的信息来源包括可见光、合成孔径雷达、红外等成像设备，主要目的是由原始图像得到更多的图像信息，例如由几个二维图像融合后得到三维图像或者利用不同信息源得到的图像经融合后产生新的图像。图像融合是战场可视化、预警系统、医学图像处理、机器人视觉、遥感遥测等领域重要的处理技术。图像融合又可以分为像素级融合、特征级融合及决策级融合等，使融合图像达到理想的技术要求。

10.1.3 多源信息融合技术的发展

促进多源信息融合理论发展的主要动因之一是现代战争的迫切需要。现代战争要求提供一切获取信息的手段，包括雷达、红外摄像机、光学摄像机、通信设施、计算机网络等，并对所获取的信息进行融合，以得到最佳可利用的信息，达到精确目标获取、识别和跟踪的目的。

例如，由于现代武器系统具有机动性高、隐蔽性好、电子对抗性能强等特征，用于侦察和跟踪敌方目标的预警系统必须采用雷达、红外、视频、音频等多传感检测，同时联络各个检测点的不同数据进行融合，从而解决可靠准确的目标获取、跟踪、身份识别、智能处理、后勤计划、维修计划、指挥与控制等问题。

针对敌方巡航导弹和飞机低空飞行的现代空中预警系统通常由雷达、通信、导航、指挥控制、敌我识别、数据处理和电子对抗等设备构成，也需要对这些设备所获取的信息进行融合，从而更好地完成搜索、监视、跟踪和指挥攻击等多种功能。

信息融合理论的先河者是美国康涅狄格大学(University of Connecticut)国际著名系统科学家 Y. Bar-Shalom 教授。他最先于 20 世纪 70 年代提出了概率数据互连滤波器的概念，这就是信息融合的雏形。随后由于美国军事研究机构发现对多个连续声纳信号进行概率数据互连滤波之后，可以较高精度检测出敌方舰艇的位置，从而推动了信息融合理论和方法的发展，并研制成功多个实用的军事信息融合系统。

1998 年，美国国会军事委员会把信息融合技术列为其国防至关重要的 21 项关键技术之一，且列为最优先发展的 A 类。到 1991 年，美国已有 54 个信息融合系统引入到军用电子系统中去，其中 87%已有试验样机、试验床或已被应用。20 世纪 80 年代以来，美国相继研究开发了利用信息融合技术进行目标跟踪、目标识别、态势评估及威胁评估的各种军事系统，用于空中拦截、军事指挥等目的。这些系统后来不同程度地都发挥了作用，特别是海湾战争中对导弹拦截发挥了重要作用。

促进信息融合理论发展的另一个重要因素是现代民用高科技发展的需要。

繁忙复杂的现代城市交通和快速便捷的高速公路，以及未来将要出现的自动车辆系统，均要建立智能交通系统进行智能检测和控制，即对车辆运行进行自动控制、交通监视和跟踪，可使用的异类传感器包括声音传感器、立体摄像机、彩色CCD摄像机、背部摄像机、激光雷达、检测雷达等，这也需要多传感器的信息融合。这种融合的目的在于把目标输入到路径规则与制导系统中去。

用于地球环境观测的遥感技术需要对不同传感手段的数据与信息进行融合，以获取更为精确的定量分析结果，包括卫星雷达、辐射计和光谱成像系统等多传感器可以提供观测对象的各种信息，利用不同尺度和不同层次上的融合技术，可以获得图像级、特征级和决策级的融合结果，从而达到对遥感对象更深层次的认知和洞悉。航天飞机合成孔径成像雷达于20世纪80年代早期和20世纪90年代在NASA的航天飞机的搭载下完成了多次绕地球飞行的观测任务，对多种频段和入射角进行了实验，实验完成了地质学应用、立体成像、海洋学观测、陆地分类等任务。

信息融合是机器人的现代支撑技术之一，它为多传感器的综合利用提供了最有效的技术手段。智能移动机器人是高级机器人，而智能移动机器人集人工智能、智能控制、信息处理、图像处理、检测与转换、信息融合等技术为一体，跨计算机、自动控制、机械、电子等多学科，成为当前机器人研究的热点之一。

图像融合是遥感地理分布资源信息提取、战场可视化、预警系统、医学三维图像重构、机器人视觉等领域非常需要的先进技术，是一个很有发展前景的方向。现代医学需要虚拟三维造影，同样需要图像信息融合技术的支持，食道壁超声成像信息融合，即利用超声传感器形成二维图像，然后利用融合技术使之进行三维重构食道图像，为医疗诊断和治疗提供了重要技术手段。

现代身份认证系统要求能对人或物进行识别和辨认，这也需要多传感器信息融合技术的支持。

现代工业对象往往要求进行多传感器综合监测，包括各种仪表的分布式检测、视频监测和网络化连接，同时对各种传感器信息进行融合，完成设备运行故障诊断与报警等。

因特网技术的迅猛发展需要在网络安全、运行效率等方面有重大改进，同样需要对大量多传感数据进行挖掘、融合，以获得综合信息。

还有一个促进信息融合理论发展的重要因素是认知科学和人工智能研究的需要。人和动物的认知机理一直是认知学科和人工智能研究的重点。人类需要不断探索自然界生命的奥秘，动物和人类认识客观对象的多传感信息融合机理还远远没有解释出来。人工智能可以用机器视觉-机器听觉-机器触觉-感知信息融合的全过程来模拟人和动物的认知过程，但也需要建立新的理论框架来描述认知本质。

早在20世纪70年代末期，在一些公开出版的文献中就开始出现有关信息综合的概念或名词。在其后的较长一段时间，人们普遍使用“信息融合”这一名词。直到20世纪90年代，考虑到传感器信息的多样性，“信息融合”一词被广泛应用。信息融合技术自1973年初次提出以后，经历了20世纪80年代初、90年代初和90年代末三次研究热潮，最近一次热潮至今还在延续。

随着系统论、控制论、信息论、Dempster-Shafer证据理论、Zadeh的模糊逻辑理论等基础理论,以及计算机技术、网络技术、通信技术和高效传感器技术等实用技术的快速发展,使信息融合技术得到前所未有的发展。1998 年成立的国际信息融合学会(International Society Information Fusion,ISIF),总部设在美国,每年举办一次信息融合国际学术大会,系统总结该领域的阶段性研究成果以及介绍该领域最新的进展。美国三军信息融合年会、SPIE 传感器融合年会、国际机器人和自动化会刊以及 IEEE 的相关会议和会刊等每年也都有有关该技术的专门讨论。

在 20 多年的研究中,尽管各个领域的研究者们都对信息融合技术在所研究领域的应用展开了研究,取得了一大批研究成果,并总结出了行之有效的工程实现方法,并且也认识到信息融合是一门综合性很强、实践性很强的技术,但距离像其他学科那样形成一门完整体系的学科还尚需时日,甚至有较长的路要走。

10.2 信息融合模型与算法

10.2.1 信息融合的模型

信息融合模型可以从功能、结构和数学模型等几个方面来研究和表示。功能模型从融合过程出发,描述信息融合包括哪些主要功能、数据库,以及进行信息融合时系统各组成部分之间的相互作用过程;结构模型从信息融合的组成出发,说明信息融合系统、相关数据流、系统与外部环境的人机界面;数学模型则是在一定的结构模型下信息融合的数学表达和综合逻辑。本节主要讨论信息融合系统的功能和结构模型。

1. 信息融合系统的功能模型

1) 信息融合系统的三级功能模型

美国 JDL/DFS 根据信息融合输出结果,在早期将信息融合分为以下三级。

第一级——位置估计与目标身份识别。

第二级——态势评估。

第三级——威胁估计。

JDL/DFS 提出的三级多源信息融合分级方法为军事领域中的信息融合研究提出了一种较为通用的框架,得到了广泛的认可和采用。

2) 信息融合系统的五级功能模型

为了进一步增强信息融合分类模型的通用性和对实际研究的指导性,有些文献在 JDL/DFS 分级模型的基础上提出了另一种信息融合的功能分级模型,它按信息抽象的不同层次将信息融合进一步分为五级,包括从检测到威胁估计的完整过程。

第一级——检测级融合。

第二级——位置级融合。

第三级——目标识别级融合。

第四级——态势评估。

第五级——威胁估计。

在这种功能模型描述中,前三个层次的信息融合适合于任意的多源信息融合系统,而后两个层次主要适用于军事 C^4ISR 系统中的信息融合。

3）信息融合系统的四级功能模型

信息融合三级功能模型的发展是 JDL 提出的四级融合模型，它是在原来的三级模型基础上又增加了"精细处理"的第四级。

第零级为信源预处理，将输入信息归一化、格式化、排序、打包、压缩等，以适应后续处理的数据格式、存储量和通信量等方面的要求。第一级处理得到目标的运动学估计，目标的属性和身份估计。第一级的方法包括数据关联、估计、模式识别，决策层融合和近似推理方法。位置与属性融合是紧密相关的，并且常常是并行同步处理的。一方面利用目标的属性信息可以提高位置级数据的正确关联率；另一方面目标的位置和速度等信息也是进行目标识别的特征参数。这正是把它们看成一级融合的原因，同时"联合跟踪与识别"也是信息融合领域当前研究的热点问题之一。第二级处理通过对复杂战场环境的正确分析和表达，导出敌我双方兵力的分布推断，得到目标和事件的关系描述。第三级处理将当前的态势推演到将来，形成对威胁、弱点和行动时机的推断。第四级监视整个信息融合过程的性能，为实时控制和长期性能优化提供信息。通过计划和控制，得到不断优化的估计和评估结果，包括资源、任务的动态分配，甚至改变信息融合过程本身。

三个典型功能模型最终均要形成态势评估和威胁估计。这两级属于决策级的高级融合，它们包括对周围复杂环境或局部形式的估计和正确分析表达，得到当前和推演的目标与事件的关系描述，是军事和民用系统指挥控制和辅助决策过程中的核心内容和最终结果。

五级模型与三级模型相比，主要区别在于：第一增加了检测级融合，第二将位置级融合与目标识别级融合分开。第一级的分布式信号检测是经典集中式信号检测理论的直接发展，是近年来的研究热点和发展方向之一。五级模型更加清楚地体现了传感器-信号-数据-属性-态势评估-威胁估计的信息融合处理过程。

四级模型较三级模型增加了信源预处理、精细处理和支持数据库与融合数据库组成的数据管理系统，同时采用了总线式的处理方式，使信息融合的功能实现和各部分的相互作用更加灵活。从所有可能的信息源汇集的信息，包括实时传感器测量、情报、天气报告、目标的敌友状态、目标的威胁等级和来自其他数据库的信息，送到信息融合域，这些信息有的经过第一级预处理，有的可直接送到相应的融合领域范围外，相对于其他模型更强调了人在信息融合中的作用，这是人们在信息融合发展中认识上的升华。

五级模型中的"预滤波模块"可根据观测时间、报告位置、传感器类型、信息的属性和特征来分选和归并数据，控制进入第二级处理的信息量，以避免融合系统过载，这与四级模型的第零级相对应；"数据采集管理"用于控制融合的数据收集，包括传感器的选择、分配及传感器工作状态的优选和监视等。传感器任务分配要求预测动态目标的未来位置，计算传感器的指向角，规划观测和最佳资源利用，这与四级模型中的第四级处理有类似的功能和含义。

4）信息融合系统功能模型的新进展——六级模型

按照信息抽象的层次，在综合五级分类模型和四级分类模型优点的基础上，有的文献提出了信息融合功能的六级分类模型，图 10-1 给出了这种分级方法的功能框图。在图 10-1 中左边是信息源及要监视/跟踪的环境。融合功能主要包括信源预处理（第零级）、检测级融合（第一级）、位置级融合（第二级）、目标识别级融合（第三级）、态势估计（第四级）、威胁估计

(第五级)以及精细处理(第六级)。

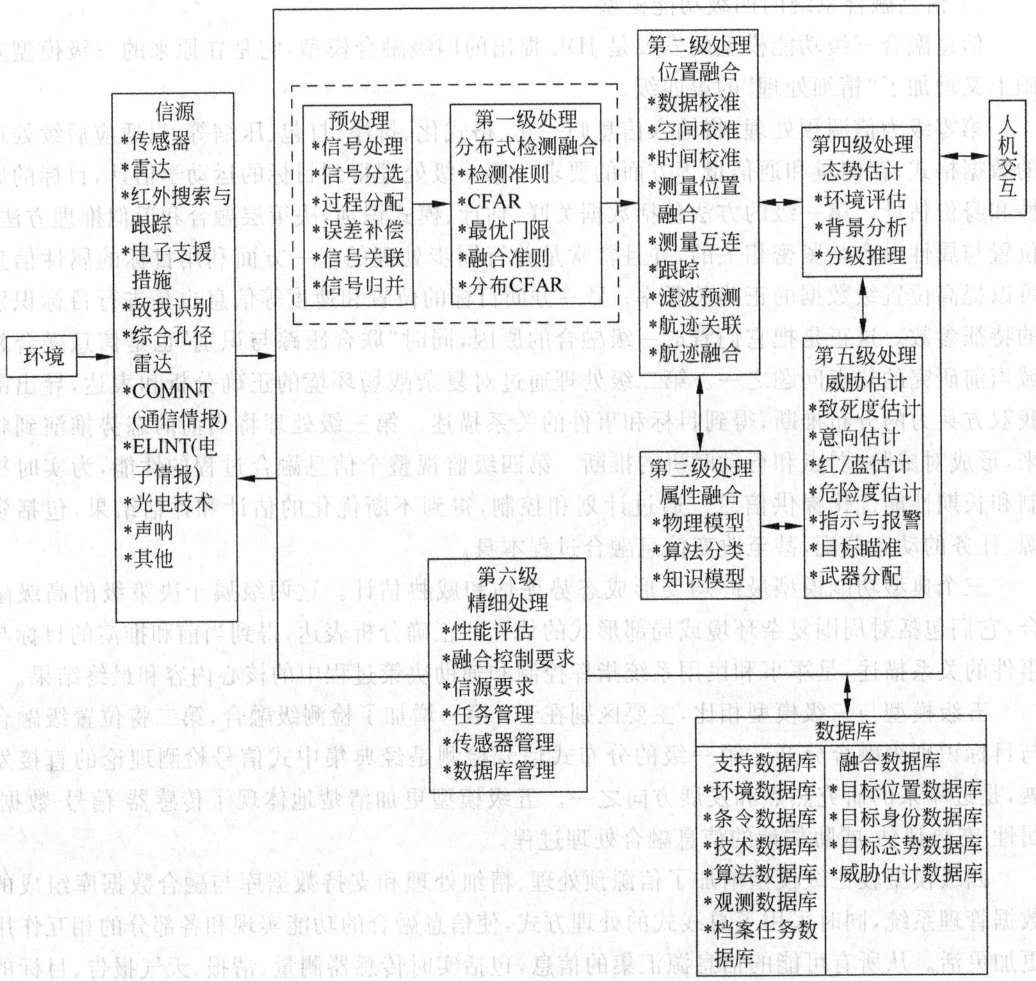

图 10-1　信息融合系统六级分类模型功能图

在信源预处理阶段,根据观测时间、报告位置、传感器类型、信息的属性和特征来分选和归并数据,主要是进行信号处理、信号分选、过程分配、误差补偿、像素级或信号级数据关联与归并等,其输出主要是信号、特征等。在多源信息融合系统中,对信息的预处理可以避免融合系统过载,也有助于提高融合系统性能。

第一级是检测级融合,它是信号处理级的信息融合,也是一个分步检测问题,它通常是根据所选择的检测准则形成最优化检测门限,以产生最终的检测输出。检测级融合的结构模型主要有 5 种,即分散式结构、并行结构、串行结构和树状结构,以及带反馈并行结构。近几年的研究方向是传感器向融合中心传送经过某种处理的检测和背景杂波统计量,然后在融合中心直接进行分布式恒虚警(CFAR)检测。

第二级是位置级融合,它是直接在信源的观测报告或测量点迹和信源的状态估计上进行的融合,包括时间和空间上的融合,它通过综合来自多个信源的位置信息建立目标的航迹和数据库,获得目标的位置和速度,主要包括数据校准、互连、跟踪、滤波预测、航迹关联及航迹融合等。该级主要有集中式、分布式、混合式和多级式结构。为了提高局部节点的跟踪能力，对分布式、混合式和多级式系统，其局部节点也经常接收来自融合节点的反馈信息。

美国于20世纪90年代中期提出了从“平台中心战”向“网络中心战”转变的新概念，网络中心跟踪就是在这一背景下位置级融合的新发展。一种简单的网络中心跟踪的形式为分配报告责任的分布式结构。如果一个平台将本平台探测的某一目标航迹通过通信链发给网内其他平台，则这个平台对该航迹具有报告责任。为了减少网络通信量，降低结构复杂度，一般情况下，每个目标航迹只有一个网内成员(平台)具有报告责任，是否具有报告责任以跟踪精确为依据，当多个成员同时跟踪到一个目标时，跟踪精度高者具有报告责任。在分布式复合跟踪结构下，每个平台都有自己的跟踪/控制器，处理后的本地目标航迹在网络上传送，航迹融合中心完成本地航迹与远程航迹的关联和融合，形成复合轨迹。根据融合中心的位置不同，分布式复合跟踪又可以分为集中式航迹融合和分布式航迹融合。

第三级是目标识别级融合，它是属性信息融合，也称属性分类或身份估计，是指对来自多个信源的目标识别(属性)数据进行组合，以得到对目标身份的联合估计。主要有决策级融合、特征级融合和数据级融合这三种方法。

第四级是态势估计，它是对战场上战斗力量分配情况的评价过程。它通过综合敌我双方及地理、气象环境等因素，将所观测到的战斗力量分布与活动和战场周围环境、敌作战意图及敌机动性能有机地联系起来，分析并确定事件发生深层原因，得到关于敌方兵力结构、使用特点的估计，最终形成战场综合态势图，包括目标聚类、事件/活动聚类、语义信息融合、多视图(Multi-Perspective)评估(如红色视图——我方态势，蓝色视图——敌方态势，白色视图——天气、地理等战场态势)等。综合态势图常见的有SIAP(Single Integrated Air Picture)、SISP(Single Integrated Sea Picture)、SIGP(Single Integrated Ground Picture)等。

第五级是威胁估计，其任务是在态势估计的基础上，综合敌方破坏能力、机动能力、运动模式及行为企图的先验知识，得到敌方兵力的战术含义，估计出作战事件的程度或严重性，并对作战意图做出指示与告警，重点是定量表示敌方作战能力，并估计地方企图。主要包括：估计/聚类作战能力、预测敌方意图、判断威胁时机、估计潜在事件(如兵力的弱点、关键事件时刻、威胁系统优先权排序、友方系统出现的可能性等)、进行多视图评估(如进攻、防御等)。

第六级为精细处理，包括评估、规划、管理和控制，主要有以下几个方面。

1) 性能评估

主要是通过对信息融合系统的性能评估，达到实时控制和/或长期改进的目的。主要包括以下几方面。

(1) 信息融合系统的工作性能评估，如MTBF、工作稳定性等。

(2) 信息融合系统的性能质量(MOP)度量，如目标跟踪精度、航迹正确关联概率、航迹错误关联概率、目标定位的GDOP、机动目标跟踪能力、最大跟踪目标数量、系统预警时间等。

(3) 信息融合系统的有效性度量(MOE)，它包含多类MOP，如武装力量对威胁识别和反应能力、信息融合系统防止对己方或友方的误伤的能力、对可重定位且时间紧迫(RTC)目标的态势感知能力等。

2) 融合控制要求

主要包括位置/身份要求、态势估计和威胁估计要求等。

3）信源要求

主要包括传感器任务、合格数据要求、参考数据要求等。

4）任务管理

主要包括任务要求和任务规划等。

5）信源管理

信源管理用于控制融合的数据收集、规划观测和最佳资源利用及信源工作状态的优选和监视等。

多源信息融合系统中的数据库系统主要包括支持数据库和融合数据库两类数据库，它是实际多源信息融合系统中必不可少的重要组成部分。其中，支持数据库包括环境数据库、条令数据库、技术数据库、算法数据库、观测数据库、档案任务数据库；融合数据库包括目标位置/身份数据库、态势估计数据库、威胁估计数据库等。为了使数据库管理正常运行，需要采用高速并行推理机制和不精确推理方式处理数据的海量性和不确定性。

图 10-2 进一步给出了对应六级分类模型的逻辑流程，它清晰地揭示了六级模型中各级模型之间的相互关系、输入输出信息及其信息流程。由六级功能框图和逻辑流程可以看出，该模型综合了四级和五级模型的优点，既对从检测到威胁估计的整个过程给出了清晰的划分，又突出了精细化处理，强调了人在信息融合中的作用；与三级模型相比，六级模型分类更合理、更便于指导人们对信息融合技术的研究。此外，还恰当地包含分布式检测融合，避免了三级模型和四级模型的不足。

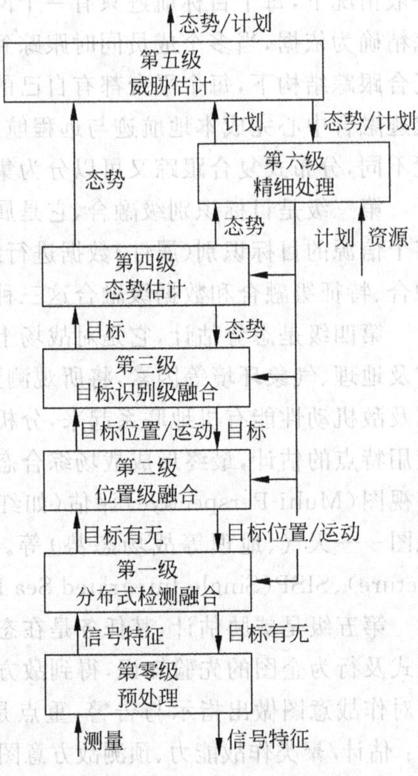

图 10-2 六级分类模型的逻辑流程

2. 信息融合系统的结构模型

由于在检测、位置和属性级信息融合中，系统结构模型直接决定着融合数学模型的设计与应用，因此仅讨论这三级中的信息融合结构模型的具体形式。

1）检测级融合结构

从分布检测的角度看，检测级融合的结构模型主要有五种，即分散式结构、并行结构、串行结构、树状结构和带反馈并行结构。

分散式空间结构的分布监测系统如图 10-3 所示，这种空间结构实际上是将并行结构中的融合节点 S_0 取消后得到的。每个局部决策 $U_i(i=1,\cdots,N)$ 又都是最终决策，信息融合体现在运用某种最优化准则来确定每个子系统的工作点。

并行结构的分布检测系统如图 10-4 所示，N 个局部节点 $S_1,S_2,\cdots,S_N$ 的传感器在收到未经处理的原始数据 $Y_1,Y_2,\cdots,Y_N$ 之后，在局部节点分别做出局部检测，判决 $U_1,U_2,\cdots,U_N$，然后，它们在检测中心通过融合得到全局决策 U_0。这种结构在分布检测系统中的应用较为广泛。

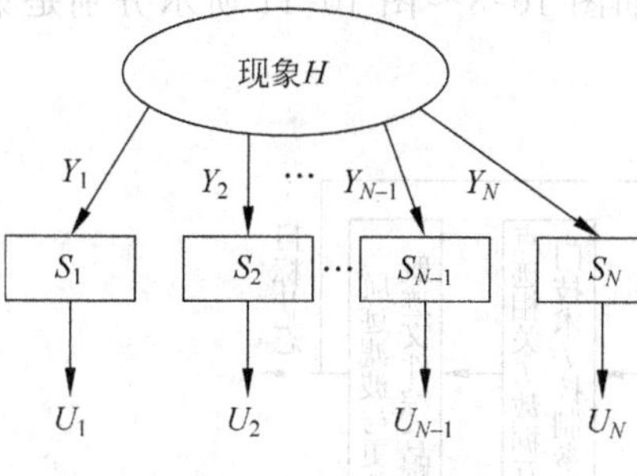

图 10-3 分散式结构

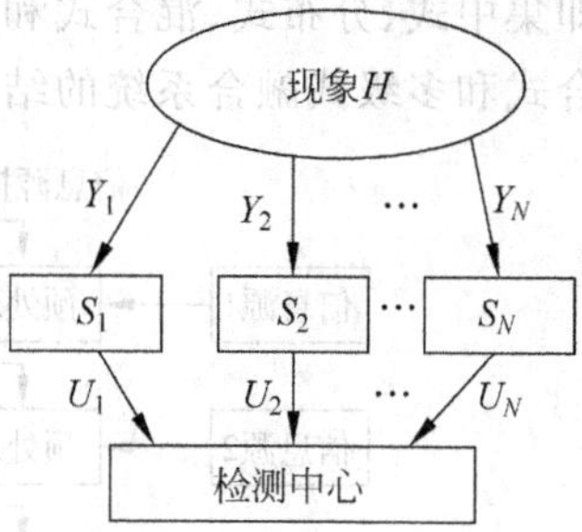

图 10-4 并行结构

图 10-5 为串行结构，N 个局部节点 $S_1,S_2,\cdots,S_N$ 分别接收各自的检测后，首先由节点 S_1 做出局部判决 U_1，然后将判决结果送到节点 S_2，而 S_2 则将它本身的检测与 U_1 融合后形成自己的判决 U_2，以后，重复前面的过程，信息继续向右传递，直到节点 S_N。最后，由 S_N 将它的检测 Y_N 与 U_{N-1} 融合做出判决 U_N，即 U_0。

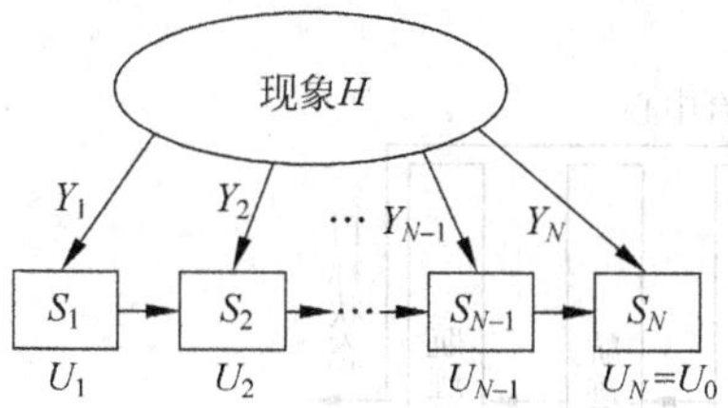

图 10-5 串行结构

图 10-6 是包含 5 个节点的树状结构，N 个节点的情况类似。在这种结构中，信息传递处理流程是从所有树枝到树根，最后，在树根即融合节点，融合从树枝传来的局部判决和自己的检测，做出全局判决 U_0。

图 10-7 表示的是带反馈的并行结构，在这种结构中，N 个局部检测器在接收到检测之后，把它们的决策送到融合中心，中心通过某种准则组合 N 个判决，然后把获得的全局判决分别反馈到各局部传感器作为下一时刻局部决策的输入，这种系统可明显改善各局部节点的判决质量。

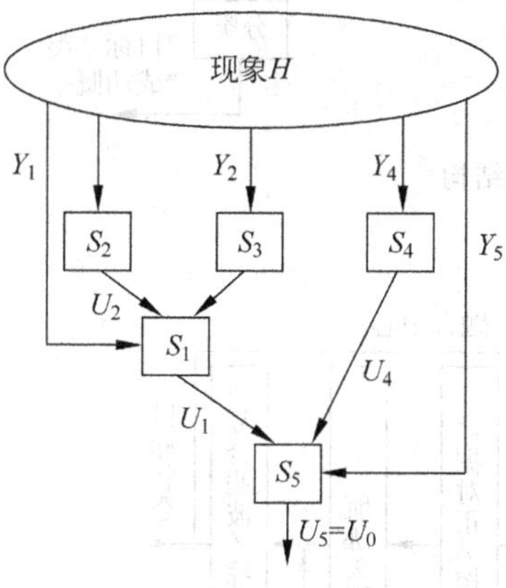

图 10-6 树状结构

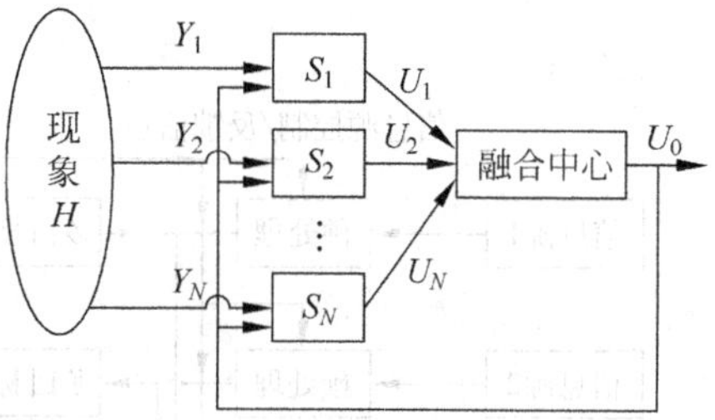

图 10-7 带反馈的并行结构

另外，如果每个局部节点接收一个或多个未经处理的原始数据，在局部节点分别做出局部判决，再利用局部判决结果得到全局判决，还可以构成多级式融合结构。

2）位置级融合结构

（1）基本融合结构

从多源系统的信息流通形式和综合处理层次上看，在位置融合级，其系统结构模型主要有 4 种，即集中式、分布式、混合式和多级式。如图 10-8～图 10-11 所示分别是集中式、分布式、混合式和多级式融合系统的结构框图。

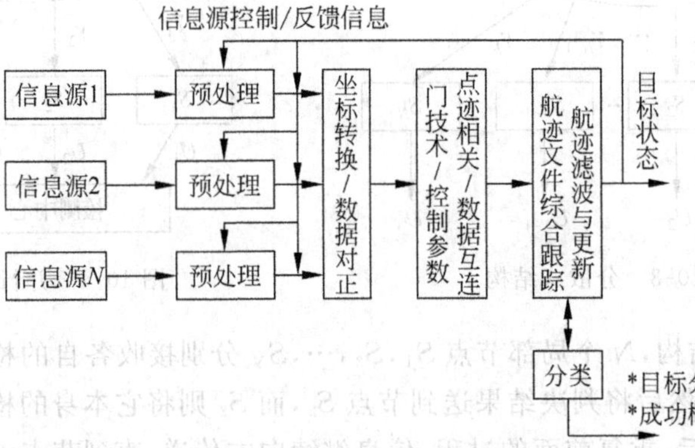

图 10-8 集中式融合结构

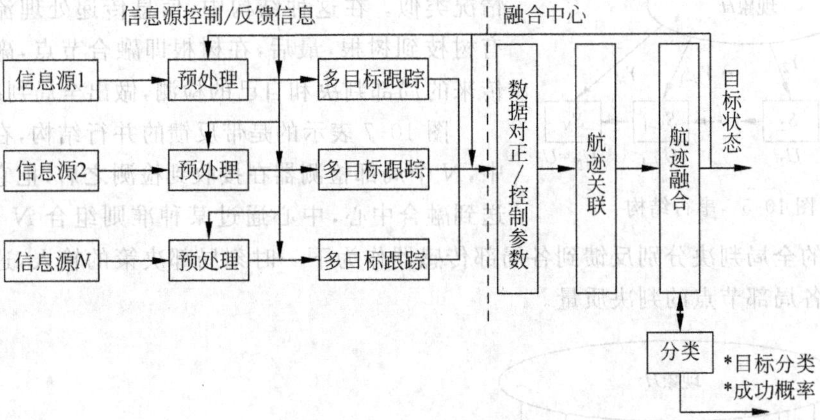

图 10-9 分布式融合结构

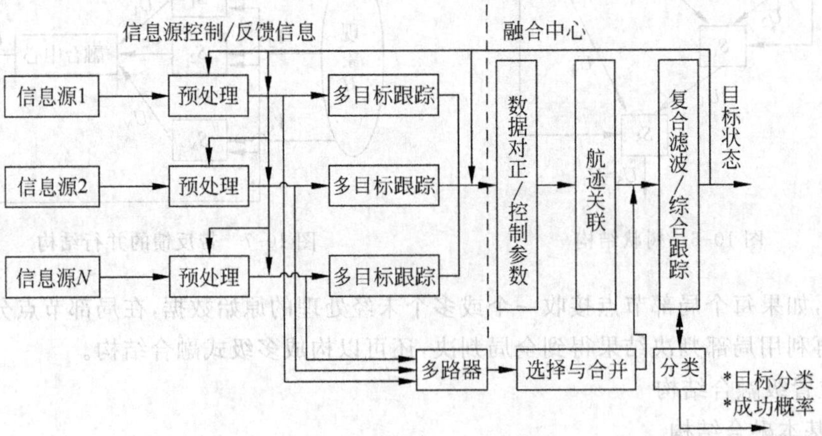

图 10-10 混合式融合结构

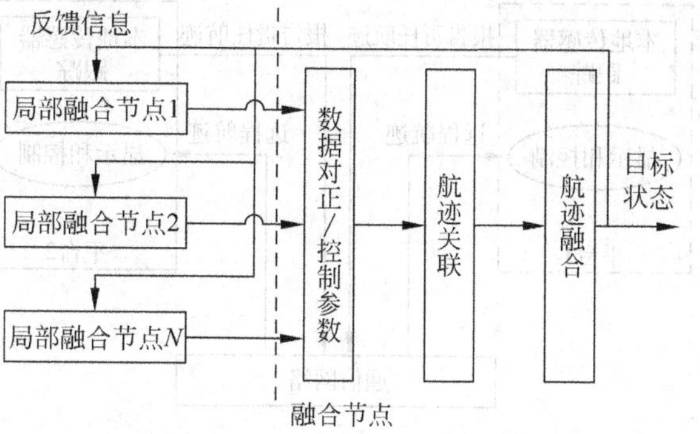

图 10-11 多级式融合结构

集中式结构将信源录取的检测报告传递到融合中心，在那里进行数据对正、点迹相关、数据互连、航迹滤波、预测与综合跟踪。

分布式结构的特点是：每个信源的检测报告在进入融合以前，先由它自己的数据处理器产生局部多目标跟踪航迹，然后把处理过的信息送至融合中心，中心根据各节点的航迹数据完成航迹关联和航迹融合，形成全局估计。

混合式同时传输探测报告和经过局部节点处理过的航迹信息，它保留了上述两类系统的优点，但在通信和计算上要付出昂贵的代价。对于安装在同一平台上的不同类型信息源，如雷达、敌我识别(IFF)、红外搜索与跟踪、电子支援措施(ESM)组成的信源群用混合式结构更合适。

在多级式结构中，各局部节点可以同时或分别是集中式、分布式或混合式的融合中心，它们将接收和处理来自多个信源的数据或来自多个跟踪器的航迹，而系统的融合节点要再次对各局部融合节点传送来的航迹数据进行关联和融合，也就是说目标的检测报告要经过两级以上的位置融合处理，因而把它称做多级式系统。

为了提高局部节点的跟踪能力，对分布式、混合式和多级式系统，其局部节点也经常接收来自融合节点的反馈信息。关于位置融合级还有有序融合等模式，对多源被动定位还有单、多基地系统之分。

(2) 扩展性融合结构

美国于 20 世纪 90 年代中期提出了从“平台中心战”向“网络中心战”转变的新概念，这种作战模式是将分布在广阔区域内的各种探测装置、指挥中心和各种武器连接成一个统一、高效的网络，实现战场态势和武器系统的共享。网络中心跟踪就是在这一背景下，对位置级信息融合的新发展，也是多平台多传感器多目标跟踪的具体形式。

一种简单的网络中心跟踪的形式为分配报告责任的分布式结构。如果一个平台将本平台探测的某一目标航迹通过通信链发给网内其他平台，则这个平台对该航迹具有报告责任。为了减少网络通信量，降低结构复杂度，一般情况下，每个目标航迹只有一个网内成员(平台)具有报告责任，是否具有报告责任以跟踪精确为依据，当多个成员同时跟踪到一个目标时，跟踪精度高者具有报告责任。图 10-12 给出了由两个平台组成的该结构示意图。

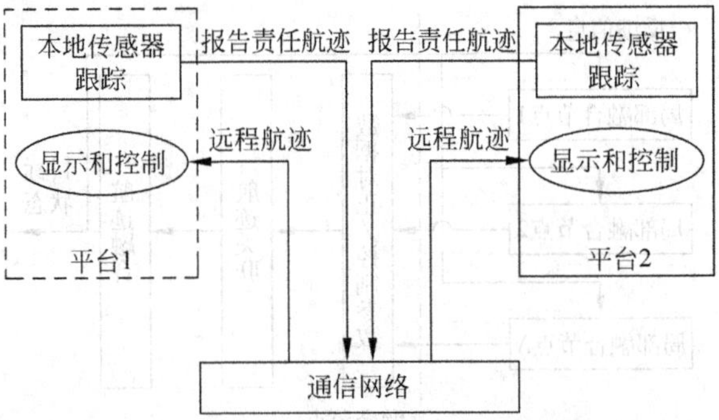

图 10-12　分配报告责任的分布式结构

利用来自多平台多传感器的信息输入得到目标状态的一致估计，称为复合跟踪(Composite Tracking)。集中式复合跟踪的融合结构如图 10-13 所示。在这种结构下，所有传感器的探测报告或互连测量报告(Associated Measurement Report，AMR)均送至复合跟踪器，进行航迹的起始、维持和终结等处理，处理后的复合航迹可以通过网络再传回各平台进行显示和控制。这种结构最大的特点是简单，但计算负担和通信负担大，系统的生存能力差。

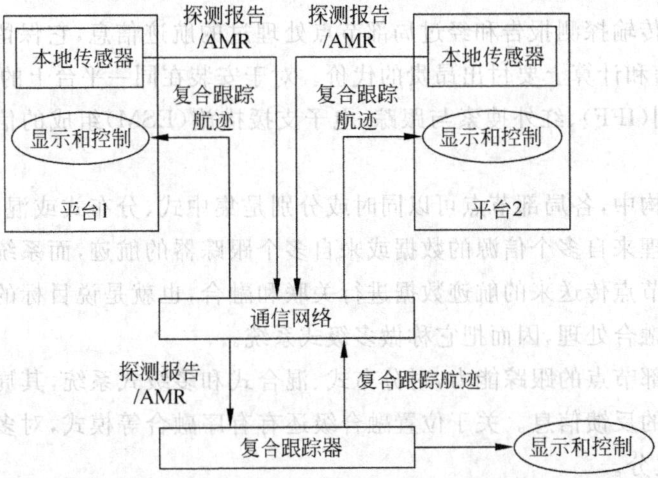

图 10-13　集中式复合跟踪的融合结构

在分布式复合跟踪结构下，每个平台均有自己的跟踪/控制器，处理后的本地目标航迹在网络上传送，航迹融合中心完成本地航迹与远程航迹的关联和融合，形成复合航迹。根据融合中心的位置不同，分布式复合跟踪又可分为集中式航迹融合和分布式航迹融合。集中式航迹融合中，所有网内成员的本地航迹经通信网络传送到融合中心，融合中心进行航迹融合后，将复合跟踪航迹反馈回各成员。图 10-14 给出了两个平台的分布式复合跟踪集中式航迹融合的结构示意图。分布式航迹融合中，各个平台上均设有融合中心，通信网络负责在各个平台间传递，将本地航迹和远程航迹在各个平台的融合中心独立进行融合，形成复合航迹。图 10-15 给出了两个平台的分布式复合跟踪分布式航迹融合的结构示意图。

在复合跟踪模式下，针对非顺序航迹(OOST)问题，S. Challa 提出了一种在已知数据时延的前提下，非顺序航迹的融合模型。为解决通信带宽的瓶颈问题，Y. H. Ruan 通过对参

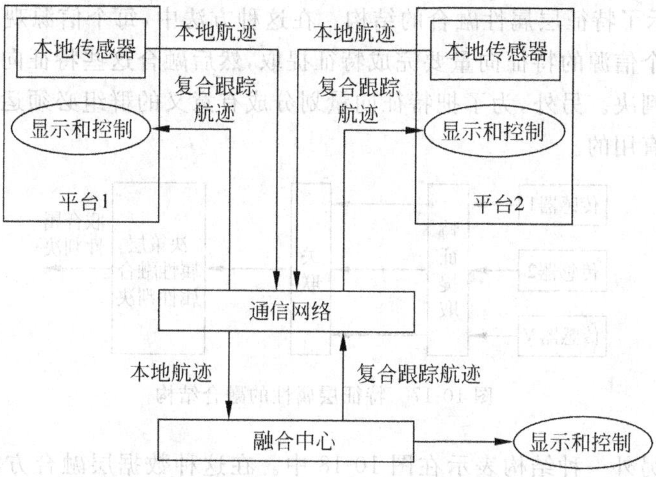

图 10-14 两个平台的分布式复合跟踪集中式航迹融合结构

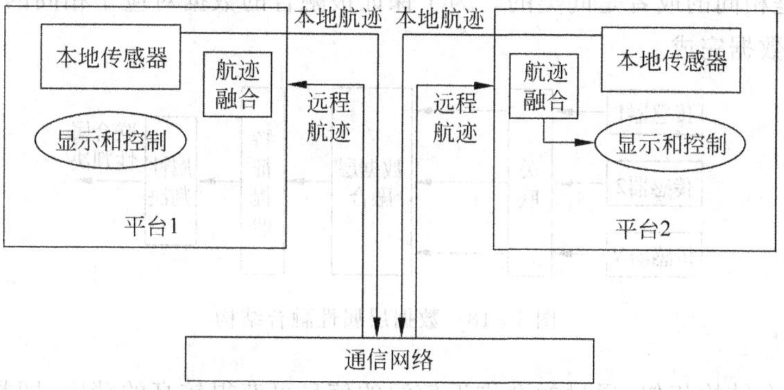

图 10-15 两个平台的分布式复合跟踪分布式航迹融合结构

与融合的估计值及其方差矩阵进行标、向量量化，提出了一种低通信带宽需求的航迹融合框架结构；O. E. Drummond 提出了利用前次融合时刻至今的传感器量测序列产生新的局部状态估计和协方差阵的子航迹(Tracklet)算法。

3）目标识别级融合结构

（1）基本融合结构

目标识别(属性)信息融合基本结构主要有三类：决策层属性融合、特征层属性融合和数据层属性融合。

图 10-16 给出了决策层属性融合结构。在这种方法中，每个信源为了获得一个独立的属性判决要完成一个变换，然后顺序融合来自每个信源的属性判决。其中 I/D_i 是来自第 i 个信源的属性判决结果。

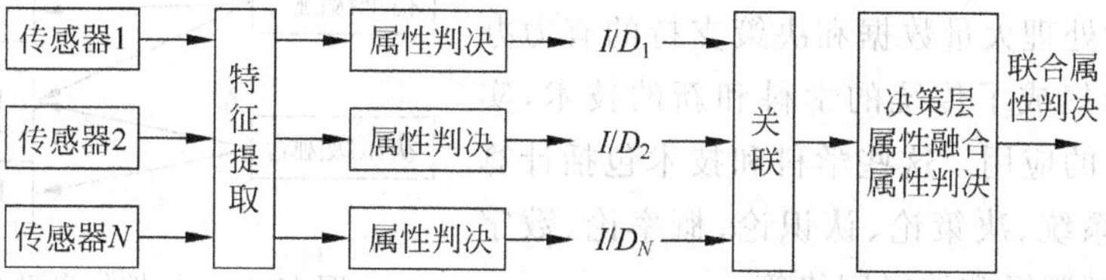

图 10-16 决策层属性融合结构

图 10-17 表示了特征层属性融合的结构。在这种方法中,每个信源观测一个目标,并且为了产生来自每个信源的特征向量要完成特征提取,然后融合这些特征向量,并基于联合特征向量做出属性判决。另外,为了把特征向量划分成有意义的群组必须运用关联过程,对此位置信息也许是有用的。

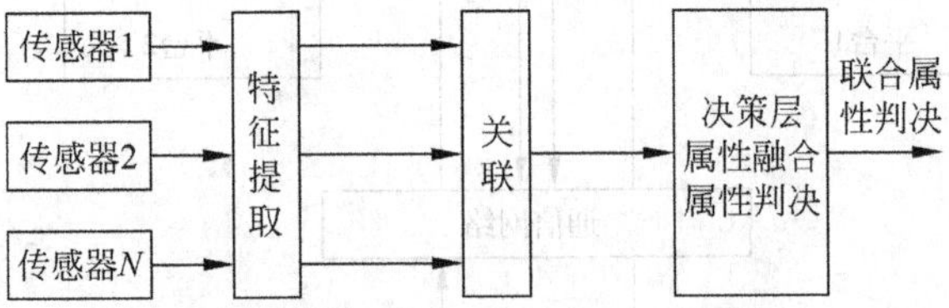

图 10-17　特征层属性的融合结构

属性融合的另外一种结构表示在图 10-18 中。在这种数据层融合方法中,直接融合来自同类信源的数据,然后是特征提取和来自融合数据的属性判决。为了完成这种数据层融合,信源必须是相同的或者是同类的。为了保证被融合的数据对应于相同的目标或客体,关联要基于原始数据完成。

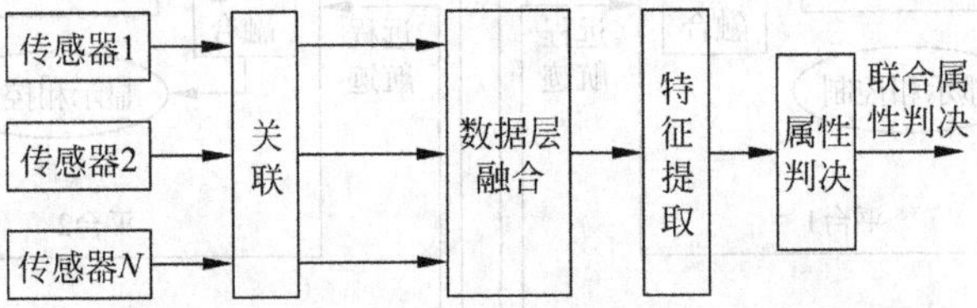

图 10-18　数据层属性融合结构

与位置融合结构相似,通过融合靠近信源的信息可获得较高的精度,即数据层融合可能比特征层精度高,而决策层融合可能最差。但数据层融合仅对产生同类观测的信源是适用的。当然通过这三种方法也可以组成其他混合结构。

(2) 灵活的数据-特征-决策组合融合结构

Dasarathy 将传统的数据级、特征级和决策级融合进一步细分为"数据入-决策出(DAI-DEO)"、"数据入-特征出(DAI-FEO)"、"特征入-特征出(FEI-FEO)"、"特征入-决策出(FEI-DEO)"和"决策入-决策出(DEI-DEO)"五级,如图 10-19 所示。该方法可用于构建灵活的信息融合系统结构,对于实际的应用研究也有指导意义。例如,对于由两个传感器构成的多传感器系统,利用 Dasarathy 的方法可构建出如图 10-20 所示的灵活信息融合系统结构。

10.2.2　多源信息融合算法概述

自 20 世纪 80 年代中期以来,多传感器信息融合技术成为处理大量数据和决策支持的有力办法。信息融合集成了传统的学科和新的技术,实现了信息融合的应用。这些学科和技术包括计算机学科、专家系统、决策论、认识论、概率论、数字信号处理、模糊逻辑和神经网络等。

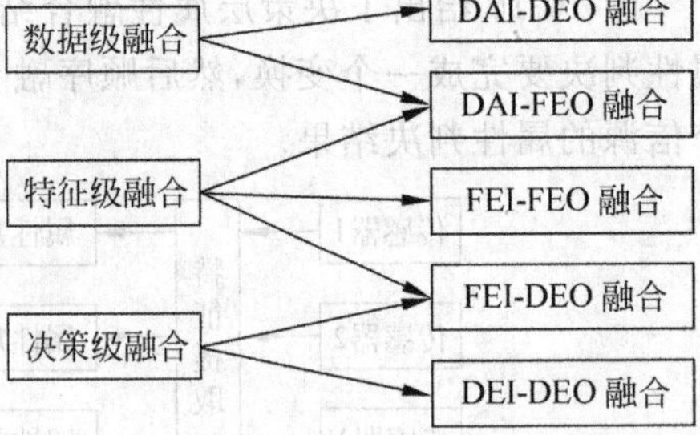

图 10-19　属性信息融合的结构

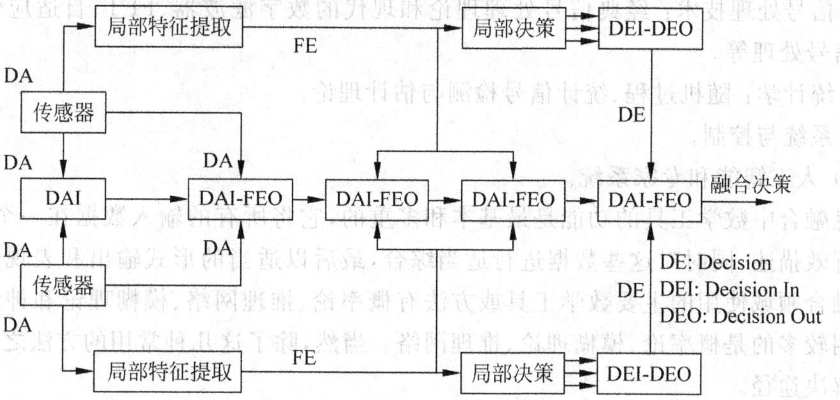

图 10-20 灵活的属性信息融合结构

1. 信息融合理论

信息融合理论分为基于概率论的方法和非概率论的融合方法。

1）基于概率论的方法

（1）经典概率理论。

（2）经典贝叶斯推理。

（3）贝叶斯凸集理论(Convex Set Bayesian)。

（4）信息论(Shannon 理论)等。

2）非概率的融合方法

（1）D-S 证据理论。

（2）模糊逻辑。

（3）人工神经网络。

（4）条件事件代数。

（5）随机集理论(Random Set Theory)。

（6）粗集(Rough Set)。

（7）鞅论。

（8）小波变换。

2. 信息融合的支撑学科

信息融合的支撑学科有如下几种。

（1）计算机科学与工程。

（2）信息论：Shannon 理论。

（3）数学：概率论、泛函分析、随机集与鞅论、最优化理论等。

（4）模式识别：目标基本的分类方法。

（5）理解与推理：不确定性推理。

（6）传感器技术：雷达(普通雷达、成像 SAR)、红外 IR 传感器(非成像、亚成像和成像)和声呐等。

(7) 信号处理技术：经典信号处理理论和现代的数字滤波器、FFT、自适应信号处理、多抽样信号处理等。

(8) 统计学：随机过程、统计信号检测与估计理论。

(9) 系统与控制。

(10) 人工智能和专家系统。

信息融合中数学工具的功能是最基本和多重的，它将所有的输入数据在一个公共空间内加以有效描述，同时对这些数据进行适当综合，最后以适当的形式输出和表现这些数据。在信息融合领域使用的主要数学工具或方法有概率论、推理网络、模糊理论和神经网络等，其中使用较多的是概率论、模糊理论、推理网络。当然，除了这几种常用的方法之外，还有其他很多解决途径。

3. 概率论

在融合技术中最早应用的就是概率论，在一个公共空间根据概率或似然函数对输入数据建模，在一定的先验概率情况下，根据贝叶斯规则合并这些概率以获得每个输出假设的概率，这样可以处理不确定问题。贝叶斯方法的主要难点在于对概率分布的描述，特别是当数据是由低档传感器给出时就显得更为困难，另外，在进行计算的时候，常常简单地假定信息源是独立的，这个假设在大多数情况下非常受限制；卡尔曼滤波方法则根据预先估计和最新观测，递推地提供对观测特性的估计。概率论和模糊集理论的综合应用给解决多源数据的融合问题提供了工具。

4. 推理网络

推理网络的构建和应用有着很长的历史，可以追溯到 1913 年一位名叫 John H. Wigmore 的美国学者所做的研究工作。近年来，许多对于分析复杂推理网络的理论往往基于贝叶斯规则的推论，并且都被归类于贝叶斯网络。贝叶斯网络在许多 AI 任务里都已作为对于不确定推理的标准化的有效方法。贝叶斯网络的优点是简洁、易于处理相关事件；缺点是不能区分不知道和不确定事件，并且要求处理的对象具有相关性。在实际运用中一般不知道先验概率，当假定的先验概率与实际矛盾时，推理结果很差，特别是在处理多假设和多条件问题时显得相当复杂。

证据理论在推理网络分析中也扮演着重要角色。证据推理是一种数学工具，它允许人们对不精确和不确定性问题进行建模，并进行推理，为组合不确定信息提供了另一条思路，它是概率论的推广。根据不同的决策模式，可以对信息的特殊性和确定性进行折中。证据理论在不确定性的表示、量度和组合方面的优势受到大家的重视，在改进自身不足的同时又结合其他方法的长处，先后推广到概率范围和模糊集，不仅可以像贝叶斯推理那样结合先验信息，而且能够处理像语言一样的模糊概念证据；其缺点是对结果往往给出过高估计，对未进行冲突处理的许多算法、输入数据的微小变化会对输出造成很大的影响，当处理的对象相容性较大时，其性能变坏。

5. 模糊理论

模糊集理论是基于分类的局部理论，因此，从产生起就有许多模糊分类技术得以发展。

隶属函数可以表达词语的意思，这在数字表达和符号表达之间建立了一个便利的交互接口。在信息融合的应用中主要是通过与特征相连的规则对专家知识进行建模；另外，可以采用模糊理论来对数字化的信息进行严格的、折中或是宽松的建模。模糊理论的另外一个方面是可以处理非精确描述问题，还能够自适应地归并信息，对估计过程的模糊拓展可以解决信息或决策冲突问题，应用于传感器融合、专家意见综合以及数据库融合，特别是在信息很少，又只是定性信息的情况下效果较好。

6. 神经网络

神经网络是由大量互连的处理单元连接而成，它基于现代神经生物学和认知科学在信息处理领域应用的研究成果。神经网络应用于信息融合的历史并不长。它具有大规模并行模拟处理、连续时间动力学和网络全局作用等特点，有很强的自适应学习能力，从而可以替代复杂耗时的传统算法，使信号处理过程更接近人类思维活动。利用神经网络的高速并行运算能力，可以实时实现最优信号处理算法。利用神经网络分布式信息存储和并行处理的特点，可以避开模式识别方法中建模和特征提取的过程，从而消除由于模型不符合特征选择不当带来的影响，并实现实时识别，以提高识别系统的性能。

神经网络的层或节点可以用多种方式相互连接，对输入向量进行非线性变换，当输入输出关系未知时，可以得到较为理想的结果。为了获取概率、可能性或证据分布数据，也可将神经网络技术与前述理论结合使用。比如在处理冲突信息问题中，与基于迭代优化的神经网络方法相比，聚类法计算复杂性较低，但性能也略逊一些。将 Pottsspin 理论和证据推理相结合，得到快速神经网络聚类法，较好地兼顾了上述问题。

10.3 贝叶斯信息融合方法

10.3.1 贝叶斯统计理论概述

Bayes 统计得名于英国学者 Thomas Bayes。他的重要著作《论归纳推理的一种新方法》是在他去世两年后才发表的，其中包含众所周知的公式——Bayes 公式。后来的统计学者把这个公式的思想发展为一整套统计推理的原理和方法，这就是 Bayes 统计。Bayes 统计理论的形成是 20 世纪数理统计发展的一个重大事件，并已成为数理统计学中最有影响的分支之一。Bayes 统计学派和古典统计学派的基本观点是对立的，它对古典统计学派的批判有如下几点。

(1) 古典统计仅能估计两个假设，即假设 H_0 和与其相对的备选假设 H_1。

(2) 古典统计将参数 θ 看作一个固定的数值，只知道它属于参数空间，在抽样之前，对它一无所知，不考虑 θ 的先验信息，这对于先验信息确实存在的情形是十分可惜的。

(3) 在古典统计中精度和信度是前定的，即在抽样之前就确定下来，而不依赖于样本，这通常是不合理的。

Bayes 统计学派对古典统计学派的这些批评，是一个很实质的批评。因为，从实用的观点看，把一个统计推断的精度和信度与所有的样本联系起来是自然的。认为不论样本取值如何，精度和信度都有一个事先指定的值，是不合理的。古典统计的特征有两条：一个是它不用先验分布，另一个是它涉及的概率，必须允许有一种频率解释。由于第二个特征，在古典统计中，精度和信度都必须从大量重复的意义上去解释，不是只与当前的试验结果有关，必须把当前的试验结果看成无限多可能结果之一，因而精度和信度必须是事先指定的。下面从 Bayes 公式入手来简要介绍 Bayes 统计理论的基本观点。

考查一个随机试验，在这个试验中，n 个互不相容的事件 $A_1, A_2, \cdots, A_n$ 必发生一个，且只能发生一个，用 $P(A_i)$ 表示 A_i 的概率，则有

$$\sum_{i=1}^{n} P(A_i) = 1 \tag{10-1}$$

设 B 为任一事件，则根据条件概率的定义及全概率公式，有

$$P(A_i \mid B) = \frac{P(B \mid A_i)P(A_i)}{\sum_{j=1}^{n} P(B \mid A_j)P(A_j)}, \quad i = 1, 2, \cdots, n \tag{10-2}$$

这就是著名的 Bayes 公式。

在式(10-2)中，$P(A_1), P(A_2), \cdots, P(A_n)$ 表示 $A_1, A_2, \cdots, A_n$ 出现的可能性，这是在做试验前就已知的事实，这种知识叫做先验信息，这种先验信息以一个概率分布的形式给出，常称为先验分布。

先假设在试验中观察到 B 发生了，由于这个新情况的出现，对事件 $A_1, A_2, \cdots, A_n$ 的可能性有了新的估计(认识)，这个知识是在做试验后获得的，可称为后验知识，此处也以一个概率分布 $P(A_1 | B), P(A_2 | B), \cdots, P(A_n | B)$ 的形式给出，显然有

$$\left.\begin{aligned} & P(A_i \mid B) \geqslant 0 \\ & \sum_{i=1}^{n} P(A_i \mid B) = 1 \end{aligned}\right\} \tag{10-3}$$

这称为“后验分布”。它综合了先验信息和试验提供的新信息，形成了关于 A_i 出现的可能性大小的当前认识。这个由先验信息到后验信息的转化过程就是 Bayes 统计的特征。

由以上可以看到，Bayes 统计的基本观点是把未知参数 θ 看作一个有一定概率分布的随机变量，这个分布总结了在抽样以前对 θ 的了解(即先验分布)，这一点是 Bayes 统计理论与古典统计学派的本质区别。Bayes 学派认为，处理任何统计分析问题，在利用样本所提供的信息时也必须利用先验信息，以先验分布为基础和出发点。

由此可见，在 Bayes 统计中如何构造先验分布是一个十分重要的问题。下面简要介绍这方面的知识。

一种确定先验分布的方法是利用历史观测。在这种方法中或者具有对随机变量 θ 的观测资料，或者虽然无法直接观测 θ，却能观测某一与之有关的随机变量 x，x 间接地提供了 θ 的信息。这个方法是一种客观的方法。因而即使对 Bayes 统计的基本观点持异议的人，一般也不反对用这一方法确定参数的先验分布。另一种方法是利用主观概率假定先验分布。这种方法是依据统计者的经验对各事件假定的概率，构造先验分布。尽管统计学者在提出某种先验分布的形式时，常有其以往的经验作为背景，但这种经验不是系统的、有条理的。故据此对各事件假定概率时，不可避免地有其主观成分，故常称为主观概率。基于这种方法的 Bayes 统计也称为主观 Bayes 统计。在这种情形中，主观先验分布的形式因人而异，这一点正是 Bayes 统计的支持者和反对者之间引起重大争论的一个问题。

下面通过基于贝叶斯统计理论的属性识别来说明贝叶斯统计理论在多源信息融合领域中的应用方法。

10.3.2 基于贝叶斯统计理论的信息融合

假设有 m 个传感器用于获取未知目标的参数数据。每一个传感器基于传感器观测和特定的传感器分类算法提供一个关于目标属性的说明(关于目标属性的一个假设)。设 O_1, $O_2,\cdots,O_n$ 为所有可能的 n 个目标,$D_1,D_2,\cdots,D_m$ 表示 m 个传感器各自对于目标属性的说明。$O_1,O_2,\cdots,O_n$ 实际上构成了观测空间的 n 个互不相容的穷举假设,则由式(10-1)和式(10-2)得

$$\sum_{i=1}^{n} P(O_i) = 1 \tag{10-4}$$

$$P(O_i \mid D_j) = \frac{P(D_j \mid O_i)P(O_i)}{\sum_{i=1}^{n} P(D_j \mid O_i)P(O_i)}, \quad i = 1,2,\cdots,n;\ j = 1,2,\cdots,m \tag{10-5}$$

基于贝叶斯统计理论的属性识别框图如图 10-21 所示。

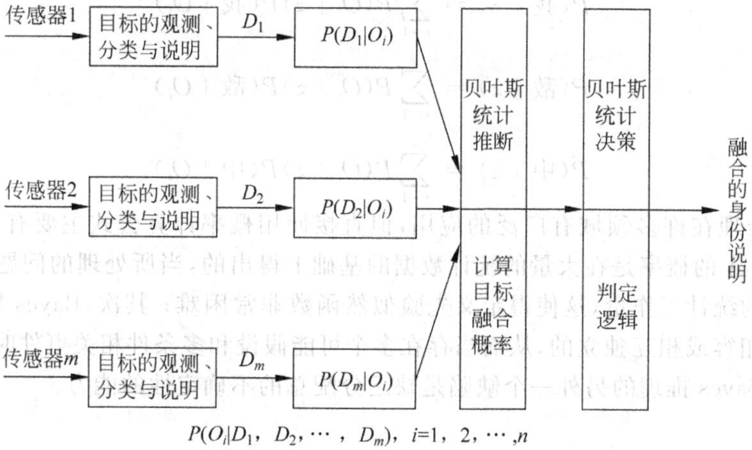

图 10-21 基于贝叶斯统计理论的身份识别

由图可见,B 融合识别算法的主要步骤如下。

(1) 将每个传感器关于目标的观测转化为目标属性的分类与说明 $D_1,D_2,\cdots,D_m$。

(2) 计算每个传感器关于目标属性说明或判定的不确定性,即 $P(D_j \mid O_i)$,$j=1,2,\cdots,m$;$i=1,2,\cdots,n$。

(3) 计算目标属性的融合概率:

$$P(O_i \mid D_1,D_2,\cdots,D_m) = \frac{P(D_1,D_2,\cdots,D_m \mid O_i)P(O_i)}{\sum_{i=1}^{n} P(D_1,D_2,\cdots,D_m \mid O_i)P(O_i)}, \quad i = 1,2,\cdots,n \tag{10-6}$$

如果 $D_1,D_2,\cdots,D_m$ 相互独立,则

$$P(D_1,D_2,\cdots,D_m \mid O_i) = P(D_1 \mid O_i)P(D_2 \mid O_i)\cdots P(D_m \mid O_i) \tag{10-7}$$

下面通过一个具体的例子来说明 Bayes 方法的应用,这个例子是 Hall 首先使用的,后来被广泛引用。

例 10.3.1 设有两个传感器，一个是敌-我-中识别(IFFN)传感器，另一个是电子支援测量(ESM)传感器。

设目标共有 n 种可能的机型，分别用 $O_1,O_2,\cdots,O_n$ 表示，先验概率 $P_{\text{IFFN}}(x|O_i)$ 已知，其中 x 表示敌、我、中三种情形之一。对于传感器 IFFN 的观测 z，应用全概率公式，得 $P_{\text{IFFN}}(z|O_i)=P_{\text{IFFN}}(z|\text{我})P(\text{我}|O_i)+P_{\text{IFFN}}(z|\text{敌})P(\text{敌}|O_i)+P_{\text{IFFN}}(z|\text{中})P(\text{中}|O_i)$。对于 ESM 传感器，能在机型级上识别飞机属性，有

$$P_{\text{ESM}}(z\mid O_i)=\frac{P_{\text{ESM}}(O_i\mid z)P(z)}{\sum_{i=1}^{n}P(O_i\mid z)P(z)},\quad i=1,2,\cdots,n$$

根据式(10-7)和式(10-6)，基于两个传感器的融合似然为

$$P(z\mid O_i)=P_{\text{IFFN}}(z\mid O_i)P_{\text{ESM}}(z\mid O_i)$$

$$P(O_i\mid z)=\frac{P(z\mid O_i)P(O_i)}{\sum_{i=1}^{n}P(z\mid O_i)P(O_i)},\quad i=1,2,\cdots,n$$

从而

$$P(\text{我}\mid z)=\sum_{i=1}^{n}P(O_i\mid z)P(\text{我}\mid O_i)$$

$$P(\text{敌}\mid z)=\sum_{i=1}^{n}P(O_i\mid z)P(\text{敌}\mid O_i)$$

$$P(\text{中}\mid z)=\sum_{i=1}^{n}P(O_i\mid z)P(\text{中}\mid O_i)$$

Bayes 推理在许多领域有广泛的应用，但直接使用概率计算公式主要有两个困难：首先，一个证据 A 的概率是在大量的统计数据的基础上得出的，当所处理的问题比较复杂时，需要非常大的统计工作量，这使得定义先验似然函数非常困难；其次，Bayes 推理要求各证据之间是不相容或相互独立的，从而当存在多个可能假设和多条件相关事件时，计算复杂性迅速增加。Bayes 推理的另外一个缺陷是缺乏分配总的不确定性的能力。

10.4 信息的模糊决策融合算法

10.4.1 模糊逻辑概述

自从 1965 年 Zadeh 发表关于模糊集理论的文章以来，模糊集理论已在工业控制、医疗诊断、经济决策、模式识别等领域得到广泛应用，随着模糊逻辑和可能性原理的提出和深入研究，它们在不确定推理模型的设计和多传感器信息融合中显示出越来越强大的优势，在多传感器数据融合中也得到重要的应用。

对于许多需要采集、处理和集成多源信息的系统来说，要想达到自主和有效就需要通过某种方法，将一种传感器提供的不完备、不一致或不准确数据与其他传感器提供的数据进行融合，以得到更有用的信息。传感器融合为这类问题的解决提供了途径。传感器融合问题的实质是一种推理机制，通过它可以将通常以概率密度函数或模糊关系函数形式给出的两个(或多个)不同知识源或传感器的评价指标变换为单值评价指标，该指标不仅能反映每一

种传感器所提供的信息，而且能反映仅从单个传感器无法得到的知识。

1. 模糊理论

模糊集合是带有隶属度的元素集合。设 U 是论域，U 上的一个模糊集合 A 由隶属函数 μ_A 表征，即 $\mu_A:U\to[0,1]$，则称 $\mu_A(x)$ 为 x 关于模糊集 A 的隶属度。模糊关系是普通集合论中关系的推广，一个有限论域上的二元模糊关系可以表示 6210 隶属矩阵的形式。

2. 模糊推理

模糊推论是以模糊判断为前提，使用模糊推理规则，以模糊判断为结论的推理。模糊推理在许多方面与人类的模糊思维、决策和推理十分类似，因而研究其特征和规律具有重要的意义。模糊推理有多种模式，在专家系统中，常用的基本模式有：①基于模糊（因果）关系的合成推理模式；②模糊条件推理模式。根据“若 $X=A$，则 $Y=B$”构造 $X\times Y$ 上的模糊关系的方法不同，也根据所选择的模糊合成运算的方法不同，在模糊条件推理领域形成了多种不同的模糊推理方法。其中比较有名的有以下几种。

(1) Zadeh 的模糊推理方法（一种称为条件命题的极大极小规则；另一种称为条件命题的算术规则）。

(2) Mamdani 的模糊推理方法。

(3) Mizumoto 的模糊推理方法。

3. 模糊关系函数的融合

多个模糊关系融合函数可以进行融合，融合结果是输入的函数。不失一般性，现以两个模糊关系函数的融合为例进行讨论。

考虑两个模糊关系函数 $\mu(x,y)$ 和 $\eta(x,y)$，融合结果将是两个输入的函数，即

$$f(\mu(x,y),\eta(x,y))=\Phi(x,y) \tag{10-8}$$

由于 $0\leqslant\mu,\eta\leqslant1$，将 f 用泰勒级数表示并忽略高阶项得到

$$\Phi=C_{00}+C_{10\mu}+C_{01}\eta \tag{10-9}$$

由于希望输出只与两个输入有关，故忽略常数，并归一化输出得到

$$\Phi=\alpha\mu+\beta\eta\quad \alpha+\beta=1 \tag{10-10}$$

4. 决策树方法提取模糊规则

在许多实际系统和应用中，无法通过专家经验和先验知识得到模糊规则，如何从大量的试验数据和样本中提取和获得模糊规则成为一个很实际和很有应用价值的问题。

决策树是一个树状结构，它的每一个树节点可以是叶节点，对应着某一类。也可以对应着一个分化，将该节点对应的样本集划分成若干个子集，每个子集对应一个节点。对一个分类问题或规则学习问题，决策树的生成是一个从上至下，分而治之的过程。它从根节点开始，对数据样本进行测试，根据不同的结果将数据样本划分成不同的数据样本子集，每个数据样本子集构成一子节点。对每个子节点再进行划分，生成新的子节点。不断反复，直至达到特定的终止准则。生成的决策树每个叶节点对应一个分类。

对于生成的决策树，可从根节点开始，由上至下，提取规则；也可对数据点进行分类或

预报。对一个样本进行分类时，从树的根节点开始，根据每个节点对应的划分将其归到相应的子节点，直至叶节点。叶节点所对应的类别就是该样本对应的分类。从一个决策树中提取分类规则的方法如下：对每一个叶节点，求出从根节点到该叶节点的路径。该路径上所有节点的划分条件并在一起，即构成一条分类规则。n 个节点对应着 n 条规则。

1）决策树算法框架

决策树的生成是一个从上至下，分而治之的过程，是一个递归的过程。设数据样本集为 S，算法框架如下：①如果数据样本集 S 中所有样本都属于同一类或者满足其他终止规则，则 S 不再划分，形成叶节点；②否则，对 S 进行划分，得到 n 个子样本集，记为 S_i。再对每个 S_i 迭代执行步骤①。经过 n 次递归，最后生成决策树。

决策树的一种构造方法是先产生所有可能的决策树，再在其中选取结构最简单的决策树作为最优的决策树。但是构造最优的决策树是一个 NP 完全问题，这种方法是不可行的。因此要寻求启发式方法来构造较优的决策树，希望在每个节点处都能选取好的划分，这样构造的决策树可以认为是较优的。每个划分由两部分决定：①划分模型，即采用何种形式的划分。②模型参数，要构造好的决策树就希望能在每个节点处找到好的划分，即寻求优化的模型参数。因此，必须首先定义评价划分好坏的标准。

2）评价标准

设样本共有 m 个模糊概念。设某一节点共有 k 个样本，某个划分将这 k 个样本分成 n 个子空间，即形成 n 个子节点。T_i 表示第 i 个子节点；$|T_i|$ 表示 T_i 中样本个数；$L_{i,j}$ 表示 T_i 中第 j 类样本的个数（$1 \leqslant i \leqslant n$）。令 $\mu_{i,j}$ 表示样本集中的 l 个样本对第 j 个模糊概念的隶属度。$U_{i,j}$ 表示样本集 T_i 中第 j 个模糊概念的隶属度之和

$$U_{i,j} = \sum_{l=1}^{|T_i|} \mu_{i,j} \tag{10-11}$$

则定义

$$\text{Entropy} = \sum_{i=1}^{n} \frac{|T_i|}{k} E_i(*) \tag{10-12}$$

式中

$$E_i = \frac{U_{i,j}}{|T_i|} \log_2 \frac{U_{i,j}}{|T_i|} \tag{10-13}$$

Entropy 表示信息熵。则信息增益＝Entropy2－Entropy1。Entropy1 和 Entropy2 分别表示划分前后的信息熵。采用修改后的衡量准则，构造决策树。设共有 n 个隶属度，对每个叶节点，计算对各个模糊度的样本隶属度的和

$$\text{sum}(i) = \sum f_i, \quad (i = 1,2,\cdots,n) \tag{10-14}$$

令

$$p_i = \text{sum}(i) \Big/ \sum_{i=1}^{n} \text{sum}(i), \quad (i = 1,2,\cdots,n) \tag{10-15}$$

式中 p_i——该节点属于第 i 个模糊度的概率。设 $p_m = \max(p_i)$，$(i=1,2,\cdots,n)$，则该节点归为 m 类。

5. 可能性理论

不精确性是模糊命题的固有特性，而且这种不精确性主要是可能性，而不是随机性，可

能性假说是解释命题的可能性的基础。假说认为，若 X 除命题“X 是 F”之外没有任何其他信息，则 $X=u$ 的可能性在数值上等于 u 在 F 中的隶属程度。X 的可能性分布可看作是其各种可能值的模糊集合的关系函数，其中这些值是互不相容的。

“$X\in F$ 的确定性为 a”的信息可表示为

$$\forall u\in U,\quad \prod\nolimits_x(u)=\max[\mu_F(u),1-a] \tag{10-16}$$

该式表示 X 的值在 U 之外的可能性等于 $1-a$。

在可能性理论中，不完全可信证据的表达问题与模糊表述的确定性和可能性条件问题密切相关，“X 为 F 的确定性为 a”可表示为

$$\forall u\in U,\quad \prod\nolimits_x(u)\leqslant \max[\mu_F(u),1-a] \tag{10-17}$$

“X 为 F 的可能性为 a”可表示为

$$\forall u\in U,\quad \prod\nolimits_x(u)\geqslant \min[\mu_F(u),a] \tag{10-18}$$

10.4.2 多传感器模糊关系函数的融合

当从一个传感器(知识源)获得了某个目标的一些信息，可能还希望得到该目标的其他附加知识，该附加知识使用该传感器可能无法测到，而另一种传感器能够提供该信息，也就是说，两种传感器中的哪一个都能提供彼此所不能提供的必要信息，在这种情况下，不是除去那些只被一种传感器未证实的信息，而是增加信息，这称为知识源证实原理。为应用知识源证实原理，应使 $\varphi(x,y)$ 尽可能接近其最大值，这可通过使 $1-\varphi$ 最小，即

$$\min\left[\iint_{\Theta}(1-\varphi)^2\mathrm{d}x\mathrm{d}y\right] \tag{10-19}$$

来实现。

假设两个传感器为 S1 和 S2，如果 S2 的意见与 S1 的信任函数一致，则可以说 S2 的意见使 S1 的信任增强；反之，如果 S2 的意见与 S1 的信任产生矛盾，则 S2 的意见将使 S1 撤销它的信任。在两种情况之间是一连续过程，需要做出选择，确定出究竟如何处理的意见，该规则称为信任增强/撤销原理，表示为

$$\min\left[\iint_{\Theta}\|\nabla(\alpha\mu-\beta\eta)\|^2\mathrm{d}x\mathrm{d}y\right] \tag{10-20}$$

可得到

$$\nabla^2 a+A_1a_x+A_2a_y+A_3a=C \tag{10-21}$$

式中

$$A_1=2\frac{\mu_x+\eta_x}{\mu+\eta},A_2=2\frac{\mu_y+\eta_y}{\mu+\eta},A_3=\frac{\nabla^2\mu+\nabla^2\eta}{\mu+\eta}-\frac{(\mu-\eta)^2}{\lambda^2(\mu+\eta)^2} \tag{10-22}$$

解出 α，则最终融合函数为

$$C=\frac{(\eta-1)(\mu-\eta)}{\lambda^2(\mu+\eta)^2}+\frac{\nabla^2\eta}{\mu+\eta} \tag{10-23}$$

10.4.3 基于可能性理论的信息融合应用

可能性理论实现信息融合有以下问题：首先，没有唯一的融合模式；其次，融合模式的

选择取决于信息源可靠性的假设。如果所有信息源都可靠，则不需要所研究变量的先验知识，且可以用对称方式对信息进行融合。目前有逻辑乘和逻辑加两种基本的对称融合模式，逻辑乘适用于所有信息源都相同且可靠的情况；逻辑加适用于信息源不相同且其中一个信息源可靠的情况。这些方法分别由模糊集的交和并实现。在逐点模糊集运算中，有几种方法可用来定义可能性分布的逻辑乘和逻辑加融合。令 π_i 为信息源 i 的可能性分布，则：

$$\forall u \in U, \pi \wedge (u) = * \pi_i(u) \quad \text{(模糊集的交)} \tag{10-24}$$

$$\forall u \in U, \pi \vee (u) = \perp \pi_i(u) \quad \text{(模糊集的并)} \tag{10-25}$$

式中，$*$ 可分别定义为：

$$a * b = \min(a,b), a * b = a \cdot b, a * b = \max(0, a + b - 1) \tag{10-26}$$

相应地，$\perp$ 可分别定义为：

$$a \perp b = \max(a,b), a \perp b = a + b - a \cdot b, a \perp b = \min(1, a + b) \tag{10-27}$$

当所有的信息源并不一样可靠时，可使用定量加权的优先融合规则，给每个信息源一个可靠性评价指标 ω_i，则每个信息源提供的信息受确定度 ω_i 的限制，逻辑乘融合规则可改进为

$$\forall u, \pi(u) \leqslant \min(\max(\pi_i(u), 1 - \omega_i)) \tag{10-28}$$

如果将模糊逻辑和可能性框架与概率模型或 Dempster-Shafer 模型等其他不确定模型进行比较就会发现，模糊逻辑和可能性框架可以用极其简单的方式表达不确定性和不准确性，特别是当不确定性是根据主观感觉而不是精确的统计获得时，使用模糊集和可能性模型最适合。

10.5 Dempster-Shafer 证据理论

10.5.1 Dempster-Shafer 证据理论概述

证据理论又称登普斯特-谢弗(D-S)理论或信任(Belief)函数理论，是经典概率理论的扩展。这一理论产生于 20 世纪 60 年代。首先 Dempster 提出了构造不确定推理模型的一般框架，即建立了命题和集合之间的一一对应，把命题的不确定问题，转化为集合的不确定问题。20 世纪 70 年代中期，他的学生 Shafer 对该理论进行了扩充，并在《论据的数学理论》一书中用信任函数和似然度(Plausibility Measure)重新解释了该理论，从而形成了处理不确定信息的证据理论。Dempster 和 Shafer 在证据理论中引入了信任函数，它满足比概率论弱的公理，并能够区分不确定和不知道的差异。在 Bayes 随机试验中，当所有基本的假设 $O_1, O_2, \cdots, O_n$ 互不相容并且不存在不确定性测度时，D-S 理论与 Bayes 方法产生同样的结果，即当概率值已知时，证据理论就变成了概率论。因此概率论是证据理论的一个特例。当先验概率难以获得时，证据理论就比概率论合适。D-S 证据理论为不确定信息的表达和合成提供了强有力的方法，特别适用于决策级信息融合。

D-S 方法与其他方法的区别在于：它具有两个值，即对每个命题指派两个不确定性度量(类似但不等于概率)；存在一个证据属于一个命题的不确定性测度，使得这个命题似乎可能成立，但使用这个证据又不直接支持或拒绝它。下面首先给出几个基本定义。

设Ω是样本空间,Ω由一互不相容的陈述集合组的幂集2^{Ω}构成命题集合。

定义 10.5.1 基本概率分配函数 M

设函数M是满足下列条件的映射:

$$M:2^{\Omega} \rightarrow [0,1] \tag{10-29}$$

(1) 不可能事件的基本概率是0,即

$$M(\Phi) = 0 \tag{10-30}$$

(2) 2^{Ω}中全部元素的基本概率之和为1,即

$$\sum_{A\subseteq\Omega} M(A) = 1 \tag{10-31}$$

则称M是2^{Ω}上的概率分配函数,$M(A)$称为A的基本概率数,表示对A的精确信任。

定义 10.5.2 命题的信任函数 Bel

对于任意假设而言,其信任度$\mathrm{Bel}(A)$定义为A中全部子集对应的基本概率之和,即

$$\mathrm{Bel}: 2^{\Omega} \rightarrow [0,1] \tag{10-32}$$

$$\mathrm{Bel}(A) \sum_{B\leqslant A} M(B),\text{对所有的 } A \subseteq \Omega \tag{10-33}$$

Bel 函数也称为下限函数,表示对A的全部信任。由概率分配函数的定义容易得到

$$\mathrm{Bel}(\Phi) = M(\Phi) = 0 \tag{10-34}$$

$$\mathrm{Bel}(\Omega) = \sum_{B\subseteq\Omega} M(B) \tag{10-35}$$

定义 10.5.3 命题的似然函数 Pl

$$\mathrm{Pl}: 2^{\Omega} \rightarrow [0,1] \tag{10-36}$$

$$\mathrm{Pl}(A) = 1 - \mathrm{Bel}(-A),\text{对所有的 } A \subseteq \Omega \tag{10-37}$$

Pl 函数也称为上限函数或不可驳斥函数,表示对A非假设的信任程度,即表示对A似乎可能成立的不确定性度量。

容易证明,信任函数和似然函数有如下关系:

$$\mathrm{Pl}(A) \geqslant \mathrm{Bel}(A),\text{对所有的 } A \subseteq \Omega \tag{10-38}$$

A的不确定性由

$$u(A) = \mathrm{Pl}(A) - \mathrm{Bel}(A) \tag{10-39}$$

表示。对偶$(\mathrm{Bel}(A),\mathrm{Pl}(A))$称为信任空间,它反映了关于$A$的许多重要信息。D-S 证据理论对$A$的不确定性的描述可以用图 10-22 表示。

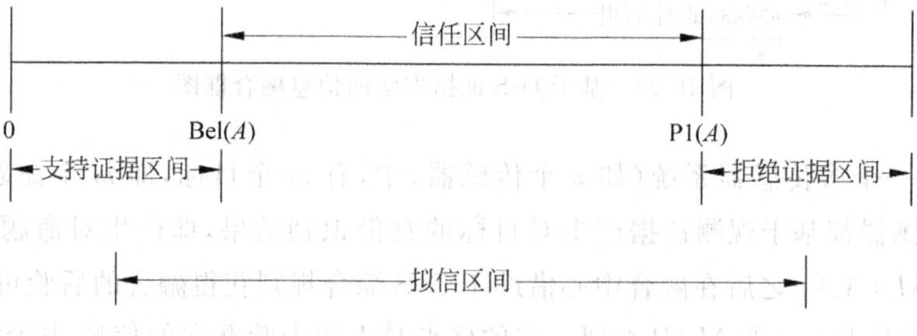

图 10-22 证据区间和不确定性

以上过程首先是靠人的经验和感觉给出假设的基本概率分配函数M,然后由该函数给出取值在[0,1]上的置信度和似然度,信任度和似然度分别是对假设信任程度的下限估

计——悲观估计和上限估计——乐观估计。从这两个测度再得出后验可信度分配值,就可以得到证据推理的模式。

定义 10.5.4 (两个信任函数的组合规则):

设 M_1 和 M_2 是 Ω 上的两个概率分配函数,则其正交和 $M=M_1+M_2$ 定义为

$$M(\Phi)=0 \tag{10-40}$$

$$M(A)=c^{-1}\sum_{x\cap y=A}M_1(x)M_2(y),\quad 当 A\neq\Phi \tag{10-41}$$

其中

$$c=1-\sum_{x\cap y=\Phi}M_1(x)M_2(y)=\sum_{x\cap y\neq\Phi}M_1(x)M_2(y) \tag{10-42}$$

如果 $c\neq0$,则正交和 M 也是一个概率分配函数;如果 $c=0$,则不存在正交和 M,称 M_1 和 M_2 矛盾。

多个概率分配函数的正交和 $M=M_1+M_2+\cdots+M_n$ 定义为

$$M(\Phi)=0 \tag{10-43}$$

$$M(A)=c^{-1}\sum_{\cap A_i=A}\prod_{1\leqslant i\leqslant n}M_i(A_i),\quad 当 A\neq\Phi \tag{10-44}$$

其中

$$c=1-\sum_{\cap A_i=\Phi}\prod_{1\leqslant i\leqslant n}M_i(A_i)=\sum_{\cap A_i\neq\Phi}\prod_{1\leqslant i\leqslant n}M_i(A_i) \tag{10-45}$$

10.5.2 基于 Dempster-Shafer 证据理论的信息融合

图 10-23 给出了基于 D-S 证据方法的信息融合框图。由图可见,这种系统的信息融合首先对每个传感器获得的信息计算各个证据的基本概率分配函数、置信度和似然度;然后根据 D-S 证据方法的组合规则计算所有证据联合作用下的基本概率分配函数、置信度和似然度;最后根据给定的判决准则选择置信度和似然度最大的假设作为系统最终融合结果。

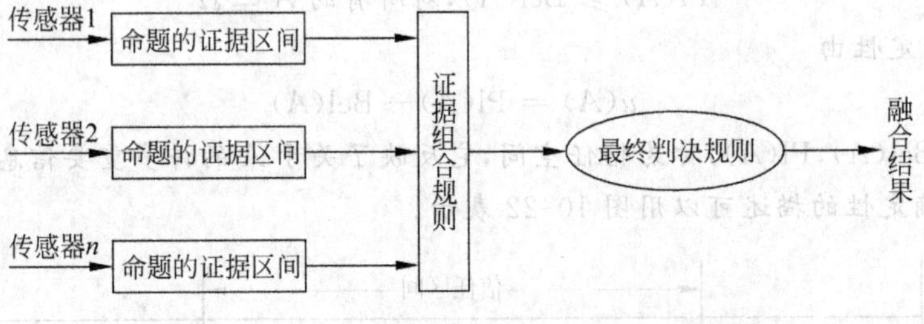

图 10-23 基于 D-S 证据方法的信息融合框图

例如,在一个多传感器系统(如 n 个传感器)中,有 m 个目标,即 m 个命题 $A_1,A_2,\cdots,A_m$。每个传感器都基于观测证据产生对目标的身份识别结果,即产生对命题 A_i 的后验可信度分配值 $M_j(A_j)$;之后在融合中心借助于 D-S 综合规则获得融合的后验可信度分配值;最后判定逻辑与 Bayes 的 MAP 类似。它的优点是无须先验概率的信息,因此在故障诊断、目标识别、综合规则等领域得到了广泛的应用。

在贝叶斯方法中,决策的结果非此即彼,不能将不确定与不知道严格分开,而证据理论弥补了这一不足。

1. 单传感器多测量周期可信度分配的融合

设传感器在各个测量周期中，通过不断的目标态势和固定不变的先验可信度分配而获得的后验可信度分配为

$$M_1(A_i), M_2(A_i), \cdots, M_n(A_i), \quad i = 1, 2, \cdots, k$$
$$u_1, u_2, \cdots, u_n \tag{10-46}$$

式中 $M_j(A_j)$——在第 j 个周期中($j=1,2,\cdots,n$)对命题 A_i 的可信度分配值；

u_i——第 i 个周期未知命题的可信度分配值。

由式(10-45)可得该传感器依据 n 个测量周期的累积量测对 k 个命题的融合后验可信度分配为

$$M(A_i) = c^{-1} \sum_{\cap A_j = A_i} \prod_{1 \leqslant s \leqslant n} M_s(A_i), \quad i = 1, 2, \cdots, k \tag{10-47}$$

其中

$$c = 1 - \sum_{\cap A_i = \Phi} \prod_{1 \leqslant s \leqslant n} M_s(A_i) = \sum_{\cap A_i \neq \Phi} \prod_{1 \leqslant s \leqslant n} M_s(A_i) \tag{10-48}$$

特别地，“未知”命题的融合后验可信度分配为

$$u = c^{-1} u_1 u_2 \cdots u_n \tag{10-49}$$

2. 多传感器多测量周期可信度分配的融合

设有 m 个传感器，各个传感器在各测量周期上获得的后验可信度分配为

$$\begin{cases} M_{sj}(A_i), \quad i = 1, 2, \cdots, k; \quad j = 1, 2, \cdots, n; \quad s = 1, 2, \cdots, m \\ u_{sj} = M_{sj}(\Omega), \quad j = 1, 2, \cdots, n; \quad s = 1, 2, \cdots, m \end{cases} \tag{10-50}$$

式中 $M_{sj}(A_i)$——第 s 个传感器($s=1,2,\cdots,m$)在第 j 个测量周期($j=1,2,\cdots,n$)上对命题 $A_i(i=1,2,\cdots,k)$的后验可信度分配；

u_{sj}——对“未知”命题的可信度分配。

以下分为两种情况讨论多传感器多测量周期命题可信度分配的融合。

1) 中心式计算

如图 10-24 所示，中心式计算的主要思想是，首先对于每一个传感器，基于 n 个周期的累积量测计算每一个命题的融合后验可信度分配，然后基于这些融合后验可信度分配，进一步计算总的融合后验可信度分配。

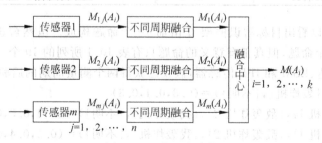

图 10-24 中心式计算

中心式计算的步骤如下。

(1) 根据式(10-45)，计算每一个传感器依据各自 n 个周期的累积量测所获得的各命题的融合后验可信度分配

$$M_s(A_i)=c^{-1}\sum_{\cap A_j=A_i}\prod_{1\leqslant j\leqslant n}M_{sj}(A_i),\quad i=1,2,\cdots,k \tag{10-51}$$

其中

$$c_s=1-\sum_{\cap A_i=\Phi}\prod_{1\leqslant j\leqslant n}M_{sj}(A_i)=\sum_{\cap A_i\neq\Phi}\prod_{1\leqslant j\leqslant n}M_{sj}(A_i) \tag{10-52}$$

特别地，“未知”命题的融合后验可信度分配为

$$u_s=c^{-1}u_{s1}u_{s2}\cdots u_{sn} \tag{10-53}$$

(2) 将 m 个传感器看作一个传感器系统，即

$$M(P)=c^{-1}\sum_{\cap A_j=P}\prod_{1\leqslant s\leqslant m}M_s(A_i),\quad i=1,2,\cdots,k,\quad P\subseteq\Omega \tag{10-54}$$

其中

$$c=\sum_{\cap A_i\neq\Omega}\prod_{1\leqslant s\leqslant n}M_s(A_i) \tag{10-55}$$

特别地，“未知”命题的融合后验可信度分配为

$$u=c^{-1}u_1u_2\cdots u_m \tag{10-56}$$

例 10.5.2 假设空中目标可能有 10 种机型，4 个机型类(轰炸机、大型机、小型机、民航)，三个识别属性(敌、我、不明)。下面列出 10 个可能机型的含义，并用一个 10 维向量表示 10 个机型。再考虑对目标采用中频雷达、ESM 和 IFF 传感器，从而考虑这三类传感器探测特性，最后给出如表 10-1 所示的 19 个有意义的识别命题及相应的向量表示。

表 10-1 命题的向量表示

序号	含义	向量表示	序号	含义	向量表示
1	我轰炸机	1000000000	11	我小型机	0011000000
2	我大型机	0100000000	12	敌小型机	0000001010
3	我小型机 1	0010000000	13	敌轰炸机	0000100100
4	我小型机 2	0001000000	14	轰炸机	1000100100
5	敌轰炸机 1	0000100000	15	大型机	0100010000
6	敌轰炸机	0000010000	16	小型机	0011001010
7	敌小型机 1	0000001000	17	敌	0000111110
8	敌轰炸机 2	0000000100	18	我	1111000000
9	敌小型机 2	0000000010	19	不明	1111111111
10	民航机	0000000001			

由表 10-1 可以看出目标辨识框架 Ω 由前 10 个命题构成。虽然辨识框架的幂集可能有 $2^{10}-1=1023$ 个命题，但真正有意义的命题只有表 10-1 所列的 19 个。

对于中频雷达、ESM 和 IFF 传感器，假设已获得两个测量周期的后验可信度分配数据：

M_{11}({民航}，{轰炸机}，{不明})=(0.3，0.4，0.3)

M_{12}({敌轰炸机 1}，{敌轰炸机 2}，{我轰炸机}，{不明})=(0.4，0.3，0.2，0.1)

M_{22}({敌轰炸机 1}，{敌轰炸机 2}，{我轰炸机}，{不明})=(0.4，0.4，0.1，0.1)

M_{31}({我}，{不明})=(0.6，0.4)

M_{32}({我}，{不明})=(0.4，0.6)

其中 M_{sj} 表示第 s 个传感器($s=1,2,3$)在第 j 个测量周期($j=1,2$)上对命题的后验可信度分配函数。

$$c_1 = M_{11}(\text{民航})M_{12}(\text{民航}) + M_{11}(\text{民航})M_{12}(\text{不明}) + M_{11}(\text{不明})M_{12}(\text{民航})$$
$$+ M_{11}(\text{轰炸机})M_{12}(\text{轰炸机}) + M_{11}(\text{不明})M_{12}(\text{轰炸机}) + M_{11}(\text{轰炸机})M_{12}(\text{不明})$$
$$+ M_{11}(\text{不明})M_{12}(\text{不明})$$
$$= 0.24 + 0.43 + 0.06 = 0.73$$

或者另外一种方法求

$$c_1 = 1 - \{M_{11}(\text{民航})M_{12}(\text{轰炸机}) + M_{11}(\text{轰炸机})M_{12}(\text{民航})\}$$
$$= 1 - (0.3 \times 0.5 + 0.4 \times 0.3)$$
$$= 0.73$$

$$\sum_{\cap A_j = \{\text{民航}\}} \prod_{1 \leqslant j \leqslant 2} M_{1j}(A_i)$$
$$= M_{11}(\text{民航})M_{12}(\text{民航}) + M_{11}(\text{民航})M_{12}(\text{不明}) + M_{11}(\text{不明})M_{12}(\text{民航})$$
$$= 0.24$$

从而

$$M_1(\text{民航}) = 0.24/0.73 = 0.328\,76$$

同理可得

$$M_1(\text{轰炸机}) = 0.43/0.73 = 0.589\,04$$
$$M_1(\text{不明}) = 0.06/0.73 = 0.0822$$
$$M_2(\text{敌轰炸机 1}) = 0.24/0.49 = 0.489\,79$$
$$M_2(\text{敌轰炸机 2}) = 0.19/0.49 = 0.387\,55$$
$$M_2(\text{我轰炸机}) = 0.05/0.49 = 0.1024$$
$$M_2(\text{不明}) = 0.01/0.49 = 0.020\,408$$
$$M_3(\text{我机}) = 0.76/1 = 0.76$$
$$M_3(\text{不明}) = 0.24/1 = 0.24$$

故

$$c = 1 - \{M_1(\text{不明})M_2(\text{敌轰炸机 1})M_3(\text{我机}) + M_1(\text{不明})M_2(\text{敌轰炸机 2})M_3(\text{我机})$$
$$+ M_1(\text{轰炸机})M_2(\text{敌轰炸机 1})M_3(\text{我机}) + M_1(\text{轰炸机})M_2(\text{敌轰炸机 2})M_3(\text{我机})$$
$$+ M_1(\text{民航})M_2(\text{敌轰炸机 1})M_3(\text{我机}) + M_1(\text{民航})M_2(\text{敌轰炸机 1})M_3(\text{不明})$$
$$+ M_1(\text{民航})M_2(\text{敌轰炸机 2})M_3(\text{我机}) + M_1(\text{民航})M_2(\text{敌轰炸机 2})M_3(\text{不明})$$
$$+ M_1(\text{民航})M_2(\text{我轰炸机})M_3(\text{我机}) + M_1(\text{民航})M_2(\text{我轰炸机})M_3(\text{不明})$$
$$+ M_1(\text{民航})M_2(\text{不明})M_3(\text{我机})\}$$
$$= 1 - 0.771 = 0.229$$

$$M(\text{轰炸机}) = 0.002\,885/0.229 = 0.012\,598$$
$$M(\text{敌轰炸机 1}) = 0.0789/0.229 = 0.344\,54$$
$$M(\text{敌轰炸机 2}) = 0.062\,46/0.229 = 0.2728$$
$$M(\text{我轰炸机}) = 0.0808/0.229 = 0.3528$$
$$M(\text{我机}) = 0.001\,275/0.229 = 0.005\,567$$
$$M(\text{民航}) = 0.002\,28/0.229 = 0.01$$
$$M(\text{不明}) = 0.000\,403/0.229 = 0.001\,76$$

2) 分布式计算

如图 10-25 所示,分布式计算的主要思想是:首先在每一个给定的测量周期,计算基于所有传感器所获得的融合后验可信度分配，然后基于在所有周期上所获得的融合后验可信度分配计算总的融合后验可信度分配。

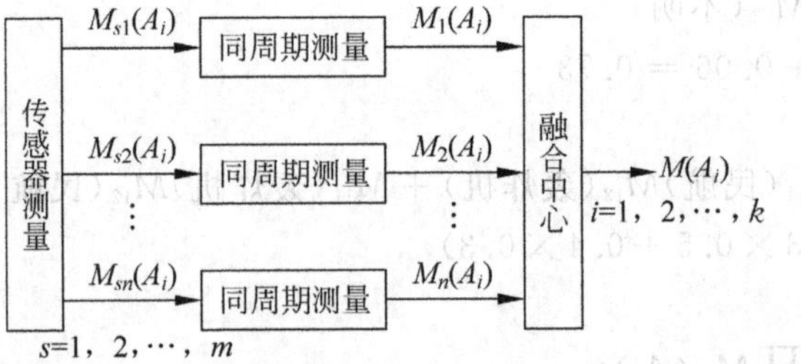

图 10-25　分布式计算

分布式计算的步骤如下。

(1) 根据式(10-47)，计算在每一个测量周期上所有传感器所获得的各个命题的融合后验可信度分配

$$M_j(P) = c_j^{-1} \sum_{\cap A_i = P} \prod_{1 \leqslant s \leqslant m} M_{sj}(A_i), \quad P \subseteq \Omega \tag{10-57}$$

其中

$$c = \sum_{\cap A_i \neq \Phi} \prod_{1 \leqslant s \leqslant m} M_{sj}(A_i) \tag{10-58}$$

特别地，"未知"命题的融合后验可信度分配为

$$u_j = c_j^{-1} u_{1j} u_{2j} \cdots u_{mj} \tag{10-59}$$

(2) 基于各个周期上的可信度分配计算总的融合后验可信度分配，即

$$M(P) = c^{-1} \sum_{\cap A_j = P} \prod_{1 \leqslant j \leqslant m} M_j(A_i) \quad P \subseteq \Omega \tag{10-60}$$

其中

$$c = \sum_{\cap A_i \neq \Phi} \prod_{1 \leqslant j \leqslant n} M_j(A_i) \tag{10-61}$$

特别地，"未知"命题的融合后验可信度分配为

$$u = c^{-1} u_1 u_2 \cdots u_n \tag{10-62}$$

对于上面的例子，应用分布式计算方法，容易计算得到第一周期和第二周期的各命题的三种传感器融合的各命题的可信度分配如下。

第一周期

M_1(轰炸机) = 0.038 278　　M_1(敌轰炸机 1) = 0.269 742

M_1(敌轰炸机 2) = 0.200 975　　M_1(我轰炸机) = 0.392 345

M_1(我机) = 0.043 062　　M_1(民航) = 0.028 708

M_1(不明) = 0.028 708

第二周期

M_2(轰炸机) = 0.060 729　　M_2(敌轰炸机 1) = 0.340 081

M_2(敌轰炸机 2) = 0.340 081　　M_2(我轰炸机) = 0.182 186

M_2(我机) = 0.016 195　　M_2(民航) = 0.036 437

M_2(不明) = 0.024 291

第三周期

M(轰炸机)$=0.011\ 669$　　M(敌轰炸机1)$=0.284\ 939$

M(敌轰炸机2)$=0.252\ 646$　M(敌轰炸机1)$=0.284\ 939$

M(我机)$=0.041\ 791$　　M(民航)$=0.006\ 513$

M(不明)$=0.001\ 628$

10.6 Vague集模糊信息融合

10.6.1 Vague集定义

定义 10.6.1 Vague集令 X 是一个点(对象)的空间,其中,任意一个元素用 x 表示;X 中的一个Vague集 A 用一个真隶属函数 $t_A(x)$ 和一个假隶属函数 $f_A(x)$ 表示;$t_A(x)$ 是从支持 x 的证据所导出的肯定隶属度下界;$f_A(x)$ 则是从反对 x 的证据所导出的否定隶属度下界;$t_A(x)$ 和 $f_A(x)$ 将区间[0,1]中的一个实数与 X 中的每一个点联系起来,即 $t_A:X\to[0,1]$,$f_A(x):X\to[0,1]$,其中,$t_A(x)+f_A(x)\leqslant 1$。称 $h_A(x)=1-t_A(x)-f_A(x)$ 为元素 x 相对Vague集 A 的Vague度,它刻画了元素 x 相对Vague集 A 的不确定程度。元素 x 在Vague集 A 的隶属度被区间[0,1]的一个子区间 $[t_A(x),1-f_A(x)]$ 所界定,如 $A=[t_A(x),1-f_A(x)]=[0.5,1-0.2]$,此时 x 属于Vague集 A 的程度可解释为:x 属于 A 的程度为0.5,x 不属于 A 的程度为0.2,不确定程度为0.3。它也可用投票模型来解释:赞成票5票,反对票2票,弃权票3票。

设 A 为一个Vague集,当 X 为连续时,有

$$A=\int_x [t_A(x),1-f_A(x)]/x;\quad x\in X \tag{10-63}$$

当 X 为离散时,有

$$A=\sum^{n}[t_A(x_i),1-f_A(x_i)]/x_i;\quad x_i\in X \tag{10-64}$$

10.6.2 信息融合模型描述

在多传感器信息融合过程中,有时要利用多个传感器对多个目标进行测量,如何根据各传感器的测量结果从众多的目标中选择一个最逼近真实目标值方案,取决于多传感器对多目标的数据采集和信息融合的有效综合,存在着信息的描述、组织、关联及结果的评价等因素。基于Vague集的多传感器信息融合方法正是运用Vague集理论描述决策任务、组织和关联数据及评价决策结果的过程。下面给出的适合信息融合的相应定义。

定义 10.6.2 设 O 为目标集合,S 为传感器集合,$O=\{O_1,O_2,\cdots,O_m\}$,$S=\{S_1,S_2,\cdots,S_n\}$。传感器 $S_1,S_2,\cdots,S_n$ 对目标 O_i 的刻画程度可用Vague集表示为 $O_i=\{(S_1,[t_{i1},1-f_{i1}]),(S_2,[t_{i2},1-f_{i2}]),\cdots,(S_n,[t_{in},1-f_{in}]),i=1,2,\cdots,m\}$。其中,$t_{ij}$ 表示传感器 S_j 对目标 O_i 的确定程度;f_{ij} 表示传感器 S_j 对目标 O_i 的不确定程度;$t_{ij}\in[0,1]$,$f_{ij}\in[0,1]$,$t_{ij}+f_{ij}\leqslant 1$,$1\leqslant j\leqslant n$,$1\leqslant i\leqslant m$。

显然,上述定义没有考虑Vague集的Vague度,即相对Vague集的不确定程度 h,因

此，把 t_{ij}，f_{ij} 解释为传感器 S_j 对目标 O_i 的确定程度、不确定程度，这与 Vague 集定义不符。下面结合定义 10.6.1，重新给出定义。

定义 10.6.3 设 O 为目标集合，S 为传感器集合，$O=\{O_1,O_2,\cdots,O_m\}$，$S=\{S_1,S_2,\cdots,S_n\}$。传感器 $S_1,S_2,\cdots,S_n$ 对目标 O_i 的刻画程度可用 Vague 集表示为 $O_i=\{(S_1,[t_{i1},1-f_{i1}]),(S_2,[t_{i2},1-f_{i2}]),\cdots,(S_n,[t_{in},1-f_{in}])$，$i=1,2,\cdots,m\}$。其中，$t_{ij}$ 表示传感器 S_j 对目标 O_i 的满意程度；f_{ij} 表示传感器 S_j 对目标 O_i 的不满意程度，$h_{ij}=1-t_i-f_{ij}$ 为传感器 S_j 对目标 O_i 的不确定程度；$t_{ij}\in[0,1]$，$f_{ij}\in[0,1]$，$t_{ij}+f_{ij}\leqslant 1,1\leqslant j\leqslant n,1\leqslant i\leqslant m$。

基于 Vague 集的多传感器信息融合就是从 Vague 集表示的满足评价指标程度的多个目标方案中选出最佳方案。下面根据 TOPSIS 法的基本思想提出一种新的融合方法。

10.6.3 基于 Vague 集的融合方法

由 Vague 集的定义，首先定义两个 Vague 集的距离。

定义 10.6.4 设 Vague 集 $A=[t_A(x),1-f_A(x)]$、Vague 集 $B=[t_B(x),1-f_B(x)]$、$h_A(x)=1-t_A(x)-f_A(x)$、$h_B(x)=1-t_B(x)-f_B(x)$，则 A 和 B 的距离定义为

$$d(A,B)=\sqrt{1/3[(t_A(x)-t_B(x))^2+(f_A(x)-f_B(x))^2+(h_A(x)-h_B(x))^2]} \tag{10-65}$$

由于在 Vague 集的定义中，$t_A(x)$、$f_A(x)$ 分别刻画从支持 x 的证据所导出的肯定隶属度下界、从反对 x 的证据所导出的否定隶属度下界，因此可定义最大的 Vague 集为 $A^*=[1,1-0]$，最小的 Vague 集为 $A_*=[0,1-1]$。

定义 10.6.5 如果传感器 S_j 对目标 O_i 的满意程度是 100%，则这种满意程度定义为完全满意，其 Vague 值表示为 $[1,1-0]$。反之，如果传感器 S_j 对目标 O_i 满意程度是 0%，则这种满意程度定义为完全否定，其 Vague 值表示为 $[0,1-1]$。相应地，各传感器 S_1，$S_2,\cdots,S_n$ 对目标的刻画程度也有两种极端表达子形式。

(1) 完全满意形式(正理想解)，记为

$$O^*=\{(S_1,[1,1-0]),(S_2,[1,1-0]),\cdots,(S_n,[1,1-0])\} \tag{10-66}$$

(2) 完全否定形式(负理想解)，记为

$$O_*=\{(S_1,[1,1-1]),(S_2,[1,1-1]),\cdots,(S_n,[1,1-1])\} \tag{10-67}$$

基于 Vague 集的多传感器信息融合问题就是根据各传感器对目标测量值的 Vague 集信息描述，在目标集中找到最靠近正理想解 O^* 同时最远离负理想解 O_* 的目标，此目标即为最佳方案。

在处理多传感器对多传感器进行信息融合的过程中，由于诸多的因素导致在精度、范围以及输出形式等方面存在较大差异，因此在融合时有必要对其进行分层次考虑，使其得到的数据更加逼近真实值。在信息融合应用中，还要对其评价指标进行加权改进，以得到更适宜的描述。利用定义 10.6.4，给出如下定义。

定义 10.6.6 考虑各传感器自身的优劣，为其赋予一定的权重。设传感器 $S_1,S_2,\cdots$，S_n 对应的权系数为 $w_1,w_2,\cdots,w_n$，则目标 O_i 与正理想解 O^* 的距离为

$$d(O_i,O^*)=\sqrt{\frac{1}{3}\sum_{j=1}^{n}w_j[(t_{ij}-1)^2+(f_{ij}-0)^2+(h_{ij}-0)^2]} \tag{10-68}$$

目标 O_i 与负理想解 O_* 的距离为

$$d(O_i,O_*)=\sqrt{\frac{1}{3}\sum_{j=1}^{n}w_j[(t_{ij}-0)^2+(f_{ij}-1)^2+(h_{ij}-0)^2]} \tag{10-69}$$

由定义10.6.6，给出相对接近度的定义。

定义10.6.7 目标 O_i 与正理想解 O^* 的相对接近度为

$$C_i=d(O_i,O_*)/[d(O_i,O^*)+d(O_i,O^*)] \tag{10-70}$$

显然，$0\leqslant C_i\leqslant 1$。若 $O_i=O^*$，则 $d(O_i,O^*)=0,C_i=1$；若 $O_i=O_*$，则 $d(O_i,O_*)=0$，$C_i=0$。C_i 越大，表明目标 O_i 越接近正理想解 O^*，同时越远离负理想解 O_*。

由上述分析，给出基于Vague集的信息融合方法如下。

(1) 分别输入来自于传感器对于目标所采集的各类数据以及各类目标所赋予的权重。

(2) 根据式(10-68)和式(10-69)计算各目标与正理想解 O^*、负理想解 O_* 的距离。

(3) 由式(10-70)求出各目标的相对接近度，其中，相对接近度最大的目标即为最佳目标。

10.6.4 仿真实例

为验证上述方法的有效性，下面采用目标识别的实例加以说明。假设有三类目标$\{O_1,O_2,O_3\}$和三类传感器$\{S_1,S_2,S_3\}$。传感器对应的权值为$\{w_1,w_2,w_3\}$。经过多批采集数据，得到输入数据表，如表10-2所示，求三类传感器最后的融合结果。

表10-2 输入数据表

S_i	w_i	O_1		O_2		O_3	
		t_{1j}	$1-f_{1j}$	t_{2j}	$1-f_{2j}$	t_{3j}	$1-f_{3j}$
S_1	0.3	0.6	0.7	0.5	0.7	0.4	0.6
S_2	0.5	0.7	0.8	0.6	0.7	0.5	0.7
S_3	0.2	0.8	0.9	0.4	0.6	0.5	0.6

利用式(10-68)～式(10-70)得到各目标与正理想解 O^*、负理想解 O_* 的距离以及相对接近度，如表10-3所示。

表10-3 目标类型与 O^*，O_* 的距离和接近度

目标	O_1	O_2	O_3
与 O^* 距离	0.2309	0.3445	0.3838
与 O_* 距离	0.6110	0.5086	0.4768
相对接近度	0.7257	0.5962	0.5540

可见，$C_1=0.7257$ 最大，所以，判断最佳目标为 O_1。

10.7 信息融合的神经网络模型与算法

神经网络技术是模拟人类大脑而产生的一种信息处理技术，近年来得到飞速发展和广泛应用。神经网络使用大量的简单处理单元(即神经元)处理信息，神经元按层次结构的形

式组织，每层上的神经元以加权的方式与其他层上的神经元连接起来，采用并行结构和并行处理机制，因而网络具有很强的容错性以及自学习、自组织及自适应能力，能够模拟复杂的非线性映射。

神经网络的这些特性和强大的非线性处理能力，恰好满足了多源信息融合技术处理的要求，因此神经网络以其泛化能力强、稳定性高、容错性好、快速有效的优势，在信息融合中的应用日益受到重视。由于信息融合的应用领域很多，因此有关基于神经网络的信息融合技术的研究报道范围也很广。

10.7.1 信息融合模型的神经网络表示

由于信息融合的结构模型与神经网络模型非常相似，因此可以将信息融合模型中的信息处理单元状态以及信息处理单元之间的联系用神经网络来统一描述。以下说明神经网络与信息融合结构模型之间的关系。

首先讨论融合模型中信息处理单元的对应结构。信息处理单元是指信息融合模型的基本单位。信息处理单元为具有多种输入和多种输出的变换算子。如果以输出相似为分类依据，若干处理单元可以划分为一类。从几何意义上说，信息处理单元即是完成多个不同空间的变换，一般来说，这一变换是非线性的，称这些信息处理单元构成一个信息处理单元组。若干信息处理单元组的输出可能是另一些处理单元组的输入。故在融合模型中的地位而言，一个信息处理单元对应神经网络中的一个神经元，但较一般神经元而言，信息处理单元完成的工作可能很复杂，因此要有子结构。具有结构与处理的问题有关，如信息存储、特征提取、滤波压缩等。为了方便分析，下面的叙述中不再区分信息处理单元与神经元的异同，将它们视为同一概念。

由于一般把信息融合划分为三级，并把针对具体问题的处理功能赋予信息处理单元，故可以用三层神经网络描述融合模型。第一层神经元对应原始数据层融合，第二层即所谓隐含层，完成特征层融合，并根据前一层提取的特征，做出决策。对于目标识别，输出就是目标识别及其置信度；对于跟踪问题，输出就是目标轨迹及误差。输出层对应决策融合，从某种意义讲，决策层融合是同一空间的点集变换到该空间某个点的映射。决策层的输入输出都应该为软决策，即对各个决策的置信度。

信息模型的全并行结构对应神经网络的跨层连接，决策信息处理单元组的输出可以作为原始数据层信息融合单元组的输入对应信息融合模型的层间反馈。信息融合模型的内环路对应前向神经网络中层内的自反馈结构。不论在信息融合的哪个层次，同层各个信息处理单元组或同一信息处理单元组的各个信息处理单元之间或多或少地存在联系。信息融合模型的层间环路对应神经网络的高层对低层的反馈，如果说全并行结构是为了低层融合增加高层融合的输入信息量，那么层间反馈则是为了增加高层融合对低层融合的指导。从实际问题出发，采用信息融合技术的一个很重要的原因是为了提高系统的可靠性，保证在系统局部遭受损失的情况下，不致引起整个系统的失效。如何切断失效传感器错误信息的影响，则要归结于层间反馈的作用。

一个神经网络表达的融合模型同理存在着信息处理单元之间的动态关系的表示，它反映了一个具体信息融合模型的构造。但是，信息处理单元（组）之间不应存在类似于神经网络的权值固定关系，应该根据输入的信息激励不同、信息融合模型工作环境的改变而动态地变化，即两个信息处理单元(组)之间在某一情况下各自相互支持，以增加决策的置信度。而在另一种情况下可能相互冲突，从而降低决策的置信度。是支持还是冲突，这种动态规则就是所谓的知识。如果掌握了这些动态规则，也就可以构造具体的神经网络表示的信息融合模型。信息融合模型中各个信息处理单元(组)之间的动态关系如果用动态规则来表示，那么在应用这一具体模型的过程中，这些动态规则不仅制约着模型内部信息流动的方向和趋势，而且与模型的稳定性有密切的关系。

10.7.2 基于神经网络的信息融合技术

1. 基于神经网络的信息融合技术的特点

可用于信息融合的算法很多，如广泛使用的贝叶斯推理、D-S 证据理论推理、模糊集理论等，这些模型和方法各有利弊，其本质是在一定条件下对具体问题求解，或者说，对信息的处理往往侧重于某一方面的最优。因此寻求一种更加普遍使用的、更加符合人脑思维形式的融合方法具有重要的学术价值和应用价值。

如前面所述，信息融合是智能化的思想，它的重要原型就是人的大脑。英国著名神经生理学家 Sherrington 就大脑的神经机制提出了信息整合的概念："整合"就是中枢神经系统把来自各方面的刺激经过协调、加工处理，得出一个完整的活动，做出适应性的反应，即人的意识就是在先验知识的指导下，由耳、鼻、眼等传感器所获得的信息在大脑皮层上刺激、整合的结果。有理由认为，信息在大脑中的整合过程就是大脑的先验信息库中相关信息与外来信息比较、优化从而更新大脑的信息库的过程。大脑对信息整合的机制表明，人工神经网络融合多源信息应具有如下性能。

(1) 神经网络的信息统一存储在网络的连接权值和连接结构上，使得多源信息的表示具有统一的形式，便于管理和建立知识库。

(2) 神经网络可增加信息处理的容错性，当某个传感器出现故障或检测失效时，神经网络的容错功能可以使融合系统正常工作，并输出可靠的信息。

(3) 神经网络的自学习和自组织功能，使融合系统能适应工作环境的不断变化和信息的不确定性。

(4) 神经网络的并行结构和并行处理机制，使得信息处理速度快，能够满足信息融合的实时处理要求。

2. 基于神经网络的信息融合技术研究和应用概况

1988 年，Perlovsky L. I 利用最大似然自适应神经网络(MLANS)实现了信息的最优融合，并将其用于自适应目标分类。该方法的特点是可以利用各个处理层次上的信息，包括先验信息、后验信息和同质或不同质的传感器信息，信息的类型可以是数字的也可以是符号的。由于采用了最大似然神经元和模糊算法，提高了网络的学习速度和自适应性。但是由于采用的学习算法所限，该方法需要的训练数据集相对较大。1991 年和 1994 年，Perlovsky L. I 再次阐述了最大似然自适应神经网络在多传感器数据融合方面的研究成果。

1989 年，Whittington G. 分析了神经网络在战场数据融合中的优势，描述了已研制出的基于神经网络融合技术的目标识别和目标任务识别系统以及阿伯丁神经跟踪系统

(Aberdeen Neural Tracking System)。

1990 年,Rajapakse J. 提出了等级式神经结构(Hierarchical Neural Architecture)网络,并完成了特征层的数据融合。初步研究结果表明基于该网络的融合方法是有效的。Whittington G. 等人分析了 Kohonen 自组织特征映射网络(SOFM)在战场数据融合中的潜在两种能力和网络在实际应用中的局限性,提出了两种以自组织映射网络为基本处理单元的网络结构,并做了应用对比研究;Wang Y 等人基于直方图特性,针对信号滤波和图像恢复应用,对回归网络(Recurrent Neural Network)、多层感知器及加权平均融合做了对比研究,结果表明两种神经网络在不同信噪比的情况下,性能较加权平均融合算法分别改善3.2%~22.5%和7.6%~10.8%;Fincher D. W. 阐述了神经网络在数据融合中的一般性理论及神经网络用于数据融合的有关问题。

1991 年,Kagel J. H. 设计并制作了用于多光谱图像融合的神经网络芯片和其他相关电子路线,利用地球卫星资源图像和合成亚像素图像数据对设计进行了实验验证;Brown J. R. b 比较了神经网络分类器和统计分类器数据融合的性能,实验使用了前视红外和毫米波雷达数据,对坦克、卡车和装甲运输车三类目标进行融合分类,结果表明后向传播网络性能优于传统的二次分类器。

1993 年,Kuo R. J. 在宾夕法尼亚州立大学的计算机集成制造实验室里完成了数据融合在机器人精细加工方面的应用研究。该系统采用多重不变量网络(Multiple Net Invariant Network,MNIN)对多个视觉传感器信息做出判决,再利用神经网络融合各个传感器的判决结果。由于融合网络的收敛速度慢,采用了模糊方法来加速学习;同年,Kuo R. J. 等人将 BP 网络用于多传感器融合的机器故障诊断系统。神经网络完成特征层的信息融合并给出融合诊断结果,正确诊断率为 90%。

1994 年,Zavoleas K. P. 描述了一种融合距离和强度信号的模式识别系统。系统综合使用了基于规则的特征层融合和基于径向基函数(RBF)网络的信号层融合两种融合技术;Gelli K. 等提出了一种非监督学习算法的混合网络模型,用于机器人机械手控制系统的多传感器融合。网络包括两部分:一是自组织形式的后向传播学习算法用于特征提取;二是 Kohonen 矢量量化(LVQ)方法用于特征分类。Anon 在多目标跟踪仿真实验中,将多层前馈网络(MLP)用在 Kalman 滤波过程。由于滤波器具备了自适应性,因此减小了估计误差,多目标跟踪过程得到改善。

1995 年,Cohen K. P 将具有模糊隶属度函数(FMF)的多层前馈网络用于多传感器融合的疾病诊断,降低了误诊和漏诊率;Sharma M 给予树状神经网络(NTN)和传统融合方法相结合,开发出语音识别系统。这里树状神经网络仅作为模式分类器。

1996 年,Kostrzewski A. 等人研究了带有模糊权重的多层前馈网络在多光谱数据融合目标分类中的应用;Sundareshan M. K. 同样发表了多层前馈网络和 Kalman 滤波器结合的多传感器融合设计,目的在于实现快速和运动复杂状态下的目标跟踪。

1997 年,Bakircioglu H. 等人用随机神经网络(RNN)进行了图像增强和融合研究,随机神经网络模型的特点是工作机理与真实的生物物理特性更接近,也容易进行数学处理。

1998 年,Wong Yee C 等人将多层前馈网络应用于噪声和干扰环境下的机动目标跟踪,神经网络融合多源信息,以辅助线性 Kalman 滤波算法完成目标跟踪,从而在不增加数学复杂性和计算量的条件下实现复杂目标的智能跟踪;Winter M. 等人提出利用基本的

Kohonen 映射网络实现雷达目标航迹融合，该方法较传统方法的优势在于对融合的矢量维数没有限制，可以融合不同类型航迹信息；Cao Jin 等利用 BP 算法的单隐层感知器(Perceptron)设计了多传感器融合机器人导航系统；Lai S. H 等人利用竞争网络、径向基函数网络(RBF)和智能决策融合进行医学影像的可视化研究；Xiao R 等人利用多层前馈网络对合成孔径雷达和多光谱图像分类，并利用传统融合方法完成决策层的数据融合。

1999 年，Broussard Randy P 等人设计了用于图像融合目标探测的脉冲耦合神经网络(PCNN)结构，利用脉冲耦合神经网络融合多种目标探测算法所得到的探测结果，从而提高目标探测率。实验结果表明该方法有效地提高了探测性能。不过，迄今为止有关 PCNN 的设计还没有十分合理的方法，存在一定的盲目性；Inguva R. 等人同样利用脉冲耦合神经网络进行了三波段彩色图像融合。

2001 年，Melgani F 等人利用多层前馈网络(MLP)将遥感图像的空间信息、时间信息和光谱信息融合，实验结果较基于马尔可夫随机场(Markov Random Fields，MRF)的融合方法提高了分辨率；Aarabi P 从理论上分析了贝叶斯多传感器数据融合方法和具有 Sigmoid 函数神经元的前馈网络数据融合方法的等价性。

通过对资料的分析不难看出，神经网络可以应用于数据融合的各个层次上，既可以用于初级的数据融合也可以用于高级的符号融合，其中大部分应用集中在数据层和属性层的低级融合上。由于模式识别和分类是神经网络的强项，因此这方面的数据融合研究成果最多。神经网络在状态估计方面的应用一般是辅助性的，主要用来作为信息反馈和参量校正。资料表明，神经网络在主要用来进行态势和威胁度评估的符号层数据融合中，也有应用。目前已有一些神经网络专家系统出现，它们用神经网络作为知识的表达和推理，这表明神经网络在符号层数据融合中将发挥更大的作用。

10.7.3 基于神经网络的融合识别的基本原理

人工神经网络在模式识别和分类中具有独特的优势，综合利用神经网络和信息融合技术，已成为多传感器目标自动识别(ATR)系统的一个重要研究方向。这里从信息论的观点出发，给出关于基于神经网络的融合识别/分类的机理。

对于一个用于信息融合和模式识别的神经网络而言，其输入输出映射等价于对多源数据模式输入空间进行超曲面划分，神经网络的隐层实现了多源模式空间的各种超曲面分割，输出层则对属于同一类的超曲面进行归类。由于神经网络本身的特性，对基于神经网络的数据融合技术机理作统一的定量分析是很困难的，因此这里只给出一些定性分析。

设有一个三层前馈网络，考察第 k 个模式样本 x_k 的输出矢量 y_k

$$y_k = f_2(w^{(2)}, f_1(w^{(1)}, x_k, b^{(1)}), b^{(2)}) \tag{10-71}$$

这里 $f_1()$，$f_2()$ 分别为网络隐层和输出层神经元的传递函数；$w^{(1)}$ 和 $w^{(2)}$ 分别为连接输入层与隐层、隐层与输出层神经元的权重矢量；$b^{(1)}$ 和 $b^{(2)}$ 分别为隐层和输出层神经元的偏置矢量。

以信息论的观点来进行分析，可以给出以下定义。

定义 10.7.1 设 $P: x_k \to y_k$ 为输入矢量 x_k 到输出矢量 y_k 的映射，完成这一映射 x_k 携带的信息量，称为第 k 个模式的分类信息总量 $I_Q(x_k)$；如果分类矢量 y_k 和目标矢量一致，

则称之为第 k 个模式的有效分类信息总量 $I_{\mathrm{QE}}(x_k)$，反之，称之为第 k 个模式的无效分类信息总量 $I_{\mathrm{QF}}(x_k)$。

因为神经网络训练的结果将对训练样本集中的所有样本具有正确的响应，因此对第 k 个训练样本模式而言，假定训练完成前该模式到输出这一映射的概率为 P_k，则

$$I_{\mathrm{QE}}(x_k) = -\log_2 P_k \tag{10-72}$$

换言之，通过训练，网络在其权值中得到第 k 个训练样本模式的信息量为 $I_{\mathrm{QE}}(x_k)$，不敢测试样本的目标矢量如何，只要样本中包含与之相当的信息量，就可以得到该样本的合理推广。当推广的结果与目标矢量一致时，则得到正确的识别结果；反之，则得到错误的识别结果。

显然，对单传感器而言，x_k 携带的信息量仅由该传感器决定；对多传感器而言，x_k 携带的信息量则由多个传感器决定。下面以两个传感器为例进行分析，输入矢量

$$x_k = [x_{k1}, x_{k2}]^{\mathrm{T}} \tag{10-73}$$

相应地，输出矢量

$$y_k = f_2(w^{(2)}, f_1(w^{(1)}, x_{k1}, x_{k2}, b^{(1)}), b^{(2)}) \tag{10-74}$$

设单传感器系统中，对第 k 个训练样本模式而言，训练前传感器 1 与传感器 2 完成该模式到输出的映射的概率分别为 P_{k1} 和 P_{k2}，则训练前传感器 1 和传感器 2 同时完成该模式到输出的映射的概率 $P_k = P_{k1} \times P_{k2}$，这时有效分类信息量 $I_{\mathrm{QE}}(x_k)$ 为两传感器有效分类信息量 $I_{\mathrm{QE}}(x_{k1})$、$I_{\mathrm{QE}}(x_{k2})$ 之和，即

$$I_{\mathrm{QE}}(x_k) = -\log_2 P_k = -\log_2 P_{k1} P_{k2} = I_{\mathrm{QE}}(x_{k1}) + I_{\mathrm{QE}}(x_{k2}) \tag{10-75}$$

式(10-75)表明，在多传感器紧密式特征融合结构中，融合过程是从训练样本集的构造开始的，每个训练样本模式由多个传感器的数据共同构成，也就包含多传感器对该模式的信息，并以组合的方式通过输入矢量表现出来。网络在训练、学习过程中，综合应用多传感器信息，得到多传感器组合对该模式的有效分类信息量，并分布存储在网络的连接权值中，从而使网络具有了对该模式在多传感器感知下的分类能力。从神经网络输入到输出的映射角度出发，可以看出，多传感器对某一模式的感知数据，共同构成了融合的一个输入样本模式。显然，输入样本集中的融合样本越典型、越完备，网络的推广能力就越强。因此，基于综合特征的神经网络模式识别与基于单传感器的神经网络模式识别一样，训练样本的构造成为能否正确完成融合的关键。

为了进一步分析，这里给出如下定义。

定义 10.7.2 设 $P_1: x_k \to y_k$ 为输出矢量 y_k 的映射，其有效分类信息总量为 $I_{\mathrm{QE}}(x_k)$；$x_k' = x_k + \Delta x_k \to y_k' = y_k + \Delta y_k$ 的有效分类信息总量 $I_{\mathrm{QE}}(x_k')$，则 $\eta(x_k, x_k') = I_{\mathrm{QE}}(x_k')/I_{\mathrm{QE}}(x_k)$ 称为有效分类信息率。它表示了一个输入模式样本映射到第 k 个训练模式有效判决区域的可能性，因此可以作为分类判据。

定义 10.7.3 设 $P_1: x_k \to y_k$ 为输入矢量 x_k 到输出矢量 y_k 的映射，设 $P_2: x_j \to y_j$ 为输入矢量 x_j 到输出矢量 y_j 的另一映射，则称 $x_k + \Delta x_k \to y_k + \Delta y_k$ 及 $x_j + \Delta x_j \to y_j + \Delta y_j$ 为对应映射；$x_k + \Delta x_k \to y_j + \Delta y_j$ 及 $x_j + \Delta x_j \to y_k + \Delta y_k$ 为非对应映射。

有如下两个定理成立：

定理 10.7.1 多传感器(两传感器)神经网络融合识别系统仅为对应映射时，其有效分类率大于其中某一传感器的有效分类信息率，而小于另一传感器的有效分类信息率。

定理 10.7.1 揭示了这样一个事实：多传感器（两传感器）神经网络融合识别系统仅存在对应映射时，综合利用多个传感器的有效分类信息，使得分类判决结果的有效性比其中一个传感器的好，但却比另一个传感器的差。

定理 10.7.2 多传感器（两传感器）神经网络融合识别系统中存在非对应映射时，作为判据的有效分类信息率可能大于其中任一传感器的有效分类信息率，但一定不会比两个传感器的有效分类信息率都小。

定理 10.7.2 揭示了这样一个事实：多传感器（两传感器）神经网络融合识别系统仅存在非对应映射时，分类判决结果的有效性可能比每一个传感器的都好，并且一定比其中一个传感器的好。

需要指出的是，定理 10.7.1 和定理 10.7.2 可以很容易地从两个传感器融合系统推广到更多传感器系统中，而实际的情况是多传感器神经网络融合识别系统既有对应映射又有非对应映射。因此，综合得到以下结论：多传感器神经网络融合识别系统的性能与单传感器识别系统相比，其识别率可能高于任意单传感器系统、一定高于识别率最低的单传感器系统。

10.8 信息融合的模糊神经 Petri 网模型

Petri 网作为研究信息系统及其相互关系的数学模型，由于它具有指导性的图形描述能力和坚实的数学基础，是异步、并发系统建模与性能分析的有力工具，因此在许多领域中得到了广泛应用。以非线性大规模并行分布处理为主流的人工神经网络系统近几年取得了引人注目的进展，它在学习、自适应、容错性、并行性等方面的显著优势，已有人将该技术用到 Petri 网中。多传感器融合系统是一个复杂的离散事件动态系统，具有异同步、并发等许多与 Petri 网相似的特点，因此 Petri 网理论近年来广泛用于该系统的建模和分析，并取得了很多成果。由于传感器受外界复杂环境的影响使其探测到的信息具有不确定性或模糊性，用普通 Petri 网建模方法难以保证系统高性能的要求。本节将模糊技术与 Petri 网相结合，建立了多传感器模糊信息融合系统的 Petri 网模型，再用人工神经网络中的 BP 网络及反向传播学习算法来处理融合信息，提高了系统的自学习能力。

10.8.1 模糊 Petri 网

Petri 网是由位置、变迁和连接位置与变迁间关系的有向弧组成的一种有向图。一般地，图中表示位置用圆圈，变迁用直线段或矩形，位置与变迁间的流关系用有向弧。

定义 10.8.1 基本 Petri 网定义为一个四元组：$PN=(P,T,F,M_0)$；$P=\{p_1,p_2,\cdots,p_n\}$为有限位置集；$T=\{t_1,t_2,\cdots,t_m\}$为有限变迁集；$F\subseteq(P\times T)\cup(T\times P)$为流关系（即有向弧集）；$M_0:P\to\{0,1,2,\cdots\}$为初始标识；$P\cap T=\phi$；$P\cup T\neq\phi$。

定义 10.8.2 模糊 Petri 网定义为一个五元组：$FPN=(P,T,F,B_1,BM_1)$；P,T,F 含义同前；$B_1:P\to\{B_1,B_2,\cdots,B_i\}$为分给位置 p_n 托肯（Token）的一个多元向量$(B_1,B_2,\cdots,B_i)$，$B_1,B_2,\cdots,B_i$ 为模糊输入变量；$BM_1:P\to\{BM_1,BM_2,\cdots,BM_i\}$为模糊标识集。

"托肯"表示位置中的令牌数，在 Petri 网图形中用位置中的小黑点来表示。

定义 10.8.3 模糊输入变量定义为分配给模糊 Petri 网中位置 p_n 的托肯的一个模糊

数，位置 p_n 中的托肯值由基于模糊规则的隶属函数来表示。

定义 10.8.4 模糊标识定义为在引发输入变迁后其对应输出位置中托肯的可能性分布。

定义 10.8.5 （模糊引发规则）在模糊 Petri 网中为使变迁能被引发，必须满足两个条件：

(1) 在输入位置中必须存在有一个代表模糊输入变量的托肯。

(2) 与变迁关联的模糊规则条件必须满足，即模糊输入变量的隶属函数必须大于零。

10.8.2 多传感器信息融合

考虑一个配有 M 种不同传感器 S_j 的信息融合系统，由这 M 部传感器接收来自外部环境的信息，假设它能把测到的 K 种未知目标 $X=\{X^1,X^2,\cdots,X^K\}$ 划归为 N 种已知目标 $\{A_1,A_2,\cdots,A_N\}$ 中的一种。模糊变量为 S_j 测到的未知目标信息 X_j^k，相应于论域 $\{A_1,A_2,\cdots,A_N\}$ 的隶属函数为 μ_{ij}^k。传感器受各种外界环境的影响，其 X_j^k（由第 j 种传感器探测到的第 k 种未知目标信息）具有模糊性，本文提出的模糊信息融合的新方法，即由每个传感器对 X 的类型归属做出判断，对 $X\in A_i(i=1,\cdots,N)$ 分别给出 μ_{ij}^k，于是可得矩阵如下：

$$
\begin{array}{ccccc}
 & A_1 & A_2 & \cdots & A_N \\
S_1 & \mu_{11}^k & \mu_{12}^k & \cdots & \mu_{1N}^k \\
S_2 & \mu_{21}^k & \mu_{22}^k & \cdots & \mu_{2N}^k \\
\vdots & & & & \\
S_M & \mu_{M1}^k & \mu_{M2}^k & \cdots & \mu_{MN}^k
\end{array}
$$

并记为 $(\mu_{ij}^k)_{M\times N}$；M 为传感器数目；N 为目标类型 $N\in\{A_1,A_2,\cdots,A_N\}$；$k=1,2,\cdots,K$；$K$ 为未知目标个数。

模糊融合规则：当 $\mu_{pj}^k>\mu_{qj}^k$ 时，S_j 认为 X 属 p 类目标的可能性大于 q 类。因 μ_{ij}^k 的论域相同，可定义：$\mu_j^k=\dfrac{1}{M}\sum\limits_{i=1}^{M}\mu_{ij}^k$；$j=1,2,\cdots,N$；$k=1,2,\cdots,K$。这样得到分类结果：当 $\mu_m^k=\max\{\mu_1^k,\mu_2^k,\cdots,\mu_N^k\}$ 时，X^K 属于 m 类，$m\in\{A_1,A_2,\cdots,A_N\}$。

模糊产生式规则的常规形式为：如果 x_1 为 A_1^j，x_2 为 A_2^j，…，x_n 为 A_n^j，则 y 为 B_j。其中 $A_1^j,A_2^j,\cdots,A_n^j,B_j$ 是模糊子集。根据上面的分类方法，这里使用 N 条模糊产生式规则：

规则 j：如果 μ_j^k 为最大，则将未知目标划归为 j 类目标($j=1,2,\cdots,N$)。

10.8.3 模糊神经 Petri 网

图 10-26 为信息融合系统的模糊神经 Petri 网，模糊输入变量为 X_j^k，相应于论域 $\{A_1,A_2,\cdots,A_N\}$ 的隶属函数为 μ_{ij}，图中各位置的意义为：p_0，启动系统、初始化；$p_{S1},p_{S2},\cdots,p_{SM}$，其托肯值代表 $(X_j^1,X_j^2,\cdots,X_j^K)$；$p_{IF}$，由融合算法得到的模糊目标信息 $\{X^1,X^2,\cdots,X^K\}$；$p_{A1},p_{A2},\cdots,p_{AK}$，由模糊规则产生的可能托肯分布，即模糊标识；$p_1$，模糊消除，其托肯值表示经信息融合后得到的目标信息；p_L，输入给 BP 网络的已知数据对；p_2，其托肯值表示经 BP 网络学习后得到的目标信息输出。在普通 Petri 网中位置 p_n 的托肯值用 0 或 1 表示，而在模糊 Petri 网中用模糊数的隶属函数来表示，含义为传感器对其测到的信息给出一可信度。

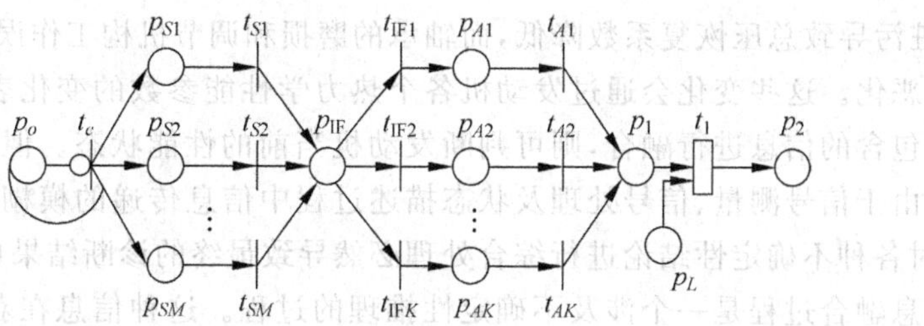

图 10-26 模糊神经 Petri 网

系统开始工作(t_0 被引发)后，p_{Sj} $(j=1,2,\cdots,M)$中各得一个托肯，它们表示(X_j^1，$X_j^2,\cdots,X_j^K$)。通过引发 t_{Sj} 和采用与 p_{IF} 关联的融合算法，在 p_{IF} 中得模糊合成向量(X^1，$X^2,\cdots,X^K$)，其隶属函数为 $\mu_j^1,\mu_j^2,\cdots,\mu_j^K$。$t_{IFj}$ 为与模糊规则 j 关联的变迁，如 j 条件满足，则在 $p_{A1},p_{A2},\cdots,p_{AK}$ 中得一个可能托肯分布。例如，如规则 1 的条件满足，经引发 t_{IF1}，在 p_{A1} 中得到一个模糊标识，在引发 t_{A1}，p_1 中得一个消除模糊后的托肯，它表示 $X^1\in A_1$，然后顺序引发变迁 t_1。当 p_1 中得到一个托肯(去模糊化后)时，t_1 被引发，启动神经网络工作，即在输入层得一个输入向量 $x=(x_1,x_2,x_3)$，网络依次向前算出隐层的输出 $x'=(x_1',x_2',\cdots,x_n')^T$ 和网络的输出 $y=(y_1,y_2,y_3)^T$(假定传感器测到的为三维目标，且隐层神经元个数为 n)。

考虑一个有单隐层的 BP 网络，图从略，其中 ω_{ij} 为神经元的权值，θ_j 为内部阈值，$f(x)$ 通常取为 S 型函数：$f(x)=\dfrac{1}{[1+\exp(-x)]}$。位置 p_L 中的托肯表示用于学习的给定的输入-输出数据对(x,d)，$x\in R^3$，$y\in R^3$。网络的权值可用反向传播算法调整：① 权值和阈值初始化，将所有权值和阈值都设定为较小的随机数；② 利用期望的(已知)输入-输出数据对，将(x,d)中的 x 输入网络的输入层，并将网络的输出设定为期望输出 d，在反向传播学习过程中每一对数据对均可循环利用，直到权值稳定为止；③ 计算实际输出，利用 S 型函数式和 x'_j、y_j 的公式 $x_j'=f\left(\sum_{i=1}^{n}\omega_{ij}x_i-\theta_j\right)$，$y_j=f\left(\sum_{t=1}^{3}\omega_{ij}'x_i'-\theta_j'\right)$，就可求出网络的输出 $y=(y_1,y_2,y_3)^T$；④ 修正权值，这里采用从输出层开始，逆向计算到隐层的逆向算法，调整权值的计算公式为 $\omega_{ij}(k+1)=\omega_{ij}(k)+a\delta_j x_i'$，$\omega_{ij}(k)$ 是 k 时刻隐层神经元权值，x_i' 是神经元的输出，a 为步长，δ_j 为神经元 j 的误差项；如果 j 为一个输出节点，则 $\delta_j=y_j(1-y_j)(d_j-y_j)$，$d_j$ 为神经元 j 的误差项，y_j 为实际输出；如果 j 为隐节点，则 $\delta_j=x_j'(1-x_j')\sum_l\delta_l\omega_{jl}$，$l$ 为神经元 j 处同一层的全部神经元数目；⑤ 返回 ② 直到 $\omega_{ij}(k)$ 对一切样本均稳定不变为止。

通过向前计算，向后调整，并用迭代最速下降法使网络输出与模糊融合系统输出之间的均方误差为最小。

10.9 案例——基于贝叶斯信息融合的航空发动机健康状态评估方法研究

10.9.1 引言

航空发动机经过长时间工作后，由于各部件的老化将导致其做功能力下降以及气流通道的变形、脏污导致总压恢复系数降低，而轴承的磨损和调节机构工作误差的增大都会引起发动机性能恶化。这些变化会通过发动机各个热力学性能参数的变化表现出来，若对各个性能参数所包含的信息进行融合，则可判断发动机当前的性能状态。但来自性能参数信息的判断结果由于信号测量、信号处理及状态描述过程中信息传递的模糊性和随机性而产生不确定性，对各种不确定性结论进行综合处理必然导致最终的诊断结果也带有不确定性，这说明诊断信息融合过程是一个涉及不确定性推理的过程。这种信息在获取、传递及处理过程中的不确定性问题需要借助不确定性理论(如概率推理、模糊推理等方法)进行处理分析。据此，本文采用基于贝叶斯统计理论的融合方法，运用从发动机气路热力参数提取的多个指标和基于贝叶斯方法的多指标故障诊断模型来评估发动机的性能状态。

10.9.2 贝叶斯统计理论

贝叶斯统计理论认为，处理任何统计问题，在利用样本所提供的信息时，必须利用先验信息，以先验分布为基础和出发点。这样，贝叶斯统计推理就综合了先验信息和试验提供的信息。贝叶斯公式代表了贝叶斯理论的基本观点。

假设有一个随机试验，在这个试验中，n 个互不相容的事件 $A_1, A_2, \cdots, A_n$ 必发生一个且只能发生一个，用 $\pi(A_i)$ 表示 A_i 的概率，则有：

$$\sum_{i=1}^{n} \pi(A_i) = 1 \tag{10-76}$$

设 B 为任一事件，则根据条件概率的定义及全概率公式，有：

$$p(A_k \mid B) = \frac{\pi(A_k) p(B \mid A_k)}{\sum_{k=1}^{n} \pi(A_k) p(B \mid A_k)} \tag{10-77}$$

$\pi(A_i)$ 给出了先验概率分布，称为“先验分布”。$p(A_k \mid B)$ 也是一个概率分布形式，是在做试验后获得的，故常称为“后验分布”。它综合了先验信息和试验新信息，形成了关于 A_k 的可能性大小的当前认识。这个先验信息到后验信息的转化过程就是贝叶斯统计的特征。

10.9.3 发动机评估指标的确定和优化

飞机进入服役时，航空发动机随机提供了相关监视软件，可对发动机的多个热力参数进行监测和记录，对这些参数进行粗大误差剔除和无量纲归一化处理后，即可成为发动机性能状态评估的信息源。本文采取的无量纲归一化处理方法为将各参数分别除以其最大工况下的额定值。

实际测试中，某型航空发动机运行状态参数达 28 个，由于实际条件的复杂性，这些热力参数与机器性能状态的对应关系具有一定的不确定性和模糊性。如何判断各参数在发动机性能评估中的可用性，选择出与性能状态相关性大的参数，从而能够真正反映真实的机器性能状态，是一个不可忽视的问题。

由于发动机的性能状态老化现象是随着使用时间的增加而逐渐发生的，所以必须选择一个能够表征使用时间的参数。在监测的 28 个参数中，只有“架次”能够近似表示使用时间。这样，可以分析各参数与“架次”的相关性，选择相关性较大的参数进行发动机性能状态评估，淘汰大量相关性小的参数。计算从多架飞机在 1～350 架次时间段内各参数与架次的相关系数，发现换算低压转子转速 n_{1cor}、换算高压转子转速 n_{2cor}、涡轮后燃气温度 T_4 与飞行架次相关性较高，其余参数基本无相关性。为了减小架次参数和测量的随机误差，分别将该三项指标进行最近 6 架次平均，平均后的参数分别称为 N_{m1}，N_{m2}，T_m。

另外，各个指标在发动机性能状态评估中做出的贡献是不同的，所以有必要确定各自的权重，使贡献大的指标占的权重大，贡献小的指标占的权重小，从而放大有效指标的作用，使评估结果更加准确。本文确定评估指标权重的原则为：各参数的权重和与飞行架次相关性成正比，即将各参数对架次的相关性进行归一化处理。计算按照如下公式进行：

$$G_i = C_i \Big/ \sum_{i=1}^{3} C_3 \tag{10-78}$$

式中 $G_i(i=1,\cdots,3)$——各参数的权重；

$C_i(i=1,\cdots,3)$——各参数与飞行架次的相关性。

经计算，得到了 N_{m1}、N_{m2}、T_m 三项指标的权重分别为 0.3419、0.5049、0.1532，三项指标的权重比例约为 2∶3∶1。于是本文按照权重比例将最终确定的评估指标定为 6 个，包括两项 N_{m1}、三项 N_{m2} 和一项 T_m，即最终的评估指标向量为：$[N_{m1},N_{m1},N_{m2},N_{m2},N_{m2},T_m]$。

10.9.4 基于贝叶斯融合方法的性能状态评估模型

对于发动机性能状态老化程度的评估，经筛选后确定的 6 个参数指标可用随机向量 $X=[x_1,x_2,\cdots,x_6]^{\mathrm{T}}$ 表示，性能状态老化参数用 θ 表示。令 θ 取值范围为[0,1]，假设 $\theta=0$ 时性能状态最佳(代表刚刚出厂磨合过的性能状态)，以飞行架次为 1 时的数据进行计算；$\theta=1$ 时性能状态老化程度最严重(代表需要换发的性能状态)，以正常换发一飞行架次时的数据进行计算，根据大量飞机的统计结果，本文中取该飞行架次为 350；飞行架次为 $M(1<M<350)$ 时的数据对应的 θ 值为 $M/350$。

为了明确评估目的，本文将性能状态老化程度分为以下三类。

(1) 性能正常期。该阶段发动机性能正常并且比较稳定，各项参数正常且同时期同工况条件下波动较小。此时飞行架次一般在 1～180 之间，对应的 θ 值区间为[0,0.516]。

(2) 性能衰退期。该阶段发动机性能比较正常但逐渐失去稳定性，各项参数较为正常，但同时期同工况条件下波动较大。此时飞行架次一般在 181～320 之间，对应的 θ 值区间为[0.517,0.914]。

(3) 极限老化期。该阶段需要尽快换发，某些参数经常脱离正常范围且同时期同工况条件下波动极大。此时飞行架次一般在 320～350 之间，对应的 θ 值区间为[0.915,1.000]。

采纳贝叶斯学派的思想，将 θ 看成随机变量，性能状态老化程度评估的任务就是利用已测得的指标向量 X，对状态参数 θ 进行估计或检验。

用 $p(X,\theta)$ 表示 X 与 θ 的联合分布，$p(X|\theta)$ 表示对 θ 的条件分布，假设 θ 的先验概率分布为 $\pi(\theta)$。本文中 θ 为离散变量，由贝叶斯定理知：

$$p(\theta \mid X) = \frac{\pi(\theta)p(X \mid \theta)}{\sum_{\theta}\pi(\theta)p(X \mid \theta)} \tag{10-79}$$

这里的两个关键问题就是先验分布 $\pi(\theta)$ 和条件分布 $p(X|\theta)$ 的确定。先验分布 $\pi(\theta)$ 是

在试验前根据历史观测和专家知识选定的。如果对 θ 没有任何知识可以借鉴，而是希望通过试验结果来获得，这时的先验分布称为无信息先验分布。经过对大量飞机多架次数据的分析，我们认为发动机的性能老化程度与飞行架次直接相关，是一个相对均匀的缓慢变化过程，故本文采用贝叶斯假设的无信息先验分布，即[0,1]区间内的均匀分布。即：$\pi(\theta_i)=1/k$，其中 $i=1,2,\cdots,k$，k 为飞行架次上限，即 $k=350$。

条件分布 $p(X\mid\theta)$ 必须通过试验来确定，针对发动机性能状态老化程度的评估，本文采用如下方法来确定：根据大量观测值，可以确定在同样性能状态下指标向量 X 服从 m 维正态分布，由于本文选择了6个评估指标，此时 $m=6$，即：$X\sim N_m[\mu(\theta),\sum(\theta)]$。其中，$\mu(\theta)$ 为性能状态 θ 下指标向量 X 的均值向量；$\sum(\theta)$ 为性能状态 θ 下指标向量 X 的协方差阵。

可通过对有限个 θ 值的试验来合理估计对所有 θ 取值时的 X 的条件分布 $p(X|\theta)$，由于假定 X 的条件分布为正态分布，故只需确定均值向量和协方差阵。根据 n 架飞机350架次的飞行统计数据（这些飞机均未因严重零部件级故障而换发），相当于已对 k 个 θ 值进行了独立试验（$k=350$），并分别测得 n 个样本，记为：$X_1^1,X_1^2,\cdots,X_1^n$；$X_2^1,X_2^2,\cdots,X_2^n$；$X_k^1,X_k^2,\cdots,X_k^n$。可用样本均值 $\hat{\mu}(\theta_i)$ 来估计均值 $\mu(\theta_i)$：

$$\mu(\theta_l)=\frac{1}{n}\sum_{i=1}^{n}X_l^i\quad(l=1,2,\cdots,k)\tag{10-80}$$

用样本协方差阵 $\hat{\sum}(\theta_i)$ 来估计协方差阵 $\sum(\theta_l)$：

$$\sum(\theta_l)=\frac{1}{n-1}\sum_{i=1}^{n}(X_l^i-\mu_l)(X_l^i-\mu_l)^{\mathrm{T}}(l=1,2,\cdots,k)\tag{10-81}$$

$$p(X\mid\theta_i)=\frac{\exp\left\{-\frac{1}{2}(X-\mu(\theta_i))^{\mathrm{T}}\left(\sum(\theta_i)\right)^{-1}(X-\mu(\theta_i))\right\}}{(\sqrt{2\pi})^6\left|\sum(\theta_i)\right|^{0.5}}\tag{10-82}$$

确定了先验分布 $\pi(\theta)$ 和条件分布 $p(X|\theta)$ 后，由贝叶斯公式可知：

$$\begin{aligned}p(\theta_i\mid X)&=\frac{p(X\mid\theta_i)\pi(\theta_i)}{\sum_{j=1}^{k}p(X\mid\theta_j)\pi(\theta_j)}\\&=\frac{\exp\left\{-\frac{1}{2}(X-\mu(\theta_i))^{\mathrm{T}}\left(\sum(\theta_i)\right)^{-1}(X-\mu(\theta_i))\right\}}{\sum_{j=1}^{k}\left[\left(\frac{\left|\sum(\theta_i)\right|}{\left|\sum(\theta_j)\right|}\right)^{0.5}\exp\left\{-\frac{1}{2}(X-\mu(\theta_j))^{\mathrm{T}}\left(\sum(\theta_j)\right)^{-1}(X-\mu(\theta_j))\right\}\right]}\end{aligned}\tag{10-83}$$

θ 的极大似然估计为：

$$\hat{\theta}=E(\theta\mid X)=\sum_{i=1}^{k}\theta_i\cdot p(\vartheta_i\mid X)\tag{10-84}$$

对给定的置信水平 $1-\partial$，记 θ 区间估计为 D 的离散序号取值范围为 $[m,n]$，则要求：

$$p\{\theta\in D\mid X\}=\sum_{i=m}^{n}p(\theta_i)\cdot p(\theta_i\mid X)\geqslant 1-\alpha\tag{10-85}$$

10.9.5 计算实例与结论

分别取 4 架飞机第 120 架次、第 150 架次、第 220 架次和第 26 架次的数据进行发动机当前性能状态老化程度评估,架次的评估指标向量分别为:

$$X_1=[N_{m1}^{(1)},N_{m1}^{(2)},N_{m2}^{(1)},N_{m2}^{(2)},N_{m2}^{(3)},T_m]$$
$$=[0.9253\ 0.9253\ 0.9658\ 0.9658\ 0.9658\ 0.9698];$$
$$X_2=[N_{m1}^{(1)},N_{m1}^{(2)},N_{m2}^{(1)},N_{m2}^{(2)},N_{m2}^{(3)},T_m]$$
$$=[0.9276\ 0.9276\ 0.9768\ 0.9768\ 0.9768\ 0.9695];$$
$$X_3=[N_{m1}^{(1)},N_{m1}^{(2)},N_{m2}^{(1)},N_{m2}^{(2)},N_{m2}^{(3)},T_m]$$
$$=[0.9264\ 0.9264\ 0.9711\ 0.9711\ 0.9711\ 0.9697];$$
$$X_4=[N_{m1}^{(1)},N_{m1}^{(2)},N_{m2}^{(1)},N_{m2}^{(2)},N_{m2}^{(3)},T_m]$$
$$=[0.9305\ 0.9305\ 0.9861\ 0.9861\ 0.9861\ 0.9692]。$$

将 X_1,X_2,X_3,X_4 代入上述贝叶斯公式,将上式右端在 θ 的所有取值范围内归一化,即可得到 θ 的后验分布函数 $p(\theta|X_1)$,分别如图 10-27(a)~(d)所示。

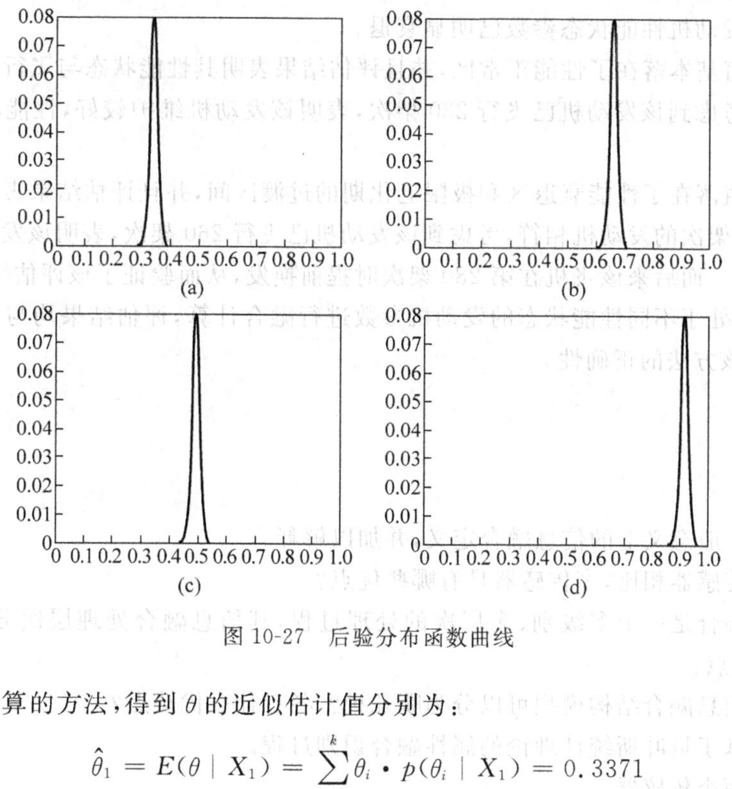

图 10-27 后验分布函数曲线

用数值计算的方法,得到 θ 的近似估计值分别为:

$$\hat{\theta}_1=E(\theta\mid X_1)=\sum_{i=1}^{k}\theta_i\cdot p(\theta_i\mid X_1)=0.3371$$

$$\hat{\theta}_2=E(\theta\mid X_2)=\sum_{i=1}^{k}\theta_i\cdot p(\theta_i\mid X_2)=0.6562$$

$$\hat{\theta}_3=E(\theta\mid X_3)=\sum_{i=1}^{k}\theta_i\cdot p(\theta_i\mid X_3)=0.4943$$

$$\hat{\theta}_4 = E(\theta \mid X_4) = \sum_{i=1}^{k} \theta_i \cdot p(\theta_i \mid X_4) = 0.9235$$

该数值对应的统计样本平均飞行架次分别为：

$$J_1 = \hat{\theta}_1 \cdot 350 = 117.98 \approx 118$$

$$J_2 = \hat{\theta}_2 \cdot 350 = 229.68 \approx 230$$

$$J_3 = \hat{\theta}_3 \cdot 350 = 173.01 \approx 173$$

$$J_4 = \hat{\theta}_4 \cdot 350 = 323.22 \approx 323$$

给定置信水平为 $1-\alpha=0.95$ 下的区间估计则是：[0.3057 0.3629]，[0.6171 0.7000]，[0.4629 0.5286]，[0.8829 0.9686]。

对应的飞行架次区间为：[107 127]，[216 245]，[162 185]，[309 339]。

X_1 的估计值落在了正常性能区，并且评估结果表明其性能状态与飞行了 118 架次的发动机相符，考虑到该发动机已飞行 120 架次，二者非常吻合，这也表明该发动机性能状态老化速度正常。

X_2 估计值落在了性能衰退区，并且评估结果表明其性能状态与飞行了 230 架次的发动机状态相符，发动机性能状态参数已明显衰退。

X_3 估计值基本落在了性能正常区，并且评估结果表明其性能状态与飞行了 173 架次的发动机相符，考虑到该发动机已飞行 220 架次，表明该发动机维护较好，性能状态老化速度较慢。

X_4 估计值落在了性能衰退区和极限老化期的过渡区间，并且评估结果表明其性能状态与飞行了 323 架次的发动机相符，考虑到该发动机已飞行 260 架次，表明该发动机性能状态老化速度较快。而后来该飞机在第 280 架次时提前换发，从而验证了该评估结果的正确性。

采用其他处于不同性能状态的发动机参数进行融合计算，评估结果均与实际情况基本符合，证明了该方法的正确性。

习题

1. 给出一般意义上的信息融合定义，并加以解释。
2. 与单传感器相比，多传感器具有哪些优点？
3. 信息融合是一个多级别、多层次的处理过程，其信息融合处理层次分为哪几个级？各有什么优缺点？
4. 多源信息融合结构模型可以分为哪几种？各有什么优缺点？
5. 说明基于贝叶斯统计理论的属性融合识别过程。
6. 设有两个传感器：

敌-我-中识别(IFFN)传感器：用于观测 D_1(属性 x：敌、我、中)。

电子支援措施(ESM)传感器：用于观测 D_2(机型 O_i：$O_1, O_2, \cdots, O_n$)。

两个传感器的似然函数 $P_{ESM}(D_2 \mid O_i)$ 和 $P_{IFFN}(D_1 \mid x)$ 已知，先验概率 $P(x \mid O_i)$、$P(O_i)$ 已知。

利用贝叶斯统计理论给出融合敌我属性和机型的后验概率。

7. 模糊逻辑信息融合技术主要有什么优点？

8. 简述多传感器模糊关系函数的融合方法。

9. 在 Dempster-Shafer 证据理论的第二个例子中，试计算：

(1) 基于 IFF 传感器两个周期累积量测量对我机和不明目标的融合后验可信度分配值 m(我轰炸机)和 m(不明)。

(2) 第一个周期内基于三个传感器累积量测对我机和不明目标的融合后验可信度分配值 m(我轰炸机)和 m(不明)。

10. 假设工件识别系统有 4 类工件$\{P_1, P_2, P_3, P_4\}$，现采用 5 类传感器$\{S_1, S_2, S_3, S_4, S_5\}$进行量测。经多批采集数据，并将数据按 Vague 集表达得到输入数据表，如表 10-4 所示。求工件识别结果。

表 10-4 4 类工件的 Vague 集数据

	S_1	S_2	S_3	S_4	S_5
P_1	[0.6,0.7]	[0.5,0.7]	[0.4,0.6]	[0.5,0.6]	[0.4,0.7]
P_2	[0.3,0.6]	[0.6,0.8]	[0.6,0.7]	[0.3,0.6]	[0.3,0.5]
P_3	[0.6,0.8]	[0.4,0.7]	[0.6,0.9]	[0.4,0.7]	[0.3,0.9]
P_4	[0.3,0.8]	[0.4,0.6]	[0.3,0.7]	[0.5,0.6]	[0.2,0.9]

11. 简述神经网络信息融合技术的优点。

12. 简述信息融合模型的神经网络表示方法。

13. 简述基于神经网络的融合识别的基本原理。

参考文献

[1] 吕宏伟，吴力合．模糊诊断模型[J]．数学的实践与认识，2004，34(1)：65～70．

[2] 岳士弘，等．自适应模糊聚类[J]．浙江大学学报，2004，38(10)：1280～1284．

[3] 于相毅，等．模糊关联析法及其应用[J]．中国环境监测，2005，21(1)：68～71．

[4] 谢婉丽，等．模糊信息优化方法在黄土湿陷性评价中的应用[J]．西北大学学报，2005，35(1)：95～99．

[5] 王力，等．结构方案设计模糊多属性决策的模糊贴近度方法[J]．建筑结构学报，2005，26(3)：118～121．

[6] 陈守煜，等．决策信息不完全确知的模糊决策集成模型[J]．控制与决策，2002，17(6)：847～852．

[7] 丁富玲，李承家．模糊 Petri 网的发展[J]．杭州电子科技大学学报，2008，28(6)：147～150．

[8] 熊和金，陈德军．智能信息处理[M]．北京：国防工业出版社，2006．

[9] 何明，冯博琴．一种基于粗糙集的粗糙神经网络的构造方法[J]．西安交通大学学报，2004，12．

[10] 江虹，曾立波．优化的 BP 神经网络分类器的设计与实现[J]．计算机工程与应用．2001，05．

[11] 李明，王燕，年福忠．智能信息处理与应用[M]．北京：电子工业出版社，2010．

[12] 蔡坚．基于人工神经网络的入侵检测系统的研究与实现[D]．贵州大学硕士学位论文，2005．

[13] CorevMJ. Oracle8 数据仓库分析、构建实用指南[M]．陈越译．北京：机械工业出版社，2000．

[14] 蒋嵘，李翼德，范建华．数值型数据的泛概念树的自动生成方法[J]．计算机学报，2000，23(5)．

[15] Eltohamy K G，Kao C • Real time stabilization of atriple link inverted pendulum using single control input[A]. IEE Proceedings Control Theory Applications[C]. Sept • 1997，144(5)：498～504．

[16] 何彦彦，沈程智．三级倒立摆系统的可控制性与可观性分析[J]．北京航空航天大学学报，1996，2．

[17] 蔡文，杨春燕．可拓工程方法[M]．北京：科学出版社，2001．

[18] 蔡文．可拓论及其应用[J]．科学通报．1999，44(7)：673～682．

[19] 蔡文，孙弘安，杨益民．从物元分析到可拓学[M]．北京：科学技术文献出版社，1995．

[20] 杨春燕，蔡文．可拓工程研究[J]．中国工程科学．2000，2(12)：92～98．

[21] Yang Chunyan，He Bin. Transformation of Discourse Domain and Its Application in Developing Market[J]. 7th International Conference on Industrial Engineering and Engineering Management. Moscow：Publishing House "STANKIN"，2000：582～585．

[22] 杨春燕．事元及其应用[J]．系统工程理论与实践，1998，18(2)：80～86．

[23] Wen Cai. Extension Management Engineering and Applications [J]. International Journal of Operations and Quantitative Management，1999，5(1)：59～72．

[24] 蔡国梁．关于 n 维可拓集合的研究[J]．广东工业大学学报，1996，13(1)：5～11．

[25] 孙弘安．关于物元可拓集合的若干性质[J]．系统工程理论与实践，1998，18(2)：95～98．

[26] 林楠．可拓集合的提升与物元信息模型[J]．系统工程理论与实践，1998，18(1)：93～98．

[27] 田双亮．物元逻辑树及策略生成[J]．系统工程理论与实践，1998，18(2)：121～123．

[28] 杜春彦．基于物元可拓性的推理模型[J]．系统工程理论与实践，1998，18(2)：124～127．

[29] 何斌，王若恩．物元逻辑推理[J]．系统工程理论与实践，1998，18(1)：85～92．

[30] 陈俊．可拓数学的形成与发展机制[J]．广东工业大学学报，1999，16(1)：82～86．

[31] 蔡文，杨春燕，何斌．可拓学与人工智能[M]．北京：北京邮电大学出版社，2001：1048～1051．

[32] 何斌，张应利．可拓学在人工智能中的应用初探[J]．华南理工大学学报，1999，27(6)：88～92．

[33] 蔡文，杨春燕．可拓营销[M]．北京：科学技术文献出版社，2000．

[34] 杨春燕，何斌，蔡文．可拓营销理论研究[J]．数学的实践与认识，2001，31(6)：696～701．

[35] 杨春燕,蔡文.可拓资源在现代企业运作中的应用[J].数量经济技术经济研究,2000,(12):57~59.
[36] 杨春燕,吴福芝.可拓集合在资源开拓研究中的应用[J].华南理工大学学报,2001,29(11):102~104.
[37] 魏辉,余永权.可拓物元变换方法在检测技术中的应用研究[J].广东自动化与资讯工程,1999,22(4):18~21.
[38] 余永权.可拓检测技术[J].中国工程科学,2001,3(4):88~94.
[39] Li Jian, Wang Shenyu. Primary Research on Extension Control Information and Systems[M]. New York: International Academic Publisher,1991.
[40] 潘东,金以慧.可拓控制的探索与研究[J].控制理论与应用,1996,13(3):305~311.
[41] 阳林,吴黎明,黄爱华.可拓控制的物元模型及其控制算法[J].系统工程理论与实践,2000,20(6):126~130.
[42] 孙弘安.可拓系统[M].北京:科学技术文献出版社,1995:204~209.
[43] 刘巍,张秀芳.基于可拓信息的知识表示[J].系统工程理论与实践,1998,18(1):104~107.
[44] 刘巍等.信息物元的度量及可拓信息空间的化简[J].广东工业大学学报,2001,18(1):6~10.
[45] 何斌,王若思.物元演绎推理[J].系统工程理论与实践,1998,18(1):85~92.
[46] 李刚.基于糊理论和模糊形态学的遥感图像边缘检测研究[D].重庆:重庆大学,2009.
[47] Li Jian. Uncertainty Measurement of Rough Sets Based on Conditional Entropy [J]. Systems Engineering and Electronics(EI),2008,3: 473~476.
[48] Li Jian. Rough Similarity Degree and Rough Close Degree in Rough Fuzzy Sets and the Applications [J]. Journal of Systems Engineering and Electronics(SCI),2008,5.
[49] Li Jian,Xu Xiaojing. Knowledge Reduction Based on Rough Entropy in Inconsistent Systems[J]. Proceed-ings of 2007 IEEE International Conference on Natural Language Processing and Knowledge Engineering(NLP-KE'07)(ISTP),2007,355~360.
[50] 曾黄麟.智能计算:关于粗集、模糊逻辑、神经网络的理论及其应用[M].重庆:重庆大学出版社,2004.
[51] Xu Xiaojing,Li Jian,Shi Kaiquan. Static Rough Similarity Degree and Its Applications[J]. Journal of Systems Engineering and Electronics(SCI),2008,2: 311~315.
[52] 夏春艳,李树平,刘世勇.基于粗糙集的属性约简方法[J].微计算机信息,2009(25):212~213.
[53] 张文修.粗糙集理论与方法[M].北京:科学出版社,2005:3~17.
[54] 史开泉,崔玉泉.S-粗集与粗决策[M].北京:科学出版社,2006:46~55.
[55] 蔡成闻,赵俊恺,史开泉.单向S-粗集与数据筛选-过滤[J].山东大学学报:理学版,2007(8):46~54.
[56] 周明,孙树栋.遗传算法原理及应用.北京:国防工业出版社,2000.
[57] 王小平,曹立明.遗传算法——理论、应用与软件实现.西安:西安交通大学出版社,2002.
[58] 董红斌,黄厚宽,印桂生,何军.协同进化算法研究进展[J].计算机研究与发展,2008,5(3):454~463.
[59] 张运凯,王方伟,张玉清,马建峰.协同进化遗传算法及其应用[J].计算机工程,2004,30(15):38~40.
[60] D Hillis. Co-evolving parasites improves simulated evolution as an optimization procedure[J]. PhysicaD,1990,42(1):228~234.
[61] 东方.基于免疫算法的物流配送 VPR 研究[D].大连海事大学硕士论文,2006.
[62] 刘克胜,等.基于免疫算法的 TSP 问题求解[J].计算机工程,2000(1).
[63] 赵莲娣.人工免疫算法在 TSP 中的应用研究[D].西南交通大学硕士学位论文,2010.
[64] 王磊,等.免疫算法[J].电子学报,2000(7).
[65] 姜大立,等.车辆路径问题的遗传算法研究[J].系统工程理论与实践,1999(6).
[66] 吴泽俊,等.入侵检测系统中基于免疫的克隆选择算法[J].计算机工程,2003,30(6).
[67] 梁可心.基于人工免疫的入侵检测系统的研究与实现[D].四川大学硕士学位论文,2005.
[68] 段海滨.蚁群算法原理及其应用[M].北京:科学出版社,2005.
[69] 李士勇,陈永强,李研.蚁群算法及其应用[M].哈尔滨:哈尔滨工业大学出版社,2004.

[70] 马良，朱刚，宁爱兵. 蚁群优化算法[M]. 北京：科学出版社，2008.
[71] 黄建国，等. 量子计算及其在信号与信息处理中的应用[J]. 系统工程与电子技术，2003，25(7).
[72] 解光军，等. 量子神经网络[J]. 计算机科学. 2001，28(7).
[73] 张葛翔，等. 量子遗传算法的改进及其应用[J]. 西南交通大学学报，2003，38(6).
[74] 王凌，等. 混合量子遗传算法及其性能分析[J]. 控制与决策，2005，20(2).
[75] 唐钟，等. 一种新并行遗传算法及其应用[J]. 计算机应用与软件，2005，22(7).
[76] 李飞，等. 量子神经网络及其应用[J]. 电子与信息学报，2004，26(8).
[77] 罗非，等. 基于免疫遗传算法的多层前向神经网络设计[J]. 计算机应用，2005，25(7).
[78] 夏培肃. 量子计算[J]. 计算机研究与发展，2001，38(10).
[79] 庄镇泉，等. 量子审计计算与量子遗传算法的理论分析与应用[J]. 高技术通讯，2005，15(7).
[80] 熊和金，等. 量子神经网络动力学及其在信息安全中的应用[J]. 浙江万里学院学报，2003，16(2).
[81] 郭海燕，等. 分组量子遗传算法及其应用[J]. 西南科技大学学报，2004，32(3).
[82] 杨露菁，余华. 多源信息融合理论与应用[M]. 北京：北京邮电大学出版社，2005.
[83] 何友，王国宏，关欣，等. 信息融合理论及应用[M]. 北京：电子工业出版社，2010.
[84] 万树平. 多传感器信息融合的 Vague 集法[J]. 计算机工程，2009，35(12)：259～260.
[85] 崔晓飞，蒋科艺，王永华. 基于贝叶斯信息融合的航空发动机健康状态评估方法研究[J]. 2009，22(4).